中华传世藏书

【图文珍藏版】

饮食文化典故

王书利⊙主编

第三册

线装书局

三、百菜百味的川菜

（一）川菜史语

川菜作为的八大菜系之一，在中国饮食文化史上占有重要的地位，它以别具一格的烹调方法和浓郁的麻辣风味而闻名古今，成为中华民族文明史上的一颗璀璨明珠。

川菜发源地是古代的巴国和蜀国，从地域上看就是现在的四川一带。川菜取材广泛，调味多变，菜式多样，口味醇厚，不仅为四川人所喜爱，而且深受全国各地民众的青睐。

1. 川菜的起源和发展

川菜的历史久远，大致形成于秦到三国之间。当时无论烹饪原料的取材，还是调味品的使用，以及刀工、火候的要求和专业烹饪水平，均已初具规模，已有菜系的雏形。秦惠王和秦始皇先后两次大量移民蜀中，带来中原地区先进的烹饪技术，对川菜生产和发展有巨大的推动和促进作用。

汉代，四川一带更为富庶。张赛出使西域时，为四川引进了胡瓜、胡豆、胡桃、大豆、大蒜等品种，增加了川菜的烹饪原料和调料。当时国家统一，商业繁荣，形成了以长安为中心的五大商业城市出现，其中就有成都。三国时刘备更是以四川为"蜀都"，为饮食业的发展，创造了良好的条件。

川菜正是在这样的背景之下逐渐诞生的。此后，唐代、宋代也经久不衰。元、明、清建都北京后，随着入川官吏的增多，大批北京厨师前往成都落户，经营饮食业，使川菜又得到进一步发展，逐渐成为中国的主要地方菜系。

2. 李白、苏轼的川菜情缘

唐代诗仙李白自幼随父迁居锦州隆昌（现在的四川江油），在四川生活了20多年。他很爱吃当地的焖蒸鸭子。厨师宰鸭后将鸭放入盛器内，加上酒等调料，再注入汤汁，用一大张浸湿的绵纸封严盛器口，蒸烂后鸭子又香又嫩。到了天宝元年，李白受到唐玄宗的宠爱入京任职。他将焖蒸鸭子献给玄宗，皇帝吃了非常高兴，将此菜命名为"太白鸭"。

苏轼从小也深受川菜的影响，苏轼的诗歌中，很多都写到了以蔬菜入馔，如"秋来霜露满冬园，芦旅生儿芥有孙。我与何曾同一饱，不知何苦食鸡豚"。"芥蓝如菌荁，脆美牙颊响。白藕类羔羊，冒土出熊掌"。这些诗句表达的是诗人对川菜的怀念。此外，苏轼还创制了东坡肉、东坡羹和玉掺羹等佳肴，为川菜作出巨大的贡献。

3. 川菜的独特风格

川菜的风味主要囊括了成都、重庆、乐山、自贡等地方菜的不同特色，最大的特点就是味型多样，变化无穷。川菜以辣椒、胡椒、花椒、豆瓣酱为主要调味品，不同的配比方式可以变化出麻辣、酸辣、椒麻、麻酱、蒜泥、芥末、红油、糖醋、鱼香、怪味等各种味型。由此可见，川菜所用的调味品不仅品种多样，还极具特色。尤其是号称"三椒"的花椒、胡椒、辣椒，"三香"的葱、姜、蒜。此外，醋、豆瓣酱的使用数量之多，也远非其他菜系能相比。川菜还有"七滋八味"之说，"七滋"指甜、酸、麻、辣、苦、香、咸；"八味"即是鱼香、酸辣、椒麻、怪味、麻辣，红油、姜汁、家常。

川菜的烹调方法很多，如炒、滑、爆、编、烧、焖、炖、摊、垠等，以及冷菜类的拌、卤、熏、腌、腊、冻、酱等。但不论官府菜，还是市肆菜，都有许多名菜，且色、香、味、形俱佳。

总之，川菜是历史悠久、地方风味极为浓郁的菜系。它品种丰富，味道多样，享有"一菜一格，百菜百味"之美誉。

（二）川菜名品

宫保鸡丁

材料

鸡脯肉250克，去皮花生仁150克，葱段、姜末、蒜末各5克。

调料

干辣椒段50克，水淀粉45克，酱油25克，花椒、白糖各15克，料酒、盐各5克。

做法

①鸡脯肉切成小方丁，用部分酱油、水淀粉腌20分钟，其余材料均备齐。将剩余酱油、水淀粉、盐、白糖及料酒调匀成芡汁。

②油锅烧热时花生仁炸至金黄捞出。中火将油烧至六成热，迅速下鸡脯肉丁滑炒至散，待鸡肉呈熟色后捞出沥干油。

③锅留底油放干辣椒段、花椒，小火煸香，放葱段、蒜末、姜末和鸡脯肉丁翻炒，调入芡汁，炒至汤汁渐稠，下花生仁炒匀即可。

鱼香肉丝

材料

猪腿肉 200 克，水发黑木耳 3 朵，水发冬笋 70 克，红辣椒 15 克，葱末、姜末、蒜末各 5 克。

调料

水淀粉 25 克，肉汤、盐、酱油、醋、白糖各适量，料酒少许。

做法

①所有材料均洗净备齐。

②猪腿肉丝中加 1 大匙水淀粉，搅匀。

③在碗中放入酱油、葱末、料酒、盐、白糖、醋及剩余水淀粉、肉汤，调成芡汁。

④锅置火上，加适量油，放入猪腿肉丝滑散，捞出。

⑤另起锅，加适量油，放入蒜末、姜末和红辣椒末爆香。再放入水发冬笋丝和水发黑木耳丝翻炒。稍炒一会儿，就加入猪腿肉丝翻炒至熟。

⑥最后调入芡汁，收稠即可。

蒜泥白肉

材料

带皮猪五花肉 400 克，黄瓜 1 根，蒜 10 瓣，葱段 20 克，姜 4 片，香菜叶少许。

调料

盐 5 克，香油 3 克，鸡精少许。

做法

①将带皮猪五花肉洗净，放入冷水锅中，加 3 克盐、姜片和葱段大火烧开，煮 20 分钟至肉断生即可。

②蒜去皮，用石臼将蒜捣成蒜泥，盛入碗中，加入剩余的盐和鸡精，再从盛猪五花肉的锅中舀 1 勺（约 15 毫升）汤倒入碗中，加香油搅拌均匀成蒜泥汁。

③将黄瓜切成长条薄片，再切成短段，备用。

④将带皮猪五花肉捞出，放凉，切成薄长条片。再将其放在黄瓜片上，将调好的蒜泥汁放在盘边上，装盘用香菜叶点缀即可。

毛血旺

材料

鸭血（猪血）片、鳝鱼段、火腿片、牛百叶条、黄豆芽、莴笋片、土豆片、金针菇、黑木耳、姜末、蒜末各适量。

调料

麻辣味汁 50 克，大料 3 个，桂皮 1 块，花椒 10 克，干辣椒、豆瓣酱各适量。

做法

①黑木耳和金针菇用冷水泡发，择洗干净；干辣椒切成段；再将鸭血（猪血）片放入开水锅中氽烫，备用。

②锅置火上。放入豆瓣酱炒出红油，再放入麻辣味汁以中火熬香。

③将土豆片放入锅中，煮两分钟，再放入黑木耳煮约两分钟，接着放入所有材料，煮至熟透，盛出。

④另起油锅烧热，下花椒炒香后捞出花椒不用，再放入姜末、蒜末、干辣椒段、大料、桂皮，以小火炒香，最后连同热油倒入菜盘即可。

川味豆豉鱼

材料

武昌鱼 1 条，青红椒丁、姜末各适量。

调料

豆豉 3 大匙，料酒 2 大匙，盐、香油各适量。

做法

①将武昌鱼去除内脏后用清水洗干净，沥干水分，用料酒将鱼身涂匀，腌渍片刻后抹盐，鱼头朝下放置于干燥处晾干。

②待鱼表面干爽时取下，将豆豉放入鱼腹中，鱼身表面也淋上豆豉，再将青红椒丁和姜末混合，均匀地撒在鱼身上。

③将鱼放入蒸锅中，盖上盖子，用中火蒸 15 分钟，取出后淋香油即可装盘。

锅边闲话

武昌鱼含丰富的蛋白质、胆固醇、维生素 A、B 族维生素，对人体有很大的益处。

薯条串串鸡

材料

鸡脯肉 500 克，土豆 150 克，白芝麻，香菜叶各适量。

调料

盐、辣椒粉、花椒粉、味精各适量。

做法

①将鸡脯肉洗净，切成片，穿串；将土豆洗净，切成条，备用。

②锅中加油烧热，油烧至八成热时下辣椒粉、花椒粉、盐、味精炒匀，再下土豆炒熟，盛出置于盘中。

③锅中放油烧热，下鸡肉串炸熟，炸至金黄色时，沥油捞出，备用。

④最后将鸡肉串与土豆同放在锅中，撒上白芝麻，起锅装盘用香菜叶点缀即可。

锅边闲话

如果要存放烹饪过的鸡肉，最好能将肉和配料或肉汁分开封装冷藏，尽量在两天内吃完为宜。

麻花香辣鸡

材料

鸡腿肉丁 500 克，麻花段 200 克，葱花、芝麻、香菜段各适量。

调料

A. 干辣椒、花椒各 5 克，味精适量；B. 盐、料酒、胡椒粉各适量。

做法

①将鸡腿肉丁加调料 B 腌渍。

②锅内加油烧热，下鸡肉丁炸硬，油温升高后再入锅炸一次，起锅沥油。

③锅中留底油，将干辣椒、花椒煸炒，放鸡肉丁炒香，烹入料酒、盐、味精、芝麻、麻花段、葱花炒匀，最后撒香菜段即可。

锅边闲话

购买鸡肉时，要挑选肉厚、结实、具有先泽、外皮带有黄色、毛孔突出的。

豆花鸡

材料

熟鸡肉 400 克，盒装豆腐 1 盒，香菜叶少许。

调料

辣椒油 15 克，盐、味精各 2 克。

做法

①将豆腐洗净，切成四块备用。

②将熟鸡肉剁成大块，装盘备用。

③再将辣椒油、盐、味精放在一个碗中，然后搅拌均匀调成味汁，备用。

④将盒豆腐隔水加热后放入大碗中，再放上鸡肉块，淋上调制好的味汁，点缀香菜叶即可。

锅边闲话

鸡肉肉质细嫩，味道鲜美，并富含营养，有滋补养身的作用。它适合多种烹调方法，不但适于热炒、炖汤，而且还是比较适合冷食凉拌的肉类之一。此外，鸡肉中蛋白质含量极高，也很容易被人体吸收。

泡椒玉掌

材料

鸡爪 500 克，鲜笋条 100 克，姜末、蒜末各 10 克，珍珠椒适量。

调料

醪糟汁 20 克，盐 3 克，鸡精、水淀粉、泡椒油、鲜汤各适量。

做法

①将鸡爪洗净，入沸水锅中煮 3 分钟，捞出剔骨，备用。

②锅中放泡椒油烧热，放入珍珠椒、姜末、蒜末、醪糟汁炒香，再放入鸡爪同烧 1 分钟，下鲜笋条，加鲜汤、盐、鸡精，用水淀粉勾芡装盘即可。

椒盐无骨凤爪

材料

鸡爪（去骨）500 克，青辣椒段、红辣椒段、姜片、蒜片各适量。

调料

姜葱油 10 克，盐、味精、卤水（浅色）、料酒、糯米粉各适量。

做法

①将鸡爪洗净后汆烫，再放入卤水锅内卤熟捞出，改刀成块，裹一层糯米粉下油锅炸至酥香。

②锅内放姜葱油烧热，炒香青辣椒段、红辣椒段、姜片、蒜片，加入鸡爪块翻炒，调入盐、味精、料酒推匀，装盘即可。

五味鸭

材料

土鸭 650 克，油菜 100 克，青豆适量。

调料

干辣椒 15 克，大料、桂皮、香叶、醋、花椒各适量，冰糖少许。

做法

①将油菜洗净，入沸水汆烫至断生，铺在盘中；再将青豆清洗干净，备用。

②将土鸭剁成块，洗净；锅内放油烧热加干辣椒、花椒煸香，再放入土鸭块翻炒片刻。

③然后向锅内加大料、桂皮、香叶、青豆、冰糖、醋煮 15 分钟，去盖，慢火中收汁倒入油菜上即可。

锅边闲话

鸭肉中 B 族维生素含量比较多。B 族维生素对人体新陈代谢、神经、心脏、消化系统的维护都有良好的作用。

回锅仔鸭

材料

仔鸭 650 克，青蒜苗 100 克，姜 20 克。

调料

味精、盐各 2 克，香油 1 克，料酒 5 克，白糖、豆瓣酱各 10 克，干辣椒段适量。

做法

①仔鸭宰杀洗净，切条，用盐、料酒腌渍；青蒜苗洗净切段；姜洗净，切成片，备用。

②锅内热油，放入鸭条爆香，下豆瓣酱、姜片、青蒜苗段、干辣椒段、白糖、料酒、盐、味精翻炒均匀。

③烧至熟透后滴入香油，装盘即可。

锅边闲话

鸭肉的营养价值比较高，其中蛋白质含量约 16% ~ 25%，比畜肉含量高得多。其脂肪含量适中，较均匀地分布于全身组织中，而且脂肪酸主要是不饱和脂肪酸的低碳饱和脂肪酸，熔点低，非常易于人体消化吸收。

椒汁肥牛

材料

肥牛 300 克，绿豆芽 30 克，青、红辣椒各 10 克，青花椒 15 克。

调料

自制椒汁 20 克，辣椒油 10 克。

做法

①将肥牛洗净，切成薄片，入沸水中氽烫熟捞出，沥干，备用。

②将绿豆芽洗净氽烫熟，垫入盘底；青、红辣椒分别洗净，切成圈，备用。

③将肥牛片装入垫有绿豆芽的盘中，加入自制椒汁、辣椒油，撒上青、红辣椒圈和青花椒，浇上滚油即可。

锅边闲话

挑选牛肉时，要选表面有光泽、肉质略紧且富有弹性的。新鲜牛肉肉质较为坚实，并呈大理石纹状，肌肉呈粽红色，脂肪多为淡黄色，也有深黄色，筋为白色。

蚝油牛肉卷

材料

牛柳肉片500克，香菇丝、冬笋丝、火腿丝各100克，面粉、面包屑各200克，鸡蛋液20克，香菜叶少许。

调料

A. 嫩肉粉、盐、料酒各适量；B. 鸡精、胡椒粉、老抽、蚝油、白糖、鲜汤、水淀粉各适量。

做法

①将牛柳肉片洗净后加调料A拌匀腌渍。

②将牛肉片上放香菇丝、冬笋丝、火腿丝卷成卷，裹面粉，挂鸡蛋液，蘸面包屑。

③油锅烧热炸熟牛肉卷，捞出装盘；锅中留油，下蚝油及剩余调料烧沸，淋在牛肉卷上，用香菜叶点缀。

锅边闲话

寒冬补益佳品：牛肉营养价值很高，古有"牛肉补气，功同黄芪"之说。尤其是寒冬时节，多食牛肉可暖胃，是补益佳品。

软酥牛肉

材料

牛肉200克，姜片10克，葱片适量。

调料

盐、白糖、味精、鲜汤、料酒、香油、大料、花椒、山柰各适量。

做法

①将牛肉洗净氽烫后，捞起放入清水锅中，加姜片、葱片、料酒、盐、花椒、大料、山柰卤熟后，捞起凉凉切条，备用。

②将凉凉的牛肉切条，放入热油锅内炸硬后捞起，备用。

③锅留底油，炒香葱片，加鲜汤、白糖、熟牛肉条，用大火翻炒均匀，待收至汁水快干时，加味精、香油调味，再收一下汁即可。

锅边闲话

牛肉中含酪蛋白、白蛋白、球蛋白较多，这对提高机体免疫功能，增强体质十分有益。

酸菜鹅块汤

材料

老土鹅1000克，酸菜100克，姜片、葱段各10克。

调料

胡椒粉 3 克，猪油适量，鸡精少许。

做法

①将老土鹅宰杀洗净，剁成块，入沸水锅中汆烫去血水后洗净，捞出；再将酸菜洗净切段，备用。

②锅中放入猪油烧化，再放入酸菜段炒香，加入清水、姜片、葱段、老土鹅块，大火烧沸，撇去浮沫。

③转小火炖至老土鹅块酥烂，调入鸡精、胡椒粉即可。

锅边闲话

◎鹅肉多以清炖，红烧为主，也可腌制肉炖食。在处理鹅肉时，应用沸水汆烫去血水和污物再烹饪。

◎挑选时肉色呈鲜红色、血水不会渗出太多的鹅肉才新鲜，如果肉色已呈暗红，就不太新鲜了。最好选择白鹅肉，以翼下肉厚、尾部肉多而柔软、表皮光泽为佳。

芽菜烧肉

材料

猪五花肉 300 克，芽菜末 50 克，姜片 5 克。

调料

鲜汤 50 克，酱油 15 克，胡椒粉、味精、香油各 2 克，白糖少许。

做法

①将猪五花肉洗净切块，备用。

②锅置火上，加油烧热，放入猪五花肉块、姜片爆炒至出香味，放入少许白糖，加入鲜汤、芽菜末、酱油、胡椒粉，转小火烧至猪肉块熟透、自然收汁后，调入味精、香油即可食用。

剁椒蚝油木耳

材料

新鲜黑木耳 300 克，红辣椒末、葱花各少许。

调料

剁椒味汁、蚝油各适量。

做法

①将新鲜黑木耳放入清水中浸泡，去除杂质，洗净，捞起后沥干水分，切丝，备用。

②锅置火上，加适量油烧至七成热时，倒入适量的剁椒味汁、红辣椒末，放入

新鲜黑木耳丝，翻炒均匀，继续以大火翻炒。

③炒出剁椒香味时，淋入适量蚝油，撒上葱花炒匀即可装盘。

外婆坛子肉

材料

肘子、鸡腿、虎皮蛋各 200 克，虾米、西蓝花、肉末、蛋清各适量。

调料

淀粉、冰糖、盐、味精、红酱油、水淀粉、鲜汤各适量。

做法

①将肘子去骨洗净，汆烫后抹上红酱油；鸡腿洗净；肉末加蛋清、淀粉制成狮子头，过油后盛入坛中。

②锅内放西蓝花外的所有材料、冰糖、鲜汤用小火炖熟，倒入坛内；原汁下锅，加盐、味精、西蓝花，最后用水淀粉勾芡，淋在坛子里即可。

锅巴东坡肘

材料

猪肘子 1000 克，锅巴块 350 克，花生仁、葱段各少许。

调料

香辣酱、卤水、盐、味精、料酒、香油各少许。

做法

①猪肘子洗净汆烫后再下入锅中加卤水卤熟，捞出，备用。

②锅内放油烧热，下入猪肘子、锅巴块、花生仁略炸，捞出。

③锅中留油烧热，下入香辣酱炒香，放入所有材料，加盐、味精、料酒略炒，淋入香油，起锅装盘即可。

芽菜扣肉

材料

净五花肉 200 克，芽菜 50 克，泡椒段 2 克。

调料

盐、味精、花椒、老抽、生抽、蚝油、糖色、高汤各适量。

做法

①将净五花肉放入高汤中煮熟捞出，将肉皮上抹匀糖色，入油锅中炸至起泡；芽菜洗净切末。

②将五花肉切片，调入除高汤外所有调料，摆放在蒸碗中。

③油锅烧热，下入芽菜末、泡椒段炒香，放入蒸碗中，上笼蒸约 1 小时，蒸熟

取出即可。

南瓜粉蒸骨

材料

净猪排骨段 500 克，净南瓜条 300 克，五香米粉 250 克，姜片适量，葱段少许。

调料

A. 酱油、味精、豆腐乳水、红糖各适量，醪糟、甜面酱各 10 克；B. 料酒、花椒、盐各适量。

芽菜扣肉

做法

①将净猪排骨段用盐、部分料酒腌渍。

②将姜片、葱段、花椒剁细入碗，同调料 A 和匀，加净排骨段、五香米粉、料酒拌匀，加净南瓜条蒸两个小时，待排骨段熟后取出，反扣盘中即可。

辣子脆皮牛柳

材料

牛柳 350 克，香菜段、姜末、蒜末、葱花、葱段各适量。

调料

干辣椒段、花椒、盐、味精、白糖、全蛋糊各适量。

做法

①将牛柳洗净，切条，用盐、味精腌渍，放入全蛋糊内上浆。

②油锅烧热，下牛柳条炸至金黄，捞起；锅中留底油，炒香姜末、蒜末、葱花、干辣椒段、花椒，加入盐、白糖、葱段、牛柳条炒匀，撒香菜段即可。

香煎牛排

材料

牛排 500 克，洋葱丝 100 克，姜片、西蓝花各少许。

调料

料酒、酱油、牛排酱、蚝油、辣椒酱、白糖各适量。

做法

①将牛排洗净切块，加入酱油、料酒及洋葱丝、姜片腌渍入味，再放入有热油的平底锅中煎至上色；西蓝花入沸水中汆烫过凉，备用。

②油锅烧热，放入牛排酱、蚝油、辣椒酱、白糖炒香，加适量水，下牛排块烧入味，待汤汁收干时盛出，用西蓝花点缀即可。

中国菜品风味流派

麻辣小脆肠

材料

猪小肠 350 克，熟花生仁 50 克，熟白芝麻 20 克，葱段、姜块各 10 克。

调料

盐、味精、料酒、红油、花椒油、香料各适量。

做法

①将猪小肠清洗干净，加入盐、料酒腌渍，投入加有姜块、香料的沸水锅中煮熟。

②将猪小肠切花刀，加入盐、味精、红油、花椒油、葱段、熟花生仁一起拌匀，装盘后撒上熟白芝麻即可。

椒香豆腐

材料

白水豆腐 1 块，泡野山椒适量。

调料

盐 10 克、味精 2 克，白糖 5 克，白醋 3 克，干辣椒适量。

做法

①将白水豆腐洗净，切成 1.5 厘米见方的块，入沸水中余烫片刻，捞出沥干，备用。

②油锅烧热，下入泡野山椒和干辣椒炒香，加适量水以大火烧沸，调入盐、白糖、白醋、味精略煮，然后再下入白水豆腐块煮至入味熟透即可。

鱼香笋盒

材料

净鲜笋 300 克，五花肉末 100 克，姜末、蒜末、葱花各 10 克。

调料

泡椒末、脆浆粉、盐、醋、水淀粉各适量。

做法

①把五花肉末和盐拌匀成肉馅；将净鲜笋改为夹刀片，夹适量肉馅，裹一层脆浆粉，入油锅中炸熟捞起沥油，备用。

②锅留底油，炒香泡椒末、姜末、蒜末、加醋、水淀粉、笋盒略炒，撒葱花盛入盘中即可。

砂锅肥肠鸭

材料

仔鸭块 500 克，肥肠段 150 克，姜末、蒜末各 10 克。

调料

高汤适量，盐 3 克，味精少许，干辣椒 20 克，豆瓣酱、料酒各 10 克。

做法

①仔鸭块氽烫后沥干，备用。

②肥肠段氽烫后洗净，沥干。

③油锅烧热，先下入豆瓣酱、干辣椒、姜末、蒜末炒香，再倒入高汤煮沸后倒入砂锅中，加入仔鸭块、肥肠段和料酒，以小火炖至熟透，最后加盐和味精调味即可食用。

酸辣虾

材料

虾 200 克，红辣椒末、青椒末各 20 克，蒜片、蒜末各 5 克。

调料

柠檬汁 2 大匙，白醋、鱼露各 1 大匙，白糖 1 小匙。

做法

①将虾去虾线后洗净，沥干水分。

②油锅烧热，将虾放入锅中，两面略煎后盛出，备用。

③另起油锅烧热，将红辣椒末、青椒末、蒜片、蒜末炒香，再加入虾及所有调料，转中火烧至汤汁收干即可。

干烧蹄筋

材料

牛蹄筋段 400 克，葱花、姜末、蒜末、红辣椒末各适量。

调料

料酒、盐、白糖、味精、辣椒粉、高汤各适量。

做法

①牛蹄筋段浸泡透，再入沸水中氽烫至八成熟捞出，沥水，然后放入热油锅中略炸后沥油，备用。

②锅内留底油烧热，放入姜末、蒜末和红辣椒末爆香，再倒入高汤煮沸，然后下入牛蹄筋段，加入料酒及盐、白糖用小火烧 20 分钟后收汁，出锅前加味精、辣椒粉调味，再撒上葱花即可。

杭椒腰花

材料

中国菜品风味流派

猪腰花 500 克，青杭椒圈、红杭椒圈、姜末各适量。

调料

盐 2 克，味精 1 克，红油 5 克，料酒 10 克，淀粉、水淀粉各适量。

做法

①猪腰花加入盐、味精、淀粉拌匀后腌渍入味。

②油锅烧热，下入猪腰花滑油后盛出，备用。

③锅内留底油烧热，放入青、红杭椒圈和姜末炒香，再下入猪腰花、料酒、盐、味精，用水淀粉勾芡，淋入红油即可。

豆豉香鱼

材料

鲫鱼 1 条，姜、葱各适量，香菜少许。

调料

味精、盐各 1 克，豆豉酱 30 克，胡椒粉、香油、料酒各适量。

做法

①鲫鱼去鳞、鳃和内脏后洗净，加盐、料酒、胡椒粉、味精拌匀后腌渍 20 分钟；姜洗净，切片；葱、香菜均洗净，切段，备用。

②将鲫鱼装入盘中，加入豆豉酱、姜片、葱段，然后放入蒸锅蒸熟。

③取出鲫鱼盘子，拣去姜片、葱段，再淋入香油、撒上香菜段即可食用。

猪肉炒蒜苗

材料

猪肉 500 克，蒜苗 200 克，红辣椒片 50 克。

调料

盐、豆豉、酱油、料酒各适量，白糖少许。

做法

①猪肉洗净后去皮，切薄片；蒜苗择洗干净，切段备用。

②锅置火上，倒油烧热，放入猪肉片和料酒煸炒至变色，再加豆豉炒至猪肉片出油，然后放入白糖、酱油炒至上色，放入红辣椒片、蒜苗段和盐炒匀入味即可。

干烧鸭肠

材料

鸭肠 350 克，五花肉丁 30 克，青椒丁、葱花各适量。

调料

盐、味精、料酒、辣椒油、白糖、豆豉、花椒油各适量。

做法

①鸭肠洗净，切段，入沸水中略汆烫，捞出后沥干。

②油锅烧热，下入辣椒油、料酒、豆豉和葱花爆香，再下入五花肉丁、鸭肠段和青椒丁炒熟，最后加盐、味精和白糖调味，出锅前淋上花椒油即可。

酸白菜炒五花肉

材料

酸白菜、熟五花肉片各 250 克，青椒片、蒜片、葱段各 10 克，香菜叶少许。

调料

盐少许，酱油、白糖、水淀粉、醋各适量。

做法

①酸白菜切片，浸泡后沥水，备用。

②油锅烧热，放入蒜片，葱段和青椒片爆炒至出香味，再下入熟五花肉片、酸白菜片翻炒均匀，加入除水淀粉外调料炒匀入味，再用水淀粉勾芡，盛盘后用香菜叶点缀即可。

咸烧白

材料

五花肉 200 克，芽菜末 100 克，姜片、葱花、葱段各适量。

调料

鲜汤、盐、味精、胡椒粉、干辣椒段各适量，料酒、糖色、酱油、豆豉各 1 大匙。

做法

①将五花肉洗净煮熟后在肉皮上抹糖色和料酒，静置 10 分钟。

②将五花肉入油锅煎炸后凉凉切片摆入碗中，备用。

③除葱花外的剩余调料和材料搅拌均匀后倒入五花肉碗中，移入蒸锅中蒸熟，取出后翻扣入盘中。

酸菜炒素肚

材料

素肚 160 克，酸菜 60 克，红椒丝 30 克，姜丝 15 克。

调料

盐、白糖各 1 小匙，味精、香油各少许。

做法

①酸菜、素肚均洗净，切丝，放入冷水中浸泡 1 分钟后捞出，沥干。

②锅内放油烧热，爆香姜丝、红椒丝，再放入素肚丝和酸菜丝拌炒至将熟。

③再放入所有调料拌炒至入味即可装盘。

（三）川菜典故

"夫妻肺片"里的爱情

20 世纪 30 年代，在四川成都有一对摆小摊的夫妇，他们看到一些动物内脏都被扔掉，觉得很可惜，于是清晨就到屠场，在堆积的内脏堆中翻翻拣拣。挑选自己觉得还能吃的，打理干净上锅煮熟。他们经过反复试验，终于做到了使牛肚白嫩如纸，牛舌淡红如桦，牛头皮透明微黄，再配以夫妻精心搭配的红油、花椒、芝麻、香油、味精、上等的酱油和鲜嫩的芹菜等各色调料，炮制出了这后世传诵的美食。

因为原料是从废弃的内脏中挑选出来的，加工时又都切成薄片，故开始时称其为"废片"，又因为是夫妻制作出来，故前面又冠以"夫妻"二字，由此得名"夫妻废片"。而后随着食客的日益增多，名声越传越远，有人嫌"废片"二字不好听，于是主张将"废"字易为"肺"字，这一改动就成就了这道成都招牌菜。

·美食原料

主料：牛肉 40 克，牛杂 250 克。

辅料：熟花生米 10 克，熟白芝麻 5 克。

调料：桂皮 10 克，红腐乳水、酱油各 100 克，花椒、八角、白酒、味精、红油各适量。

·制作方法

1. 将牛肉、牛杂洗干净，放入沸水锅中煮 8 分钟，捞出，沥干水。

2. 锅置于火上，加入所有调料（红油除外）和适量清水后调成卤水，烧沸后放入牛肉、牛杂，用小火煮大约 3 小时，捞出晾凉。

3. 将牛肉、牛杂切成薄片码在盘中，淋上卤水和红油，撒上熟花生米和熟白芝麻即可。

·菜品特点

色泽红亮，质地软嫩，麻辣鲜香。

·饮食禁忌

牛肉与栗子同食会引起呕吐；与红糖同食可胀死人；与田螺同食不易消化，可以引起腹胀；与韭菜、鲇鱼同食易中毒。

"水煮牛肉"辣不怕

相传，此菜最早出现在北宋年间，当时自贡已是我国井盐的著名产地，当时人们在盐井上安装辘轳，以牛为动力提取卤水。一头壮牛服役，多者半年，少者三月，就已筋疲力尽，难以再承受高强度的工作。盐工们生活十分艰苦，每天都要进行繁重的劳动，而收入却十分微薄。盐业老板为减少开支，常将淘汰的役牛分给盐工，抵付部分工资。每当有老弱役牛被淘汰，盐工们享口福的日子就来临了。他们即略加食盐、辣椒煮熟——这就是最初的水煮牛肉。

后来，水煮牛肉随着盐工们的足迹也流传四方，又被引入酒楼饭店，经厨师不断改进提高，便成了一道四川传统风味菜肴。

·美食原料

主料：牛肉500克。

辅料：青笋、油菜心备适量，鸡蛋清1个。

调料：酱油30克，豆瓣酱30克，清汤100毫升，水淀粉20克，精盐、胡椒粉、葱花、蒜末、姜片、味精、料酒、干辣椒段、花椒末、猪油、色拉油各适量。

·制作方法

1. 将牛肉洗净，切成片，用盐、鸡蛋清、水淀粉抓匀；青笋洗净后切成片；油菜心洗净，放入开水中烫透。

2. 炒锅内放底油（色拉油），下入豆瓣酱、姜片炒香，加入清汤烧开，放入酱油、料酒、胡椒粉、味精、青笋片、油菜心炒熟，捞八汤碗内垫底。

3. 牛肉煮至变色熟透，勾芡后倒入碗中，撒上干辣椒段、花椒末、蒜末、葱花。

4. 炒锅内再放入猪油，烧至九成热后，浇在牛肉上即可。

·菜品特点

麻辣味厚，滑嫩适口，具有火锅风味。

杜甫烹制"五柳鱼"

唐代大诗人杜甫，在年近50岁的时候，遇上"安史之乱"，唐朝从此走了下坡路。唐明皇逃往四川，杨玉环在马嵬坡吊死。杜甫为了躲避这场战乱，也漂泊到了西南方。

杜甫到了成都后，在浣花溪畔亲手建了一座草堂。相传，有一天，他邀几个朋友在草堂上吟诗作赋，吟得高兴，不觉到了中午。他发起愁来，眼看要吃午饭了，拿什么款待客人呢？他正在着急，忽然见家人从浣花溪里钓上一条鱼来。杜甫喜出望外，心想就请大家品尝这条鱼吧！

他走到灶前，亲手烹制起鱼来。他把鱼洗好以后，加上作料就放锅里蒸。蒸熟以后，又把当地的甜面酱炒熟，加入四川泡菜里的辣椒、葱、姜和汤汁，和好淀粉，做成汁，趁热浇在鱼身上，再点上香菜就做成了。

大伙欢坐一堂，见杜甫把鱼端了上来，伸筷一尝，果然好吃。杜甫说："陶渊明先生是我们敬佩的先贤，而这鱼背覆有五颜六色的丝，很像柳叶，就叫'五柳鱼'吧！"五柳鱼之名由此而来，成为一道四川名菜，流传至今。

·美食原料

主料：鲤鱼1条（约750克）。

辅料：熟火腿50克，熟鸡肉50克，离笋50克，冬笋25克，香菇25克，清汤400毫升。

调料：味精1.5克，胡椒粉1克，绍酒25克，葱白25克，姜10克，湿淀粉25克，泡辣椒2根，鸡化油50克，猪油500克，盐5克。

·制作方法

1. 将净鱼用刀刻成鱼鳃纹；将火腿、鸡肉、离笋、香菇、冬笋、姜、泡辣椒分别切成细丝。

2. 炒锅置旺火上，下猪油烧至七成热，将鱼下锅炸一次，滗去炸油，留油50克，加姜炒香，掺清汤，加绍酒，放入火腿、鸡肉、离笋、冬笋、香菇及盐、胡椒粉，烧10多分钟。将鱼翻面再烧5分钟，用筷子将鱼夹入盘内。锅内勾芡，放鸡化油、味精和匀后淋在鱼上，最后将葱丝、泡辣椒丝撒在面上即成。

·菜品特点

色泽鲜艳，鱼背上有五颜六色的丝，鱼肉甜、酸、辣味俱全，别有风味。

·营养功效

鸡肉中蛋白质的含量比例很高，而且易消化，很容易被人体吸收利用，有增强体力、强壮身体的作用。另外，鸡肉中还含有对人体生长发育有重要作用的磷脂类，是中国人膳食结构中脂肪和磷脂的重要来源之一。花生仁有增强记忆力、抗老化、止血、预防心脑血管疾病、减少肠癌发病率的作用。鸡蛋清可以增强皮肤的润滑作用，保护皮肤的微酸性，防止细菌感染。此外，鸡蛋清还具有清热解毒作用。

·饮食禁忌

鸡肉：与大蒜、鲤鱼同食，功效抵触；与芥末、芹菜同食，易伤元气；与兔肉、李子同食，引起腹泻；与菊花、芝麻同食，易中毒；与甲鱼、虾同食，会生疖子。

花生仁（炸）：花生不宜与黄瓜、螃蟹同食，否则易导致腹泻；花生不可与香瓜同食。

鸡蛋清：鸡蛋清不能与白糖、豆浆、兔肉同食。

元稹偶遇"灯影牛肉"

灯影牛肉是四川达县的传统名食。牛肉片薄如纸，色红亮，味麻辣鲜脆，细嚼之，回味无穷。

传说一千多年以前，任朝廷监察御史的唐代诗人元稹因得罪宦官及守旧官僚，被贬至通州任司马。一日元稹到一酒店小酌，兴致盎然。下酒菜中的一种牛肉片，色泽油润红亮，十分悦目，味道麻辣鲜香。吃进口里，酥脆化渣，回味无穷，使元稹赞叹不已。更使他惊奇的是，这牛肉片特薄，呈半透明状，用筷子揲起来，在灯光下，肉片上丝丝纹理会在墙壁上反映出清晰的影像来，他顿时想起当时在京城里盛行的"灯影戏"（现称皮影戏），当即称之为"灯影牛肉"。于是在通州这种牛肉就以"灯影牛肉"之名传开，成为四川的一道名小吃。

·美食原料

主料：黄牛肉 500 克。

调料：白糖 25 克，花椒粉 15 克，辣椒粉 25 克，绍酒 100 克，精盐 10 克，五香粉 3 克，味精 1 克，姜 15 克，芝麻油 10 克，熟菜油 500 克。

·制作方法

1. 选用牛后腿上的腱子肉，去除浮皮保持洁净（勿用清水洗），片成大薄片。将牛肉片放在案板上铺平，均匀地撒上炒干水分的盐，裹成圆筒形，晾至牛肉呈鲜红色（夏天约 14 小时，冬天 3~4 天）。

2. 将晾干的牛肉片放在烘炉内，用木炭火烘约 15 分钟，然后上笼蒸约 30 分钟取出，切成 4 厘米长、2 厘米宽的小片，再上笼蒸约一个半小时取出。

3. 炒锅烧热，下菜油至七成热，放姜片炸出香味，捞出。油温降至三成热，将锅移置小火灶上，放入牛肉片慢慢炸透，滗去约 1/3 的油，烹入绍酒拌匀。再加辣椒粉和花椒粉、白糖、味精、五香粉，颠翻均匀，起锅晾凉，淋上芝麻油即成。

"麻婆豆腐"的陈麻婆

传说中的麻婆本姓陈，专门以做豆腐为生。清朝同治年间，陈老太在成都万福桥开了一家豆腐店，由于烧制的豆腐菜别有风味，因此，生意越做越红火。一天，一位过客提着两斤刚剁好的牛肉末来陈老太店中落座，对门豆腐店的老板娘仗着自己年轻又有几分姿色，便对这位客人暗送秋波，这位客人一时惊喜便忘了那包牛肉末，径自向对门走去，陈老太见此情景，心中又气又恼。

这时又走进几位客人，他们看见餐桌上的牛肉末，便说要吃牛肉炒豆腐。陈老太本不想用别人的牛肉末，但客人急需食用，也就把这牛肉末同豆腐一起做菜给客人吃了。没想到这道菜又香又有味，吃的人越来越多，生意异常火暴，宾客络绎不绝。

对面的老板娘见了又气又妒，便在顾客面前说陈老太的坏话，骂她是丑八怪，是麻子。陈老太是个大度的人，她不在意这些，努力做自己的生意。后来，她干脆在自家门头上挂起一块大招牌"陈麻婆豆腐"。随着豆腐店名声愈来愈大，麻婆豆腐这道大众佳肴也就名扬四海了。

·美食原料

主料：嫩豆腐200克。

辅料：鸡汤100毫升，牛肉末（或猪肉末）65克，豆豉10克。

调料：葱末4克，辣椒油4克，花椒粉、大蒜末、酱油、辣椒粉、盐、淀粉、黄酒各适量。

·制作方法

1. 将嫩豆腐切成小方块，用沸水煮2分钟，以去除石膏味，沥干水分。

2. 猪油烧热，将牛肉末和豆瓣酱一起炒。

3. 放辣椒粉、酱油、豆豉、辣椒油、黄酒、盐、蒜末，炒到入味。

4. 放豆腐和鸡汤100克，用小火焖至汤成浓汁。

5. 加淀粉收汁，放葱末、花椒粉、味精即成。

·菜品特点

色泽淡黄，豆腐嫩白而有光泽。

·营养功效

豆腐营养丰富，含有铁、钙、磷、镁等人体必需的多种微量元素，还含有糖类、植物油和丰富的优质蛋白，素有"植物肉"的美称。豆腐的消化吸收率达95%以上。两小块豆腐，即可满足一个人一天钙的需要量。豆腐为补益清热养生食品，经常食用，可补中益气、清热润燥、生津止渴、清洁肠胃。更适于热性体质、口臭口渴、肠胃不清、热病后调养者食用。

·关键提示

1. 优质豆腐的选择：豆腐内无水纹、无杂质、洁白细嫩的属优质；内有水纹、有气泡、有细微颗粒、颜色微黄的是劣质豆腐。

2. 豆腐不可过食，过食则腹胀、恶心，可用菠萝解。

烧鱼调料炒出"鱼香肉丝"

相传很久以前，在四川有一户生意人家，他们家里的人很喜欢吃鱼，对调味也很讲究，所以他们在烧鱼的时候都要放一些葱、姜、蒜、酒、醋、酱油等去腥增味的调料。一天晚上，女主人在炒菜的时候，为了不使配料浪费，便把上次烧鱼时用剩的配料都放在这个菜中炒，当时她还以为这个菜可能味道不是很好吃，可丈夫回来吃后连连称赞："好吃！你是怎么做的？"女主人一五一十地讲了这个菜的做法。这个菜是用烧鱼的配料来炒的，所以才会让人回味无穷，"鱼香炒丝"因此得名。

后来，这道菜经过四川人若干年的改进，现早已列入四川菜谱，发展出鱼香猪肝、鱼香肉丝、鱼香茄子和鱼香三丝等菜肴。"鱼香肉丝"独特的风味也受到全国各地人们的欢迎。

·美食原料

主料：猪腿肉250克。

辅料：嫩笋丝100克，鸡蛋1个。

调料：糖15克，醋15克，生油200克，麻油10克，味精2.5克，酱油10克，精盐5克，豆瓣酱10克，黄酒5克，水淀粉15克，胡椒粉适量，葱花、姜末各少许。

·制作方法

1. 把猪腿肉切成6厘米长、宽厚各0.2厘米的丝，用酒、盐拌和均匀，放入打散的鸡蛋、水淀粉调上浆。另将白糖、酱油、醋、味精、水生粉调在小碗里备用。

2. 锅烧到六成热时，放入生油，随即倒入肉丝炒散，肉丝变色后倒入漏勺，沥去油。锅底留余油，下葱花、姜末、豆瓣酱一起煸出香味后，放笋丝，同时将肉丝入锅炒和。随即将小碗调料倒入锅内，迅速翻炒几下，加味精后勾上薄芡，撒上胡椒粉，浇上麻油，起锅装盘即成。

·菜品特点

呈橘红色，酸甜带辣，香鲜可口，极具四川风味。

·营养功效

猪里脊肉：猪肉含有丰富的优质蛋白质和人体必需的脂肪酸，并提供血红素（有机铁）和促进铁吸收的半胱氨酸，能改善缺铁性贫血；具有补肾养血、滋阴润燥的功效；猪里脊肉的脂肪、胆固醇含量相对较少，一般人群都可食用。

竹笋：竹笋富含B族维生素及烟酸等营养素，具有低脂肪、低糖、多膳食纤维的特点，本身可吸附大量的油脂来增加味道。另外，由于竹笋富含烟酸、膳食纤维等，能促进肠道蠕动、帮助消化、消除积食、防止便秘，故有一定的预防消化道肿瘤的功效。

·饮食禁忌

猪里脊肉：猪肉不宜与乌梅、甘草、鲫鱼、虾、鸽肉、田螺、杏仁、驴肉、羊肝、香菜、甲鱼、菱角、荞麦、鹌鹑肉、牛肉同食。食用猪肉后不宜大量饮茶。

竹笋：竹笋忌与羊肝同食。

"樟茶鸭"媲美北京烤鸭

樟茶鸭子是川菜宴席的一款名菜。此菜选料严谨，制作精细，是选用秋季上市的肥嫩公鸭，经腌、熏、蒸、炸四道工序，所以又名"四制樟茶鸭"。许多中外顾客品尝后，称赞不已，说它可与北京烤鸭相媲美。前几年四川名厨访问香港，不少顾客食用此菜后大加赞扬，说它是"一款融色、香、味、形四绝于一体的四川名菜"，而后其名声逐渐传扬海外。现在许多到四川旅游的华侨及国际友好人士，大多都要品尝樟茶鸭子。

·美食原料

主料：肥公鸭1只（重1 500克左右）。

调料：花椒52克，味精1克，胡椒粉1. 5克，绍酒、精盐、醪糟汁各50克，芝麻油15克，熟菜油1000克（约耗100克左右），锯木屑500克，柏树叶750克，樟树叶50克，茶叶、樟木屑各适量，开花葱1. 5克，甜面酱少许。

樟茶鸭

·制作方法

1. 将鸭宰杀，煺净毛，在背尾部横割7厘米长的口，取出内脏，割去肛门，洗净。盆内放入清水2000克左右，加花椒20粒和精盐，将鸭放入浸渍4小时左右捞出，再放入沸水锅中稍烫，紧皮取出，晾干水汽。

2. 取用花椒50克、锯木屑500克、柏树叶750克、樟树叶50克拌匀，放入熏炉内点燃起烟，以竹制熏笼罩上，把鸭子放入笼中，熏10分钟后翻个儿。熏料中再加茶叶和樟树叶，再熏10分钟，至鸭皮呈黄色时取出。

3. 将绍酒、醪糟汁、胡椒粉、味精调成汁，均匀抹在鸭皮上及鸭腹中，将鸭子放入大蒸笼内，蒸2小时，取出晾凉。

4. 炒锅上旺火，下菜油烧至八成热，将鸭子放入炸至鸭皮酥香捞出，刷上芝麻油。最后，将鸭子切成3厘米长、1. 5厘米宽的小条装盘，鸭皮朝上盖在鸭颈上，摆成鸭形。上桌时将麻油5克与甜面酱少许调匀，分盛两碟，开花葱也分别摆入两小碟中，围在鸭子的四边佐食。

·菜品特点

色泽金红，外酥里嫩，带有樟木和茶叶的特殊香气，别具风味。

· 营养功效

鸭子性甘味咸、滋阴养胃，富含蛋白质和脂肪，维生素及矿物质含量都不少，营养价值较高，但高血脂症患者不宜多食。

· 关键提示

1. 制作鸭子前要洗干净，并用清水加盐、花椒浸渍，以去除异味，吸入咸味。

2. 要熏好，使其吸入熏香味。入油锅炸至皮脆即取出，不要炸焦，否则会有苦味。

薛涛井水制作"薛涛香干"

薛涛香干是一种豆制品，最早在四川地区流行的美味食品。

薛涛是唐代女诗人，陕西长安人，幼年随父亲来到蜀国（今四川），居住在成都浣纱溪畔，她精通琴、棋、书、画，善于吟诗作赋。她常用家中的井水制作小笺写诗馈赠蜀中友人，称"薛涛笺"，而她家中的井被誉为"薛涛井"。

薛涛故居旁边曾住着一位姓石的生意人，会做豆腐，且手艺高超。他用薛涛井水浸泡黄豆制作豆腐干，并用鸡汤、八角、花椒、辣椒等制作卤水烧煮豆腐干，取名"全鸡薛涛香干"。为使这种香干更加美味，他又用牛肉浓汤，加入八角、桂皮、山茶、花椒、生姜一起合煮，起锅后，加入黄酒、香油，然后缓慢风干即成香气扑鼻、味道鲜美的"薛涛香干"。

· 美食原料

主料：白豆腐 1000 克。

辅料：鸡汤（或牛肉汁）1000 毫升。

调料：精盐 10 克，八角 5 粒，花椒 10 克，辣椒 5 克，桂皮 10 克，生姜片 20 克，香油 50 克，黄酒 50 克。

· 制作方法

1. 把八角、花椒、辣椒、桂皮、姜片泡入清水中，入煮锅煮成卤汁。把豆腐切成 2 厘米厚、6 厘米见方的方块，放入卤汁中煮成脱水豆腐干。

2. 将鸡汤倒入另一锅中，烧沸，将豆腐干捞入，煮到汤浓，加盐、黄酒、香油上味，起锅自然风干即成。

· 菜品特点

颜色金黄，味道鲜美，香气扑鼻。

· 营养功效

豆腐营养丰富，含有铁、钙、磷、镁等人体必需的多种微量元素，还含有糖类、植物油和丰富的优质蛋白，素有"植物肉"的美称。豆腐除有增加营养、帮助消化、增进食欲的功能外，对牙齿、骨骼的生长发育也颇为有益，还可增加血液中铁的含量，增强造血功能；豆腐不含胆固醇，为高血压、高血脂、高胆固醇症及动脉硬化、冠心病患者的药膳佳肴，也是儿童、病弱者及老年人补充营养的食疗佳品。豆腐含有丰富的植物雌激素，对防治骨质疏松症有良好的作用。

·关键提示

豆腐虽好，也不宜天天吃，一次食用也不要过量。老年人和肾病、缺铁性贫血、痛风病、动脉硬化患者更要控制食用量。中医认为，豆腐性偏寒，胃寒者和易腹泻、腹胀、脾虚者以及常出现遗精的肾亏者也不宜多食。

喜食墨汁的"东坡墨鱼"

东坡墨鱼全身墨黑色，传说很早很早以前，这种鱼并非全身都为黑色，而只有头部是黑色，叫做墨头鱼。宋代大文豪苏东坡少年时寄寓在乐山龙泓山的一座庙宇内读书，常去江边洗砚涮笔。这种鱼常游近岸边并吞下水中墨汁，久而久之，鱼皮也就变成了墨色，有的甚至潜移默化，变成龙腾飞而去。至今龙泓山还保留着苏东坡洗墨池的遗址，池上方还刻着"鱼化龙"三个醒目的大字。后来，人们又将用墨鱼制作的菜肴称之为"东坡墨鱼"。

·美食原料

主料：新鲜墨鱼1条（重约750克）。

调料：麻油、香油豆瓣、湿淀粉、熟猪油各50克，葱花15克，葱白1根，姜末和蒜末各10克，醋40克，绍酒15克，干淀粉7克，精盐1.5克，酱油25克，熟菜油1500克（约耗50克），肉汤、白糖各适量。

·制作方法

1. 墨头鱼洗净，顺剖为两片，头相连，两边各留尾巴一半，剔去脊骨，在鱼身的两面直刀下、平刀进剞六七道刀纹（以深入鱼肉2/3为度），然后用精盐、绍酒抹遍全身。将葱白先切成7厘米长的段，再切成丝，漂入清水中。香油豆瓣切细。

2. 炒锅上火，下熟菜油烧至八成热，将鱼全身挂满干淀粉，提起鱼尾，用勺子舀油淋于刀口处，待刀口翻起定形后，将鱼腹贴锅放入油里，炸至金黄色时，捞出装盘。

3. 炒锅留油50克，加猪油50克，下葱、姜、蒜、香油豆瓣炒熟后，下肉汤、白糖、酱油，用湿淀粉勾薄芡，撒上葱花，烹醋，放麻油，快速起锅，将卤汁淋在鱼上，撒上葱丝即成。

· 菜品特点

皮酥肉嫩，味道香辣，色泽鲜明。

· 营养功效

每100克鱼肉含蛋白质19.8克，脂肪1.4克，碳水化合物1.2克。营养价值很高，有去淤生新、清热祛风、补肝益肾等功能。加之生鱼肉煲汤鲜甜无腥味，在我国南方地区，尤其是在两广和港澳地区，生鱼汤一向被视为病后康复和体虚者的滋补珍品。

· 关键提示

鱼必须里外洗净，去除鱼内血筋，成菜后便无腥味。油炸时火要旺，但不能过大，至色金黄、鱼身挺起即可。

李白献菜"太白鸭"

"太白鸭"相传始于唐朝，与诗人李白有关。唐天宝元年（公元742年），李白奉唐玄宗之诏入京供职翰林，文武百官都敬重他。当时李白虽然想为朝廷出力，但在政治上并未受到重用，相反由于杨贵妃、杨国忠、高力士等人在唐玄宗面前对其进行谗言陷害，而逐渐被疏远。

李白为了实现自己的抱负，曾设法接近唐玄宗，他竟然想起了年轻时在四川经常吃的美味鸭子，就用肥鸭，加上百年陈酿花雕、枸杞子、三七和调味料等蒸制后，献给玄宗。玄宗食后，觉得此菜味道极佳，回味无穷，大加称赞，并将此菜称为太白鸭。后来，李白虽然仍被玄宗疏远，但李白献菜一事却成为烹饪史上的一段佳话。

· 美食原料

原料：光肥鸭1只。

辅料：枸杞子25克，三七片15克，瘦猪肉100克。

调料：陈年绍酒200克，葱结1个，姜片2片，盐5克，胡椒粉少许，鲜汤适量。

· 制作方法

1. 将鸭子开膛，洗净，斩去脚爪沥干水分后，放入开水锅中烫一下，鸭挺身后即捞出，用清水洗净，除去腥味。

2. 用绍酒、盐、胡椒粉将鸭身内外抹匀，再加葱结、姜片、鲜汤少量，放入猪肉、枸杞子、三七片，用皮纸封严。

3. 将鸭放入笼屉，用旺火蒸约3小时，至肉质酥烂取出，揭去皮纸，除去葱结、姜片，将鸭连汤盛入汤盘内即成。

·菜品特点

色白肉烂，汤味鲜醇。

·营养功效

具有滋补养生的功效，适用于肺肾阴虚之咽炎。

道士首创"白果烧鸡"

"白果烧鸡"是成都青城山地区的传统名菜。青城山风景优美，以幽静著称。

相传，"白果烧鸡"为青城山天师洞的道士创制。据说，在两三百年以前，青城山一位年高的道长久病不愈，日益消瘦。天师洞里的一位道士是道长的朋友，看到道长的病情十分忧心，四处寻找药方。青城山上有一棵银杏树已有500多年的历史，所结白果大而结实。道士取用该树所结的白果，同嫩母鸡烧汤，文火炖浓后，给道长食用。没想到道长的病情从此好转，不久便恢复了健康，精神焕发。

从此以后，"白果烧鸡"便闻名蓉城和整个四川地区，成为一道特色名菜。

·美食原料

主料：嫩母鸡1只（重约1250克）。

辅料：白果250克。

调料：绍酒30克，姜片15克，盐10克。

·制作方法

1. 鸡洗净，用刀沿鸡背脊处剖开，随冷水入锅烧至将沸时取出，去除血污备用。

2. 将白果壳敲开，连壳入开水锅略焯取出，去壳洗净。

3. 鸡入锅，加水（以淹没鸡为度），放姜片、绍酒，加盖烧30分钟左右，再倒入大沙锅内，放入白果、盐，加盖用文火烧15分钟左右，至鸡肉酥烂、汤浓出锅，倒入盘内，鸡肚朝上、白果围在四周即成。

·菜品特点

色泽淡黄，汤汁浓白，鸡肉鲜嫩，白果微甜，软熟适口。

·关键提示

烹制时，先用旺火将鸡烧酥、汤烧浓，再入沙锅用文火煨至鸡更酥、汤更浓，味才佳。

冯玉祥称赞"清蒸江团"

在抗日战争时期，岷江之滨澄江镇的"韵流餐厅"高级名厨郑祖华、张世界烹制的"叉烧江团"、"清蒸江团"等菜肴，闻名遐迩。据说，冯玉祥将军赴美考察水利之前曾到"韵流餐厅"品尝"清蒸江团"，称赞"四川江团，果然名不虚传"。

长期以来，江团在四川是节日盛宴和高级饭店的美味佳肴，深受中外宾客的喜爱，有时它也被空运至北京，给盛大国宴增添美味。

·美食原料

主料：岷江江团 1 条（重约 1250 克）。

辅料：水发香菇 5 个，火腿 10 片，水发虾米 10 克，猪网油 1 张。

调料：葱段 15 克，姜片 25 克，胡椒粉少许、绍酒 30 克，清汤 1 500 毫升，姜汁 2 碟。

·制作方法

1. 将鱼宰杀洗净，在鱼身两侧斜剞 6~7 刀（刀深 0. 3 厘米左右），用精盐 2 克、绍酒 15 克腌渍入味，香菇片成薄片。

清蒸江团

2. 将腌制好的鱼沥去血水，把火腿片、香菇片逐一嵌入，放上虾米、精盐 2 克、绍酒 15 克、葱、姜、清汤 250 克，盖上猪网油，上笼用旺火蒸 30 分钟，取出葱、姜、猪网油，将鱼轻轻地滑入汤盘内。

3. 炒锅加清汤 1250 毫升，再滗入蒸盘内的原汁，旺火烧开，加味精、胡椒粉，将汁浇入鱼盘内，与姜汁味碟一起上桌。

·菜品特点

形状美观，鱼肉细嫩肥美，汤清味鲜，营养丰富。

"翠云水煮鱼"——中国水煮鱼之父

翠云水煮鱼的前身其实是重庆的火锅鱼，最开始是针对司机朋友推出的，风行一时。火锅鱼相当生猛，要选用 10 斤左右的快要流油的肥鱼，片成巴掌大的鱼肉片，将一个缸似的大铁锅烧得通红，成菜后用大盆端上桌。一圈人就围着这大盆，端着啤酒瓶捞鱼。火锅鱼流传开了之后，很多城里的食肆就开始仿效，但一般都弄成小锅、小火、小鱼，名曰"水煮鱼"。

我们现在吃到的水煮鱼从做法上已完全不同于传统川菜中的水煮鱼。传统川菜中的水煮鱼就像通常吃到的水煮肉一般。而现时的水煮鱼经过时间的雕琢和从业人员的不断改良，其鲜活口感与平日久炖入味的鱼肉简直不可同日而语。

重庆"翠云水煮鱼"便是在时间的验证和市场的优胜劣汰下，从全国第一家经营水煮鱼的餐厅发展起来的，以"滚油、活鱼、浓香、麻辣味重、鱼肉外酥里嫩、味道醇厚"闻名大江南北，被定格成重庆水煮鱼的正宗风味。

· 美食原料

主料：草鱼1条（约1 250克）。

辅料：黄豆芽350克，蒜苗段10克。

调料：辣椒100克，花椒粉30克，水淀粉10克，鸡蛋1个，盐10克，芝麻油、胡椒粉、味精、芥末油、色拉油各适量。

· 制作方法

1. 将草鱼从鱼尾部脊骨处平为两片，去鱼骨、鱼头、鱼尾，再斜切成片，放入碗中加盐、味精、鸡蛋（打散）、水淀粉抓匀备用。

2. 炒锅置于火上，锅内留底油烧热，下入黄豆芽炒干，加盐调味，倒入盆内垫底。

3. 锅内加水烧沸，加少许盐，下入鱼片，待鱼片发白后捞出，倒在豆芽上面，然后撒上花椒粉、辣椒、胡椒粉、蒜苗段，淋上芥末油和芝麻油。

4. 净锅上火，倒入色拉油烧热后，倒在盆内。上桌时用漏勺捞出辣椒即可。

· 菜品特点

滚油、活鱼、浓香、麻辣味重、鱼肉外酥里嫩、味道醇厚。

· 营养功效

草鱼：性味甘温，无毒，有暖胃和中之功效，广东民间用草鱼和油条、蛋、胡椒粉同蒸，可益眼明目。其胆性味苦、寒，有毒。动物实验表明，草鱼胆有明显降压作用，有祛痰及轻度镇咳作用。

黄豆芽：是一种营养丰富、味道鲜美的蔬菜，是较好的蛋白质和维生素的来源，利湿热。

· 饮食禁忌

草鱼与牛奶、甘草、维生素C同食易中毒；患有痈疖疔疮者忌食草鱼；草鱼不宜过量食用，若吃得太多，有可能诱发各种疮疥。

嫩滑鲜香的"泡椒牛蛙"

牛蛙，体形与一般蛙相同，但个体较大，鸣声也很大，远闻如牛叫而得名。牛蛙具有生长快、味道鲜美、营养丰富、蛋白质含量高等优点，作为名贵食品还可以出口创汇。牛蛙皮可制革，脏可制药，是低脂肪高蛋白的高级营养食品。

在重庆江湖菜中，以泡椒为调料的颇多，而泡椒牛蛙最常见又易烹制，成菜味咸鲜，肉细嫩，色红亮，泡菜香气浓郁，所以广受食客的欢迎。

· 美食原料

主料：牛蛙 500 克。

辅料：泡红辣椒 150 克，大葱 150 克。

调料：色拉油 200 克，料酒 10 克，泡姜 10 克，精盐 1 克，味精 2 克，胡椒粉 1 克，干豆粉 20 克。

· 制作方法

1. 牛蛙宰杀，去头去皮去内脏洗净，斩成块，用盐、胡椒粉、干豆粉、料酒上浆码味。泡红辣椒去蒂去子切成节，大葱洗净切成节，泡姜切成姜米。

2. 炒锅下油烧至七成热，将牛蛙下锅滑熘断生捞起。炒锅内下少许油烧热，下泡姜米、泡椒节炒出香味，下牛蛙，烹入料酒，放味精、大葱节颠转起锅即可。

· 菜品特点

色泽鲜艳、嫩滑鲜香、麻辣适口，极开胃。

· 营养功效

牛蛙的营养十分丰富，可以使人体气血旺盛、精力充沛、滋阴壮阳，有养心、安神、补气之功效。

现烫现吃"毛血旺"

传说很久以前，重庆沙坪坝磁器口古镇水码头有一王姓屠夫每天把卖肉剩下的杂碎贱价处理。王的媳妇张氏觉得可惜，于是当街摆起卖杂碎汤的小摊，用猪头肉、猪骨加豌豆熬成汤，加入猪肺叶、肥肠，放入老姜、花椒、料酒用小火煨制，味道特别好。一个偶然的机会，张氏在杂碎汤里直接放入新鲜猪血旺，发现血旺越煮越嫩，味道更鲜。这道菜是将生血旺现烫现吃，遂取名为毛血旺。

毛血旺经过不断改进，现多用鸭血，具有鲜、嫩、麻、辣、香的特色，广受新老食客的欢迎。

· 美食原料

主料：鸭血旺 500 克。

辅料：鳝片 100 克，猪肉 100 克，火腿肠 150 克，鲜黄花 50 克，黄豆芽 150 克，水发木耳 50 克，莴笋 100 克。

调料：大葱 50 克，精盐 1 克，干辣椒 15 克，花椒 5 克，料酒 10 克，味精 50 克，火锅底料 3 包，混合油 50 克。

· 制作方法

1. 将鸭血切成条块，入沸水氽煮后捞出；黄豆芽切去须根，火腿肠切成大片，猪肉（肥瘦各半）切成片，莴笋头切成条，黄花抽去雌蕊，干辣椒切节。

2. 火锅底料用水化开，放入锅内烧沸熬味，下精盐、味精，放入血旺、鳝片、火腿肠、肉片、黄豆芽、水发木耳、大葱及各种蔬菜共煮。等黄豆芽断生后起锅转入盆内。

3. 炒锅置旺火上，倒混合油烧至六成热，放入辣椒节炸成棕红色，下花椒炸香，淋在盆内上桌。

·菜品特点

成菜汤汁红亮，麻辣嫩鲜，味浓厚。

·营养功效

鸭血：具有补血、清热解毒之功效，可治中风、小儿白痢似鱼冻者，经来潮热、胃气不开、不思饮食、营养性巨幼红细胞性贫血等疾病。

鳝鱼：富含 DHA 和卵磷脂，卵磷脂是构成人体各器官组织细胞膜的主要成分，而且是脑细胞不可缺少的营养；鳝鱼特含降低血糖和调节血糖的"鳝鱼素"，且所含脂肪极少，是糖尿病患者的理想食品。

·饮食禁忌

鳝鱼不宜与狗肉、狗血、南瓜、菠菜、红枣同食。

入蜀必吃"回锅肉"

回锅肉是四川民间的传统菜肴，也称熬锅肉、烩锅肉。因其历史悠久，食者甚众，遂成为别具风味的四川名菜。

传说这道菜是从前四川人初一、十五打牙祭（改善生活）的当家菜。当时做法多是先白煮，再爆炒。清末成都有位姓凌的翰林，因仕途失意退隐家居，潜心研究烹饪。他将原煮后炒的回锅肉改为先将猪肉去腥味，以隔水容器密封的方法蒸熟后再煎炒成菜。因为久蒸至熟，减少了可溶性蛋白质的损失，保持了肉质的浓郁鲜香，原味不失，色泽红亮。

从此以后，回锅肉便流传开来。但是家常做法还是以先煮后炒居多。

·美食原料

主料：猪腿肉 250 克。

辅料：青蒜 100 克，豆瓣辣酱 50 克。

调料：熟猪油 50 克，甜酱 20 克，黄酒 20 克，酱油 10 克，白糖 50 克。

·制作方法

1. 将猪腿肉刮洗干净，放入锅中用水煮到断血，捞出冷却，切成 2.5 寸长、1 寸宽的薄片（越薄越好）。将青蒜切去黄叶根须，洗净，切成 1 寸长的段。

2. 炒锅置火上，加猪油烧到六成热，放入肉片煸炒，待肉片卷起后，下豆瓣辣酱、甜酱、白糖、酱油、黄酒，炒上色，撒下青蒜段翻炒几下，起锅装盘即可。

· 菜品特点

呈酱红色，口味香辣，肉片鲜甜，极具四川风味。

· 饮食禁忌

瘦肉不宜与牛奶同食，因为牛奶里含有大量的钙，而瘦肉里则含磷，这两种营养素不能同时吸收，国外医学界称之为磷钙相克。

"辣子鸡"——辣椒堆里找鸡丁

十几年前，重庆沙坪坝区歌乐山镇三百梯的一个叫林中乐的路边小店，推出了以麻辣为主的辣子鸡。此菜用料特别讲究，主料一定选用家养土仔公鸡现杀现烹，以保持鲜嫩肥美，辅料非川产二金条辣椒、川产茂汶大红袍花椒不用。做法也很考验厨师的功力，尤其是对火候的把握，上乘的辣子鸡必须色泽鲜艳，与辣椒交相辉映、不能发黑，鸡块必须入口酥脆、带有干辣椒过油的清香，甜咸适口。

此菜用大盘盛装，辣椒多于鸡肉，食客的乐趣是在一大盆辣椒里搜寻黄豆大的爆脆鸡丁，这也是它的突出特点，回味悠长而使食客津津乐道。此菜于1990年开始风行，带出一大批辣子系列菜，如：辣子田螺、辣子肥肠、辣子蹄花、辣子鱼丁、辣子竹虾。

· 美食原料

主料：鸡肉250克。

辅料：四川泡椒30克，干辣椒（朝天椒最好）150克。

调料：油300克，花椒50克，料酒20克，酱油20克，味精5克，盐15克，四川麻辣酱30克，葱、姜少许。

辣子鸡

· 制作方法

1. 鸡肉切成1.5~2厘米见方的小块。姜切片，葱切细丝，干辣椒切开。

2. 鸡肉放置到碗中，加酱油、料酒、味精、盐、姜片、花椒少许，拌匀，腌渍25~30分钟。

3. 炒锅里倒入300克油。烧热后，下鸡块炸。炸至姜黄色以后，盛出放置一会儿，再次下锅炸。然后出锅沥油，备用。

4. 锅中留少许油，大火烧热。下葱、姜、四川泡椒及麻辣酱爆香，然后下炸好的鸡块翻炒，直至鸡块均匀地蘸上酱。两三分钟后，将干辣椒和花椒下锅。2分钟后转中火不断翻炒。待锅中的油汁被吸收得差不多，辣椒、花椒焦香时，即可出锅。

·菜品特点

麻辣酥香，鲜嫩化渣。

·营养功效

鸡肉：富含蛋白质、脂肪以及铁、磷、钙、核黄素、尼克酸等。能补益气血、养精填髓，滋补性强，同时鸡肉中的脂肪含不饱和脂肪酸较多，是老年心血管疾病患者理想的高蛋白食品。

朝天椒：性热味辛，有温中下气、驱风寒、除湿、开胃消食等功效，可增进食欲、助消化，常食用对防治寒滞腰痛、关节炎有良好的效果。

·关键提示

1. 鸡肉要放足盐，使鸡肉腌入味，等鸡肉下锅煎炸后，鸡肉外层会被热油锁住，难入味。

2. 辣椒和花椒可以随自己的口味添加，不过为了原汁原味地体现这道菜的特色，做好的成品最好是辣椒能全部把鸡块盖住，而不是鸡块中零零星星出现几个辣椒和花椒。

3. 鸡块用热油炸，可锁紧鸡肉外层，保持肉质鲜嫩多汁。想让鸡块咸鲜、焦香和口味重，那要用更多的热油来煎炒，直至鸡块呈焦黄色。

打翻啤酒遂成"啤酒鸭"

此菜出自重庆南岸区7公里处的一个路边食店，传说当初是一位食客吃火锅时不慎将一杯啤酒打翻入锅，顿时奇香四溢，其味诱人，遂由此兴起用啤酒调制火锅。当鸭肉和啤酒煮在一起后，鸭肉味道可以变得更为浓厚，也更有丰腴感。但它的汁又不会似用白酒或花雕那样明显有酒味，因此很受大众欢迎。

啤酒鸭自1992年开始风行，做法是一瓶啤酒炖一只鸭子，比较鲜辣可口。该店最火暴的时候一天要用几千只鸭子。

·美食原料

主料：鲜肉鸭500克。

辅料：啤酒1瓶。

调料：甜豆5克，鲜辣椒5克，姜10克，蒜5克，八角2粒，桂皮3克，丁香1个，酱油10克，盐8克，白糖6克，高汤30克，食用油70克，少许白胡椒粉，生粉5克。

·制作方法

1. 鸭肉洗净后，剁成6厘米的大方块，甜豆撕去两头纤丝，姜切成片，蒜用刀拍碎，辣椒切成丝。

2. 炒锅中加油烧热，先将鸭块炒出油来。然后加入姜片、八角、桂皮、丁香、蒜，把这些炒出香味，这时加入啤酒和高汤，等汤烧开了，再加入盐、白糖、酱油。调味后就改成小火，焖30分钟，再加入甜豆、辣椒丝，撒上点白胡椒粉，稍微勾芡，出锅，装盘上桌。

·菜品特点

鲜香微辣，略带啤酒香味，风味独特，回味无穷。

·营养功效

啤酒鸭是下饭佐酒佳肴，并兼有清热、开胃、利水、除湿之功效。

啤酒：具有独特的苦味和香味，营养成分丰富，含有各种人体所需的氨基酸及B族维生素、菸酸、泛酸以及矿物质等。啤酒中的有机酸具有提神的作用。一方面可减少过度兴奋和紧张情绪，促进肌肉松弛；另一方面，能刺激神经，促进消化。除此之外，啤酒中低含量的钠、酒精、核酸能增加大脑血液的供给，扩张冠状动脉，并通过提供的血液对肾脏的刺激而加快人体的代谢活动。

·关键提示

1. 一定要先将鸭块炒出油，再加香料，最后才用小火来焖。

2. 分量可以自己调整，但切忌让香料抢了主味。

来历不明的"酸菜鱼"

"酸菜鱼"用鲜鱼加泡青菜制汤，因泡青菜味酸而得名。四川民间，初冬用青菜腌制酸菜，大坛贮存，随用随取，可食至来年夏天。酸菜可以和鸡、鸭、鱼、肉做汤菜，酸鲜爽口，消暑解腻。"酸菜鱼"是四川家常菜中的名品，进入20世纪90年代，红极一时。四川各家餐馆，皆备此菜，闻名省内。随着软包装的泡青菜在全国各地出售，"酸菜鱼"也随之风靡全国，几乎与"宫保鸡丁"齐名，可以说家喻户晓。

·美食原料

主料：草鱼1条（约1000克）。

辅料：泡酸菜150克。

调料：葱丝、红椒丝各3克，鸡蛋清2个，熟猪油120克，精盐、味精、白糖、料酒、花椒粉、白胡椒粉、泡辣椒、清汤各适量。

·制作方法

1. 将草鱼宰杀，去鳞片、内脏、骨刺后，洗净；剁掉鱼头、鱼尾备用。

2. 将鱼肉切成薄片，放入盐、料酒、鸡蛋清抓匀。将泡酸菜、泡辣椒分别切成菱形片。

3. 锅置火上，放入熟猪油 50 克，烧热后放入泡酸菜，翻炒片刻后，加入适量的水，烧煮 5 分钟后，放入鱼头、鱼尾。

4. 汤熬成白色时，用漏勺捞出鱼头、鱼尾和酸菜片，装入汤碗内垫底。

5. 另起锅，放入清汤烧沸，下入鱼片，炖煮 5 分钟后捞入汤碗里，往汤里加盐、白胡椒粉、味精、白糖调味，倒在鱼片上，撒上花椒粉、葱丝、红椒丝。

6. 锅内放入余下的 70 克猪油，点火烧热油后，放入泡辣椒片煸炒至出香味，倒入盛鱼的汤碗里即可。

·菜品特点

酸鲜爽口，消暑解腻。

·营养功效

酸菜：味道咸酸，口感脆嫩，色泽鲜亮，香气扑鼻，开胃提神，醒酒去腻；不但能增进食欲、帮助消化，还可以促进人体对铁元素的吸收。酸菜发酵是乳酸杆菌分解青菜中糖类产生乳酸的结果。乳酸是一种有机酸，它被人体吸收后能增进食欲，促进消化。此外青菜变酸，所含营养成分不易损失。

·饮食禁忌

1. 必须用鲜活草鱼，方可做汤菜，亦可整鱼入馔，去鳃及内脏，剔鳞洗净，两侧剞刀，斜切两段，入汤碗时对齐。

2. 整鱼不要炸硬，过油除腥即可。武火熬鱼汤，才能熬出白色奶汤。泡青菜后下，因为泡青菜煮的时间一长，汤色发黑、发暗，汤味皆差。

绿色食品"南山泉水鸡"

20 世纪 80 年代中期，一位叫李仁和的村民开了个食店，以供南来北往的旅客随意吃点家常菜填饱肚子。1993 年的一天，李仁和与朋友闲聊鸡的吃法，于是他试着从笼里抓出一只土公鸡，宰杀洗净后切成小块，撒上盐、姜末，和着八成热的一斤菜子油酥炸，几分钟后，倒出部分菜子油，加入一定比例的泉水和事先已酥制好的花椒、干辣椒、大蒜、豆豉、冰糖等十几种作料继续炒、煨约 20 来分钟起锅完成。就这样，一道具有"麻、辣、烫、鲜、香、嫩"特色的菜品——"泉水鸡"问世了。未曾想，该菜品一推出，便因用料独特、麻辣味足、鲜酥爽口且价格实惠而深受食客青睐追捧。现在泉水鸡已成为在川渝地区流行的新派菜之一。

·美食原料

主料：鸡腿 1 000 克（建议用鸡腿肉，因其较嫩，鸡胸肉比较干硬）。

辅料：辣豆瓣酱 50 克，干红辣椒 30 克。

调料：花椒（根据新鲜程度来决定加多少），豆豉 20 克，盐 15 克，糖 25 克，鸡精 15 克，老姜 30 克，蒜 30 克，料酒 10 克。

·制作方法

1. 姜和蒜拍散切成末，豆豉切蓉，干红辣椒切碎。

2. 锅烧热，倒入油，油热加入姜末、蒜末、豆豉、辣豆瓣酱、花椒、碎辣椒一起炒香 1 分钟。

3. 加入盐、糖、鸡精和料酒，改小火煮 5 分钟。

4. 鸡腿剁成块，然后用油爆一下至断生，另起锅烧些热水。

5. 过油的鸡块放入汤料中翻匀，加入热水至盖过鸡块，用中火煮 3~5 分钟即成。

·菜品特点

麻辣鲜香，味浓醇厚。

四、博采众长的粤菜

（一）粤菜史语

粤菜是起步较晚的菜系，深受其他菜系的影响，它总体特点是选料广泛、新奇且尚新鲜，菜肴口味尚清淡，味别丰富，时令性强，夏秋讲清淡，冬春讲浓郁，有不少菜点具有独特风味。

粤菜形成于广东一带，广东地处亚热带，气候温和，物产富饶，可用作食物的动植物品种很多，为广州饮食文化的发展提供了得天独厚的自然条件。广东地处珠江三角洲一带，水路交通发达，很早这里就是岭南的政治、经济、文化中心，饮食文化比较发达。广州也是中国最早的对外通商口岸之一，在长期与西方的经济往来和文化交流中也吸收了一些西菜的烹调方法，再加上广州外地餐馆的大批出现，促进了粤菜的形成。

1. 海纳百川的粤菜

粤菜坚持"以我为主，博采众长，融合提炼，自成一家"的原则。如苏菜系中的名菜松鼠鳜鱼，虽然享誉大江南北，但不能上粤菜的宴席。在广东的食俗之中，鼠辈之名不能登大雅之堂，于是粤菜名厨运用娴熟的刀工将鱼改成小菊花型，名为菊花鱼，这样方便用筷子或刀叉食用。苏菜经过如此改造，便成了粤系的名菜。此外，粤菜烹调方法中的泡、扒、烤是从北方菜的爆、扒、烤移植而来，煎、炸的新法是吸取西菜同类方法改进之后形成的。

粤菜借鉴其他菜系并不是生搬硬套，而是结合广东本地原料质的特点和人们的口味加以继承和发展。如北方菜的扒，通常是把原料调味后，烤至酥烂，推芡打明油上碟，称为清扒。粤菜的扒却是将原料煲或蒸至腻，然后推阔芡扒上，表现多为有料扒，代表作有八珍扒大鸭、鸡丝扒肉脯等。

广东的饮食文化业与北方菜系文化一脉相通，一个很重要的原因就是，北方历代王朝派来的治粤官吏等都会带来北方的饮食文化，其间还有许多官厨高手或将他们的技艺传给当地的同行，或是在市肆上自自设店营生，将各地的饮食文化直接介绍给岭南人民，使之变为粤菜的重要组成部分。

2. 粤菜的风味特点

粤菜主要是由广州荣、潮州菜、东江菜三种地方风味组成，除了注意吸取各菜系之长，还形成了自己的独特风味。广州菜包括的地域最广，用料也最为庞杂，选料精细，技艺精良，善于变化，风味清而不淡，鲜而不俗，嫩而不生，油而不腻。夏秋力求清淡，冬春偏重浓郁，擅长小炒，要求掌握火候和油温恰到好处。同时还兼容了许多西菜做法，讲究菜的气势和档次。

潮汕菜原先属于福建，自从隶属广东之后又深受广东菜的影响，所以潮州菜融汇两家之长，自成一派。潮汕菜以烹制海鲜见长，汤类、素菜、甜菜也很具特色。刀工精细，口味清纯。

东江菜又名客家菜，客家原是中原人，在汉末和北宋后期因避战乱南迁，聚居在广东东江一带。因此，东江菜尚保留中原菜系的风貌，菜品以肉类为主，水产不多，讲究味道的香浓，下油较重，味道也偏咸，以砂锅菜见长，有独特的乡土风味。

3. 粤菜的知名菜肴

粤菜的知名佳肴很多，有脆皮烤乳猪、龙虎斗、护国菜、潮州烧鹰鹅、艇仔粥、猴脑汤等百余种，其中"烤乳猪"是粤菜最著名的特色菜。早在西周时代，烤乳猪即是"八珍"之一。到了清代烤乳猪，随着烹调制作工艺的改进，达到了"色如琥珀，又类真金"的效果，并皮脆肉软，表里浓香，非常适合南方人的口味。

（二）粤菜名品

叉烧肉

材料

猪肉100克，葱、姜各适量，薄荷叶少许。

调料

海鲜酱、酒各 1 小匙，白糖 3 大匙，酱油 2 大匙，糖汁适量，盐、味精各少许。

做法

①将猪肉洗净，再横剖，但不要切断，并在上面划十字刀。

②将切好的猪肉块加入所有调料拌匀，腌渍 30 分钟左右。

③将腌渍好的猪肉移至预热至 190℃烤箱内，烤盘上铺铝箔，铺平肉块，刷上糖汁及色拉油烤 15 分钟。

④烤熟后肉取出切片，再刷糖汁，放入烤盘再烤 10 分钟，装盘用薄荷叶点缀即可。

盐焗鸡

材料

土鸡 1 只，香菇、葱各适量，香菜叶少许。

调料

盐 1500 克，酒 2 大匙，花椒 1 大匙，香油适量。

做法

①将土鸡除去内脏后洗净；其余材料均备齐。

②将香菇、葱切碎，和酒、香油、50 克盐搅拌，填入鸡肚子；塞满后用针线把鸡肚子缝好。

③将鸡放到锅中，用花椒和剩余的盐把鸡埋起，开小火，不要加水或汤，干烧 40 分钟后将鸡拿出来，将烧好的鸡装盘，用香菜叶点缀即可。

锅边闲话

不必担心用这样的方法做鸡会很咸，反而非常有味。因为外有椒盐渗到鸡肉里面去，肉又有香菇、葱、酒、香油的味道渗入。

咕噜肉

材料

猪里脊肉 200 克，新鲜菠萝 100 克，青椒、红椒、鸡蛋各 1 个，葱、蒜各适量。

调料

盐、料酒、淀粉、番茄酱各适量，香油少许。

做法

①将猪里脊肉洗净；菠萝洗净切块；青椒、红椒洗净分别切块；鸡蛋打散备用；葱、蒜均洗净切成末；其余材料均洗净备齐。

②将猪里脊肉切成菱形块，再用盐，料酒拌匀，腌约 15 分钟，加入鸡蛋液和

淀粉拌匀，备用。

③锅置火上，倒油烧热，油烧至六成热时，放入猪里脊肉块，炸至五成熟时，捞出沥油，备用。

④锅内留油少许，放入葱末、蒜末，爆出香味后加番茄酱烧至微沸，用淀粉调稀勾芡，随即倒入猪里脊肉块、青椒块、红椒块和菠萝块拌炒，淋入香油和熟花生油炒匀即可。

白斩鸡

材料

白条三黄鸡1只，葱段、姜片各适量，香菜叶少许。

调料

盐少许。

做法

①将白条三黄鸡洗净，备用；将葱段洗净切丝，姜片洗净切蓉，备用。

②鸡洗净后在保持微沸的水中加盐煮15分钟，在此期间将鸡提出两次，过凉冷却，待表皮干后抹上熟油。

③食时用刀切块装盘，将姜蓉、葱丝撒上，再淋上熟油，撒入少许香菜叶点缀即可。

锅边闲话

◎煮鹅时不用调料，但汤水中用盐水也可以，切记不可以用大火，水过于沸腾会使鸡肉内的精华肉汁被煮出，味道会变差。

◎调料中还可加少许蚝油或鱼露，也是典型的粤菜风格。

白斩鸡

白切贵妃鸡

材料

白条鸡1只，胡萝卜片、葱段、姜片、洋葱丝各适量，元贝、火腿圈、荸荠丁、陈皮、香菜叶各少许。

调料

盐适量。

做法

①将鸡清洗干净之后，沥干水分，用盐涂鸡身内外，放入葱段，洋葱丝，腌制

1 至 2 小时以上；所有材料均洗干净，准备好。

②煮一锅沸水，将白条鸡用沸水烫鸡身，再将鸡内壳充分浸入沸水里，提起鸡身流出鸡内壳水，重复以上动作三次。

③将元贝、火腿圈、荸荠丁、胡萝卜片、陈皮、姜片和盐放在水里煮，煮沸之后，放入白条鸡小火煮约两个小时，让其充分入味。

④待其熟透入味后取出，用刀切成块装盘，撒上香菜叶点缀即可。

锅仔肥肠

材料

猪大肠头 500 克，蒜片 50 克，姜片、青椒块、红椒块、胡萝卜片各适量。

调料

蚝油、芽糖各 2 大匙，小苏打粉 1 小匙，高汤、料酒、白醋各适量，水淀粉少许。

做法

①将猪大肠头洗净切块，用沸水加少许小苏打粉余烫一下捞出，再加高汤滚煮 20 分钟后捞起。

②将白醋、料酒溶解开芽糖，把猪大肠头块浸泡上色，用叉烧针穿起，挂在通风处晾干。再将肥肠块入热油中炸至红褐色，撒入蒜片、姜片、胡萝卜片微火炒熟。

③离火前加青、红椒块，淋少许蚝油炒匀，最后放入水淀粉勾芡即可。

锅边闲话

用面粉揉搓清洗大肠，可以去除异味且较易漂洗干净。

金牌蒜香骨

材料

猪排 1000 克，蒜末 5 小匙，葱、姜末各适量。

调料

椒盐 20 克，辣椒粉，五香粉各少许，料酒、盐、味精各适量。

做法

①将猪排洗净剁成块，把葱末、姜末、蒜末和五香粉、料酒、盐、味精一起放入大碗中拌匀，将排骨入碗中腌渍 30 分钟。

②锅中加入 500 毫升油烧热，油温五成热时下腌好的猪排骨块，至八成热时，将火力关小 3 分钟，再开大火将油温升高。

③排骨炸成金黄色时捞出装盘，同时可以在排骨上撒椒盐和辣椒粉调味。

锅边闲话

多放蒜末可以提香去腥、杀菌驱虫，增加食欲。

腊味烧莴笋

材料

莴笋200克，腊肉、广式腊肠各50克，蒜汁20克，姜汁15克。

调料

盐少许。

做法

①将莴笋洗净削去硬皮，改刀切成笋片；再将腊肉、广式腊肠分别切成片，备用。

②将腊肉片用沸水余烫熟，捞出沥千水分，备用。

③锅置火上，向锅中加少许油加热，倒入姜汁，下莴笋片，翻炒片刻。

④稍后再放入广式腊肠片和腊肉片，快速炒匀至熟，最后加蒜汁和盐调味即可。

锅边闲话

莴笋中含有较多的烟酸，烟酸被认为是胰岛素的活血剂，因此莴笋适合糖尿病患者食用。

冬笋牛柳

材料

牛肉200克，冬笋100克，蒜适量，姜、香菜叶各少许。

调料

盐、味精、蚝油、鱼露、豆豉油各2小匙，老抽1小匙，白糖半小匙，淀粉、水淀粉各适量。

做法

①将牛肉洗净切条状，用豆豉油、淀粉腌渍半小时；将冬笋洗净切片；蒜、姜剁碎末，备用。

②锅中入油烧热，下入牛肉条、蒜末、姜末煸炒，牛肉转色后放冬笋片，加盐和味精快炒熟后盛出。

③将鱼露、蚝油同老抽下锅炒匀，放白糖后加少许水淀粉勾成芡汁浇在牛柳上，最后用香菜叶点缀即可。

锅边闲话

牛柳用豆豉油和淀粉腌拌好后，可以淋入色拉油腌拌10分钟后再下锅炒，这是让牛柳滑嫩、好吃、不粘锅的独家秘籍。

酱焖黄鱼

材料

小黄花鱼4条，薄荷叶少许，姜汁适量。

调料

面酱1大匙，酒1小匙，大料1枚，蒜蓉辣酱少许、高汤适量。

做法

①将小黄花鱼剖洗干净，沥干水分加少许盐在表面抹匀；蒜蓉、辣酱倒入碗中备用。

②锅置火上，加3大匙油，烧七成热时下面酱、姜汁、酒、蒜蓉辣酱和大料翻炒，爆出香味后下入高汤。

③高汤煮沸后，放小黄花鱼用慢火焖熟，捞出大料，汤收浓汁后装盘，用薄荷叶点缀即可。

锅边闲话

◎黄花鱼在烧制过程中，烹上少许醋，有效去腥防腐。

◎黄花鱼以肉质细腻且富含胶质著称，对女性皮肤有很好的修补，紧实作用。

淮杞牛腱

材料

牛腱肉300克，山药片250克，枸杞子10克，姜片、葱段各适量。

调料

盐、味精、料酒各适量。

做法

①将所有材料均洗净，备齐。

②将牛腱肉切成0.4厘米厚的片，用沸水氽烫一下后洗净，沥干水分，备用。

③锅内放油烧热，加入牛腱肉片和料酒煸炒片刻，盛入汤盘中，上面放山药片、枸杞子、姜片、葱段、盐、味精及适量开水，盖好盖子，用大火炖至软烂，取出姜片和葱段即可装盘。

锅边闲话

山药含有大量的维生素及微量元素，能有效阻止血脂在血管壁的沉淀，具有安神、延年益寿的功效。

腊肉炒茭白

材料

茭白 500 克，腊肉 300 克，香菜叶少许。

调料

白糖 2 小匙，盐半小匙，花雕酒 1 大匙。

做法

①将茭白削去外皮，切去老根，洗净切成片；腊肉切片用沸水氽烫一下，捞出沥干，备用。

②烧热锅，加入少许油，放入腊肉片，放入花雕酒爆至香熟，再加入水 1 碗，煮至出色出味。

③另起锅，放油烧至五成热，放入茭白片炒一下，加入炒好的腊肉片，放白糖和盐，翻炒至熟，装盘后用少许香菜叶装饰即可。

锅边闲话

◎新鲜腊肉可以直接炒，如果感觉口感较生硬，也可以将整块腊肉先蒸软或煮软再切片。

◎花雕酒也可以换成葡萄酒、红酒、白酒等。

辣焖牛腩

材料

牛腩 1000 克，红椒片、葱片、姜片、蒜片各适量。

调料

老抽、南味腐乳汁各 2 大匙，盐、冰糖、料酒、高汤各适量。

做法

①将牛腩放水中浸泡两三个小时，除去肉中的血，再将牛腩改刀切成正方块；其余材料均洗净备齐。

②锅中放入适量水，再加入姜片、料酒，开锅后放入牛腩块氽烫 5 分钟左右捞出，用清水冲去浮沫后沥干水分，备用。

③锅中倒入适量油，下蒜片、葱片、姜片和南味腐乳汁一起炒香（中途烹入料酒），再加入牛腩块一起炒，炒后加适量高汤，再加盐、冰糖、老抽拌匀。

④然后用大火把汤烧开，放入红椒片，煮熟后改小火收汁，煲大约两个至两个半小时，待牛腩焖熟后，关火，盛入盘中即可食用。

焖划水

材料

鱼尾 1 副，油菜 200 克，姜汁、蒜汁各 1 大匙。

调料

酱油 1 大匙、蚝油 2 大匙，白糖、盐、料酒、鸡精、高汤各适量。

做法

①将鱼尾刮去鳞，洗净；油菜洗净沥干水备用。

②将鱼尾撒上少许盐搓一搓，然后用沸水将鱼尾煮约 5 分钟后取出，冲泡冷水以去除血水及腥味。

③热油锅，将姜、蒜汁爆香和油菜炒软后取出，再加入酱油、蚝油、白糖，用小火煮至起泡，放入料酒、盐、高汤及鱼尾，盖上锅盖焖煮 10 分钟。

④最后加入油菜烧一会儿熟后，加鸡精调味即可盛盘。

锅边闲话

油菜所含的胡萝卜素和维生素 E，对人体有好处。

活虾两吃

材料

活虾 500 克，姜汁 1 大匙，葱段适量，薄荷叶少许。

调料

料酒 30 克，盐 1 大匙，鸡精、辣椒粉各 1 小匙，盐、胡椒粉各适量。

做法

①活虾先用盐水浸泡一会儿，捞出放入 1 大匙料酒杀菌去腥。

②辣椒粉与胡椒粉同盐混合成蘸料。

③将虾入沸水中氽烫至变色，即刻捞出。

④将虾头与虾肉分置两个盘中，各加盐、鸡精腌入味。

⑤锅加油烧至七成热，将虾头入热油炸至酥脆捞出沥油，均匀撒上蘸料摆入盘中一角。

⑥锅中留底油，烧热后下虾肉煸一下，然后烹料酒、葱段、姜汁烧至汁收后撒盐即可盛出与虾头同盘，再用薄荷叶点缀即可。

柠檬瓜条

材料

黄瓜 2 条。

调料

柠檬汁 3 大匙，白糖 1 大匙，盐 2 克。

做法

①将黄瓜洗净后放砧板上切成瓜条，放入盘中撒盐腌一会儿。

②柠檬汁、白糖同放一小碗中，待糖融化后即成腌拌瓜条的料汁。

③将黄瓜条洗去盐分，沥干后放入盘中，将做法②倒入即可。

锅边闲话

用柠檬片加糖、白米醋泡好即成柠檬醋，能够帮助人体排毒。

海鲜生菜煲

材料

鲜鱿鱼、虾、生菜、玉米粒、青豆各适量，葱花少许。

调料

盐、味精、酱油各少许，料酒、水淀粉各适量，鲜汤1小碗。

做法

①将所有材料洗净备齐；鲜鱿鱼切小丁，与处理干净的虾放入沸水中汆烫。

②锅加油烧至四成热爆香葱花，烹入料酒，加鲜汤、盐、味精、酱油烧沸，加入材料（除生菜外）微烧，用水淀粉勾芡收汁后，加入生菜即可。

滋补羊肉汤

材料

鲜羊肉400克，核桃仁30克，枸杞子10克，葱段、姜片各适量。

调料

盐、料酒各适量。

做法

①将鲜羊肉切块后浸泡1小时，洗净沥干；枸杞子泡发；其余材料均洗净备齐。

②砂锅中加入适量清水，放入鲜羊肉块，以大火烧沸，撇去浮沫。

③再放入葱段、姜片、料酒搅匀，紧接着放入枸杞子、核桃仁。

④用小火炖至羊肉熟烂后加入少许盐调味即可食用。

锅边闲话

羊肉汤中放入山楂不仅可以去腥膻味，还可以使羊肉更快酥烂。

黄豆猪蹄浓汤

材料

干黄豆50克，猪蹄1个，花生仁30克，净玉米段、姜片、红枣、枸杞子各适量。

调料

料酒、大料、盐各适量。

做法

①将干黄豆、花生仁洗净后浸泡；将猪蹄剁块，放入加有姜片、大料、料酒的沸水中汆烫，捞出冲净。

②将猪蹄块放入加有姜片的砂锅中，倒入料酒和清水。

③将泡好的黄豆、花生仁、红枣放入做法②的砂锅中，用大火烧开，转中小火炖煮，待所有材料熟透时放入玉米段、枸杞子。

④再用小火炖1小时左右，加盐调味即可。

锅边闲话

用新鲜的毛豆代替干黄豆，口感也不错，而且还能省下浸泡的时间。

酸甜猪肝

材料

猪肝400克，菠萝100克，水发木耳50克，葱段10克，香菜叶少许。

调料

糖醋汁75毫升，酱油、香油各10毫升，水淀粉适量。

做法

①将猪肝和菠萝分别洗净切片；水发木耳择洗干净；其余材料均备齐。

②将猪肝片放入碗内，加入酱油、水淀粉拌匀上浆。

③锅内放油烧热，加入猪肝片炒熟，沥干油。原油锅内放入菠萝片、水发木耳和葱段煸炒，加入糖醋汁烧沸，用水淀粉勾芡，倒入猪肝片炒匀，淋入香油，撒香菜叶即可。

锅边闲话

经常吃猪肝可以补血，贫血的女性朋友们多吃些猪肝，可以有效地补充气血。此外，猪肝中丰富的维生素A，常吃可以保护视力。

滋补炖鸡

材料

白条鸡1只，姜片、葱段各适量，香菜叶少许。

调料

盐、熟猪油、味精、花雕酒各适量。

做法

①将白条鸡洗干净，用洁净毛巾吸去水分；将味精和花雕酒同放一碗内和匀。

②在鸡膛内涂一遍，把姜片和葱段放入鸡膛和鸡身上，然后用竹签将开口处封闭，鸡皮涂上熟猪油。

③将盐填满盘底，放入鸡，加盖后放入蒸笼，用大火隔水炖熟。将鸡取出，把

鸡膛内的原汁倒入碗内，然后将鸡切成块，将原汁淋在鸡块上，装盘用香菜叶点缀即可。

锅边闲话

如果感觉过于油腻，可以加些冬瓜，蘑菇等吸油的食物一起烧，就不会那么油腻。

（三）粤菜典故

双重意义的"广州文昌鸡"

广州文昌鸡是广东传统名菜，为广州八大名鸡之一。此菜菜名的来由十分有趣，一来此菜原是选用海南岛文昌县所培育的优良肉鸡所烹制，二来首创此菜的广东酒家，又恰恰地处广州文昌路口，所以二者合一，有了"广州文昌鸡"这个双重意义的菜名。

传说，清朝海南锦山地区有一人在江浙做大官，某年春节回家探亲，忙着应酬亲戚朋友和当地官员，将要离家时才想起文昌县牛天赐村还有自己的一位老学友。他赶紧准备礼物，前去看望这位学友，老学友喜出望外，用正宗的文昌鸡款待他，还选了几只文昌鸡让其带回江浙，款待亲朋好友，文昌鸡从此出名。现在广州不少海南菜馆，都以此菜作为招牌菜。

· 美食原料

主料：肥嫩鸡 1200 克。

辅料：熟瘦火腿 65 克，鸡肝 250 克。

调料：精盐 5 克，香油、料酒、味精各 1 克，湿淀粉 15 克，芡汤 2 克，高汤 2000 毫升，熟猪油 75 克。

· 制作方法

1. 整鸡小火煮 15 分钟取出去骨，斜切成 24 片。

2. 鸡肝加精盐煮至刚熟，取出切成 24 片装碗，火腿切成同样大小 24 片。

3. 鸡肉、火腿、鸡肝片间隔放在碟上砌成鱼鳞形，连同鸡头、翅膀、尾摆成鸡的原形，小火蒸熟后取出滗去水。

4. 放油、料酒、高汤、味精、湿淀粉，用中火勾芡，加香油、熟猪油淋在鸡肉上即可。

· 菜品特点

造型美观，芡汁明亮，皮脆肉嫩，入口喷香，爽滑异常。

猫蛇大战"龙虎斗"

传说这道菜的创始人是清朝同治年间的江孔殷，他生于广东绍关，在京为官，曾品尝过各种名菜佳肴，对烹饪颇有研究。

有一年，他做七十大寿，亲朋好友纷纷请他在大寿这天做出一道谁都没吃过的新菜，他因此反复琢磨。一天他看见老猫正朝笼里的一条蛇张牙舞爪，笼中的蛇也昂首吐信，似要向猫扑去。江孔殷灵机一动，便想出了用蛇和猫制成菜肴，蛇为龙，猫为虎，因二者相遇必斗，故名曰"龙虎斗"。

待过生日时，他就把龙虎斗这道新菜奉献给诸亲友。亲友们品尝后都觉得不错，但感到猫肉的鲜味还不够，建议再加鸡共煮，江孔殷根据大家的建议在此菜中又加了鸡，味道更佳，龙虎斗这道菜一举成名。后来改称豹狸烩三蛇、龙虎凤大烩，但人们仍习惯地称它为龙虎斗。

·美食原料

主料：蛇肉 200 克，猫或豹狸肉 150 克。

辅料：鸡丝 100 克，水发鱼肚 50 克，冬菇丝 175 克，木耳丝 75 克。

·制作方法

1. 活蛇宰杀，去头尾、皮和内脏，洗净入沙锅内煮熟。猫或豹狸肉入沸水锅中余 1 分钟后捞起洗净，沥干水分，入沙锅内，加清水、姜汁、白酒、葱煮熟。

2. 拆出的蛇肉、猫或豹狸肉撕成细丝，用姜、葱、精盐、绍酒煨好。鸡丝先用蛋清、干淀粉少许拌匀上浆，然后炒锅烧热，下生油 250 克，至四五成热时，放入鸡丝过油至断生取出，沥干油。将姜丝放入沸水锅中煮约 5 分钟捞起，放清水中漂清，去净姜丝辣味。

3. 蛇肉、猫或豹狸肉、鸡丝等原料放入炒锅，加鸡汤、蛇汤、绍酒、精盐烧滚后小火稍烩，然后旺火烧开，用湿淀粉少许勾薄芡，加生油、麻油少许，出锅倒入大汤盆内，撒白菊花、柠檬丝。

"白云猪手"——樵夫捡美味

相传古时，广东白云山的九龙泉附近有一座寺院。一天住持下山化缘去了，寺中的一个小和尚受不了寺里没有油水的食物，趁着师父不在的机会，从山下弄来一只猪蹄，想尝尝它的滋味。他在山门外找了一个瓦坛子，便就地垒灶烧煮，猪蹄刚熟，不巧住持已化缘归来。小和尚怕被住持看见，触犯戒律，就慌忙将猪蹄扔在山坡下的溪水中。

第二天，有个樵夫上山打柴，路过山溪，发现了这只猪蹄，就将其捡回家，用糖、盐、醋调味后食用，发现皮脆肉爽，甜酸适口。不久，炮制猪蹄之法，便在当地流传开来。因它起源于白云山麓，所以后人称它为白云猪手。

·美食原料

主料：猪蹄 500 克。

调料：葱 15 克，姜 20 克，冰水 400 毫升，料酒 40 克，高汤 200 毫升，精盐 10 克，味精 3 克。

·制作方法

1. 猪蹄对剖成两片，剁成小块，清水洗净，再用热水煮 5 分钟，洗净、沥干水分备用。

2. 用半锅水加葱、姜，放入剁成小块的猪蹄，中火煮 30 分钟后取出，马上用冰水冰凉，冷却后捞出，投入料酒、高汤、精盐、味精浸腌 6 小时即可。

·菜品特点

骨肉易离，皮爽肉滑，不肥不腻，酸甜可品。

烧猪棚偶得"烤乳猪"

"烤乳猪"是广州最著名的特色菜。早在西周时此菜已被列为"八珍"之一。传说上古时有个猎猪能手，有个儿子叫火帝，父母每日上山猎猪，他在家饲养子猪。

有一天，火帝偶然拾得几块火石，敲打玩耍时使茅棚着火。火帝一点儿也不担心害怕，反而很开心。他惊奇地听柴草的噼啪声和子猪被烧死前的惨叫音。待那些猪叫声停止了，废墟中一股闻所未闻的香味飘散而至。

火帝的父母狩猎回来，见猪棚化为灰烬，仔猪全被烧死，正要喊来火帝问个究竟时，只见火帝向父亲呈献上一道美味——一只烧烤得焦红油亮、异香扑鼻的烤乳猪。父亲不但没有责备儿子，反而非常高兴，儿子发明吃猪肉的新方法了！从那以后，人类才知道动物烧熟更加美味可口。

·美食原料

主料：小乳猪 1 只（3000 克）。

调料精盐 200 克，白糖 100 克，八角粉 5 克，五香粉 10 克，南乳酱、芝麻酱、生粉各 25 克，白糖 50 克，蒜 5 克，汾酒 7 克，糖水适量。

·制作方法

1. 净光乳猪从内腔劈开，斩断第三、四条肋骨，取出全部排骨和两边扇骨，挖出猪脑，在两旁牙关各斩一刀。

2. 将 25 克香料匀涂猪内腔，腌 30 分钟即用铁钩挂起，滴干水分后取下，将除香味料、糖水以外的全部调料拌和，匀抹内腔，腌 20 分钟后叉上。将烫好的猪体头朝上放，用排笔扫刷糖水，捆扎好猪手。

3. 燃炭火，拨成前后两堆，将猪头和臀部烤成嫣红色后用针扎眼排气，然后将猪身遍刷植物油，将炉炭拨成长条形通烤猪身，同时转动叉位使火候均匀，至猪通身成大红色便成。上席时一般用红绸盖之，厨师当众揭开片皮。

"黄埔炒蛋"——蒋介石百吃不厌

这道价廉物美的传统名菜，据说出自广州市郊黄埔码头船民之手。一天黄昏，停泊在黄埔一带水上的小船突有亲友到访，船民一时买不到什么好菜。水上人家习惯在船尾养鸡，于是船民随手拾起鸡蛋炒了待客，急切间连葱花都没有，但那碟蛋炒得香嫩无比，客人连连称赞，以后这类炒蛋就被命名为黄埔炒蛋。黄埔炒蛋后经名厨改进而成为市肆名菜，制法介于"炒滑蛋"与"煎芙蓉蛋"之间，风味则兼有两者之妙。

据闻当年蒋介石在黄埔军校时就爱吃黄埔炒蛋，日后这道菜成为他官邸的传统美味，蒋介石吃黄埔炒蛋可说百吃不厌，通常他牙疼的时候，这道菜是为他必备的菜肴。

·美食原料

主料：鸡蛋250克。

调料：熟猪油350克，精盐1.5克，味精3克。

·制作方法

1. 蛋液加入味精、精盐及熟猪油75克搅成蛋浆。

2. 锅洗净放在中火上，下油涮锅后倒回油盆，再下油15克，倒入蛋浆，边倒边铲动边下油，炒至刚熟装碟即成。

·菜品特点

鲜嫩、香滑、油润。

·关键提示

1. 炒蛋时火力一直保持中火。

2. 蛋刚刚凝固为正好。

3. 动要顺同一方向，如来回搅动蛋液易懈。

4. 忌加葱花同炒，否则会失去传统风味。

"莲藕焖猪蹄"——为偏食财主解馋

相传很久以前，粤东乡下有个财主，他很偏食，尤其厌恶家禽的蹄、腿、皮和内脏，认为这些东西都是污秽之物。

有一天，又换了一个新厨师，该厨师进财主家之前就已打听了主人的口味。但一个月后，他也没有了新菜式。一日，采购的阿嫂告诉他莲藕是主人没吃过的稀罕之物。于是厨师买了很多莲藕回去，将猪蹄同莲藕一起煮至浓酽香醇。果然，财主胃口奇好，吃了一大碗，直夸厨师的手艺高超。

厨师听了有点担忧，要是让主人知道他吃的是他最忌讳的东西，免不了要遭暴打的。于是他留下一封信就走了。财主看到信后，品尝着唇齿留香的莲藕猪蹄，当即派人寻找那位出走的厨师，但那位厨师再也没找到。后来财主戒掉了偏食的习惯，而且每天都要吃莲藕焖猪蹄来解馋。

·美食原料

主料：猪蹄1只（约1500克），莲藕500克。

调料：料酒10克，葱10克，姜5克，味精、白胡椒粉少许。

·制作方法

1. 将猪蹄用沸水烫后拔净毛，刮去浮皮，切成小块，加清水、姜片、葱段煮沸后，去浮沫，加料酒，以微火焖煮2小时。

2. 猪蹄软烂后，放入切成滚刀块的莲藕，加盐、味精、白胡椒粉调味，再煮1小时即成。

·菜品特点

浓酽香醇，营养丰富，养胃滋阴，对脾胃大有裨益。

盐储熟鸡成就"东江盐焗鸡"

东江盐焗鸡是东江菜肴中的传统名菜，首创于广东东江一带。300多年前的东江地区沿海的一些盐场里，人们工作强度很大，工作时间很长，没有充裕的时间煮饭做菜。所以他们习惯用盐储存煮熟的鸡，为的是保持食物不变味，能较长时间保存，家里有客至，随时可拿来招呼客人，食用方便。经过腌储的鸡味道不但不变，还特别甘香鲜美。这道菜逐渐流传开来，成为广东的一道传统菜。

后来东江首府盐业发达，当地的菜馆争用最好的菜肴款待客人，于是创制了鲜鸡烫盐焗制的方法现焗现食，因此菜始于东江一带，故称这种鸡为东江盐焗鸡。

·美食原料

主料：重1500克左右的肥嫩母鸡1只。

·制作方法

1. 炒锅下精盐4克烧热，放入沙姜末拌匀取出，分3小碟，每碟加入猪油15克。将猪油75克、精盐5克和芝麻油、味精调成味汁。

2. 将活鸡宰杀，煺毛去内脏洗净，吊起晾干，去掉趾尖和嘴上的硬壳，在翼膊两边各划一刀，在颈骨上剁一刀，然后用精盐3.5克擦匀鸡腔，并放入姜、葱、八角末，先用未刷油的砂纸裹好，再包上已刷油的砂纸。

3. 用旺火烧热炒锅，下粗盐炒至高温，取出1/4放入沙锅，把鸡放在沙锅内，将余下的盐覆盖在鸡上，盖严锅盖，用小火焗约 20 分钟至熟。

4. 把鸡取出，揭去砂纸，剥下鸡皮，将鸡肉撕成块，鸡骨拆散，加入味汁拌匀，然后装盘拼摆成鸡的形状，香菜放在两边即成。食时佐以沙姜油盐调味汁。

仗义救人巧得"东江酿豆腐"

民国初年，广州有家陈记酒家，酒家的陈老板年轻时以当保镖为生。一日，他从一伙山贼手中救下一位山民。

山民妻子听到丈夫被镖师搭救一事，感谢万分，倾家中所有做了一桌山珍席，全是用深山中的野味山菌烹饪而成。其中有一钵菜鲜香嫩滑而味浓，陈镖师吃了赞不绝口，问是何菜，山民告诉镖师，这是本地人最喜欢的一种菜，乃精选猪肉、鲜鱼肉、虾米、冬菇、咸鱼干，拌成肉馅后酿入豆腐中，先以慢火煎熟上色，再以小火煲煮而成。

后来，陈镖师回到广州，吩咐家人照此法做了品尝，大家都说味道特别好。于是，陈镖师在晚年退隐江湖后，便与一刘姓商人合伙在西关开了一家饭馆，招牌菜就是"酿豆腐煲"。当时，有不少归隐的武林朋友常常相聚于此，一边喝酒吃豆腐煲，一边叙论往事，渐渐地，这道菜就出了名。

·美食原料

主料：白豆腐 1000 克。

辅料：鲛鱼肉 350 克，半肥瘦猪肉 80 克，咸鱼肉 40 克。

调料：生抽 20 克，植物油 50 克，葱粒 30 克，荸荠粒 50 克，胡椒粉 5 克，盐 15 克，生粉 20 克。

·制作方法

1. 把豆腐用水轻轻冲洗，沥干水分，每块切成 6 小块。

2. 鲛鱼肉切碎，半肥瘦猪肉剁碎，咸鱼蒸熟去骨。

3. 将生粉、生抽放在大碗内，加入盐、胡椒粉，用手拌匀挞至起胶，然后放入葱粒和荸荠粒顺一个方向搅匀。

4. 用小匙在豆腐中心挖出一块豆腐，使其成凹穴，拍少许生粉，并把切碎的鲛鱼肉、猪肉、咸鱼肉分别酿入豆腐里，再在面上拍少许生粉。

5. 用平锅烧滚一杯植物油，轻手放下豆腐，煎炸至微黄色上碟，撒上葱粒便成。

"梅菜扣肉"——模仿"东坡扣肉"

梅菜扣肉即我们常称的烧白，因地域不同而有不同的名称，其特点在于颜色酱红油亮，汤汁黏稠鲜美，扣肉滑溜醇香，肥而不腻，食之软烂醇香。当你咀嚼一块，满嘴流油的时候，你会感觉它一点也不肥腻。梅菜吸油，五花肉又会带着梅菜的清香、松仁的醇香，梅菜、松仁和五花肉的搭配真的可以说是恰到好处。

围绕"梅菜扣肉"还有一段美好的传说。北宋年间，苏东坡居惠州时，专门选派两位名厨远道至杭州西湖学厨艺。两位厨师学成返惠后，苏东坡又叫他们仿杭州西湖的"东坡扣肉"，用梅菜制成"梅菜扣肉"，果然美味可口，爽口而不腻人。深受广大惠州市民的欢迎，成为惠州宴席上的美味佳肴。

· 美食原料

主料：五花肉 1000 克，梅菜 150 克。

调料：豆豉 15 克，红腐乳 10 克，姜 5 片，蒜头 5 粒，白糖 1.5 汤匙，川椒酒 1 茶匙，深色酱油 1 汤匙，浅色酱油 1 茶匙，盐、生粉适量。

· 制作方法

1. 五花肉刮洗干净，用清水煮至刚熟，取出，以深色酱油 1/3 汤匙涂匀肉皮。烧热炒锅，下油，烧至七成熟，将肉放入油中，加盖炸至无响声，捞起，晾凉后改切成长 8 厘米、宽 4 厘米、厚 0.5 厘米的块状，排放在扣碗内，呈风车形。

2. 豆豉、蒜头、红腐乳压烂成蓉，放入碗内，加入川椒酒、盐、白糖 1 汤匙、深色酱油、姜片，调成味汁，倒入肉内，然后整碗放锅中蒸约 40 分钟取出。

3. 梅菜心洗净，切成长 3 厘米、宽 1 厘米的片，用白糖、浅色酱油拌匀，放在肉上，再蒸 5 分钟取出，滤出原汁，然后将肉倒扣在深碟中，将原汁烧滚，加生粉水勾稀芡淋入深碟中即可。

县太爷卖"太爷鸡"

太爷鸡，又名"茶香鸡"，是广州的传统名菜。

清朝末年，广东人周桂山曾经担任过广东新会县知县。1911 年，辛亥革命推翻了清王朝，也结束了他的官吏生涯。他举家迁到广州百灵路定居，后因生活窘迫，便在街边设档，专营熟肉制品。他凭当官时食遍吴粤名肴之经验，巧妙兼取江苏的薰法和广东的卤法之长，制成了既有江苏特色又有广东风味的鸡菜。当时称之为广东意鸡，后来人们知道制鸡者原是一位县太爷，因而称之为"太爷鸡"，响遍羊城。此菜出名后，附近的六国饭店以重金为酬，买得其制售权，从此"太爷鸡"便转为六国饭店所有。以后六国饭店倒闭，制此品的厨师受聘于大三元酒家，于是"太爷鸡"成为大三元酒家的招牌名菜，并在岭南地区广泛流传。

· 美食原料

主料：信丰母鸡 1 只（约重 1500 克）。

辅料：香片茶叶 50 克，广东土制片糖屑、米饭各 100 克，菜软、红椒丝各少许。

　　调料：麻油 15 克，八角 75 克，桂皮、甘草各 100 克，草果、丁香、沙姜、陈皮各 25 克，罗汉果 1 个，冰糖、绍酒、生油各 100 克。

　　·制作方法

　　1. 将精卤水制备好。在纱布袋内放入八角、桂皮、甘草、草果、丁香、沙姜、陈皮和罗汉果扎紧袋口，放入锅中，再加入酱油、冰糖、绍酒、生油、精盐、味精等诸种调味料，最后放清水 1 500 克煮之即成。

　　2. 活鸡宰杀、开膛、洗净，放入开水锅中略焯。取出洗净，再放入微沸的精卤水锅中，旺火煮约 30 分钟。

　　3. 锅内铺锡纸，放入香片茶叶、片糖屑、米饭，将鸡架于锅架上，盖锅密封，用大火烧至冒黄烟片刻，取出斩成条块，配以菜软、红椒丝，淋上麻油即可。

　　"护国菜" 救驾有功

　　护国菜是潮州风味名菜。菜名相当庄重，政治色彩颇浓，然而它的用料却是极其低廉的番薯叶，为什么呢？说起来还有一段非凡的来历呢。

　　相传南宋末年，元军大举南侵，少帝赵昺兵败，与陆秀夫等南逃至潮州一个寺院时，疲惫不堪，饥肠辘辘。寺中僧人本想做点丰盛的饭菜，无奈因连年战乱，百业凋零，寺里的香火减少，僧人们的日子也不好过，只好到后园里摘了一把番薯叶，经过精心烹制，给他们充饥。也许是饿坏了吧，赵昺居然吃得津津有味，食后还赐它名为"护国菜"，以示恩典。护国菜传世之后，又经名师精心改进，成为潮州风味的上等汤菜。

　　现在护国菜从原来使用野菜叶，发展到用番薯叶、通心菜叶、君达菜（厚合菜）叶、苋菜叶、菠菜叶；从纯斋菜的做法，发展到素菜荤做。

　　·美食原料

　　主料：番薯嫩叶 500 克。

　　辅料：草菇 100 克，熟火腿末 25 克，猪油 100 克，瘦肉 100 克，上汤 750 毫升。

　　·制作方法

　　1. 番薯叶逐叶撕筋洗净，加入纯碱煮两三分钟（保持薯叶青绿色）捞起，用清水冲洗去碱味后，挤干水分，用刀横直剁几下。

　　2. 草菇去蒂浸洗干净，加入鸡油、上汤 150 克、精盐、味精，放上瘦肉（先片开泡熟），入蒸笼蒸 30 分钟取出，去掉瘦肉，汁滗出备用。

　　3. 用文火烧，倒入猪油 100 克，把番薯叶炒香，加入上汤、草菇连汁、味精、精盐、鸡油，约煮5分钟，然后用淀粉水勾芡，加入鸡油和芝麻油推匀，盛入汤碗，草菇放在上面，撒上火腿末即成。

·菜品特点

此菜粗菜细制，色泽碧绿，汤羹稠浓，香醇软滑，是潮州几百年来的传统菜肴。

李光耀钦点"烧雁鹅"

此菜是潮汕传统名菜，在岭南地区广泛流传，广州市内，店店有卖，家家必食，其美味适口，可想而知。之所以称"烧雁鹅"，是因为这道菜原料是野雁，但雁是大的游禽，属候鸟类，大小外形一般似家鹅，每年春分后飞往北方，秋分后南回，因季节更换，飞雁难得，而且它又是受保护的野生动物，遂改用家鹅代替，制法不变，风味相仿。

成菜色泽红润，皮脆肉嫩，以甜酱佐食，甘香味浓。传说，前新加坡总统李光耀访问中国时，曾经在广州做客，特点此名菜，可见烧雁鹅已名扬遐迩。李光耀品尝此菜后大加赞赏，认为烧雁鹅不愧是粤菜的代表作之一。

·美食原料

主料：光鹅1只（重约2000克为宜）。

卤水料：生抽500克，老抽100克，清水200毫升，料酒75克，汕头南姜100克，川椒5克，桂皮5克，大料5克。

调料：植物油800克（实耗约70克），香菜少许，胡椒粉少许，大油25克，湿淀粉100克，味精5克。

·制作方法

1. 光鹅洗干净晾干后，放入卤水中浸熟。

2. 出米冻上后起肉，用湿淀粉糊在鹅皮上，将鹅骨用刀剁成件，上湿淀粉。

3. 锅上旺火，倒入油烧开，将已上粉的鹅肉、骨一同炸成红白色，取出沥油。

4. 用斜刀把鹅肉切件盖在骨上，再把大油、味精、胡椒粉拌均匀，淋在鹅肉上，香菜放在鹅边即成。另配酸菜150克（酸姜或青瓜）、汕头梅膏酱100克。

·菜品特点

色泽红白兼艳，骨质酥脆味浓，肉鲜香可口，宴客别具风味。

丸中之王"牛肉丸"

潮汕牛肉丸源于客家菜。早期卖牛肉丸的小贩大部分是客家人，他们挑着小担在汕头走街串巷叫卖。尤其晚上，在韩堤路八角亭至公园后面的韩江一带，常有小舟穿梭，船头挂着一盏小灯，为停泊在那里的客家货船提供夜宵，专卖牛肉丸汤。

20 世纪 40 年代的新兴街一带牛肉丸饮食摊档甚多,发展到如今,牛肉丸在潮汕一带已经是遍地开花。由于它和其他丸类特点殊异,故而被名家们赞美为"丸中王"。

潮汕牛肉丸选用新鲜的牛腿肉作主料,经过多重工艺,加入多种辅料后,精制而成。食时用牛骨老汤和牛肉丸下锅煮至初沸,配上沙茶酱或辣椒酱佐食,味道鲜美。牛肉丸必须每天现吃现做,才能保证其味道鲜美、口感滑爽、劲道十足。

·美食原料

主料:新鲜牛腿肉 1 500 克,肥猪肉 150 克。

调料:味精 15 克,精盐 10 克,特级鱼露 150 克,生粉 100 克,虾米 100 克,沙茶酱 50 克,胡椒粉 0.5 克,芝麻油 5 克,香菜 50 克。

·制作方法

1. 牛腿肉去筋后切成块,放在大砧板上,用特制的方形锤刀两把,不停地用力把牛腿肉槌成肉浆,加入少量生粉、精盐、鱼露和味精,继续再槌 15 分钟,然后把虾米洗净切碎,肥肉切成细粒和剩下的鱼露、生粉、味精一同放入,用手大力搅挞,至肉浆黏手不掉下为止。

2. 左手抓肉浆,握紧拳把丸子从拇指和食指弯曲的缝中间挤出来,右手拿羹匙把丸子从手缝中挖出,随即放进盛着温水的盆里。丸子用慢火煮约 8 分钟捞起。

3. 用原汤和牛肉丸下锅煮至初沸(煮时水不能太沸,否则牛肉丸不爽滑),加入适量味精、芝麻油、胡椒粉和香菜,配上沙茶酱佐食。

五、海派风格的闽菜

(一)闽菜史语

闽菜是中国著名菜系之一,以烹制山珍海味而著称,在色、香、味、形兼顾的基础上,尤以香味见长,其清新、和醇、荤香、不腻的风味特色,在中国饮食文化中独树一帜。

闽菜是由福州、厦门、泉州等地方菜发展而成的,其中以福州菜为主要代表。这里自古就是中国的对外通商之所,文化交流极为频繁,为闽菜的发展提供了良好的文化氛围。闽菜在继承中华传统技艺的基础上,借鉴各路菜肴之精华,对粗糙、滑腻的习俗加以调整,使其逐渐朝着精细、清淡、典雅的品格演变,以至发展成为格调甚高的闽菜体系。

1. 闽菜的历史

闽菜起源于福建闽侯县，这里地理条件优越和物产也十分富饶，常年盛产稻米、蔬菜、瓜果等，其中就有闻名全国的茶叶、香菇、竹笋、莲子以及鹿、难、鹤鸽、河鳗、石鳞等美味。此外，沿海地区还盛产鱼、虾、螺、蚌等海产，据明代万历年间的统计资料，当时水产品共计270多种，为闽菜系的发展提供了得天独厚的烹饪资源。

两晋南北朝时期，大批中原士族开始进入福建，并带来了中原先进的科技文化，与闽地的古越文化进行混合和交流，促进了当地饮食文化的发展。晚唐五代，河南光州固始的王审知兄弟带兵入闽建立"闽国"，对福建饮食文化的繁荣产生了积极的促进作用，也对闽菜的发展产生了深远的影响。

此外，福建也是中国的著名侨乡，很多旅外华侨从海外引进的食物品种和一些新奇的调味品，对丰富福建饮食文化、充实闽菜体系也起到了很大的促进作用。福建人民经过与海外特别是南洋群岛人民的长期交往，海外的饮食习俗也逐渐渗透到闽人的饮食生活之中，从而使闽菜成为带有开放特色的一种独特菜系。

2. 闽菜的风味特点

闽菜的刀工甚为讲究，可以使不同质地的材料，达到入味透彻的效果。所以，闽菜的刀工有"剖花如荔，切丝如发，片薄如纸"的美誉。如凉拌菜肴"萝卜蓍"，将薄薄的海蟹皮，每张分别切成2—3片，复切成极细的丝，再与同样粗细的萝卜丝合并烹制，凉后拌上调料上桌。此菜刀工精湛，海蜇与萝卜丝交融在一起，脆嫩爽口，经历百年，盛名不衰。

闽菜具有"多汤"的特点，即闽菜宴席中的汤菜很多，达与福建丰富的海产资源有关。因为闽菜始终将质鲜、味纯、滋补联系在一起，而在各种烹调方法中，汤菜最能体现菜的原汁原味和本色本味。闽菜中的汤菜与一般的汤菜不同，它通过各种辅料的调制，可以摒除原料中固有的擅、苦、涩、腥等异味，因而又有"一汤变十"之说。

闽菜的调味技艺也很奇异。闽菜偏甜、偏酸、偏淡的口味，与其丰富多彩的佐料以及其烹饪原料多用山珍海味有关。因为偏甜可去腥擅，偏酸爽口，味清淡则可保其质地鲜纯。如闽菜名肴荔枝肉、甜酸竹节肉、葱烧酥卿、白烧鲜竹蛙等均能恰到好处地体现偏甜、偏酸、偏清淡的特征。

闽菜的烹调技艺很为奇特，蒸、炒，炖、炯、余、偎等方法各具特色。在餐具上，闽菜一般选用大、中、小盖碗，十分细腻雅致。如炒西施舌、清蒸加力鱼、佛跳墙等都鲜明地体现了闽菜的特征，其中尤以佛跳墙最为典型。相传佛跳墙始于清道光年间，百余年来，一直驰名中外，成为闽菜中最著名的古典名菜，也是中国最著名的特色菜之一。佛跳墙选料精细，加工严谨，讲究火工与时效，注意调汤，注重器皿的选择。

（二）闽菜名品

荔枝肉

材料

猪瘦肉300克、净荸荠片100克，蒜末3克、葱段15克，薄荷叶少许。

调料

番茄汁50克，水淀粉适量，清汤少许。

做法

①将猪瘦肉洗净切块，剞斜十字花刀，再切成斜形块，与净荸荠片用水淀粉抓匀。

②将清汤加番茄汁调成卤汁。再将肉块与荸荠片下锅炸两分钟，呈荔枝状捞出，备用。

③锅置火上，加入适量的植物油，油烧热时放入蒜末、葱段下锅煸炒，倒入做法②的卤汁，再放入炸好的猪瘦肉块、荸荠片翻炒，装盘即可。

荔枝肉

肉末豌豆

材料

猪瘦肉、鲜豌豆各250克，鸡蛋（取蛋清）1个。

调料

盐、味精、料酒、水淀粉、鸡汤各适量。

做法

①将鲜豌豆洗净，其余材料都备齐。

②猪瘦肉洗净后剁碎成肉泥，加入鸡蛋清、盐、味精和料酒搅成糊状。

③炒锅内倒入鸡汤烧热，再放入糊煮10分钟左右，加入豌豆再煮5分钟，撒入盐和味精，用水淀粉勾芡，出锅装盘即可。

锅边闲话

由于豌豆粒圆，故有"豆中珍珠"之称。中医认为，豌豆具有通乳消胀的作用，现代研究表明，它含有丰富的蛋白质、粗纤维、胡萝卜素、钙、铁、磷等营养成分，具有预防癌症和心血管疾病的作用。

醉排骨

材料

排骨 500 克，蒜瓣 50 克，鸡蛋（取蛋清）2 个。

调料

A. 淀粉、料酒、盐各适量；B. 芝麻酱、辣酱油各 1 小匙，咖喱粉 3 克，糖 1 大匙，料酒 30 克，盐、胡椒粉、香油、醋、芥末各适量。

做法

①将排骨洗净后切长方块；取调料 A 和蛋清调成糊，放入排骨块抓匀腌入味。

②再将调料 B 调和在另一只碗里备用。

③锅置火上，倒油烧热，将排骨块放入油锅炸熟透盛在盘中，备用。

④锅中留少许油，蒜瓣用刀拍扁下锅炒香，倒入做法②继续翻炒，然后淋入炸好的排骨上即可。

锅边闲话

煎肉时如果粘锅，别用筷子剥离，将火关掉再处理。

扳指干贝

材料

干贝 17 粒，白萝卜 1000 克，薄荷叶少许。

调料

干贝汁 250 克，味精、盐各少许。

做法

①将白萝卜去皮洗净，切成 1.65 厘米长的段，横切面用圆形薄铁筒扎透，去掉萝卜心呈"扳指"形，向其填入干贝 1 粒，装完摆入扣碗，并浇上部分干贝汁。

②将干贝移至蒸笼上，上笼屉用大火蒸烂取出，先将蒸汁留下待用，再摆放于汤盘中。

③锅置火上，倒入剩余干贝汁及蒸汁煮沸，加盐、味精调匀，待煮沸后起锅，淋于扳指干贝上，最后装盘用薄荷叶点缀。

锅边闲话

干见须先水发，将老肉去掉，用清水洗净，去沙土、霉味，上笼屉用中火蒸 2

小时取出即可。

酸菜牛肉

材料

牛肉 250 克，酸菜 200 克，葱汁、蒜蓉、姜末各适量，香菜叶少许。

调料

白糖 10 克，醋 15 克，花椒油、水淀粉、香油各 1 小匙，料酒 1 大匙。

做法

①将牛肉洗净，切片备用；酸菜洗净切大片备用。

②取一小碗，用水、白糖和醋与水淀粉调为芡汁备用。

③油锅烧热，放入牛肉片炒熟，盛出沥油。

④锅中留油，将酸菜片入锅中加花椒油煸炒，再加葱汁、姜末、蒜蓉爆香，放入牛肉片淋入料酒炒匀，随即把芡汁倒入，翻炒入味淋入香油，撒上香菜叶即可。

锅边闲话

在选购牛肉时，以带油花、肥瘦兼半的牛肉较好，吃起来口感才不会干涩。

金钩里脊

材料

猪里脊肉 250 克，白菜心 750 克，海产虾米 50 克。

调料

鲜汤 200 毫升，熟鸡油、盐、味精各适量。

做法

①选择直径为 4 厘米的白菜心去掉头和尾后清洗干净，每根切成两段，每段为 3 厘米长，装在小碗中；海产虾米洗净，平放在小碗白菜段上；猪里脊肉洗净后切成小块，放在小碗中。

②将鲜汤用熟鸡油、盐、味精调匀，然后舀入小碗中。

③将小碗移至蒸笼上，入笼用大火蒸 20 分钟取出，倒入汤碗中即可。

锅边闲话

虾米因其形似鱼钩，色泽鲜红，帮称为"金钩"。用它与白菜相搭配，海鲜醇美，爽口不腻。此菜最关键的就是在蒸时，要大火气足，这样才能蒸烂熟酥。

干烧牛肉片

材料

牛肉 400 克，芹菜片 50 克，姜丝 10 克。

调料

沙茶酱 2 大匙，味精 5 克，料酒 1 大匙，辣椒粉、醋、白糖各适量，嫩肉粉、花椒粉各少许。

做法

①将牛肉洗干净，切成薄片，放入碗中，然后加少许嫩肉粉抓匀，备用。

②将锅中加少量油用大火烧热，加姜丝爆香，入牛肉片煸炒，加沙茶酱、辣椒粉略炒至油色变红。

③然后向锅中加料酒、味精、白糖、芹菜片继续煸炒几下，淋少许醋后装盘，最后撒花椒粉即可上桌。

锅边闲话

牛腰部位的牛肉较细嫩，可以不必加小苏打粉腌渍了，若用其他部位的肉，应该先加半小匙的苏打粉稍微腌渍再进行烹调。

鸡蛋炒虾

材料

虾 200 克，鸡蛋 5 个，葱 2 根，鸡蛋（取蛋清）1 个，薄荷叶少许。

调料

水淀粉 2 小匙，淀粉 1 小匙，盐半小匙。

做法

①将虾去虾线，洗净后擦干，拌入蛋清、淀粉、盐腌 10 分钟，过油捞出。

②将鸡蛋打散，葱洗净切碎后放入蛋液中，加入盐、水淀粉调匀，备用。

③锅置火上，倒油烧热，倒入虾和蛋液，炒至蛋液凝固时盛出，加上薄荷叶点缀即可。

锅边闲话

鸡蛋所含维生素 B_2 及少量的微量元素，有助于分解氧化体内的致癌物质，具有防癌作用。

红糟排骨

材料

猪排骨 500 克，红糟 50 克，鸡蛋（取蛋清）2 个，葱汁 1 小匙，蒜适量。

调料

淀粉 45 克，香油 20 克，白糖 15 克，盐少许。

做法

①将猪排骨洗净切成条形块；白糖、盐和红糟调在碗里，将排骨块放入腌一会儿，再放入用蛋清、淀粉调和的糊拌匀。

②锅中放入适量油，开温火烧热，将排骨放入炸熟后，倒出油沥干排骨的余油。

③然后将蒜去皮用刀拍碎，放在油锅里炒出香味后，加香油和葱汁，再将排骨块放入，烧出香味即可。

锅边闲话

红糟对排骨具有柔嫩化、保持水分、抑菌等效果，不但味道好，更符合健康自然的饮食观念。

橘烧肉

材料

五花肉 150 克，面粉 130 克，香菜叶少许。

调料

白糖 65 克，盐、酱油、香油各少许。

做法

①将五花肉洗净切成长方片，放在白糖、盐、酱油拌匀的卤汁内腌渍一会儿。腌的时间不要过长或过短，过长了太咸，过短则不入味。

②将面粉放在碗里，加水调成薄面糊。

③起锅热油，将腌渍好的肉片一片片地放在薄面糊里挂浆，然后用小火炸定型，最后改用大火炸酥，捞出后浇上香油，倒在盘里，撒上香菜叶装饰即可。

锅边闲话

很多女性在减肥的过程中都将"脂肪"视若洪水猛兽。其实在饮食结构中完全摒弃脂肪都是不明智的，真正健康的美体菜谱中脂肪应该占有重要席位。

呛糟鸡脯

材料

鸡脯肉 250 克，鲜蘑菇片、黄瓜片、鸡蛋清、鸡蛋黄各适量，香菜叶少许。

调料

红糟、料酒、盐、白糖、清汤、淀粉各适量。

做法

①将鸡脯肉去皮去筋，洗净，切成薄片，用盐抓拌均匀。加上打匀的鸡蛋清抓一抓，再加上淀粉挂糊。

②锅置火上，倒油烧热，将鸡脯片放入炒一下，捞出滤去油，备用。

③将红糟放入油锅中用大火略煸，加上白糖、料酒一起炝锅，然后将清汤、淀粉、鸡脯肉片、鲜蘑菇片、鸡蛋黄、黄瓜片迅速翻炒，熟后撒上少许香菜叶即可。

锅边闲话

浓香的红糟是闽南人家餐桌上最常见的香料皇后，用它烧成的鸡脯肉是四季都想吃的家常下饭菜。

荸荠鸡丁

材料

鸡脯肉 250 克，去皮荸荠 100 克，鸡蛋、青尖椒各 1 个。

调料

A. 水淀粉 1 小匙，料酒 15 克；B. 白糖、料酒、盐、味精、香油各 1 小匙；C. 香油、水淀粉各适量。

做法

①所有材料洗净备齐。将鸡肉切丁；荸荠和青尖椒切块；再将鸡肉丁加鸡蛋和调料 A 抓匀腌渍片刻。

②锅置火上，倒入油，油烧热时将荸荠块和青尖椒块稍微煸炒一下后捞出，下鸡肉丁滑油片刻盛出。

③另起锅倒入少许油，将鸡肉丁和荸荠块、青尖椒块加调料 B 一起快速翻炒。

④最后用调料 C 的水淀粉勾芡，收汁后淋香油即可装盘。

锅边闲话

鸡鹅肉营养丰富，含大量 B 族维生素，其中鸡脯肉含高蛋白、低脂肪，是最佳的健康肉品。

清蒸鳜鱼

材料

鳜鱼 1 条（约 500 克），冬菇 2 个，冬笋片 50 克，葱丝、姜片各适量，香菜叶少许。

调料

料酒、白糖各 15 克，酱油、盐、清汤各适量。

做法

①将鳜鱼剖好洗净；冬菇洗净切块；冬笋片洗净；其余材料均洗净备用。

②将洗好的鳜鱼放入沸水锅内氽烫一下，取出刮干净，鱼身两面开花刀，放在盘中。

③将冬菇块，冬笋片、葱丝、姜片倒在鱼上面，再加所有调料上笼蒸熟，最后装盘摆上香菜叶即可。

锅边闲话

要想蒸出入口即化、鲜嫩滑口的鱼肉，必须用大火，而且要等到水完全沸腾后才放入处理好的鱼肉。蒸锅内水要一次性加充足，中途禁止掀开锅盖。

煎明虾段

材料

明虾6只，鸡蛋（取蛋清）2个，葱白丝、姜末各20克，薄荷叶少许。

调料

料酒20克，白糖适量，酱油、淀粉各2大匙，香油、高汤各1大匙。

做法

①将明虾切成3段，去掉虾线洗净；其他材料均备齐。

②将明虾段放入碗中，用少许酱油、料酒、蛋清、淀粉调和而成的薄糊里腌拌一下。

③烧热油锅，将明虾放入锅内煎透后，加剩下的酱油、白糖、料酒、葱白丝、姜末，再下少许高汤、淀粉勾成薄芡，浇上香油，装盘用薄荷叶点缀即可。

锅边闲话

虾性温，味甘，归肝、肾经，所以一直是补肾壮阳的天然食物。

清炖带鱼

材料

带鱼600克，胡萝卜片、葱花、姜片各适量。

调料

料酒2大匙，盐、鸡精各少许，鸡汤1000毫升。

做法

①将带鱼入温热水中稍泡后剖洗干净，切段加少许盐和鸡精腌渍片刻。

②将锅中加少许油，加入鸡汤、料酒和腌入味后洗净的带鱼段、姜片，用大火烧开。

③待汤汁滚沸后加胡萝卜片再炖煮5分钟左右至带鱼段和胡萝卜片熟透，加少许葱花调味即可。

锅边闲话

◎带鱼富含蛋白质、脂肪，还有丰富的 DHA 和维生素 A、维生素 D，是很好的补虚、养肝及促进乳汁的食物。

◎带鱼在其他菜系中很少有清炖的做法，所以这款菜品可以说是颇具闽南风味的特色做法。

拉糟鱼块

材料

鲜黄鱼 1 条，鸡蛋（取蛋清）1 个，葱末、姜末各 1 大匙，香菜叶少许。

调料

A. 红糟 25 克，白糖 20 克，盐 10 克，味精、料酒、香油、花椒、五香粉各少许；B. 淀粉 100 克，水淀粉少许。

做法

①所有材料均洗净备齐；将鲜黄鱼剖洗干净剁块。

②将切好的鱼块用调料 A 加部分蛋清和葱末、姜末调成的红糟汁腌渍 15 分钟。用剩余蛋清和淀粉制成蛋清浆，将腌渍的鱼块上浆。

③油锅置大火上烧热，将上浆的鱼块逐块下油锅，炸熟后起锅，沥干油，装盘。

④另起锅，倒油烧至七成热，将红糟汁入锅，加少许水淀粉勾芡后，将鱼块倒入拌匀摆入盘中，最后撒上香菜叶点缀即可。

南煎肝

材料

猪肝 500 克，鸡蛋 2 个，葱末、香菜叶各少许。

调料

香油 60 克，淀粉 40 克，料酒、酱油各 20 克，白糖、盐各少许。

做法

①将猪肝洗净切成长形的薄片，鸡蛋取蛋清备用，其余材料均洗净备齐。

②将猪肝片放入用酱油、料酒、蛋清、盐调成的卤汁内腌渍，再裹上淀粉。

③锅内油烧热，将猪肝放入，翻炒一下，随即加入白糖、葱末、香油同猪肝片一道翻炒，起锅装盘撒上少许香菜叶即可。

锅边闲话

动物内脏买回后必须先进行泡水处理，还可以在水中加少许醋浸泡，这样就更有效地去除腥膻味。

芝麻豆腐

材料

嫩豆腐 300 克，牛肉、蒜苗各 100 克，香菜叶少许，熟芝麻 2 大匙。

调料

花椒粉、香油各 1 小匙，酱油、水淀粉各 1 大匙，盐适量，鲜汤 200 毫升。

做法

①将牛肉洗净剁成末；蒜苗洗净切成1厘米长的小段；其余材料均洗净备用。

②将嫩豆腐切成1厘米见方的小丁，用温开水略汆烫。

③锅加油烧热，下牛肉末炒散，至颜色发黄时，加盐、酱油同炒，再放鲜汤，下嫩豆腐丁加锅盖改小火焖，起锅前放入蒜苗段、撒花椒粉略烧，用水淀粉勾芡，淋少许香油，出锅装盘，撒上熟芝麻、香菜叶即可。

锅边闲话

豆腐中含有多种微量元素，素有"植物肉"之美称。

蛋拌豆腐

材料

熟鸡蛋1个，嫩豆腐1盒，蒜泥、葱花、香菜叶各少许。

调料

盐、酱油、味精、香油各少许。

做法

①将嫩豆腐洗净，用刀切成大小均匀的小块，备用。

②将熟鸡蛋剥去外壳用冷水洗净，切成小块，备用。

③将熟鸡蛋块和嫩豆腐块一起放到碗内，加入盐、酱油、味精、蒜泥、葱花和香油，用竹筷将熟鸡蛋块和嫩豆腐块搅拌匀，撒上少许香菜叶即可。

锅边闲话

◎豆腐是夏天极受欢迎的开胃菜，刚买回的豆腐十分柔嫩，容易碎烂，宜浸泡在加少许盐的凉水中并放入冰箱保存，这样在烹调时就能保持形状完整，还可以使之弹性较大，更可清除石膏味。

◎在煮鸡蛋的水中加入少许盐，这样鸡蛋不易被煮破。

闽生果

材料

花生仁300克，香菜叶少许。

调料

白糖40克，五香粉、椒盐各少许。

做法

①将花生仁放在开水里泡一泡后取出沥干，去皮。

②再将花生仁放入热油锅内炸酥，然后取出冷却，但不要炸得过久过老，以免发苦。

③将五香粉、白糖、椒盐放在一起拌和均匀，最后再倒入炸好的花生仁拌匀，撒上香菜叶装盘点缀即可。

锅边闲话

花生含有大量不饱和脂肪酸，可以抑制胆固醇的吸收，对心血管族病有预防作用；其中含有维生素 K 与卵磷脂，能促进人体新陈代谢，增强神经系统作用和增强记忆力，延缓大脑功能退化。花生与其他坚果类食品一样，也含有丰富的维生素 E。

青菜汤

材料

嫩白菜心 250 克，胡萝卜丝 100 克，葱段、姜块各适量。

调料

料酒、盐各 1 小匙，鸡汤 1000 克，味精少许。

做法

①将嫩白菜心洗净并从中间剖开，把它切成长短一样的材料，备用。

②锅中加入清水，再下葱段、姜块烧开后将白菜心放入，烧至六成熟取出沥干水分，备用。

③另起锅放入鸡汤、盐、味精、料酒，烧开后将嫩白菜心、胡萝卜丝放入，再开锅即可。

锅边闲话

胡萝卜、白菜加鸡汤同煮，丰富的胡萝卜素经吸收代谢后转化为维生素 A，是保护眼睛、黏膜、皮肤的重要功臣，对于长期佩戴隐形眼镜或长期从事电脑工作而感到眼睛酸疼的人，更是重要的营养素。

茄子炖鸡汤

材料

带骨鸡肉 250 克，茄子 150 克，葱末、姜末各适量，香菜叶少许。

调料

清汤 1 大碗，酱油、料酒、盐、醋各适量

做法

①将带骨鸡肉洗净，剁成小块；茄子去皮切成滚刀块；其余材料均洗净备用。

②热油锅内下葱、姜末炒香，下鸡肉块煸炒透，烹入酱油、料酒炒片刻，加清汤烧开。

③再放入茄子块，改用小火炖至鸡块、茄子熟烂时，用盐调味，淋醋，最后装

盘放入香菜叶点缀即可。

购买茄子时以外皮光亮、茄身重而直者为佳，茄子本身在烹调时爱吸油，刚好把煸炒鸡块的油吸走，汤也会多味清淡。

（三）闽菜典故

闽菜之首"佛跳墙"

"佛跳墙"原名"荤罗汉"，是福建地区的首席传统名菜。相传，该菜始于清道光年间，由福州聚春园菜馆的名厨师郑春发创制。

郑早年在布政司周莲府中当厨师。一日，周莲应邀去官银局赴宴。东道主的夫人是江南人，对烹饪技术有研究，她吩咐家厨将鸡、鸭、火腿等主料投进绍兴酒坛里，煨制成一道味厚香浓的菜。周莲品尝后赞不绝口，回家便要郑春发仿制此菜，几经尝试，始终达不到理想的味道。于是周莲亲率郑到官银局去观看，郑回衙后便精心研究，增加山珍海味等食材，用绍兴酒坛细心煨制，结果制成的菜香味浓郁，鲜美异常，比官银局的更胜一筹。

后来郑春发辞去了衙厨，与人合伙开设了聚春园菜馆。他对这道菜继续钻研，取用了海参、鲍鱼、鱼翅、鸡肉等十几种珍贵原料，并以陈酒、姜片、桂皮、茴香等作配料，放在陶制瓦罐中煨制，所以风味独特，脍炙人口。

一天，有几个秀才也慕名到聚春园饮酒品菜，郑春发即捧此菜上桌。坛盖揭开，顿时满堂荤香，令人陶醉。有人脱赞曰："妙哉！妙哉！如果佛祖闻到此味也会破戒跳墙来品尝。"当时此菜尚未命名。有位秀才即兴赋诗道："坛启荤香飘四邻，佛闻弃禅跳墙来。"众人应声叫绝，拍手称奇。从此，这道菜便正式取名为"佛跳墙"。一百多年来这道菜一直风靡全国，饮誉海外。

·美食原料

主料：水发鱼翅500克，鸭肫6个，水发刺参250克，鸽蛋12个，肥母鸡1只（约1000克），水发花冬菇200克，水发猪蹄筋250克，猪肥膘肉95克，猪肚1个，羊肘500克，水发鱼唇250克，白条鸭1只，猪蹄尖1000克，金钱鲍1000克，火腿腱肉150克，水发干贝125克，冬笋500克，鲂肚125克。

调料：姜片75克，葱段95克，桂皮10克，绍酒2500克，味精10克，冰糖75克，酱油75克，猪骨汤1000毫升，熟猪油1000克。

·制作方法

1. 水发鱼翅去沙，剔整齐排在竹箅上，放进沸水锅中加葱段30克、姜片15

克、绍酒 100 克煮 10 分钟，去其腥味取出。将算拿出放进碗里，鱼翅上摆放猪肥膘肉，加绍酒 50 克，上笼屉用旺火蒸 2 小时取出，拣去肥膘肉，滗去蒸汁。

2. 鱼唇切成长约 2 厘米、宽约 4. 5 厘米的块，放进沸水锅中，加葱段 30 克、绍酒 100 克、姜片 15 克，煮 10 分钟捞出。

3. 金钱鲍放进笼屉，用旺火蒸烂取出，洗净后每个片成两片，剞上十字花刀，盛入小盆，加骨汤 250 克、绍酒 15 克，放进笼屉旺火蒸 30 分钟取出，滗去蒸汁。鸽蛋煮熟，去壳。

4. 白条鸭分别剁去头、颈、脚。猪蹄尖剔壳，拔净毛，洗净。羊肘刮洗干净。以上各料各切 12 块，与鸭肫一并下沸水锅汆一下，去掉血水捞起。猪肚里外翻洗干净，用沸水汆两次，去掉浊味后，切成 12 块，下锅中，加骨汤 250 克烧沸，加绍酒 85 克汆一下捞起。

5. 水发刺参洗净，每只切为两片。水发猪蹄筋洗净，切成约 2 寸长的段。火腿腱肉加清水 150 克，上笼屉用旺火蒸 30 分钟取出，滗去蒸汁，切成厚约 1 厘米的片。冬笋放沸水锅中汆熟捞出，每条直切成四块，轻轻拍扁。锅置旺火上，熟猪油放锅中烧至七成热时，将鸽蛋、冬笋块下锅炸约 2 分钟捞起。随后，将鲂肚下锅，炸至手可折断时，倒进漏勺沥去油，然后放入清水中浸透取出，切成长 4. 5 厘米、宽 2. 5 厘米的块。

6. 锅中留余油 50 克，用旺火烧至七成热时，将葱段 35 克、姜片 45 克下锅炒出香味后，放入鸡、鸭、羊肘、猪蹄尖、鸭肫、猪肚块炒几下，加入酱油 75 克、味精 10 克、冰糖 75 克、绍酒 21 50 克、骨汤 500 克、桂皮，加盖煮 20 分钟后，拣去葱、姜、桂皮，起锅捞出各料盛于盆，汤汁备用。

7. 取一个绍兴酒坛洗净，加入清水 500 毫升，放在微火上烧热，倒净坛中水，坛底放一个小竹算，先将煮过的鸡、鸭、羊肘、猪蹄尖、鸭肫、猪肚块及花冬菇、冬笋块放入，再把鱼翅、火腿片、干贝、鲍鱼片用纱布包成长方形，摆在鸡、鸭等料上，然后倒入备用的汤汁，用荷叶密封坛口，并倒扣压上一只小碗。装好后，将酒坛置于木炭炉上，用小火煨 2 小时后启盖，速将刺参、蹄筋、鱼唇、鲂肚放入坛内，即刻封好坛口，再煨 1 小时取出。上菜时，将菜倒入大盆内，将纱布包打开，鸽蛋放在最上面。同时上襄衣萝卜一碟、火腿拌豆芽一碟、冬菇炒豆苗一碟、油辣芥一碟以及银丝卷、芝麻烧饼佐食。

·菜品特点
香味浓郁，肉质软嫩，滋味异常鲜美，回味无穷。

林则徐巧用"槟榔芋泥"

此菜为闽菜传统甜食，是福州人宴席上的"压轴"菜。

据说，清朝道光年间，林则徐到广州禁烟，英、德等国领事宴请林则徐。陪同官员有的从未见过冰激凌，就端起杯子朝冒气的冰激凌吹气以驱热，遭到洋人耻笑。

林则徐看在眼里、记在心里，也设宴"回敬"这些领事先生。几道凉菜过后，侍者端出用槟榔芋做成的浅紫如玉的芋泥，貌似冷盘。

外国人忙不迭舀上满匙芋泥送进嘴里，哪知这芋泥刚出锅极热，把洋人烫得吐不得、咽不下，流泪捧腮。

此时，林公含而不露，悠然道："中国名菜槟榔芋泥，外表冷静，内心炽热，与冰激凌表面冒气，里面冰冷正好相反。"林则徐以芋泥教训洋人的故事，一时传为美谈。

·美食原料

主料：槟榔芋 1000 克。

辅料：红枣 100 克，糖冬瓜条 50 克，樱桃、瓜子仁适量。

调料：白糖 35 克，熟猪油 25 克。

·制作方法

1. 槟榔芋头去皮，每个切成 4 块，放在盆里，加入清水 150 毫升，上笼蒸 1 小时取出，放在干净的砧板上（或直接在盆内），用刀压成蓉状，拣去粗筋。

2. 压成蓉状的芋头装入大碗内，加入 30 克白糖，拌匀，再放入笼中蒸 5 分钟。

3. 枣去皮、核，切碎；冬瓜条切成米粒状。

4. 红枣装在碗里，加入剩余白糖，上笼屉用中火蒸 5 分钟取出。

5. 锅微火加热，下猪油 25 克烧热，将蒸过的红枣下锅搅拌成糊状后，再混合糖冬瓜粒浇在芋泥上，用瓜子仁、樱桃在芋泥上面做装饰即可。

"淡糟香螺片"独具地方特色

以红糟作配料烹制菜肴，是福州菜的一大特色。而且福州菜尤其讲究调汤，予人"百汤百味"和糟香扑鼻之感，不仅为当地食客们所喜爱，也深受海外侨胞的欢迎。红糟具有防腐去腥，增加香味、鲜味和调色的作用。用于菜肴上的有炝糟、拉糟、煎糟、红糟、醉糟、爆糟等十几种烹调方法，尤以传统名菜"糟炒香螺片"、"醉糟鸡"最负盛名。

"淡糟香螺片"是闽菜大师强木根的拿手菜之一。他善于将仅有红枣大的黄螺肉，用娴熟的滚刀法，指头灵巧地牵引转动，迅速地将其切成薄片。雪白的螺片与殷红的糟汁相映成趣，舒展似花的螺片曲且挺，令人叹为观止。成菜质嫩鲜爽，糟味馨香而醇美，是福州独具地方特色的名菜。

·美食原料

主料：净香螺肉 200 克。

辅料：香糟 15 克，净冬笋 75 克，水发香菇 10 克。

调料：葱白 2 根，蒜末 1.5 克，姜末 1 克，白酱油 15 克，绍酒 20 克，白糖 10 克，上汤 50 毫升，湿淀粉 10 克，麻油 5 克，生油 200 克。

·制作方法

1. 香螺肉尾部切除，用竹刷去污，洗净后，片成薄片，放入 60℃的热水锅氽一下捞起，用绍酒抓匀稍腌。冬笋、香菇均切成与螺片相称的片。葱白切马蹄片，与上汤、味精、白糖、白酱油、麻油、湿淀粉一并调成卤汁。

2. 锅置旺火上，下生油烧至七成热时，将冬笋片下锅过油 1 分钟，倒进漏勺沥去油。炒锅留余油（约 15 克），放回旺火上烧热，先将蒜末、姜末下锅煸香，再放入香糟略煸，随即加入香菇及过油冬笋片，倒入卤汁烧沸芡匀，迅速放入氽好的螺片，颠炒几下装盘即成。

张春火烹制"东璧龙珠"

"东璧龙珠"是一道取用地方特产精心烹制的名菜。几乎每个泉州人都知道，龙眼中的极品当数泉州开元寺的东璧龙眼。

福建泉州市有一著名古刹"开元寺"，是全国文物保护单位。该寺始建于唐代，相传已有一千多年历史。寺内东石塔旁有寺中小寺——古东璧寺，古时候有僧人在寺内栽种龙眼树，至今仍为稀有品种。树上所结的鲜果，称为"东璧龙珠"，其壳呈花斑纹，肉厚而脆，甘洌清香，驰誉国内外。当时泉州名厨张春火采用"东璧龙珠"为主料，烹制成一道佳肴，其形如珠，故称"东璧龙珠"。"东璧龙珠"龙眼清津，肉质鲜香，皮酥馅腴，口味甘美，成为该地区著名的特色风味菜。

·美食原料

主料：东璧龙眼（带壳）750 克，五花肉 100 克，鲜虾肉 100 克。

辅料：水发香菇 15 克，鸡蛋 3 个，面粉 100 克，饼干末 100 克。

调料：番茄酱 50 克，香醋 12 克，精盐 2 克，味精 1.5 克，生油 700 克（约耗 100 克）。

·制作方法

1. 五花肉、虾肉剁成泥，香菇捏干水分，切成细丁，一并加上精盐、味精、蛋清，搅拌成馅料，再捏成龙眼核大小的馅丸，排入盘内，上笼蒸熟。

2. 龙眼去壳，在果肉上逐个割一小刀口，挤出果核，然后把蒸过的馅丸嵌入果肉中，拢合开口处。另把鸡蛋打散成蛋液，面粉、饼干末放在盘内拌匀。

3. 锅置旺火上，下生油烧至八成热，将酿馅龙眼先蘸上蛋液，放在面粉、饼干末中滚匀，然后下锅炸至壳酥，呈金黄色时捞起，沥干油，装在盘里。上菜时，番茄酱、醋另盛小碟跟上。

闽菜神品"西施舌"

"西施舌"是沿海文蜊的一个品种，属瓣鳃软体动物，双壳贝类。它肉质软嫩，汆、炒、拌、炖均可，其鲜美的味道令人难忘。

传说，春秋战国时期，越王勾践灭吴后，他的夫人偷偷叫人骗出西施，将石头绑在西施身上，而后沉入大海。从此沿海的泥沙中便有了一种似人舌的文蜊（即蛤蜊），大家都说这是西施的舌头，所以称它为"西施舌"。20世纪30年代，著名作家郁达夫在福建时，曾称赞"西施舌"是闽菜中色香味形俱佳的一种"神品"。

·美食原料

主料：沙蛤350克。

辅料：水发香菇10朵，冬笋15克，芥菜叶20克。

调料：绍酒、酱油各1茶匙，上汤50克，香油、生粉、糖、味精各适量。

·制作方法

1. 沙蛤去裙，每只均片成相连的两片，洗净。芥菜叶柄切成边长约2厘米的菱形片，香菇每朵切成3片，冬笋切约2厘米长、1.5厘米宽的薄片。酱油、味精、糖、绍酒、香油、上汤、生粉调成卤汁。

2. 将片好的蛤肉放入滚水中烫一下捞起，沥干水。烧热锅，下油烧热，将芥菜叶柄、香菇、冬笋片放入略炒，随即倒入卤汁煮沸勾芡，汁黏时放进蛤肉片，迅速翻炒几下即可。

·菜品特点

色泽洁白，清鲜脆嫩，味鲜。

意趣双关"吉利虾"

"吉利虾"是福建厦门的一道名菜，它不仅名字好听、外形好看，而且味道也别具一格。虾球色泽金黄，外酥里嫩。芡汁五彩缤纷，色艳甘鲜，上菜时才浇汁，炙热爽口，饶有食趣。

相传很早以前，有两户人家因逃避兵乱，辗转来到厦门海滨搭寮定居。这两家一姓"吉"，有一男孩，一姓"利"，有一女孩，独男只女，频繁往来，及至弱冠及笄之年，便山盟海誓结成夫妻。婚宴前，新郎新娘念其热恋时，曾在海滩各捕到一只活蹦跳跃的对虾，当时就以此为喻，祈求成双结对，永不分离。为了纪念此情，特要求掌厨师傅做一道以对虾为主料的菜肴。厨师领略其意，借两家姓氏，烹制了意趣双关的"吉利虾"，众人品尝之后，无不绝口称赞。此菜因此传开，时至今日，成为厦门名菜。

吉利虾

· 美食原料

主料：鲜对虾 500 克。

辅料：胡萝卜、水发香菇、冬笋、洋葱各少许，鸭蛋 1 个，面包屑 150 克，鲜辣椒 1 只。

· 制作方法

1. 虾洗净，去壳留尾，剔去虾线，提起虾尾穿过割透的缝隙，拉成虾球生坯，用精盐、味精 0. 5 克、绍酒稍腌渍。

2. 辣椒去蒂、子，洗净，与香菇、冬笋、洋葱、胡萝卜、葱白一起切成丝。蒜瓣剁末。骨汤、酱油、橘汁、味精 1. 5 克、乌醋、白醋、白糖、芝麻油、湿淀粉和匀兑成卤汁，鸭蛋放在碗里打散。

3. 锅置旺火，下入熟猪油，烧至五成热，将虾球生坯先沾匀面粉，再蘸匀蛋液，而后滚匀面包屑，下锅炸至色泽金黄时，倒进漏勺沥去油，装入盘中。

4. 下熟猪油 50 克烧热，先放入蒜末及全部丝料略微煽炒，再倒入卤汁煮沸勾芡，加入熟猪油 15 克推匀，吃时将芡汁浇在虾球上即成。

"爆炒地猴"——补肾最好

此菜为闽西客家名菜。所谓"地猴"，就是老鼠干，取山鼠或田鼠熏制而成，与家鼠有着天渊之别。

每年立冬过后，以农作物和野果、昆虫为生的田鼠、山鼠正肥，当地人民便开始捕鼠。有丰富捕鼠经验的老手，会在傍晚把放有诱饵的捕鼠竹筒安置在老鼠出没的地方。落霜之夜，老鼠懒于远走觅食，因此，在鼠穴周围安置捕鼠器械，收效颇为显著。

老鼠干蛋白质含量高，营养丰富，特别是它具有补肾之功，对治尿频、小孩尿床有明显疗效。用此山珍烹制而成的"爆炒地猴"，色泽金黄，醉香浓郁，味道甘鲜，嚼之耐人寻味，富有浓厚的地方特色。

·美食原料

主料：宁化老鼠干250克。

辅料：猪里脊肉125克，水发冬菇25克，净冬笋、大蒜各50克，芹菜嫩梗、嫩姜各10克。

调料：绍酒25克，酱油25克，味精2.5克，熟猪油500克（约耗80克）。

·制作方法

1. 老鼠干去头尾、脚爪，切成3.3厘米长、2厘米宽的块。炒锅置中火上，下熟猪油烧至六成热时，鼠干块下锅油爆一下，去腥味，随即倒进漏勺沥去油。

2. 笋下沸水锅氽熟捞出，与猪里脊肉均切成和鼠干块规格相似的薄片。大蒜择洗干净，切斜片。冬菇切片。嫩姜洗净去皮，切细丝。芹菜梗洗净，切成3.3厘米长的段。

3. 锅置旺火上，下熟猪油（50克）烧至六成热时，猪肉片下锅煸炒一下，待肉色转白时，放入过油鼠干块及笋片、冬菇片、蒜片、姜丝、芹菜段同炒片刻，加酱油、味精、绍酒，颠炒几下装盘即成。

"白斩河田鸡"——客家第一大菜

此菜是最负盛名的客家名菜，被誉为"客家第一大菜"。此菜选用产于长汀河田镇的"中国名鸡"河田鸡加客家米酒烹制，皮黄脆、肉白嫩、味香。这是长汀年节喜庆宴席中必有的一道菜，也是海内外人士到长汀必尝的一道菜，正所谓"不吃河田鸡，不算到长汀"。

长汀民间烹河田鸡的方法多种多样：有香酥鸡、油淋鸡、白露鸡、八宝全鸡、盐酒鸡。其中以姜汁白斩河田鸡最为著名，它以其香、脆、爽、嫩、滑和易脱骨而深受赞誉，为汀州自古以来名优特佳肴，向来被列为闽西客家菜谱之首。河田鸡的鸡头、鸡爪、鸡翅尖更是下酒好料，俗有"一个鸡头七杯酒，一对鸡爪喝一壶"之说。

·美食原料

主料：净河田鸡（子鸡）1只（约1250克）

调料：葱50克，姜25克，茶油30克，精盐3克，味精1.5克，鸡汤30毫升，芝麻油15克。

·制作方法

1. 葱、姜切成末。子鸡治净，放入蒸锅内干蒸30分钟取出，倒去血水，再蒸

1 小时左右至熟烂。

2. 蒸好后取出，冷却后切成条块，按原形码入盘内。

3. 炒锅内加茶油烧热，下入葱、姜末炒香，加鸡汤、精盐、味精烧开，倒入碗内冷却。

4. 制好的汤汁浇在鸡上，稍后将汁沥出，再重新浇上。淋上芝麻油即成。

· 菜品特点

观之金黄油亮，闻之肉香扑鼻，食之鲜香脆爽、滑嫩不腻。

求子食疗的"麒麟脱胎"

"麒麟脱胎"，昔称"麒麟投胎"，为客家地区珍品菜肴之一，尤以长汀为最，为长汀清代官席中的上乘珍品。所谓"麒麟"即乳狗，"胎"即猪肚。猪肚内包乳狗，吃的时候切开猪肚，"麒麟"就"脱胎"了。

相传很早以前，长汀司前街有个姓郑的富户，他家妇女为求多子，常在猪肚内逐层填入小狗和乌鸡、白鸽、麻雀、野山参等等清蒸服用。此后作为一种饮食疗法，一直在富户中流传。清朝末年，汀邵总镇肖芝美兴办庆寿筵宴时，曾把"麒麟脱胎"列为首菜。1985 年"麒麟脱胎"在福建省闽菜评比中获得"优质菜点"称号。狗头外露者为麒麟脱胎状，全包者为小象卧产状，味香肉嫩，别有风味，另有壮阳补肾，祛风湿，健脾胃的作用。

· 美食原料

主料：新鲜猪肚 1 个（中等大小），小狗 1 只（刚出生 10 ~ 15 天，重约 750 克）。

调料：老生姜 5 片，盐、米黄酒适量。

· 制作方法

1. 将小狗宰好去内脏，卷成一团。将猪肚洗涤干净，一端切开小口，把小狗放入猪肚内，再投入五片老生姜、少量食盐和米黄酒。

2. 用细线缠住切开的猪肚口，将整个猪肚放入陶钵内，加盖封密，置钵于锅中，盖紧锅盖，隔水文火炖 1 小时即成。开席时，把陶钵放在桌上，揭开封盖，立刻一股浓香夺钵而出。

· 菜品特点

味厚而不腻，香浓而不燥。

"涮九品"——一餐吃了一头牛

俗称"涮九门头"，是连城一道药膳兼济的佳肴，已列入全国名菜谱。此菜源于连南朋口溪流域一带。据传，昔日朋口溪流域船工很多，他们长年累月泡在水里劳作，为驱除湿气，时常煎煮香藤根、鸭香草等中草药饮服。后来，一位船工偶然发现以这些草药加牛肉炖酒服食，滋味妙不可言，于是，米酒炖"九门头"逐渐传开。

涮九品，系选用牛身上最精华的九个部位的肉，即牛舌峰、百叶肚、牛心冠、牛肚尖，经过严格选料，精细刀功，辅以作料、米酒和数味中草药制成。此菜鲜嫩脆爽，汤味馨香，又有健胃补肾、祛寒祛湿的功效。由于食用的是牛身上九个部位的肉，几乎包括了牛身上的主要精华，故又有"一餐吃了一头牛"之说。

·美食原料

主料：净牛舌黄、净牛肚尖、牛百叶肚、牛里脊肉、牛肝各250克，净牛腰1个，净牛心冠、净牛蜂肚头各200克，牛草肚壁400克。

辅料：鲜牛肉1000克，香菜100克。

·制作方法

1. 将牛百叶肚涂上生石灰，稍腌片刻，用清水冲洗，切成条状。草肚壁剥去壁层黑皮及油膜，洗净后，与牛舌黄、里脊肉及牛肝分别切成薄片。牛腰片成两片，与牛心冠、蜂肚头、肚尖均剞上花刀，再切成块。

2. 将牛肉洗净，切成数块，放入钢精锅里。陈皮、香藤根、花椒、姜片用纱布包好，放牛肉旁，放清水旺火烧沸。待烧至牛肉、药物味道皆浸入水中时，取汤过滤，再回锅，改用微火煨3小时，并加入精盐、味精、绍酒调匀备用。

3. 牛肉汤再次过滤，盛入火锅，烧旺火煮沸。姜汁、芝麻酱、沙茶辣酱、香醋分别装于小碟，与装盘的各料一并上席。

六、南料北烹的浙菜

（一）浙菜史语

浙菜源于江浙一带，兼收江南山水之灵秀，受到中原文化之灌溉，得力于历代名厨的开拓创新，逐渐形成了鲜嫩、细腻、典雅的菜品格局，是中华民族饮食文化宝库中的瑰宝。

浙菜系形成于素有"江南鱼米之乡"之称的浙江，这里盛产山珍野味，水产资源丰富，为浙江菜系的形成与发展提供了得天独厚的自然条件。随着南宋移都杭州，用北方的烹调方法将南方的原料做得美味可口，"南料北烹"于是成为浙菜系一大特色。

1. 浙菜的历史

浙菜具有悠久的历史。黄帝《内经·素问·导法方宜论》上说："东方之城，天地所始生也，渔盐之地，海滨傍水，其民食盐嗜咸，皆安其处，美其食"。《史记·货殖列传》中就有"楚越之地……饭稻羹鱼"的记载。由此可见，浙江烹饪已有几千年的历史。

秦汉直至唐宋，浙菜以味为本，讲究精巧烹调，注重菜品的典雅精致。汉时会稽（今浙江绍兴）人王充在《沦衡》中尚甘的论述，反映了此时浙菜又广泛运用糖醋提鲜。隋时，据《大业拾遗记》载：会稽人杜济善于调味，创制的"石首含肚"菜肴已被纳入御膳贡品。唐代的白居易、宋代的苏东坡和陆游等关于浙菜的名诗绝唱，更把历史文化名家同浙江烹饪文化联系到一起，增添了浙菜典雅动人的文采。

南宋建都杭州，中原厨手随宋室南渡，黄河流域与长江流域的烹饪文化交流配合，浙菜引进中原烹调技艺之精华，发扬本地名物特产丰盛的优势，南料北烹，创制出一系列有自己风味特色的名馔佳肴，成为"南食"风味的典型代表。

明清时期，浙菜进入鼎盛时期。特别是杭州人袁枚、李渔两位清代著名的文学家，分别撰著出的《随园食单》和《闲情偶寄·饮馔部》，把浙菜的风味特色结合理论作了阐述，从而扩大了浙菜的影响。

2. 浙菜整体风格

浙菜在选料上刻意追求原料的细、特、鲜、嫩。"细"，即严格选用物料的精华部分，以使菜品达到高雅上乘："特"，即选用特产原料，以突出菜品的地方特色；"鲜"，即选用鲜活的原料，以保证菜品的纯真味道。"嫩"，即使菜品清鲜爽脆。

浙菜烹调海鲜、河鲜很有特色，与北方烹法有显著不同。浙江烹鱼，大都过水，约有三分之二是用水作传热体，这样可以突出鱼的鲜嫩，保持本味。

浙菜注重菜品的清鲜脆嫩，主张保持主料的本色和真味。浙菜的辅料多以季鲜笋、冬菇和绿叶的菜为主，同时还十分讲究以绍酒、葱、姜、醋、糖调味，以达到去腥、戒腻、吊鲜、起香的作用。

浙菜的形态讲究精巧细致，清秀雅丽。许多菜肴，还以风景名胜命名，造型优美。这种风格可以追溯到南宋时期。

3. 浙菜风味特色

浙菜大体是由杭州、宁波、绍兴和温州四个地方流派组成，各有自己的特色风格。

杭州菜历史悠久，重视原料的鲜、活、嫩，以鱼、虾、时令蔬菜为主，讲究刀工，口味清鲜，突出本味，经营名菜有百味羹、五味焙鸡、米脯风鳗、酒蒸纷鱼等近百种。杭州菜系中有一道极负盛名的菜品"龙井虾仁"，由取自杭州的上好龙井茶叶烹制而成，具有清新、和醇、荤香、不腻的特点，不久就成为杭州最著名的特色名菜。

宁波菜也是以烹制海鲜见长，讲究海鲜的鲜嫩软滑，主要代表菜有雪菜大汤黄鱼、奉化摇蜡、宁式鳝丝、苔菜拖黄鱼等。绍兴菜则擅长烹制河鲜家禽，入口香酥绵糯，极富乡村风味，代表名菜有绍虾球、干菜焖肉、清汤越鸡、白誉扣鸡等。温州菜则以海鲜入馔为主，烹调讲究"二轻一重"，即轻油、轻芡、重刀工，代表名菜有三丝敲鱼、桔络鱼脑、蒜子鱼皮、爆墨鱼花等。

（二）浙菜名品

龙井虾仁

材料

虾仁 500 克，龙井茶叶 2 克，鸡蛋清适量，薄荷叶少许。

调料

料酒 1 大匙，水淀粉适量，盐、味精各少许。

做法

①将虾仁洗净加盐和鸡蛋清，用筷子搅拌至有黏性时，再放入水淀粉、味精拌匀，放置 1 小时。

②茶杯放上龙井茶叶，用 1 杯沸水泡开（不要加盖），放 1 分钟，倒出大部分茶汁，剩下的茶叶和茶水待用。

③锅中倒油烧热，放入虾仁，并迅速用筷子拨散，倒出沥去油，再将虾仁倒入锅中，加入做法②中剩下的茶水，烹入料酒放在中火上炒片刻，即出锅装盘，再加薄荷叶点缀即可。

锅边闲话

经常使用电脑的上班族经常食用这道菜有抗氧化的功效。

砂锅鱼头豆腐

材料

鱼头 500 克，豆腐 200 克，葱花、姜片各适量。

调料

料酒、盐、鸡精、胡椒粉、高汤各适量。

做法

①将鱼头洗净对开，锅内放入少许葱花、姜片爆香，然后将鱼头过油。

②然后向锅中点少许料酒，加入足量高汤后大火烧开。

③将烧开后的汤汁和鱼头放入砂锅中，滤去葱花。将豆腐切块码在鱼头周围，中火炖开后改小火炖15分钟。

砂锅鱼头豆腐

④最后放入鸡精、胡椒粉、盐调味，撒少许葱花即可。

锅边闲话

◎鱼头煎的时候不要翻动，否则鱼头会散掉，影响外观。

◎豆腐最好选水豆腐，豆腥味没那么重，可以更好地保留鱼头的原味。

干菜焖肉

材料

猪五花肉400克，梅干菜丁60克，葱花10克。

调料

酱油25克，白糖20克，料酒10克，红曲5克，大料3克，桂皮3克，味精2克，茴香适量。

做法

①将猪五花肉洗净切块，放入沸水中氽烫，捞出备用。

②锅中放入清水250毫升左右，加酱油、料酒、桂皮、茴香、大料，放入猪五花肉块，加盖用大火煮至八成熟。

③然后再加红曲、白糖和切好的梅干菜丁，翻拌均匀，改用中火煮约5分钟，至卤汁将干时，拣去茴香、桂皮，加入味精，起锅。

④取扣碗1只，先放少许煮过的梅干丁菜垫底，然后将猪五花肉块皮朝下整齐地排放于上面，盖上剩下的梅干菜丁，再移至上蒸笼用大火蒸约两个小时，待到肉酥糯时取出，覆扣于盘中，撒上葱花即可。

芙蓉鱼片

材料

鱼片300克，鸡蛋（取蛋清）2个，香菜叶适量，薄荷叶少许。

调料

盐、味精各 1 小匙，料酒、水淀粉、香油各适量。

做法

①锅中倒油，烧至三成热时，将鱼片分多次连续地下入油锅，至鱼呈白色后盛出。

②锅内留油，放入打散的蛋清滑熟，再加盐、味精、料酒，用水淀粉调稀勾成薄芡。

③倒入鱼片，香菜叶，再将鱼片轻轻地翻烧一会儿，然后将鱼片和蛋盛入盘中，淋上香油，最后撒薄荷叶装饰即可。

锅边闲话

鱼肉中富含维生素 A、铁、钙，磷等，常吃鱼还有养肝补血、泽肤润发的功效。

五彩鸡鱼柳

材料

净草鱼肉、熟鸡脯肉各 200 克，香菇 2 朵，青椒丝、红椒丝、青蒜各少许，葱末、姜末、蒜末各适量。

调料

清汤、盐、鸡精、香油各少许，淀粉、料酒各适量。

做法

①净草鱼肉切丝；香菇泡软洗净后切细丝；鸡脯肉、香菇、青蒜均切丝备用，其余材料均洗净备齐。

②将鱼肉加入盐、鸡精、淀粉上浆。

③锅内加油，待油三四成热时投入鱼丝滑散，捞出沥油；锅内留油，将葱姜蒜末煸香，放香菇丝、鸡肉丝煸炒。再加青、红椒丝，青蒜丝，烹料酒、清汤少许，将滑好的鱼丝倒入翻炒均匀，淋香油即可。

锅边闲话

烹调鱼丝、鱼片等菜肴时，以鱼肉细密、弹性好、结缔诅识少、由厚、无刺、色泽洁白的鱼类为最佳。

煎酿青红椒

材料

青、红椒各 100 克，鱼肉 250 克，荸荠 50 克，葱 1 段，香菜叶少许。

调料

A. 酱油、淀粉各1大匙，盐、胡椒粉、香油各少许；B. 酱油2大匙，糖、香油、淀粉、蒜蓉各1小匙。

做法

①将青、红椒洗净切去一部分取出籽，做成小碗状。

②将鱼肉洗净剁碎，荸荠去皮切丁，葱切碎粒，同调料A一起拌匀，再放入青、红椒做成的碗中。

③锅中倒油烧热，再将青、红椒放入油中煎约两分钟。

④将调料B混合，煮1分钟后淋在青、红椒上调味，装盘后撒上香菜点叶缀即可。

锅边闲话

如果不喜欢鱼肉也可以用鸡肉、猪肉来代替，但是荸荠最好不要省略，否则口感会大大不同。

葱油黄鱼

材料

小黄鱼4条，姜片、葱段、葱丝、姜丝各适量，香菜叶少许。

调料

盐、味精各1小匙，料酒、酱油各1大匙，胡椒粉、白糖各适量。

做法

①将鱼剖去内脏洗净，备用；其他材料均备齐。

②将锅置大火上，加清水烧沸，放入鱼浸没，加葱段、姜片、料酒煮沸后，盖上锅盖改用微火，保持微沸。鱼嫩熟时，捞起装盘。

③将姜丝、盐、料酒、酱油、白糖、胡椒粉、味精及煮鱼原汤放在小碗中调匀，制成味汁，浇在鱼身上，随后撒上葱丝。

④另起锅将锅中倒入油，大火烧至九成热，将热油盛入勺子，用勺子装油淋烧在葱丝上，装盘后用香菜叶点缀即可。

奶汤鸡脯

材料

鸡脯肉200克，猪肥膘末、水发玉兰片、荸荠（去皮）各50克，熟火腿肉、水发香菇各25克，鸡蛋2个，葱汁、姜汁各适量。

调料

奶汤、料酒、水淀粉、盐、味精各适量。

做法

①将玉兰片和香菇切成两厘米见方的薄片，放入沸水中汆烫，捞出沥干水分，备用。将鸡腿肉用开水浸泡 20 分钟取出，拍松后切成泥，放入碗内，加清水和姜汁调匀。

②将荸荠放入锅内煮沸，捞出剁成细泥，与猪肥膘末同放在一个碗内。加蛋清搅打起泡，倒入鸡泥、盐、水淀粉搅匀成馅。将馅捏成核桃大的丸子，放入烧热的葱油锅内煎至两面起硬皮时，压成扁圆形，盛入汤碗内，备用。

③最后将奶汤、料酒、玉兰片、香菇片和火腿片同放入锅中烧沸，熟透倒入盛有丸子的汤碗内即可。

三鲜蔬菜

材料

油菜 200 克，鱿鱼、鲜河虾各 50 克，竹荪 10 克。

调料

鸡汤 1 碗，盐、味精各少许。

做法

①将鲜河虾剪须洗净去泥肠；鱿鱼洗净后切丁；竹荪泡发后切小块，油菜洗净备用。

②锅中加水烧沸，将鲜河虾、鱿鱼丁、竹荪块入沸水中汆烫熟，捞出沥干水分，备用。

③锅置火上，热油将油菜入锅翻炒，再加盐、味精调味，然后将鲜河虾、鱿鱼丁、竹荪块入锅一起炒，最后加鸡汤烧入味即可。

锅边闲话

鱿鱼含蛋白质以及维生素 A、B、D 等营养素，是优质的滋补强身食品，具有补虚损、益气血、养肝肾的作用，搭配虾和竹荪更能增强体力。

梅林里脊

材料

猪里脊肉 200 克，鸡蛋（取蛋清）2 个，薄荷叶少许。

调料

番茄酱 150 克，味精、酱油、白糖、盐、醋各少许，料酒、水淀粉、面粉各适量。

做法

①将猪里脊肉洗净切成大片，将料酒、盐、味精拌匀，将肉片腌渍，加蛋清、水淀粉搅匀后，再加面粉搅拌均匀待用。

②将所有调料（除面粉、味精外）放入碗中调和成芡汁。

③锅置火上烧热，加油至五成热时，把肉片下锅，炸至结硬捞出，待油温升到七成热时，再炸，捞出沥油。

④锅留底油倒入调好的芡汁至浓稠时，放入炸好的里脊片，翻拌均匀后出锅，装盘用薄荷叶点缀即可。

锅边闲话

猪肉需斜着纤维纹路切，才能既不易碎，也不易老。

葱油里脊

材料

里脊肉 500 克，葱、姜各适量。

调料

酱油 50 克，白糖、料酒各 1 大匙，盐、味精、胡椒粉各适量。

做法

①将里脊肉洗净，肉切成大片，用刀背砸剁更为软嫩；葱切段；姜切片，备用。

②锅置火上，加油烧热，下入姜片、料酒爆香，加酱油和白糖炒上色后加里脊肉片爆烧，再将其余调料放入。

③另起一锅，加油爆香葱段，将炒好的里脊肉片放入葱油锅中翻炒均匀至熟透即可出锅。

锅边闲话

◎此菜放入葱段后要快速翻炒，时间为 1 分钟左右即可。

枸杞炒肉片

材料

猪里脊肉 200 克，枸杞子 50 克，鸡蛋（取蛋清）1 个，芹菜粒适量。

调料

盐、味精各 1 小匙，料酒、水淀粉各适量。

做法

①将猪里脊肉切片，用盐、水淀粉和料酒拌匀上劲，加蛋清搅匀。

②将枸杞子洗净后在沸水中氽烫一下，过凉待用。

③锅置火上，加油烧至四成热时，将猪里脊肉片入锅，滑散起色时，捞出沥油。

④锅留底油，倒入枸杞子稍煸后加芹菜粒、盐、味精、水淀粉勾薄芡，然后倒

入里脊肉片，略炒后出锅即可。

枸杞子补气血助精气，能够改善更年期症状，提高免疫力，中年朋友可常食。

酒酿蒸火腿

材料

熟火腿片300克，干贝粒、茭白片各适量，薄荷叶、葱花各少许。

调料

酒酿100克，糖桂花、白糖各适量。

做法

①将火腿片加入酒酿、白糖，上苙蒸6分钟，滗出卤汁。所有材料都洗净备齐。

②取碗1个，先把蒸过的火腿片横叠在碗中间，然后把酒酿、茭白片、干贝粒和蒸火腿片的卤汁搅拌一下，倒在火腿片上，放在蒸笼里用中火蒸两分钟左右。

③将糖桂花加少许白糖，用筷子搅拌一下，淋在火腿片上面，用薄荷叶点缀即可。

锅边闲话

香香软软的酒酿是糯米发酵后的酒渣。而糯米是稻米中黏性最强的品种，可温胃止泻、增强肠胃功能。

火腿皮蛋烧芦笋

材料

芦笋200克，火腿30克，皮蛋1个，葱末、姜末、蒜末各适量。

调料

盐、味精、醋、鸡汤各适量，淀粉、料酒各1小匙。

做法

①将芦笋洗净，切去硬质部分后切成段备用；皮蛋切小块备用；火腿切丁备用，其余材料均备齐。

②锅内放底油，加入蒜末煸炒，放入葱末、姜末、料酒、醋、盐和味精，再加入芦笋段不停地翻炒。

③最后加入鸡汤和皮蛋块、火腿丁一起烧煮入味，淀粉加水勾芡汁即可装盘。

锅边闲话

皮蛋的蛋白质变性凝固后，即可直接食用。若蛋白已凝固，蛋黄还是流体状，不便切剖和食用，可以在食用前，将皮蛋蒸几分钟。

焦熘豆腐

材料

豆腐200克，熟胡萝卜片、熟土豆片各适量，青椒片、红椒片各少许。

调料

酱油、白糖各1大匙，醋、花椒水、淀粉各少许。

做法

①将豆腐洗净后切成小长方块，用油炸成金黄色后捞出，备用。

②将酱油、醋、白糖、花椒水、淀粉放入小碗里，加入适量水调成芡汁备用。

③锅置火上，放入少许油，把熟胡萝卜片、熟土豆片和青、红椒片爆炒几下，再把炸好的豆腐块放入锅里，添上芡汁，翻炒几下即可出锅。

锅边闲话

豆腐中含有丰富的蛋白质，平时可经常食用一些豆制品，如豆腐、豆干等对人体有很大的益处。

鸡粒黄花菜

材料

黄花菜200克，鸡肉粒、熟火腿末各50克，青豆适量。

调料

盐、味精、料酒各1小匙，鸡汤250克，水淀粉适量，干辣椒段少许。

做法

①将所有材料洗净均备齐。

②将黄花菜用沸水汆熟，再用冷水过凉备用；青豆汆去豆腥味；鸡粒用水汆烫后沥干。

③油锅烧热，将黄花菜、青豆入锅略煸，烹料酒，加鸡汤，烧沸后，再加盐、味精，用水淀粉勾芡。

④最后倒入鸡肉粒，翻炒推匀，加少许干辣椒段，再炒匀，出锅装盘，撒上熟火腿末即可。

锅边闲话

黄花菜味道虽美，但千万要煮熟再食用，否则易出现食物中毒。

素炒苦瓜

材料

苦瓜2根，红辣椒适量。

调料

白糖 3 小匙，盐、味精各 1 小匙，香油少许。

做法

①先将苦瓜洗净，纵向一剖为二，形成两根半圆柱形。将剖为一半的苦瓜反扣在砧板上，切片；红辣椒洗净切丝。

②炒锅中加油烧热，红辣椒丝放入油锅内爆香，下入苦瓜片，迅速翻炒，与此同时，加入适量的盐、白糖，炒约 1 分钟。

③最后加入味精，翻炒半分钟后熄火，淋上少许香油，即可出锅装盘。

锅边闲话

如果不喜欢苦瓜的味道，切完后把苦瓜下凉水中浸泡一会儿、以减少苦涩味。

橙蜜藕

材料

莲藕 200 克，薄荷叶少许。

调料

橙汁 400 克，蜂蜜 1 大匙，盐半小匙，白糖适量。

做法

①莲藕洗净去皮，切成片泡在凉水盆中（中间要换水两次）。

②将莲藕片在开水中迅速汆烫一下，取出过冷水后沥干。

③将莲藕片码摆在汤盘中，加入橙汁、蜂蜜、盐、白糖拌匀，腌至色泽呈淡黄色即已入味，用薄荷叶点缀，可入冰箱冷藏后食用。

水果莲子羹

材料

莲子 50 克，鲜黄桃、菠萝、荔枝各适量。

调料

冰糖 20 克，水淀粉适量。

做法

①将莲子挑去莲心后洗净（莲心不去会苦），加适量水炖煮，再加入冰糖调味。

②将其他水果清洗干净去皮后切丁，再放入莲子汤中烧滚后，加适量水淀粉勾芡成羹即成。食用前可以先入冰箱冷藏。

农家玉米羹

材料

玉米糁 200 克，鸡蛋 2 个。

调料

盐少许，冰糖适量。

做法

①将玉米糁淘洗净，加水浸泡30分钟左右，鸡蛋去壳，打散成糊状备用。

②锅内加入适量清水，先用大火烧开，然后放入玉米糁，继续烧至水滚沸，再改小火烧煮，同时要不停用勺子进行搅动。

③待呈稠状时，加盐、冰糖，最后加鸡蛋液搅拌成蛋花状，稍煮片刻后即可食用。

锅边闲话

都市人平常过多食用精细食物，不利于体内毒素的排出，久而久之就会生病。因此平常应该增加粗粮的摄取量，因为粗粮可以软化血管，促进体内的新陈代谢。

冬笋炒羊肉

材料

羊肉400克，冬笋片150克，鸡蛋1个，面粉、香菜叶各少许。

调料

水淀粉50克，料酒20克，辣椒末30克，香油10克，味精7克，鲜汤适量，孜然、白糖、盐各少许。

做法

①将羊肉洗净后切成片，放入碗中，打入鸡蛋和面粉抓匀上浆。

②锅内放油烧热，放入羊肉片滑散后，加入冬笋片炒一下，一起捞出沥油。

③锅内留底油，加入辣椒末、盐、白糖、味精、料酒、孜然、鲜汤、羊肉片和冬笋片，快速炒熟，用水淀粉勾芡，淋入香油，出锅装盘用香菜叶点缀即可。

锅边闲话

在煸炒羊肉的时候要大火快炒，否则羊肉会变老。

肉片粉丝汤

材料

里脊肉100克，粉丝、虾各适量，红辣椒丝少许。

调料

香油1大匙，盐、料酒、味精、淀粉各适量。

做法

①将里脊肉洗净，切薄片，备用；粉丝加入开水浸泡10分钟；虾洗净去虾线；其他材料均备齐。

②将里脊肉片加入淀粉、料酒、盐和味精，拌匀至入味，备用。

③锅中水烧至滚沸后，放里脊肉片、虾，盖上锅盖后略滚再加入用开水发好的粉丝。

④盖锅盖煮5分钟左右开盖加盐、味精调味后再煮一会，盛入汤碗，淋上香油，再加红辣椒丝即可。

锅边闲话

里脊肉对皮肤有不错的润肤效果，女人可以多吃可以滋养皮肤，还可为身体补充能量。

（三）浙菜典故

独领风骚"东坡肉"

"东坡肉"为杭州第一名菜。

此菜相传与宋代大文学家苏东坡有关。宋元祐年间，苏东坡出任杭州刺史，那时西湖已被葑草湮没了大半。他上任后，发动数万民工除葑田，疏湖港，使西湖秀容重现，又可蓄水灌田。

当时，老百姓赞颂苏东坡为地方办了这件好事，听说他喜欢吃红烧肉，到了春节，都不约而同地给他送猪肉。苏东坡收到那么多的猪肉，觉得应该同数万疏浚西湖的民工共享才对，就叫家人把肉切成方块，用他的烹调方法烧制，连酒一起，按照民工花名册分送到每家每户。他的家人在烧制时，把"连酒一起送"领会成"连酒一起烧"，结果烧制出来的红烧肉更加香酥味美。这就是东坡肉的由来。

东坡肉

·美食原料

主料：五花肋肉1 500克。

调料：葱100克，白糖100克，绍酒250克，姜块（拍松）50克，酱油150克。

·制作方法

1. 将猪五花肋肉刮洗干净，切成10块正方形的肉块，放在沸水锅内煮5分钟取出洗净。

2. 取大沙锅一只，用竹算子垫底，先铺上葱，放入姜块，再将猪肉皮面朝下整齐地排在上面，加入白糖、酱油、绍酒，最后加入葱结，盖上锅盖，用桃化纸围封沙锅边缝，置旺火上。烧开后加盖密封，用微火焖酥后，将沙锅端离火口，撇去油，将肉皮面朝上装入特制的小陶罐中，加盖置于蒸笼内，用旺火蒸 30 分钟至肉酥透即成。

·菜品特点

薄皮嫩肉，色泽红亮，味醇汁浓，酥烂而形不碎，香糯而不腻口。

"西湖醋鱼"——叔嫂传珍

"西湖醋鱼"，单看头两字就知道是杭州城内的一道传统名菜。

相传在南宋时，有宋氏兄弟两人靠打鱼为生。当地有一恶霸，他见宋嫂年轻貌美，便施阴谋害死了宋兄，欲霸占宋嫂。宋家叔嫂祸从天降，悲恸欲绝。为了报仇，叔嫂一起到衙门喊冤告状，哪知当时的官府与恶势力一个鼻孔出气，告状不成，反遭毒打。回家后，嫂嫂只有让弟弟远逃他乡。叔嫂分手时，宋嫂特用糖、醋烧鲩鱼一碗，对兄弟说："这菜有酸有甜，望你有朝一日出人头地，勿忘今日辛酸。"后来，宋弟抗金卫国，立了功劳，回到杭州，惩办了恶霸，但一直查找不到嫂嫂的下落。一次外出赴宴，席间得尝此菜，经询问方知嫂嫂隐姓埋名于此当厨工，由此始得团聚。于是，"叔嫂传珍"这道菜和传说一起在民闲流传开来。

·美食原料

主料：草鱼 1 条（约 900 克）。

调料：姜 300 克，葱 2 棵，酒 1 茶匙，糖 3 大匙，黑醋 2 大匙，酱油 2 大匙，盐、胡椒粉、生粉、香油各适量。

·制作方法

1. 将葱洗净切段分成两份。姜一半拍裂，一半切丝。

2. 将草鱼剖净，由鱼肚剖为两片（注意不可切断），放进锅中，注满清水，加葱 1 份、拍裂的姜、酒，煮沸后，用小火焖 10 分钟，捞起盛入碟中，将姜丝遍撒鱼身。

3. 烧热油锅，放葱爆香，然后把葱去掉，将葱油倒入碗中。注两杯清水入锅中，加糖、盐、黑醋、酱油、胡椒粉煮滚，用生粉水勾芡，再注入葱油，盛起淋在鱼上，洒上香油即可。

·菜品特点

鱼肉结实，鲜嫩红亮，酸咸微甜，酷似蟹肉

宋高宗捧红"宋嫂鱼羹"

"宋嫂鱼羹"是杭州的传统风味名菜，源于南宋，至今已有 800 多年的历史。"宋嫂鱼羹"配料讲究，色泽黄亮，鲜嫩滑润，味似蟹羹，故有"赛蟹羹"之称。

据（宋）周密著的《武林旧事》记载：淳熙六年（公元1171年）三月十五日，宋高宗赵构登御舟闲游西湖，命内侍买湖中龟鱼放生。有一卖鱼羹的妇人叫宋五嫂，自称是东京（今开封）人，随驾到此，在西湖边以卖鱼羹为生。高宗吃了她做的鱼羹，十分赞赏，并念其年老，赐其金银绢匹。从此，宋嫂鱼羹声名鹊起，也成了驰誉京城的名肴，富家巨室争相购食。有人写诗道："一碗鱼羹值几钱？旧京遗制动天颜。时人倍价来争市，半买君恩半买鲜。"

·美食原料

主料：鳜鱼1条（约600克）。

辅料：熟火腿、水发香菇、熟笋各25克。

·制作方法

1．将鳜鱼剖洗干净，去头，沿脊背片成两片。将鱼肉皮朝下放在盆中，加入葱段10克、姜块、绍酒15毫升、精盐1克稍腌后，上蒸笼用旺火蒸6分钟取出，拣去葱段、姜块，蒸鱼时蒸出的鱼汁和调料汁滗在盘中，把鱼肉拨碎，除去皮、骨，倒回原盘中。

2．将熟火腿、熟笋、香菇均切成1．5厘米长的细丝。

3．炒锅下入熟猪油15克，投入葱段15克煸出香味，加入清汤煮沸，拣去葱段，加入绍酒15毫升、笋丝、香菇丝。再煮沸后，将鱼肉连同原汁一起下锅，加入酱油、精盐搅匀，待羹汁再沸时，加入醋，并洒上八成热的熟猪油35克，起锅装盆，撒上熟火腿丝、姜丝、味精和胡椒粉即成。

"沙锅鱼头豆腐"——乾隆遇美味

"沙锅鱼头豆腐"是杭州的著名菜肴之一。用花鲢鱼头煮豆腐，原是浙江杭州和宁波地区自古以来就比较盛行的一种民间菜肴，但当时并不出名。这道菜的出名与清代乾隆皇帝有关。

传说乾隆皇帝下江南，巡游到了杭州。有一天，他换上便服，打扮成一个老百姓上吴山私游。山上奇石、古迹遍布，茂林修竹、葱茏郁秀。正当他观赏美景得意时，突然下起了暴雨，只好躲进一户人家屋檐下。乾隆又冷又累，又饥又饿，只得去敲门讨饭吃。这家主人是一个饭馆跑堂的。名叫王小二，他把吃剩下的一只鲢鱼头加上一块豆腐，一同放在沙锅里炖给乾隆吃。饥饿难忍的乾隆，狼吞虎咽，感觉比宫里吃的山珍海味还对胃口，不禁感慨道："真乃适口者珍啊！"

后来，乾隆又一次下江南，来到杭州，正逢春节，他特意去找王小二。这时王小二已被掌柜辞退，闲在家里，乾隆问起他过得怎样，王小二回答说："唉，一年不如一年！"

乾隆为报答王小二的一餐之赠，便资助他在河坊街吴山脚下开设了一家饭馆，店名叫"王润兴"。乾隆还亲笔给他题了"皇饭儿"三个字。这时，王小二才知道这位曾经向他讨饭吃的人是当今皇帝。他挂起了"皇饭儿"的金字招牌，专门烹制鱼头豆腐。王小二把鱼头豆腐烧得越来越好，达到了滑润鲜嫩、汤醇味厚、清香四溢的境地。这道菜渐渐流传开来，成了江南名肴。时至今日，前往品尝的人依然络绎不绝。

·美食原料

主料：嫩豆腐2盒，鲜鳙鱼头1个（约600克）。

辅料：水发冬笋丝75克，枸杞、香菇适量。

调料：料酒1茶匙，醋1茶匙，姜2片，葱2段，香菜少许，高汤或水500毫升，油1汤匙，鸡精、盐适量。

·制作方法

1. 将嫩豆腐切块，放在碗里，沥干多余的水分，备用。

2. 将鱼头洗干净，切成两半，沥干水分，否则容易溅油。

3. 平底锅里倒上油，加热，把鱼头放进去煎。两面都煎成金黄色后，倒入料酒和醋，开小火，盖上盖子，焖一会儿，去腥味。不过不要加热太长时间，以免干锅。

4. 倒入适量的高汤或水，姜、蒜切片后加入，再加少量料酒和醋。先开大火烧开，再转小火慢慢地烧。

5. 大概烧15分钟，汤成乳白色后，放笋丝、枸杞、香菇，再加盐，转大火烧开，再用中火烧5分钟左右。

6. 倒入沥干水分的嫩豆腐，中火烧2~3分钟撒入鸡精盛盘，撒上葱花或香菜即可。

·菜品特点

鱼脑滑润，鱼肉肥美，豆腐细嫩，汤醇味厚。

韵味无穷的"荷叶粉蒸肉"

"荷叶粉蒸肉"是杭州一款享有较高声誉的特色名菜。这道菜最早产生于清末，相传其名与"西湖十景"的"曲院风荷"有关。"曲院风荷"在苏堤北端。宋时，九里松旁有曲院，造曲以酿宫酒，因该处盛植荷花，故旧称"曲院荷风"。南宋四大家之一的杨万里曾题咏："毕竟西湖六月中，风光不与四时同。接天莲叶无穷碧，映日荷花别样红。"荷花如醉，暖风似酒，佳景飘酒香，美酒需佳肴，心灵手巧的厨师从绝妙佳景中得到启发，适应夏季时令斟酒赏景游客的需要，创制了这道既可下酒，又可下饭，既可作点心，又可供旅游携带作野餐佐食，雅俗共赏的传统菜肴。有诗赞曰："曲院莲叶碧清新，蒸肉犹留荷花香。"

· 美食原料

主料：五花肉 500 克，鲜荷叶 2 张。

辅料：粳米和籼米各 80 克。

调料：葱姜丝各 30 克，山奈、桂皮、八角、丁香各少许，甜面酱 60 克，黄酒 40 克，白砂糖 15 克，酱油 70 克。

· 制作方法

1. 先将粳米和籼米洗净晒干，再把八角、山奈、丁香、桂皮与米一起炒到黄色，冷却后磨成粗粉备用。

2. 将洗净的猪肉切成 8 块，并在每块肉中间直切一刀，但不要切破皮，然后加甜面酱、白糖、酱油、黄酒和葱姜丝拌和，再腌渍 1 小时入味，然后倒入米粉拌匀，并在肉中间刀头处嵌入米粉。

3. 荷叶用开水烫过后，切成八小张，每张上面放肉一块，包扎成小方块，旺火蒸上 2 个小时，开锅拆叶装盆即成。

· 菜品特点

肉质酥烂不腻，透出荷叶清香，是杭州传统名菜中的夏令应时菜肴。

"龙井虾仁"——好茶配好虾

传说乾隆有一次下江南游杭州，他身着便服，泛游西湖，天忽下大雨，只得就近在一位村姑家避雨，村姑好客，让座泡茶。茶用新采的龙井，乾隆喜出望外，于是抓了一把，藏于便服内的龙袍里。告别村姑，乾隆继续游山玩水，在西湖边一家小酒肆入座，点了几个菜，其中一个是炒虾仁。

点好菜后他忽然想起带来的龙井茶叶，便想泡来解渴。于是他一边叫店小二，一边撩起便服取茶。小二接茶时见乾隆的龙袍，吓了一跳，赶紧跑进厨房。店主正在炒虾仁，一听圣上驾到，极为恐慌，忙中出错，竟将小二拿进来的龙井茶叶当葱段撒在炒好的虾仁中。谁知这盘菜端来，清香扑鼻，乾隆尝了一口，顿觉鲜嫩可口，再看盘中之菜，只见龙井翠绿欲滴，虾仁白嫩晶莹，禁不住连声称赞："好菜！好菜！"

· 美食原料

主料：大河虾 100 克，龙井新茶 1 克。

辅料：鸡蛋清 1 个。

调料：葱 2 克，绍酒 15 克，盐 3 克，味精 3 克，水淀粉 40 克，色拉油适量。

·制作方法

1. 将河虾洗净，盛入碗中，加盐、鸡蛋清搅拌至有黏性时，加入水淀粉、味精拌匀，静置 1 小时，使虾仁入味。

2. 锅置火上，加油烧热，下虾仁，迅速用筷子划散，至虾仁呈现玉白色时捞出沥油。

3. 取茶杯一个，放进新龙井茶叶，用沸水沏泡 1 分钟后，去除茶汁，剩下茶叶和余汁备用。

4. 锅内留底油烧热，入葱煸香，依次放入虾仁、绍酒、茶叶及余汁，将锅转动两下，装盘即可。

·菜品特点

虾仁玉白鲜嫩，芽叶碧绿清香、色泽雅丽，滋味独特，食后清口开胃，回味无穷。

夫差抓渔民，只为"新风鳗鲞"

"新风鳗鲞"是浙江宁波地区的风味名菜，鱼鲞是我国东南沿海渔民最喜欢食用的干制鱼品。用黄鱼制成的叫黄鱼鲞，用鳗鱼制成的叫鳗鲞。

相传春秋末期，吴王夫差与越国交战，带兵攻陷越地鄞邑，即现在的宁波地区，御厨在五鼎食中，除牛肉、羊肉、麋肉、猪肉外，取当地的鳗鲞，代替鲜鱼做菜。吴王食后，觉得此鱼香浓味美，与往日宫中所吃的鲤鱼、鲫鱼不同。待到回宫，虽餐餐有鱼肴，但总觉其味不如鄞邑的可口。后来他差人到鄞县海边抓来一位老渔民，专为他制作鱼肴。用鳗鲞加调味品后蒸熟，夫差吃后赞不绝口，鳗鲞从此身价百倍。

"新风鳗鲞"肉质丰满，鲜咸合一，风味独具，所以很受人们欢迎，民间至今仍有"新风鳗鲞味胜鸡"之说。

·美食原料

主料：海鳗（2000 克）。

调料：盐 100 克，大葱 5 克，姜 5 克，白酒 10 克，醋 25 克。

·制作方法

1. 将海鳗去除鳗涎，洗净，再顺着脊背，从头到尾剖开，去内脏、血筋，用洁净干布揩去血水，然后用盐在鱼肉上擦匀，放入盛器内腌两三个小时。

2. 将腌鳗取出，用竹片将鳗体撑开，悬阴凉通风处晾干（忌日晒），约 7 天左右，待肉质紧实硬结后即可烹食。

3. 将风干的鲜鲞切下一块，亦可将鳗鲞切成小块，放在盛器内，加葱、姜、酒，蒸熟取出，撒碎装盘即成，随上香醋一小碟供蘸食。

·菜品特点

色泽洁白，鱼肉干香清平，鲜咸入味。

独占鳌头"红烧冰糖甲鱼"

"冰糖甲鱼"是一道正宗的宁波名菜，流传至今已有200多年的历史。说起此菜，还有一段耐人寻味的故事。清朝时"状元楼"是宁波最大和最有名气的菜馆，但开业时此店并不叫状元楼。

据说，有两个秀才进京赶考，临行前来此店饮酒，要吃"独占鳌头"一菜。从来没人听说过这道菜，更别提知道这道菜怎么做了。这时，一个厨师灵机一动，以甲鱼为原料烹制出一道菜。两个秀才正等得不耐烦，店家捧出一碗"红烧冰糖元鱼"（即甲鱼）。两个秀才吃后，觉得非常满意。此菜不但色、香、味、形俱佳，而且还有独特的宁波地方风味。他俩美滋滋地饱餐一顿，然后继续进京赶考。结果一个得中状元，一个考上探花。自此以后，店名遂改为"状元楼"。

·美食原料

主料：活甲鱼1只。

调料：猪板油50克，冰糖50克，葱段、姜片各10克，料酒、酱油各20克，香醋10克，鲜汤500毫升，湿淀粉10克，猪油50克。

·制作方法

1. 甲鱼宰杀，割下甲鱼壳，去除内脏，治净。甲鱼肉剁成块。猪板油切成丁。

2. 甲鱼肉块下入沸水锅中焯去血污捞出，再下入甲鱼壳焯透捞出。

3. 锅内放猪油40克烧热，下入葱段、姜片爆香，下入甲鱼块煸炒，烹入料酒，下入猪板油丁、鲜汤大火烧开，改用小火加盖焖烧至微熟。

红烧冰糖甲鱼

4. 拣去葱段、姜片，加入酱油、冰糖，加盖继续焖烧至甲鱼肉酥烂，加入香醋，用湿淀粉勾芡，淋入余下的猪油略烧，甲鱼肉取出装入盘内，上面盖上甲鱼壳，再将锅内原汁浇在甲鱼上即成。

·菜品特点

鲜美肥腴，有人口甜、收味咸的特点。

跑过三关六码头，吃过"奉化芋头"

宁波地区流传着这么一句俗话，"跑过三关六码头，吃过奉化芋艿头"，以示其见多识广。早在 20 世纪 30 年代，奉化芋艿头就以个大、皮薄、肉白、味鲜而闻名中外。芋艿头在奉化市的种植至少已有三四百年历史，是传统的农家良种。芋艿头主产区在奉化市的大桥、舒家、何家、慈林、溪口、萧王庙一带，尤以萧王庙所产的最好。奉化的芋艿头还销往台湾、港澳，并出口日本。

奉化芋艿头富含淀粉，香糯可口，可当主食，又可当点心，也可做"排骨芋艿煲"，用鸭子烧芋艿头也是一道美味的名菜。以芋艿头为主料制作的菜，芋艿头酥糯，配料口味多样，乡土风味浓郁，富有田园情趣，不少中外宾客都喜爱品尝这一风味。

·美食原料

主料：红芋艿头 600 克。

辅料：水发海参 300 克，水发黄鱼肚、水发香菇各 100 克，熟火腿、熟鸡脯肉各 50 克，胡萝卜 10 克。

调料：清汤 200 毫升，精盐 8 克，料酒 15 克，熟猪油 50 克。

·制作方法

1. 将干净芋艿去皮，切莲花瓣形，上笼蒸至酥熟，摆盘中整形。

2. 水发海参、水发鱼肚皮、水发香菇、熟火腿、熟鸡脯肉、胡萝卜均切好备用。

3. 炒锅置旺火上，加清汤及各项辅料，放入精盐、料酒烧沸勾芡，淋入熟猪油推匀，倒在盘中芋艿瓣中心即可。

·菜品特点

芋艿酥糯，配料口味多样。

咬骨吸髓"清汤越鸡"

此菜是绍兴的传统风味名菜，据说是春秋时期越国流传下来的。绍兴曾是春秋时期越国的故都，越王台就建于卧龙山东侧（今府山）。相传越鸡原为专供帝王嫔妃观赏玩乐的花鸡，后来外流于民间。经过民间的精心饲养，日饮山泉，捕食山麓虫豸，逐渐成长为优质的肉鸡。后来，乾隆皇帝下江南时，巡游至绍兴，时值正午，腹感饥饿，遂步入当地农家但求一饱。乡民见他们远道而来，便杀鸡煮饭。待饭熟时，鸡也炖好。酱油蘸鸡，咬骨吸髓，喝尽汤汁，乾隆吃得是津津有味，赞不绝口。此后，这个菜就成了朝廷的贡品。

清汤越鸡几经绍兴厨师的改进，加上火腿、香菇、笋片作辅料，更具特点。鸡取用整只嫩母鸡，配以火腿片、笋片、香菇、绍酒等作料清炖而成。鸡肉白嫩、骨松脆，汤清鲜。

·美食原料

主料：活嫩越鸡1只（1000克）。

辅料：油菜心50克，火腿25克，冬笋25克，香菇（干）10克。

调料：黄酒25克，盐2克，味精3克。

·制作方法

1. 将活嫩越鸡宰杀、煺毛，洗净后斩去鸡爪，敲断小腿骨，在背部离尾臊3.5厘米处开一小口，掏出内脏，洗净，放在沸水锅中氽一下，洗去血沫。

2. 取大沙锅一只，用竹箅子垫底，将鸡放入，舀入清水2500毫升，加盖用旺火烧沸，撇去浮沫。

3. 改用小火继续焖煮约1小时，捞出转入品锅内，倒进原汁。

4. 把火腿片、笋片、香菇排列于鸡身上，加入精盐、黄酒、味精，加盖上蒸笼用旺火蒸约30分钟，取出。

5. 将焯熟的油菜心放在炖好的鸡上即成。

·菜品特点

汤清味美，"越鸡"肉质细嫩，鸡骨松脆。

徐文长首创"干菜焖肉"

干菜，俗称"霉干菜"，用芥菜腌制晒干而成，是浙江绍兴的土特产，馨香鲜嫩，久储不易变质，长期以来绍兴城乡居民都有自制干菜的习俗。

据传，"干菜焖肉"是由明代徐文长首创。徐文长虽诗、文、书、画无一不精，晚年却潦倒不堪。当时，山阴城内大乘弄口新开一肉铺，请徐文长书写招牌，招牌写好后，店主便以一方五花猪肉相酬。徐文长正数月不知肉味，十分高兴，急忙回家烧煮，可惜身无分文，无法买盐购酱。想起床头甏内尚存一些干菜，便用干菜蒸煮，不料其味甚佳，从此这种做法便在民间流传开来。干菜焖肉讲究焖烧入味，蒸制酥糯，以味取胜，香酥绵糯、油润不腻，色泽枣红、咸鲜甘美，颇有田园风味。周恩来总理生前多次到浙江，也爱吃这道富有绍兴田园风味的特色菜。

·美食原料

主料：带皮猪肋肉500克，梅干菜60克。

调料：酱油2汤匙，白糖2茶匙，鸡粉1茶匙，绍酒适量。

·制作方法

1. 先将肋肉切成2厘米见方的小块，放在沸水中氽1分钟，去掉血水，用清水洗净。干菜用清水浸透洗净，切成1厘米长的节。

2. 炒锅内放清水（足够淹过肉面），加酱油后，放入肉块、鸡粉，旺火煮10分钟，再放入白糖和干菜煮5分钟，放味精，旺火收紧卤汁后取出。

3. 取扣碗一个，先铺上少量煮过的干菜垫底，然后肉皮朝下排放在干菜上，再将剩下的干菜盖在肉块上，淋入绍酒，用旺火蒸2小时左右，至肉酥糯时取出，扣入盘中即成。

·菜品特点

干菜乌黑，鲜嫩清香，略带甜味，肉色红亮，越蒸越糯，富有黏汁，肥而不腻。

金黄酥脆"绍式虾球"

"绍式虾球"，又名蓑衣虾球，是绍兴的传统名菜，已有100多年的历史。据史料记载，此菜原名"虾肉打蛋"，是绍兴丁家弄福禄桥旁专营绍兴正宗菜点的雅堂酒店的看家菜肴。因其风味独特而久销不衰，后经厨师进一步研究改造发展而成现今的"绍式虾球"。

制作此菜必须掌握好火候，让蛋糊经油炸后形成蓑衣状的蛋丝，包裹住虾仁。

·美食原料

主料：河虾500克。

辅料：香菜15克，鸡蛋150克，淀粉（蚕豆）25克。

调料：盐2克，味精2克，小葱15克，甜面酱15克，猪油（炼制）60克。

·制作方法

1. 虾仁加入淀粉、盐、味精、水各适量浆匀，备用。

2. 将鸡蛋磕入碗内，放入湿淀粉、精盐、味精，用筷子搅透，倒入浆虾仁拌匀。

3. 炒锅置旺火上烤热，用油滑锅下入猪油，烧至七成热时，一边用长铁筷在油锅中顺一个方向划动，一边将虾仁蛋糊徐徐淋入油锅，至起丝后，迅速用漏勺捞起，沥去油，用筷拔松装盘。

4. 围上洗净的香菜叶，上桌随带葱白段、甜面酱各一碟，蘸食即可。

·菜品特点

色泽金黄油润，质地香松酥脆，配以葱白段与甜面酱蘸食，味道颇佳。

"三丝敲鱼"的传说

三丝敲鱼是浙江温州民间传统菜。传说温州某古刹有一位老方丈，孤身一人赴福建取经。不幸途中遇上大风浪，老方丈葬身鱼腹。小和尚获知噩耗，悲痛万分，便带念经的木鱼，到师父遇难的地方念经超度。过了七七四十九天，小和尚突然发现海面上浮起了许多金光闪闪的黄鱼。

小和尚猛然想起师父走时穿的那件黄色袈裟，心想肯定是这些鱼吃了师父的肉才显出黄色。于是，小和尚怒火中烧，立即把这些黄鱼捞起来，放在木鱼上狠狠地敲起来，把鱼肉敲成一片片薄饼状的鱼片。他把这些鱼片放在船上晒干，带回留念。由于数量过多，多余的就留在船上。船翁吃饭时，捡了些鱼片切丝熬汤，没想到味道异常鲜美。消息不胫而走，人们争相敲鱼食用。久而久之，"敲鱼"这道制法奇特的菜肴也就流传至今。

· 美食原料

主料：鮸鱼 1 条（约 750 克）。

辅料：熟火腿 25 克，水发香菇、熟鸡脯肉各 50 克，青菜心 100 克。

调料：料酒 20 克，干淀粉 10 克，清汤 500 毫升，熟鸡油 10 克，味精、盐适量。

· 制作方法

1. 将鮸鱼切成片，放在撒了淀粉的砧板上，用小木槌敲击。

2. 将敲好的鱼片放在清水锅中煮熟，切成条。熟火腿、香菇、熟鸡脯肉均切成丝。将青菜心在沸水锅中氽熟。

3. 炒锅中放入清汤，放进鱼片、青菜心、精盐、料酒，烧开后加入香菇丝、熟鸡脯丝、熟火腿丝、味精，淋上熟鸡油即可。

· 菜品特点

成菜后鱼片透明亮丽，光滑洁白，味道鲜美，别具一格。

食补皆宜"蜜汁火方"

此菜为浙江传统名馔，与扬州"清汤火方"合称"南北二方"，清代袁枚在《随园食单》中介绍蜜腿的制法："取好火腿连皮切大方块，用蜜酒煨及烂，最佳……余在尹文端公（即江苏巡抚尹继善）苏州公馆吃过一次，其香隔户便至，甘鲜异常，此后不能再遇此尤物矣。"可见蜜汁火方与清代的蜜火腿有一定渊源。

蜜汁火方是用蜜汁方法烹制的高档宴席甜菜，它以浙江特产金华火腿为主料，选取全腿中质地最佳的"中腰峰"雄爿火腿一方，反复用冰糖汁浸蒸至肉质酥糯，汤汁稠浓，并以通心白莲、青梅、樱桃等作辅料，观之色彩艳丽，食之咸甜浓香，风味独特。

· 美食原料

主料：带皮熟火腿肉 1 块（400 克）。

辅料：通心白莲 50 克，蜜饯青梅 1 颗，冰糖樱桃 5 颗。

调料：糖桂花 2 克，绍酒 75 克，冰糖 150 克，干淀粉 15 克。

·制作方法

1. 将通心莲放在 50℃的热水中浸泡后，放在碗内上蒸笼，用旺火蒸酥备用。

2. 刮净火腿皮上的细毛和污渍，洗净，切成 12 个小方块，放在碗里，用清水浸没，加入绍酒 25 克、冰糖 25 克，上蒸笼用旺火蒸 1 小时。至火腿八成熟时，滗去汤水，再加入绍酒 25 克、冰糖 75 克，用清水浸没，放入蒸熟的莲子。再用旺火蒸 1 小时 30 分钟，将卤汁滗入碗中备用。火方扣盘里，围上莲子，缀上樱桃、青梅。

3. 炒锅注入卤汁，加冰糖 25 克，倒入原汁煮沸，撇去浮沫，把干淀粉用清水 25 克调匀，勾薄芡，浇在火方和莲子上，撒上糖桂花即成。

七、酸辣中品的湘菜

（一）湘菜史语

湘菜的历史源远流长，在几千年的悠悠岁月中，经过历代的演变与发展，终于成为中国极富盛名的地方菜系，以酸、辣、香、鲜、腊见长。

湘菜形成于湖南一带，这里气候温暖，雨量充沛，盛产笋、覃和山珍野味，家牧副渔也较为发达，素有"鱼米之乡"之称。司马迁的《史记》之中曾记载了楚地"地势饶食，无饥馑之患"。可见，湖南优越的自然条件和丰富的物产为湘菜系的形成和发展提供了得天独厚的条件。

1. 湘菜的历史

湘菜是一种古老的地方风味菜。早在战国时期，伟大的爱国主义诗人屈原在他的著名诗篇《招魂》中就记载了当地的许多菜肴。到了汉朝，湖南的烹调技艺已有相当高的水平。通过对长沙马王堆西汉古墓的考古发掘，发现了许多同烹饪技术相关的资料。其中有迄今最早的一批竹简菜单，记录了 103 种名贵菜品和炖、焖、垠、烧、炒、烟、煎、熏、腊九类烹调方法。

唐宋时期，湘菜体系已经初见端倪，一些菜肴和烹艺开始在官府衙门盛行，并逐渐步入民间。由于长沙又是文人荟萃之地，湘菜系发展很快，成为中国著名的地方风味之一。五代十国时期，湖南的饮食文化又得到了进一步的发展。

明清时期，湘菜开始进入了发展的黄金时期，湘菜的风格基本定型。尤其是清朝末期，湖南美食之风盛行，一大批显赫的官僚竞相雇佣名师以饱其口福，很多豪商巨贾也争相效仿为湘菜的发展起到了促进的作用。到了民国时期，湖南的烹饪技艺进一步提高，出现了多种流派，从而奠定了湘菜的历史地位。

2. 湘菜的风味特点

湘菜油重色浓、主味突出，以酸、辣、香、鲜、腊见长，由湘江流域、洞庭湖区和湘西山区的三种地方风味组成。湘江流域的菜以长沙、衡阳、湘潭为中心，用料广泛、制作精细、品种繁多，口味上注重香鲜、酸辣、软嫩，在制作主要以煨、炖、腊、蒸、炒见称。洞庭湖区的菜以烹制河鲜和家禽家畜见长，多用炖、烧、腊的制作方法，芡大油厚、咸辣香软。湘西菜擅长制作山珍野味，烟熏腊肉和各种腌肉，口味侧重于咸、香、酸、辣。湖南地处亚热带，气候多变，夏季炎热，冬季寒冷，因此湘菜特别讲究调味。如夏天炎热，其味重清淡、香鲜；冬天湿冷，其味重热辣、浓鲜。

湘菜系的主要菜品很多，如五元全鸡、组庵鱼翅、腊味合蒸、面包全鸭、油辣冬笋尖、冰糖湘莲、火宫殿臭豆腐、发丝牛百叶、红椒腊牛肉等。"组庵鱼翅"是湖南的地方名菜，相传清代光绪年间，进士谭组庵十分喜欢吃此鱼翅，其家厨便将鸡肉、五花猪肉和鱼翅同煨，使鱼翅更加软糯爽滑，汤汁更加醇香鲜美，谭进士食后赞不绝口，因此菜为谭家家厨所创，故称为"组庵鱼翅"。湘菜之中还有一道五元全鸡的历史名菜，清代的《调鼎集》中记载了它的制法。因为它以黄芪炖鸡，可以强身健体，延年益寿，所以又叫"神仙鸡"。相传为曲园酒楼所制，李宗仁曾在该店大宴宾客，该店至今仍是中国首屈一指的湖南风味菜馆。

（二）湘菜名品

冰糖湘莲

材料

白莲子200克，鲜菠萝汁50克，荔枝肉25克。

调料

冰糖适量。

做法

①将白莲子洗净去皮、心后，装入碗中上笼蒸软，取出后沥去汁液，备用。

②将荔枝肉洗净切碎丁；砂锅加清水500毫升，放冰糖及白莲子、荔枝肉和鲜菠萝汁中火煮开后，倒入汤碗中。

③凉凉后将碗用保鲜膜封住，放冰箱中冷却后取出即可食用。

锅边闲话

莲子性温味甘而涩，能补脾、涩肠、固精、益气。

麻辣子鸡

材料

鸡腿500克，鸡蛋1个，蒜片适量，香菜叶少许。

调料

酱油2小匙，料酒半大匙，花椒粉、醋、高汤、香油各1小匙。淀粉、辣椒油、白糖、味精、水淀粉各适量。

做法

①先将鸡腿去骨切块洗净，加入打散的鸡蛋液、味精、酱油、淀粉，搅拌后腌渍30分钟。

②油倒入锅中烧热，将鸡腿肉块炸熟呈金黄色，捞出沥干，备用。

③锅中留底油，烧热，放入蒜片大火快速翻炒，放入花椒粉，再放鸡腿肉块、味精、酱油、白糖、醋、料酒、高汤拌炒均匀，然后用水淀粉勾芡，淋上香油、辣椒油，炒匀，装盘用香菜叶点缀即可。

锅边闲话

可以将鸡切丁，这样受热面积大成菜嫩而入味。

冬笋腊肉

材料

腊肉500克，冬笋150克，青蒜苗100克。

调料

味精少许，熟猪油、肉清汤各50克。

做法

①将冬笋洗净先切梳子背形条，再切成约0.3厘米厚的片；青蒜苗洗净切3厘米的段；腊肉洗净，备用。

②将腊肉上笼蒸熟取出，切成4厘米长、3厘米宽、0.3厘米厚的片。

③锅内放入熟猪油烧至六成熟，下入腊肉片、冬笋片煸炒，加肉清汤稍焖收干水，放入青蒜苗段、味精，再翻炒几下，装盘即可。

锅边闲话

切忌放盐。因为腊肉本身的咸味已经足够调味了。此烹调方法最原汁原味能品尝出冬笋的鲜甜和腊肉的咸鲜，亦适合牙口不好的老者冬季进补。

炸子鸡块

材料

嫩子鸡 1 只，鸡蛋（取蛋清）2 个，葱段、姜片各适量，碎花生米粉、香菜叶各少许。

调料

料酒、水淀粉各 50 克，盐、味精、白糖、香油、花椒各适量，剁椒少许。

冬笋腊肉

做法

①将嫩子鸡剖去内脏洗净，去骨后，用刀背将肉捶松，剁成方块，用料酒、盐、白糖、葱段、姜片、花椒、味精腌约 1 小时后，挑去花椒、葱段和姜片，再用蛋清、水淀粉浆好，粘上碎花生米粉。

②锅内放油，烧至沸腾，将鸡肉块逐一放入油锅炸一下即捞出。

③另起锅，倒油烧热，爆香剁辣椒后，重新投入鸡块，炸焦酥呈金黄色，沥去油，淋入香油后摆入盘中，装盘时用锅内的剁椒拼边，最后用香菜叶点缀即可。

好丝百叶

材料

牛百叶 750 克，芹菜 50 克，葱段适量。

调料

醋、味精、盐、香油各少许，牛清汤 50 克，干辣椒段 5 克，淀粉适量。

做法

①将牛百叶分割成若干个小块，放入沸水浸没，以清水漂洗干净，下冷水锅煮 1 小时，待牛百叶煮至七成烂时捞出，备用。

②将牛百叶切成细丝盛入碗中，用醋、盐拌匀，用力抓揉去掉腥味，然后用冷水漂洗干净，沥干水分。

③将芹菜洗净，切丝后切段；另取小碗，加牛清汤、味精、香油、醋、葱段和淀粉搅拌均匀制成芡汁，备用。

④锅内油烧至八成热，先把芹菜丝和干辣椒段下锅炒几下，随下牛百叶丝、盐炒香，倒入调好的芡汁，快炒几下，出锅即可。

豉椒肉丝

材料

猪瘦肉 200 克，青椒 1 个，冬笋丝 50 克，豆豉 30 克，干辣椒 5 克，鸡蛋（取

中国菜品风味流派

蛋液）1 个，葱花适量：

调料

酱油、料酒、盐、味精、水淀粉、鸡汤各适量。

做法

①将青椒洗净切丝，猪瘦肉洗净，其余材料均洗净备齐，干辣椒洗净切段。

②将猪瘦肉切丝，加酱油、料酒、鸡蛋液、水淀粉上浆。

③将冬笋丝用开水氽烫好，沥干水分，捞出备用。

④锅置火上，放油烧七成热将猪瘦肉丝滑散、控油。锅留底油，下入豆豉、干辣椒段、葱花炒香，投入猪瘦肉丝，加入料酒、盐、味精、酱油、鸡汤，用水淀粉勾芡，投入青椒丝、冬笋丝翻炒，淋明油出锅即可。

锅边闲话

此菜色译红亮、香辣味浓，喜欢食用的人较多。

湖南红烧肉

材料

五花肉 400 克，蒜瓣 30 克，香菜叶少许。

调料

酱油、料酒各 2 大匙，鲜汤 1 大匙，盐、味精各少许，白糖、干辣椒段各适量。

做法

①将五花肉洗净切块，入沸水氽烫去血污，入冷水锅内，切记水需没过肉块，大火烧沸，撇去浮沫。

②锅中入料酒和干辣椒段，继续煮至八成熟，加入酱油和鲜汤，再烧沸后，放入白糖。

③加蒜瓣改小火慢慢炖煮至汤汁浓稠，此时需注意翻动，防止粘锅，完全熟后加盐、味精调味，装盘用香菜叶点缀即可。

锅边闲话

五花肉的瘦肉也最嫩最多汁，肥肉易煮也容易化，瘦肉煮久也不柴，常是餐桌上的"主角"。

面包鸡排

材料

鸡胸肉 250 克，面包屑 300 克，鸡蛋（取蛋黄）1 个，火腿丁、香菜叶各适量，葱、姜片各少许。

调料

料酒、盐各少许，淀粉适量。

做法

①将鸡胸肉洗净后从中间切开，两面剞花刀切片，用盐、料酒、葱、姜片腌约30分钟。

②将鸡胸肉片蘸鸡蛋黄液、淀粉、面包屑，压实后再粘一层，制成鸡排，备用。

③起锅放油烧至八成热，下入加工好的鸡排，炸至金黄色捞出，备用。

④最后将鸡排切小块装盘撒上火腿丁、香菜叶即可。

锅边闲话

也可以用黑芝麻或白芝麻各半加入面糊中以增加香气，但若只用一种时，白芝麻的色泽相对比较好。

香菜牛腩

材料

牛腩125克，香菜梗75克，鸡蛋（取蛋清）1个，葱段适量，香菜叶少许。

调料

酱油、味精、盐、香油各少许，高汤、水淀粉、料酒、剁椒各适量。

做法

①将牛腩洗净切小块；香菜梗洗净切成寸段；葱洗净切段；其余材料均洗净备齐。

②将牛腩块加上鸡蛋清、水淀粉调均匀，锅内加入适量油，当油烧至四成热时，加入牛腩块炸熟，倒入漏勺内，控净油，备用。

③锅置火上，倒油烧热，油烧至八成热时，先加上葱段，炒出香味，再加上香菜梗段、酱油、料酒、盐、味精、高汤一起炒。

④最后加入牛腩块，颠翻几下，淋上香油、撒剁椒调味，装盘用香菜叶点缀即可。

木耳炖鸡腿

材料

鸡腿500克，黑木耳片50克，姜片适量，香菜叶少许。

调料

干辣椒段、盐、胡椒粉、味精、香油、水淀粉、鸡汤各适量。

做法

中华传世藏书

饮食文化典故

中国菜品风味流派

八五五

①将鸡腿洗净后剁成块，用开水汆烫。

②起锅放底油，爆香姜片与干辣椒段，投入鸡腿块煸炒，放黑木耳片、调料（水淀粉、香油除外）及适量水后用微火焖15分钟。

③最后用水淀粉入锅勾芡汁，淋上香油再煮一会儿后出锅，装盘用香菜叶点缀即可。

锅边闲话

鸡腿是传统的补虚菜式，营养成分高，对女性生理期不适或是产后、病后的保养非常有益，美味的黑木耳炖鸡腿可以补肾、促进血液循环、延缓衰老。

家常鱿鱼丝

材料

鱿鱼300克，韭菜100克。

调料

料酒、盐各适量，味精、胡椒粉各少许。

做法

①将鱿鱼泡发洗净后切丝备用；韭菜洗净切段，备用。

②再将鱿鱼丝用温开水汆烫去碱味，捞出，沥干水分，备用。

③起锅放油烧热，投入鱿鱼丝、韭菜段及所有调料煸炒入味即可出锅。

锅边闲话

◎市场上卖的水发鱿鱼虽然看上去又厚又大，但都是用碱水发的，营养和鲜味都受到破坏，不如用干鱿鱼自己发，发鱿鱼的水滤净后用来烹调鱿鱼，味道会很鲜。

◎鱿鱼、墨鱼都是海洋赐予人类的健康礼物，含有优良的蛋白质，易被人体吸收，也对生殖系统大有裨益。

青红椒炒腊肉

材料

腊肉250克，红、青椒各50克。

调料

干辣椒段、料酒、酱油、味精、豆豉各少许，鸡汤适量。

做法

①将整条腊肉洗干净沥干后切成片；红、青椒切成块，其余材料均备齐。

②起锅烧沸水将腊肉片汆烫一下，捞出，沥水，备用。

③另起锅放底油，投入豆豉、干辣椒段和红、青椒块爆香，放腊肉片、料酒、

酱油、味精、鸡汤烧开后用微火焖10分钟，收干汁盛盘即可。

锅边闲话

青椒、红椒内含有维生素家族里知名度最高的维生素C，不但是美白圣品，更是抗氧化、保护细胞的食物。不过，人体无法储存维生素C，可以经常食用。

酸辣鸡丁

材料

鸡腿肉250克，青椒2个，鸡蛋（取蛋清）1个。

调料

盐、酱油、醋、味精、水淀粉、香油、料酒各适量，干辣椒段少许。

做法

①将青椒洗净切块；将鸡腿肉洗净去骨剞上花刀后切丁，用鸡蛋清、部分水淀粉上浆。

②锅置火上，放油烧热，放入鸡丁滑散，捞出沥干油。

③锅留底油，放干辣椒段爆香，投入鸡丁、青椒块及剩余所有调料（水淀粉除外）翻炒。

④最后淋入剩余水淀粉勾芡、淋香油出锅即可。

锅边闲话

这款湘西地区的传统风味菜肴，无论是下酒还是下饭都是不错的选择。酸辣鲜香，颇有嚼头，但高血压、高血脂、胆囊炎的人慎食。

双色鱿鱼卷

材料

干鱿鱼、水发鱿鱼各300克，青椒块、红椒块、姜汁、蒜汁各适量。

调料

泡椒汁、白糖、醋、味精、料酒、胡椒粉、水淀粉、盐、鸡汤各适量。

做法

①将干鱿鱼切丝，水发鱿鱼去头尾，剞刀花切块，用加盐、料酒的沸水烫起卷，捞出控水。

②热油锅内，下入部分姜汁、泡椒汁、盐、料酒、白糖、蒜汁，然后再投入鱿鱼卷、干鱿鱼丝炒匀。

③另起锅放油，下入余下的姜汁、蒜汁、盐、味精、胡椒粉、鸡汤、醋、水淀粉勾芡，下鱿鱼卷、青、红椒块入锅烧入味，淋明油出锅装盘即可。

锅边闲话

此菜可以加入虾仁同炒，同样是鲜美无比的海鲜小炒。

酸豆角炒肉末

材料

酸豆角200克，肉末150克，葱、姜、蒜各适量，青蒜片少许。

调料

生抽、盐各少许，鸡精、香油、干辣椒段各适量。

做法

①将酸豆角洗净泡冷水10分钟后捞出切成颗粒待用；将葱洗净切花，姜、蒜分别洗净切末，备用。

②油锅里先下青蒜片、姜末、蒜末将肉末炒香，放入生抽，然后下干辣椒段爆香。

③然后将酸豆角粒倒入，放少许葱花和盐，翻炒片刻，起锅时撒少许鸡精和香油即可。

锅边闲话

◎此菜用料和做法简单，又爽口开胃！

◎酸豆角可以在盛产豇豆的夏季自己腌制，也可以在超市买到。从超市买回的酸豆角一定要用冷水泡过才可以吃。

鱿鱼炒肉丝

材料

鱿鱼、猪肉丝各100克，青椒丝30克，葱、姜汁各适量，香菜叶少许。

调料

盐、味精、酱油、料酒、水淀粉、香油、淀粉各适量。

做法

①将鱿鱼洗净后切丝，用开水汆烫去黏液，捞出，沥干水分备用。

②将猪肉丝洗净，再加少许淀粉抓匀备用。

③锅置火上，放2大匙油烧热，下猪肉丝滑散，加少许葱汁、姜汁调味后捞出沥油。

④锅中留底油，将鱿鱼丝、猪肉丝及青椒丝、料酒一同下锅翻炒，然后加入盐、味精、酱油大火快炒，最后加水淀粉勾芡，淋香油，装盘用香菜叶点缀即可。

锅边闲话

如果是干鱿鱼丝，提前用清水泡洗，去其盐。

烧辣椒皮蛋

材料

青辣椒100克，皮蛋4个，姜末1大匙，蒜泥1小匙。

调料

辣豆豉酱2大匙，醋、盐、香油各适量。

做法

①将青辣椒洗净焙烧去多余水分，用凉开水洗净，用手撕成长条。

②将皮蛋剥壳，从中线切成八瓣或切小块备用。

③将青辣椒放盐、醋、姜末、蒜泥等调料拌好，将皮蛋摆好盘，铺上辣豆豉酱，倒入味汁，淋香油即可。

锅边闲话

切皮蛋时可用刀沾些水，这样不粘刀子切得齐，吃的时候可以把皮蛋放入辣椒中，味道更加可口。皮蛋是由碱性物质浸制而成的，蛋内饱含水分，若放在冰箱内储存，水分就会逐渐结冰，最好的方法是放在塑料袋内密封，晾于阴凉处保存。

芹菜炒熏干

材料

芹菜300克，熏干3块，葱花适量。

调料

盐、鸡精各适量，剁椒少许。

做法

①将芹菜、熏干洗净切丝，再将芹菜丝入滚水烫一下，沥干水分备用。

②起油锅，放油2大匙，爆香葱花，先炒熏千丝，加入鸡精、少许水翻炒。

③再加入芹菜丝同炒至熟，再加入少许盐、剁椒调味后出锅即可。

锅边闲话

◎芹菜含有多种水溶性营养成分，所以不要烫得过熟，一般以水滚后入菜，水再开后转小火3分钟即可食用。

◎饮食要清淡，烹调时用油要避免大量、高温，不但可减少热量的吸收，也可避免厨房的油烟。

豉香莴笋

材料

莴笋200克，豆豉25克，葱、姜汁各15克，葱花、蒜泥、姜末各少许。

调料

料酒、白糖、味精各 1 小匙，鲜汤、香油、盐、胡椒粉各适量，豆瓣酱 15 克。

做法

①将莴笋洗净切菱形片，用少许盐、葱汁、姜汁、料酒、味精拌匀。

②锅内放油烧热，下入豆豉、豆瓣酱、葱花、蒜泥、姜末爆香出色，接着入少许鲜汤烧沸，调入盐、胡椒粉、白糖勾成豉香汁，起锅装入碗中待用。

③烧热油，下莴笋片炒一下，将做法②的豉香汁倒入翻炒入味后，淋香油即可盛出。

豉香莴笋

锅边闲话

选用干豆豉较理想，略洗即可，而且不要浸泡太久。

三色百叶

材料

鲜牛百叶 300 克，青豆、香菇各适量，红椒、香菜叶各少许。

调料

盐、醋、味精、料酒各适量，干辣椒段、香油各少许，酱油、鸡汤各 2 大匙。

做法

①将香菇、红椒洗净切丁；将鲜牛百叶切成片，用开水余烫后用鸡汤煨透，码在盘中；其余材料洗净备齐。

②起锅放油烧热，投入干辣椒段爆香，放入青豆、香菇丁、红椒丁、调料（香油除外）烧成汁。

③将锅中的汁中淋少许香油调味，将汁浇在百叶上，撒上香菜叶点缀即可。

锅边闲话

煮牛百叶时如果当水分蒸发、水量减少时，应该及时添加沸水，使牛百叶始终完全浸泡于沸水。

萝卜干炒腊肉

材料

萝卜干 300 克，湖南腊肉 150 克，姜丝、蒜末、红辣椒丝各适量。

调料

味精、料酒、胡椒粉各少许，高汤、水淀粉各适量。

做法

①将湖南腊肉切片，用温水浸泡15分钟捞出；萝卜干洗干净切块；其余材料均备齐。

②炒锅烧大火热油，先把姜丝、蒜末、红辣椒丝置入锅中，炒出香味之后投入湖南腊肉片翻炒，烹入料酒，再加入萝卜干块、高汤、胡椒粉与味精。

③炒至只剩少许汤汁，用水淀粉勾芡收汁即可。

锅边闲话

色泽金红，味道香浓。大片腊肉会俘获你的胃，萝卜干让美味指数升级，是一款最适合呈上家庭餐桌的超级下饭菜。

酸辣百叶

材料

牛百叶400克，青豆、泡菜丁、香菜叶各少许。

调料

料酒、醋、水淀粉、鸡汤各适量，干辣椒段、盐、味精、香油各少许。

做法

①将牛百叶洗净切丝，锅内放清水及少许盐烧开，将百叶和青豆分别汆烫一下，沥干水。

②起锅放油烧热，放入干辣椒段、泡菜丁、牛百叶丝、青豆、料酒、醋、盐、味精、鸡汤炒匀。

③最后用水淀粉调匀后勾芡，再烧后淋香油，盛出装盘，用香菜叶点缀即可。

锅边闲话

牛百叶老嫩不同，煮的时间也不同，较嫩的易煮透，应及时捞出，避免过于较烂，影响口感。

鲜鱼生菜汤

材料

草鱼尾部肉、生菜叶各100克，香菜叶少许。

调料

鸡精、盐、高汤各适量。

做法

①将草鱼尾部肉洗净切薄片，用少许鸡精腌一会儿后轻轻拍松在盘中备用。

②将生菜叶洗净垫在汤碗底，然后将草鱼片码放在生菜上面。

③起锅下入高汤烧开，加鸡精、盐趁沸腾时立即倒入汤碗，将鱼片烫熟后撒香菜叶点缀即可。

锅边闲话

◎新鲜的鱼以直接加热的方法煮熟，减少采用热油高温煎炸，是减肥期和保养期健康的煮食方法。

◎新鲜的鱼不用油煎，并减少调料的使用，更可吃出原味的鲜香，也可降低高热量油脂的摄取。

剁椒鱼头

材料

鳙鱼头1个，小葱4根，葱白1段，姜片、香菜叶各少许。

调料

剁椒酱250克，盐1大匙，料酒2大匙，白酒3大匙，香油适量。

做法

①小葱、葱白分别洗净，切末；鳙鱼头去鳃、洗净，对半切成鱼皮相连的两部分，用厨房纸巾擦干鱼头，置于盘中，备用。

②鱼头中均匀撒上部分葱白末和姜片，倒入适量料酒，并用盐、油内外涂抹一层，腌约10分钟；在剁椒酱中加入白酒拌匀备用。

③将腌好的鱼头鱼皮朝上，放在蒸盘中，上面均匀铺上一层剁椒酱。

④锅内注水，以大火煮开后将鱼头放入，盖上盖子，用大火蒸9分钟左右。将蒸好的鱼头取出，舀去多余水分，并撒上剩余葱末。锅中倒入适量香油，烧热后趁热淋到鱼头上调味，最后用香菜叶点缀即可。

（三）湘菜典故

千年名菜"东安子鸡"

"东安子鸡"是湖南的一款传统名菜。这款菜从唐代流传至今，已有一千多年的历史，是湖南最著名的菜肴之一。

相传唐玄宗开元年间，在湖南东安县城一家小饭店里，有天晚上来了几位商人，要求做几道鲜美的菜肴。当时店里菜已卖完，店家便捉来两只活鸡，马上宰杀洗净，切成小块，加葱、姜、蒜、辣椒等作料，用旺火热油炒后，加盐、酒、醋焖烧，浇上麻油出锅。上桌时，鸡的香味扑鼻，肉质鲜嫩，几位商人吃后非常满意。事后，这些商人到处夸奖小店菜香，于是许多路经东安的商人都要到这家小店来吃鸡，这道菜逐渐出名。东安县县太爷开始有些不信，亲自到该店品尝，确实名不虚传，便称它为"东安鸡"。后因菜馆都用小母鸡制作这道美味，所以叫"东安子鸡"。

·美食原料

主料：嫩母鸡1只（约1000克）。

调料：红干椒10克，花椒1克，黄醋50克，绍酒、葱、湿淀粉、姜各25克，鲜肉汤100毫升，味精、麻油、精盐各少许，熟猪油100克。

·制作方法

1. 将鸡洗净，放入汤锅内煮10分钟，至七成熟捞出，晾凉，剁去头、颈、脚爪，将粗细骨全部剔除，顺肉纹切成约5厘米长、3厘米宽、1厘米厚的长条，姜切丝，红干椒切细末，花椒拍碎，葱切段。

2. 炒锅旺火烧热，放入猪油至八成热时，下鸡条、姜丝、红干椒末煸炒，再放黄醋、绍酒、精盐、花椒末，煸炒几下，接着放入肉汤，焖四五分钟，至汤汁收干，剩下油汁时，放入葱段、味精、用湿淀粉勾芡，持锅颠炒几下，淋入麻油，出锅装盘即成。

·菜品特点

此菜白、红、绿、黄四色相映，色彩朴素清新，鸡肉肥嫩异常，味道酸辣鲜香。

"油淋庄鸡"与布政使的渊源

此菜为湖南传统名菜，被誉为三湘名菜的代表作。缘何有此怪名？原来此菜与清朝光绪年间在长沙任职的湖南布政使庄赓良有渊源。

有一次，庄来到长沙豫湘阁酒楼，让掌厨师傅肖麓松做份爽口的新鲜菜。肖从厨多年，烹饪技艺高超，但他也知道让这位庄大人满意并非易事，急得在厨房中直转悠。正巧有两位厨师在烹制红煨鱼翅和油淋鸡，他灵机一动：何不将"油淋"和"红煨"用于一菜呢？于是他将煨制入味的鸡再用油淋，成菜香酥软烂，香浓爽口，庄品尝后连声称好。

此后，庄大人在长沙官场上不时提起豫湘阁的油鸡如何好吃，便有慕名者纷纷前往见识此馔，慢慢地油淋鸡出了大名。肖麓松师傅忘不了是在庄大人提示之下才创出这道名菜，所以对外介绍时称之为"油淋庄鸡"。

·美食原料

主料：肥嫩母鸡1只。

·制作方法

1. 将鸡宰杀去内脏、食袋、气管、喉管，洗净，沥去水。葱、姜去皮用刀拍

中国菜品风味流派

松，加入精盐、花椒 1 克拌匀涂抹在鸡身内外，放在瓦钵里腌约 1 小时，除去葱姜。

2．取 1 只大瓦钵，用竹箅子垫底，把鸡放入。再下花椒、酱油、绍酒、冰糖和清水，置旺火上烧开，移到小火上煨 2 小时至软烂时，取出沥干。

3．炒锅放旺火上，加入菜油，烧至八成热，将煨好的整鸡用铁钩子钩住鸡翅，悬置油面，用手勺舀沸油淋在鸡身上。至外皮起酥，呈深红色为止。

4．鸡放在砧板上，除去胸骨、脊骨和腿、翅的粗骨；剁去脚爪，把鸡头、鸡颈从中劈开，再将鸡颈用刀切成 5 厘米长的段；鸡肉切成 5 厘米长、3 厘米宽的条。

5．上葱拌芝麻油、椒盐粉、油炸花生米、甜面酱汁四种调味品以备蘸食。

进士喜食"祖庵鱼翅"

湖南名菜，因清光绪年间的湖南进士谭延闿喜食此菜，其字祖庵，故人称此菜为"祖庵鱼翅"。谭延闿不仅是清朝的翰林院编修，还是民国政府的行政院院长。谭为官时，常食红煨鱼翅，直到晚年，他还保持每天吃一盅鱼翅的习惯。他的家厨曹敬臣便将用红汤煨制鱼翅改为用嫩鸡、五花肉与鱼翅同时煨制，从而使鱼翅更加鲜美、软糯、柔滑、醇香。谭食后赞不绝口，于是便将红煨鱼翅改为此法烹制。民国初年，谭到湖南任职，此菜做法也就随着曹师傅传到长沙。

除"祖庵鱼翅"外，曹师傅烹制的"祖庵豆腐"也很有特色。曹敬臣为湖南名厨，1981 年还曾为日本烹调技术研究所访华团献艺，深受好评。

·美食原料

主料：发好的鱼翅 500 克。

辅料：猪肘肉、老母鸡肉各 500 克，菜心 50 克，干贝 50 克。

调料：葱结、姜片各 50 克，料酒 40 克，酱油 15 克，精盐 3 克，味精 0．5 克，油 50 克。

·制作方法

1．将鱼翅下入冷水锅内烧开，清洗干净取出，用纱布包好。

2．将沙锅垫上竹箅，放上猪肘肉，葱结、姜片、干贝铺开。

3．放入包好的鱼翅、老母鸡肉、料酒、酱油、精盐、清水，压实煨约 4 小时，去掉配料，取出鱼翅放入盘中。

4．炒锅内加油，下入菜心炒熟，围在鱼翅周围，浇上收浓的原汁即成。

·菜品特点

软糯柔滑，鲜香醇厚。

"腊味合蒸"——屋檐下传来的香味

此菜以各种腊熏制品同蒸，风味独特，是湘菜中的传统风味名菜。

相传很久以前，湘江之滨的一个小镇有个刘记饭店。店主刘七手艺精湛，店内生意也不错，只因得罪了当地豪绅，被逼得流落外乡，身无分文，只能靠乞讨为生。

年关将近，城乡人家过年，大多杀猪宰羊、腌蒸美味食品。刘七全靠乞讨些食物维持生计。这一天，刘七讨到了许多腌鱼、腊肉碎块，还有风干的鹅鸭脚。虽然并非整鱼大肉，但要饭的钵子里也是满满的了。天寒地冻，刘七躲在一家大财主的屋檐下藏身。他点着了火，想把钵中食物蒸了吃。此时，财主大院里高朋聚会，主人正在宴请当地名流。酒过三巡，座中一位客人起身道："多蒙主人美酒佳肴相待，只是不知为何还要留一手呢……"他一手捏捏鼻子，一手向外指着。

主人不明白是什么意思，因为他并没有留一手。客人用劲嗅了嗅，又用手指厅外："大伙闻得见，这是多么浓郁的香味啊，请问主人还将好菜留到何时呢？"此时，主人也使劲嗅了起来。众人一致称赞："好香的菜肴，你赶快端出来吧！"还是伺候客人的管家机灵，立刻快步走了出去。他循着香味来到门外，才发现一个叫花子正在蒸食，香味便是从那里散发出来的。

刘七见来者不善，正要端着饭钵离去，却被管家恶狠狠地抓住了。

"叫花子快滚。你这饭钵子给我留下！"

"不给，我的吃食为何给你留下？"

"我不会白让你留下的，我用钱买你的。给，给你钱！"

刘七一时弄不明白原委，那管家放走刘七后，将买来的菜肴端进大门。他回到厨房里，稍做打点就装进华美的瓷盘里上席了。客人们大饱口福，这种蒸过的腌腊食物竟然别有风味。有位客人本是县城大饭庄的老板，当即提出要重金雇用主人家的厨师。主人是顺水推舟，何乐而不为？

主人急命管家寻找叫花子。刘七因手里有了钱，此时正在不远处的路边小吃店用餐，便被管家请了回来。他们边走边谈，管家好言好语地说服刘七："我家主人最乐善好施，最爱救济贫穷人家。你如今生活潦倒，主人特荐你到本县饭庄去当大厨，你也应该心满意足了。"到底管家能言善辩，刘七被一番甜言蜜语说动了心。其实刘七本是厨师出身，也非平凡之辈。他在财主家被好生款待了几日，才被管家送去县里大饭庄。此后刘七安心做活，也得到了饭庄老板的赏识，不时推出绝活招徕顾客上门。

刘七精心烹饪的"腊味合蒸"不久便轰动了小小县城，上自县官，下到平民百姓，争相前往品尝。腊味合蒸也逐渐流传开来了。

·美食原料

主料：腊猪肉 200 克，腊鸡肉 200 克，腊鲤鱼 200 克，肉汤 25 毫升。

调料：熟猪油 25 克，味精 0.5 克，白糖 15 克。

·制作方法

1. 将腊鸡去骨，腊肉去皮，腊鱼去鳞：用温水洗净，上笼蒸熟取出。腊肉切约 4 厘米长、0.7 厘米厚的片，腊鸡、腊鱼切成大小略同的条。

2. 取瓷碗一只，将腊肉、腊鸡、腊鱼分别皮朝下整齐码放入碗内，再放入熟猪油、白糖和调好味的肉汤上笼蒸至软烂，取出，翻扣在大瓷盘中即成。

·菜品特点

腊香浓重，咸甜适口，色泽红亮，柔韧不腻。

"玉麟香腰"——菜因人而贵

"玉麟香腰"是湘菜名馔。它形似宝塔，用料丰富，且味多而鲜，因其造型为七层不同菜馔叠在一起，故而又有"七层塔"和"宝塔香腰"的美称。

相传，清末主持湘军水师的彭玉麟回到衡阳故里，在家设宴款待来访的官吏士绅。彭自奉甚俭，不想铺张，要厨师依其设想，制作一道具有衡阳地区饮食特色的菜宴客。厨师心灵手巧，便把主人平日爱吃的黄雀肉、鱼丸、蛋卷、猪腰等整治妥当，层层罗列碗内，形似宝塔，形象极佳，且寓步步高升之意，祝来宾们官运亨通。

玉麟香腰

菜送上桌后，博得了满堂彩。有位客人问道："此菜色香味俱佳，不知如何制成，又该怎么叫它？"彭玉麟说明原委，告以尚未命名，并述其手法类似"香腰"。

座中某客遂道："今日是彭大人设宴，此菜又是大人授意而做成的，菜既因人而贵，还是将大人之名冠于香腰之上，称'玉麟香腰'，才名实相符。"大家欣然叫好，菜名因而确立，一直流传至今。

·美食原料

主料：猪腰 100 克，猪肥瘦肉（各半）400 克，猪肥肉膘 100 克，带皮猪五花肉 250 克，鳜鱼肉 100 克，芋艿 500 克，荸荠 300 克。

辅料：水发玉兰片 50 克，水发香菇 25 克，面粉 100 克，干淀粉 55 克，鸡蛋 5 个。

调料：绍酒 75 克，湿淀粉 20 克，八角粉 1 克，葱段 15 克，姜片 10 克，酱油 25 克，味精 1.5 克，胡椒粉 0.5 克，精盐 7 克，肉汤 300 毫升，芝麻油 1 克，熟猪油 1000 克（实耗约 165 克）。

·制作方法

1. 将生芋芳削去皮，切成 0.5 厘米厚的菱形片，用绍酒 25 克、精盐 1 克拌匀，腌 10 分钟，沥去水，放入六成热的油锅里炸，呈金黄色时捞出，放在大碗里垫底。

2. 将带皮五花肉洗净，切成约 7 厘米长、0.7 厘米厚的片盛入碗内，用酱油 5 毫升、绍酒 25 毫升、精盐 0.5 克腌 2 分钟，上笼蒸熟，连同原汁倒入大碗，将五花肉排列在芋芳上。

3. 将荸荠洗净去皮，切成细末，肥肉 50 克剁成肉泥，加八角粉 0.5 克、精盐 1 克、面粉 50 克调匀，挤成直径约 0.5 厘米的荸荠丸，放入七成热的油锅里，炸熟成金黄色，捞出排放在大碗的周围（五花肉上面）。

4. 将肥瘦肉 300 克洗净，切成约 0.2 厘米厚、两边长 3~4.5 厘米的三角形片，用绍酒 25 克、八角粉 0.5 克、精盐 1.5 克调匀，腌约 10 分钟后，打入鸡蛋一个，加入面粉 50 克、干淀粉 50 克、清水少许，调匀，使肉块挂浆，接着逐块放入六成热的油锅内，待油温升高时，要端锅离火炸熟，待外表呈金黄色，捞出（称黄雀肉），一块块靠紧，砌在荸荠丸上面。

5. 将鸡蛋一个打入碗内，放入精盐 0.5 克、干淀粉 0.5 克、清水少许搅匀，炒锅洗净，刷油 15 克，置小火上烧热，倒入蛋液，转动炒锅，摊成荷叶形蛋皮。另取肥瘦肉 100 克剁成泥，加精盐 0.5 克、干淀粉 4.5 克、鸡蛋一个和清水少许，调匀。将蛋皮铺开，肉泥倒在上面，用刀刮平，卷成圆筒形蛋卷，装入瓷盘，上笼蒸熟，取出，切成斜片 12 块，整齐摆在黄雀肉上面。

6. 将鱼肉、肥肉 50 克分别剁细，然后，同盛一碗内，放入鸡蛋清 2 个、精盐 0.5 克、葱姜汁（葱、姜各 10 克挤出的汁）调匀，用刀刮成 7 厘米长的橄榄形鱼丸共 12 个，装入瓷盘，上笼蒸熟，取出整齐摆在蛋卷上面。炒锅置火上，放入熟猪油 50 克烧热，再放入肉汤 300 毫升、酱油 10 克、精盐 0.5 克、味精 1 克，烧开，倒入码放好上述原料的大碗里，上笼用旺火蒸 1 小时取出。

7. 将猪腰片开，剔去腰臊，按约 0.4 厘米距离直剞斜刀，再切成约 4.5 厘米长、1.5 厘米宽的片。水发玉兰片和水发香菇均切成约 3 厘米长的薄片。炒锅置旺火上，放入熟猪油250克，烧至七成热时，将腰花用湿淀粉5克、精盐0.5克搅匀，下锅走油。锅内留油35克，先将玉兰片、香菇入锅煸炒几下，再放入腰花合炒，接着将盐0.5克、酱油10克、味精0.5克、葱段5克、胡椒粉、芝麻油、湿淀粉15克调匀，放入锅内，颠炒两下，起锅，倒在蒸好菜上即成。

·菜品特点

造型美观，色彩艳丽，咸甜鲜香，味美可口。

"麻辣子鸡"——潇湘胜于玉楼东

此菜为湘菜中的经典，首创于长沙玉楼东酒家，已有近百年历史。成菜色泽金黄，麻辣鲜香，深为人们所赞许，曾有食客即席赋诗云："麻辣子鸡汤泡肚，令人常忆玉楼东。"后来长沙潇湘酒家的厨师精工细作，味道更佳。清末曾国藩之孙、湘乡翰林曾广钧登楼用膳，曾留下脍炙人口的一首打油诗："外焦内嫩麻辣鸡，色泽金黄味道新，若问酒家何处好，潇湘胜过玉楼东。"长沙现在的各个酒家各显其能，在配料和烹调上加以创新改进，使麻辣子鸡更上一层楼。

湖南气候潮湿，居民易患风湿症，因而形成了爱吃辣椒、生姜的习惯。麻辣子鸡这道名菜，充分体现了湖南菜的地方特色。

·美食原料

主料：子鸡2只（共重约750克）。

辅料：鲜红辣椒100克，青蒜15克。

调料：料酒15克，花椒1克，黄醋10克，湿淀粉25克，芝麻油5克，熟猪油1000克。

·制作方法

1. 剔净鸡骨，鸡肉按0.3厘米横直剞刀，切成约2厘米见方的丁，盛入碗内，加酱油、湿淀粉、料酒用力抓匀，使淀粉渗入鸡肉，将红辣椒洗净去蒂去子，切成约1厘米见方的小片，花椒拍碎，青蒜切成1厘米长的斜段。

2. 炒锅置旺火上，放入熟猪油，烧至七成热，将鸡丁下锅，用手勺推散，约20秒钟，迅速用漏勺捞起；待油温回升至七成热时，再次下锅，炸成金黄色，沥油。

3. 炒锅内留油50克，烧至六成热，下红辣椒、花椒、盐炒几下，接着放入炸过的鸡丁合炒，再加入黄醋、酱油、青蒜、味精，用湿淀粉勾芡，将锅颠翻几下，出锅盛入盘中，淋入芝麻油即成。

双重享受"蝴蝶飘海"

"蝴蝶飘海"，又名"蝴蝶过河"，因鱼片经过烫涮以后形似蝴蝶，因而得名。

在洞庭湖地区，民间历来有七星炉烹煮鲜鱼的习惯，边吃边煮边放料。现在当地人还常端出炖炉子，招待客人。

食用时，先请客人按自己的喜爱兑好调料。接着将鲜银鱼倒入火锅汤中，眼见洁白晶莹的小尾鱼随沸汤上下翻滚，有如银棱织锦，又似银箭离弦，令人瞩目。这时用筷子夹上生鱼片，一片片地从左边投入火锅，它伴随滚汤向右边冲去，汆熟后鱼片雪白，微微卷曲，加上中间的红色血脉，俨如栩栩如生的蝴蝶，在豆苗辉映的碧绿"海涛"中翩翩起舞，煞是美观。但是鱼片不能汆得过久，否则会失去它的质嫩特点。须边吃、边煮、边蘸上调料，吃起来就会感到鲜嫩可口，味感多样，兴趣十足。

·美食原料

主料：净才鱼肉 250 克。

辅料：豆苗尖 250 克，大白菜心 100 克，小白菜苞 20 个，冬菇 10 克，净冬笋 10 克，火腿肉 25 克，香菜 10 克。

调料：熟猪油 25 克，姜 25 克，料酒 10 克，醋 25 克，辣椒油 15 克，鸡清汤 1250 毫升。

·制作方法

1. 才鱼肉洗净，顺纹路用斜刀片成薄片，加精盐、葱姜料酒汁腌约 10 分钟取出，盛入两个瓷盘内，摆成蝴蝶形。

2. 大白菜心、豆苗洗净，各用一盘盛上；余下的姜切丝，与醋、辣椒油、胡椒粉各盛入小碟；冬笋切成梳形片；火腿、冬菇片成片；香菜、小白菜苞洗净。

3. 炒锅置旺火上，放入鸡清汤、精盐、味精、猪油烧沸，下入火腿、冬笋、冬菇煮一下，倒入不锈钢汤锅内，连同酒精炉、才鱼片、豆苗、菜心、香菜、菜苞盘，姜、醋、辣椒油、胡椒粉碟一同上桌。

补脾益肾的"冰糖湘莲"

"冰糖湘莲"是湖南甜菜中的名肴。西汉年间，白莲成为朝廷贡品，故湘莲又称贡莲。湘莲主要产于洞庭湖区一带，湘潭为著名产区，以花石、中路铺两地所产最多，质量也最好。湘莲有红莲、白莲之分。其中白莲圆滚洁白，粉糯清香，质量位于全国之首。

湘白莲不但风味独佳，而且营养丰富，莲肉富含淀粉、蛋白质、钙、磷、铁和维生素 B_1 等。古时莲子就为高级补品。古典名著《红楼梦》里，记述元春回贾府省亲，贾府在宴请贵妃的宴席上，就有"莲子羹"，当宝玉挨打养伤时，也吃"莲子羹"。

此菜在明清以前，就比较盛行，最早称"粮莲心"，不过当时制作方法较简单，近代才开始用冰糖制作，故称"冰糖湘莲"。如今不仅在湖南，而且在全国范围内都有很高声誉。

· 美食原料

主料：莲子 120 克。

辅料：菠萝 30 克，青豆 15 克，樱桃 15 克，桂圆肉 15 克。

调料：冰糖 180 克。

· 制作方法

1. 将莲子去皮、心，放入碗内，加温水 50 毫升，蒸至软烂。

2. 桂圆肉用温水洗净。

3. 鲜菠萝去皮，切成 1 厘米见方的丁。

4. 青豆、樱桃洗净备用。

5. 将冰糖放入锅内，加清水 500 毫升烧沸，待冰糖完全溶化后，滤去渣。

6. 加青豆、樱桃、桂圆肉、菠萝，上火煮开。

7. 蒸熟的莲子去水，盛入大碗内。

8. 将煮开的冰糖水及配料一齐倒入大汤碗中，莲子浮在上面即成。

· 菜品特点

莲白透红，清香扑鼻，营养价值极为丰富。

贡茶做出"君山银针鸡片"

君山银针鸡片，与杭州"龙井虾仁"一样，闻名全国。"君山银针"是摘自君山白鹤寺内十几株茶树上的茶叶，味道清香甜美，饮后能使人精神振奋，具有安神、健胃之功效，自唐末至清一直被当做贡茶。

清代，君山茶分为"尖茶"、"茸茶"两种。"尖茶"如茶剑，白毛茸然，纳为贡茶，素称"贡尖"。君山银针茶香气清高，味醇甘爽，汤黄澄清，芽壮多毫，条直匀齐，白毫如羽，芽身金黄发亮，有淡黄色茸毫，叶底肥厚匀亮，滋味甘醇甜爽，久置不变其味。冲泡后，芽竖悬汤中冲升水面，徐徐下沉，再升再沉，三起三落，蔚成趣观。

君山银针鸡片用鸡肉和君山银针茶滑炒而成，成菜白绿相间，鸡片鲜嫩，银针清香，其味极佳，深受中外顾客的欢迎。

· 美食原料

主料：生鸡脯肉 300 克，君山银针茶 1 克。

辅料：鸡蛋清 3 个，百合粉 40 克。

调料：湿淀粉 25 克，芝麻油 5 克，熟猪油 600 克。

·制作方法

1. 把鸡脯肉剔去筋膜，斜片成约 3.5 厘米长，2.5 厘米宽的薄片。

2. 把鸡蛋清盛入碗中，用筷子用力搅打成泡沫状，放入百合粉、精盐、味精调匀。

3. 君山银针茶用沸水 100 克冲泡两分钟。滗去水，再倒入沸水 75 克冲泡，放凉。

4. 炒锅置中火上烧热。放入熟猪油，烧至四成热时，用筷子夹鸡片逐片下锅走油约 15 秒钟，出锅沥油。

5. 锅内留油 5 克，倒入鸡片，再将茶叶连水倒入，加入精盐和味精少许，接着用湿淀粉调稀勾芡，持锅颠两下，出锅装盘，淋上芝麻油即成。

·菜品特点

白绿相间，鸡片鲜嫩，银针清香。

"常德钵子菜"——一顿"乱煮"

常德的钵子和其他火锅一样，既是可以炊食合一的器具，也是一种烹调方法。不同的是，常德的钵子菜是将已经初步烹调好的菜肴，用陶制的钵、沙锅或小铁锅盛装，随着小炉子上桌由客人边煮边吃。常德的钵子菜叫做一顿"乱煮"。当地人言道："常德钵子是个筐，什么都可装。"意思就是投料随意，调味随心。主料、配料、调料切配好，放入钵子里煮炖即可成菜，边煮边吃，越煮越香。特点是热辣鲜香，口味咸辣。一个炉子、一个钵子，一时半刻就能煮出美味佳肴。

常德地处湘南北部，北面是辽阔的江汉平原，南下的寒潮可长驱直入，冬春寒冷，而夏秋湿热，钵子菜正好能驱寒、去湿，增进食欲。在常德地区，钵子菜遍及城乡。

·美食原料

主料：猪肉 500 克，梅干菜 50 克。

调料：茶油 100 克，料酒 8 克，盐 2 克，味精 1 克，姜 8 克，蒜瓣 10 克，酱油 8 克，桂皮 5 克，香叶 6 克，清汤 250 毫升。

·制作方法

1. 猪肉洗净，随冷水下锅，用中火煮 15 分钟至断生捞出，漂洗干净，沥尽水分，切成 5 厘米长、3 厘米宽、0.5 厘米厚的片。姜拍松。蒜瓣洗净。梅干菜泡软再切成粗末。桂皮、香叶洗净。

2. 锅下底油大火烧六成热，将肉片中火煸炒至吐油，下姜块，烹料酒、酱油大火炒出香味，加入盐、味精，再加清汤，放梅干菜中火烧 2 分钟，盛入垫有桂皮、香叶的钵子中，放蒜瓣拌匀，小火煨 1 小时，随微火上桌。

· 菜品特点

色泽酱红，香味浓郁，肥而不腻，别具风味。

贵客临门捧出"湘西酸肉"

酸肉是湘西土家和苗家独具风味的传统佳肴。每当贵客临门，土家人、苗家人便从坛中取出腌制好的酸肉，下入油锅爆炒，黏附在酸肉上的玉米粉经油炸转成金黄色，散发出阵阵芳香，闻之生津。此菜味辣略酸，以湘西自治州所出最佳，所以叫湘西酸肉。在湘西张家界旅游区的餐馆中，游客常可品尝到这一独具山乡风味的佳肴。

· 美食原料

主料：酸肉 750 克。

配料：青蒜 25 克。

· 制作方法

1. 将带皮的猪肥肉刮洗干净，切成 100 克重的长方块，选用精盐、花椒粉腌 5 小时，再加玉米粉拌匀，装在坛内，封严坛口，腌 15 天即成。

2. 将黏附在酸肉上的玉米粉扒放瓷盘里，酸肉切成 5 厘米长、3 厘米宽、0.7 厘米厚的片，干红辣椒切细末，青蒜切成 3 厘米长的小段。

3. 炒锅置旺火上，放入茶油烧至六成热，先将酸肉、干辣椒末下锅煸炒 2 分钟，当酸肉渗出油时，用手勺扒在锅边，下玉米粉炒成黄色，再与酸肉合并，倒入肉清汤，焖 2 分钟，待汤汁稍干，放入青蒜炒几下即成。

· 菜品特点

色黄香辣，略有酸味，肥而不腻。浓汁厚芡，别有风味。

洪秀全与"炒血鸭"

"炒血鸭"是湖南永州的一款传统名菜，在当地，几乎家家户户都会制作此菜。有关"永州血鸭"的来历，民间还流传着一段动听的故事。

相传太平天国起义初期，太平军首领洪秀全率众将士攻下了永州城，当地老百姓为慰劳起义军，也前往军中与厨子一起下厨。可是在杀鸭拔毛时，鸭身上的细毛却怎么也拔不干净。这时临近开宴了，一位老厨子急中生智，先把鸭肉砍成块，下锅炒好后再将生鸭血倒进鸭肉里，继续炒拌成糊状，这样一来，鸭块上的细毛自然看不见了。到了开宴时间，一碗碗拌有鸭血的鸭肴全部端上了桌。这时有人问老厨子这叫什么菜，老厨子结结巴巴答不上来。最后还是洪秀全之妹洪宣娇说了句：就叫它"炒血鸭"吧。于是"炒血鸭"便由此而得名，并一直流传至今。

·美食原料

主料：子母鸭1只（约1250克）。

调料：生姜、熟猪油、酸笋荷各100克，蒜瓣、红椒各50克，清汤200毫升，湿淀粉、绍酒各15克。

·制作方法

1. 用刀将活鸭颈部血管割断，用碗盛血并搅动到不再凝结为止，剔出血筋。鸭子煺毛、去内脏。洗净后，去鸭头、嘴尖、鸭脚、爪尖、尾臊，取下鸭翅，再将鸭肉斩成2厘米见方的小块。

2. 将生姜洗净，蒜瓣去皮洗净，笋荷切成2厘米长、0.5厘米粗的条，红辣椒切末。

3. 炒锅置中火上，放入熟猪油，烧至七成热，先下入鸭头、翅、脚炸熟捞出，再下入鸭块煸炒，待收干水，倒入鸭血炒匀。然后，加入绍酒、精盐炒至五成熟，依次放入酱油、肉清汤、生姜、蒜瓣、笋荷、红椒末炒匀，焖5分钟，加味精，用湿淀粉勾芡收浓汁，盛入大盘内，周围拼上头、翅、脚即成。

脂香浓郁的"土家腊肉"

土家腊肉一般叫土腊肉，土家语叫拉乳，有上千年的传统制作历史。

每年一到冬至，湘西土家族家家户户都要杀年猪，做腊肉。在湘西土家山区的农家堂屋中间，家家都有一个冬季不熄的大火塘。火塘里任何时候都架着一个个很大的树蔸或树桩在燃烧，火塘上面则有一个能够升降的大铁钩，悬挂着鼎锅或水壶，用于煮饭烧水。把腌好晾干的肉条挂在火塘上面高高的屋梁上，利用火塘上升的青烟自然熏制肉条。由于烟熏的时间长，缓慢而充分，加之燃烧的树蔸或树桩不少都有特殊的香味，这样熏制出的腊肉味道才是真正好哩！

·美食原料

主料：带皮猪后股肉5000克。

辅料：大米250克，普洱茶叶35克，木糠300克，松柏叶150克。

调料：高粱酒150克，花椒5克，硝15克。

·制作方法

1. 腌制：将精盐和花椒放入锅中，慢火炒香，离锅趁热将硝拌匀。将带皮猪肉连皮切成长约25厘米、宽约3厘米的肉条，用针耙打松猪肉后，用调味料和高粱酒拌匀，用重物压住，腌7天左右，其间每天翻拌一次，以利肉条受味。

2. 风腊：待肉条腌透后，用小刀在肉头开一小孔，穿上麻绳，刮去花椒粒，挂在通风处，晾吹至肉质干爽。将大米、普洱茶叶和松柏叶放入瓦碗中，加入点燃的木炭，封上木糠，有浓烟冒出后，将瓦碗放入烟熏桶中，再将干爽的肉条挂入，盖上熏桶盖，烟熏至肉条肉质呈金黄色，取出再挂在通风处 15 天左右即成。

别致有趣的"泥鳅钻豆腐"

"泥鳅钻豆腐"是土家人喜爱吃的一道菜。传说过去有一位名叫邢文明的渔民，旧时常以捕捞鱼虾为生。他在捕鱼的时候，常常捕到一些泥鳅，往往较大的泥鳅卖掉后，剩下小的无人问津，每次只好带回家里自己烹食。有一次，他为调剂口味翻新花样，索性把小泥鳅放水盆里吐净了泥，并从街上买回一些豆腐和葱、姜等调味作料，捞放锅内盖上锅盖一起煮。待煮后揭盖看时，发现小泥鳅都钻进豆腐中去了，只有尾巴留于外，十分别致有趣。此法很快便在当地民间传开，取名叫"泥鳅钻豆腐"。

·美食原料

主料：小泥鳅 200 克，豆腐 500 克。

辅料：香葱 1 棵，生姜 1 小块，半个碎皮蛋。

调料：高汤 15 大匙，胡椒粉 1 小匙，精盐 1 小匙，味精 1/2 小匙。

·制作方法

1. 葱洗净切段，姜洗净拍松；泥鳅静养几天后洗净。

2. 锅置火上，开小火放入冷水，将豆腐放在锅中间，把泥鳅放在周围，待锅中的水慢慢加热，泥鳅就会往豆腐里钻。

泥鳅钻豆腐

3. 在泥鳅全部钻进豆腐后，将豆腐取出，放在汤碗中，灌上高汤，放入精盐、胡椒粉、姜、葱、味精，蒸 15 分钟即可。

·菜品特点

鲜嫩爽滑，咸鲜适口。

八、油重色浓的徽菜

（一）徽菜史语

徽菜经过历代名厨的交流切磋、继承发展，逐渐集安徽各地的名馔佳肴于一身，成为一个雅俗共享、南北皆宜，独具一格、自成一体的著名菜系。

徽菜发源于安徽省。安徽地处中国中部山区，山珍野味非常丰富，如山鸡、斑鸠、野鸭、野兔、果子狸、鞭笋、石鸡、青鱼、甲鱼等，这些都为徽菜的烹调提供了丰富的原材料，徽菜就是以烹制山珍野味而著称。

1. 徽商与徽菜

徽菜的形成、发展与徽商有着密切的关系。徽商起于东晋，到唐宋时期日渐发达，明清则是徽商的黄金时代。徽商富甲天下，其生活奢靡而又偏爱家乡风味，饮馔之丰盛，筵席之豪华令人咋舌。徽商在饮食方面的高消费对徽菜的发展起了推波助澜的作用，使徽菜品种更加丰富，烹调技艺更加精湛。

徽商们长期远离家乡在外谋生，为了能够常年品尝到家乡的风味餐食，便从家乡带来厨师主理膳食，后来他们逐渐开设徽菜馆进行商业经营，以满足社会之需。1790 年，第一家徽商徽馆在北京率先创立。随后，苏、浙、赣、闽、沪、鄂、湘、川等地纷纷设立徽菜馆。各地徽馆业的兴起，推动了徽菜的进一步传播与发展。

徽商行贾四方，比较容易接收新事物。他们在餐馆在经营中，不仅继承了徽菜传统烹饪技艺，将本帮的美味佳肴带到了外埠，而且注意吸收各派烹饪技艺的优点，并根据各地顾客的饮食嗜好，研制出适合当地口味的徽菜新品种。如上海人喜好吃鱼头鱼尾，徽厨们便研制了红烧头尾；武汉人喜欢吃鱼中段，徽厨们便研制出红烧瓦块鱼。这使得徽菜在与其他菜系的融合中，兼收并蓄，吐故纳新，不断推动着自身的发展。

2. 徽菜的风味特点

徽菜是由皖南、沿江和沿淮三种地方风味构成。皖南徽菜是安徽菜的主要代表，起源于黄山麓下的徽州一带，后来，转移到了名茶、徽墨等土特产品的集散中心屯溪，得到了进一步的发展。沿江菜以芜湖、安庆地区为代表，以后传到合肥地区，以烹制河鲜、家畜见长。沿淮菜以蚌埠、宿县、阜阳等地为代表，菜肴讲究咸中带辣，习惯用香菜配色和调味。

徽菜在烹调方法很为独特，讲究火功，善与烹调野味，且量大油重、朴素实惠，还注意保持原汁原味，不少菜肴都是取用木炭用小火炖煨而成，汤清味醇，端菜上席便香气四溢。徽菜选料精良，擅长于烧、炖、蒸、炒等，并具有三重的特点，即重油、重酱色、重火工。重油，这是由于徽州人常年饮用含有较多矿物质的山溪泉水，再加上当地盛产茶叶，人们常年饮茶，因此需要多吃油脂，以滋润肠胃。重酱色、重火工则是为了突出菜肴的色、香、味。利用木炭小炉，小火单炖单烤，使火功到家，以保持原汁原味。

徽菜之中最为常见的名菜有金银蹄鸡、火腿炖甲鱼、淡菜炖酥腰、腌鲜鳟鱼、红烧野鸡肉、问政笋等。如金银蹄鸡，因为小火久炖，汤浓似奶，其火腿红如胭脂，蹄膀玉白，鸡色奶黄，味鲜醇芳香。徽式烧鱼方法也很独特，如红烧青鱼、红烧划水等，鲜活之鱼，不用油煎，仅以油滑锅，再加调味品，旺火急烧5分钟即成，由于水分损失少，鱼肉味鲜质嫩。徽菜还有用火腿调味的传统，制作火腿在徽州也是普及型的家庭技术，美食家们十分赞赏徽州火腿。正可谓"金华火腿在东阳，东阳火腿在徽州"。

（二）徽菜名品

风味口水鸡

材料

净鸡1只，芝麻、花生米、葱段、姜片各适量，香菜叶少许。

调料

白糖、酱油各适量，味精、盐、香油各少许，料酒200克，清汤1碗。

做法

①净鸡剁成小块放在盆中，加入料酒拌匀，腌渍1个半小时取出。

②将芝麻、花生米炒熟碾碎，并用部分白糖拌匀。

③锅中油烧至五成热，将鸡块放入锅中，待炸呈黄色时沥油。

④锅中加酱油、剩余白糖、姜片、葱段、盐、味精、清汤，用大火烧开，小火烧20分钟，再转大火烧至汤收干时盛入盘内，淋入香油，装盘撒上做法②的材料，用香菜叶点缀即可。

火烧头尾

材料

鱼头、鱼尾各1个，葱段、姜片、蒜片各适量，香菜叶少许。

调料

盐、酱油各1小匙，料酒、水淀粉各适量。

做法

①将鱼头去鳃，鱼尾去鳞洗净后沥干备用；其余材料均洗净备齐。

②锅中加油滑锅后，加姜片、蒜片、葱段和除水淀粉处的调料；再将鱼头、鱼尾放入，以大火红烧10分钟。

③捞除葱段、姜片，用水淀粉勾芡盛出，用香菜叶点缀即可。

锅边闲话

此菜未过煎炸，时间又短，所以鱼的水分损失很少，皮软肉嫩，色味香浓。鱼不仅含有丰富的蛋白质，还含量硒、碘等微量元素，有抗衰老作用。

腐乳鸡

材料

鸡1000克、腐乳汁（红）75克，葱、姜各15克，香菜叶少许。

调料

碎冰糖4克，酒20克，盐3克，淀粉（玉米）8克，熟猪油（炼制）40克。

做法

①将鸡取出内脏，去掉嗉囊、食管和气管，洗净，再剁成长5厘米、宽2厘米的块，放在大碗内，加入红腐乳汁、酒、盐拌匀，备用。

②将葱、姜洗净切碎，放入到盘中，再将鸡块整齐地摆在上面，将其表面在撒上碎冰糖和部分熟猪油，移入蒸锅中，上面再盖一个大盘，用大火蒸至八成熟烂时取出。

③将蒸鸡原汁滗在锅中，用大火烧开，再将淀粉调稀勾薄芡，淋入剩余熟猪油，浇在鸡上，装盘后用香菜叶点缀即可。

杨梅丸子

材料

猪肉600克，鸡蛋2个，面包屑80克，香菜叶少许。

调料

杨梅汁200克，醋2大匙，白糖4大匙，香油、盐、水淀粉各适量。

做法

①将猪肉洗净，剁成肉泥，放在碗内将鸡蛋打入，加盐、适量水拌匀，做成肉馅备用。

②将肉馅用手挤成像杨梅大小的圆球丸子，滚上面包屑，备用。

③锅置火上，倒油烧热，油烧至五成熟时，将圆球丸子入锅中炸，炸至浮起呈金黄色时，倒入漏勺滤干油，备用。

④原锅中放入适量水，加白糖、醋、杨梅汁，在中火上溶化成卤汁，再用水淀粉勾芡，随将炸好的肉丸倒入，翻炒片刻，淋上香油起锅装盘，最后用香菜叶点缀即可。

锦绣鱼丝

材料

鱼1条，青椒、红椒、鸡蛋（取蛋清）各1个，葱、姜、香菇各适量。

调料

清汤、盐、味精、料酒、水淀粉、胡椒粉各适量。

做法

①鱼去鳞、鳃、内脏、骨头，洗净后切成丝，盛入碗中，加入盐、料酒、蛋清和水淀粉拌匀上浆，再淋入油拌匀，放入冰箱1个小时。

②将青椒、红椒、香菇、葱和姜洗净切成细丝。另将盐、料酒、味精、胡椒粉、水淀粉和清汤调成芡汁。

③锅内倒油烧热，放入鱼丝滑散呈乳白色时捞出，锅中留油少许，放入做法②备好的丝，倒入调好的芡汁搅至浓稠，再下入鱼丝翻炒均匀，起锅装盘即可。

锅边闲话

鱼丝上浆要上劲，滑油时要掌握温度不可太高或太低。

茶笋炖排骨

材料

猪大排200克，黑木耳100克，茶笋、小葱各适量，香菜叶少许同。

调料

盐、醋各少许。

做法

①将猪大排剁成小块洗净；茶笋和黑木耳放入水中泡发好备用；小葱洗净切成葱花，备用。

②将排骨块入开锅中氽烫一下，捞出用凉水冲洗干净，重新入开水锅中烧至七成熟后投入茶笋、黑木耳并加入适量的盐和醋炖15分钟至肉烂。

③最后撒上葱花，盛入碗中用香菜叶点缀即可。

锅边闲话

动物骨头中富含钙质，炒制过程中往往不易溶出，加入些许醋，则可以有效地促进骨头中钙的溶解，从而促进人体吸收。

冬笋鸡丝

材料

鸡脯肉200克，冬笋、香菇各50克，鸡蛋（取蛋清）2个，薄荷叶少许。

调料

盐1小匙，味精、白糖、淀粉、水淀粉、香油各适量，鸡汤1小碗。

做法

①将鸡脯肉剔去筋膜，洗净挤干切成细丝；鸡蛋清放在碗内搅开，加淀粉拌匀，放入鸡丝轻轻拌匀后，再加香油抓拌一下。

②将冬笋放入水中浸泡约1小时（中间换水1次），捞起沥干切丝；香菇洗净切成细丝。锅置火上，倒油烧热，将鸡丝下锅用筷子滑散，待鸡丝变色即可捞出沥干油，备用。

③在原锅余油中放入香菇丝稍煸，迅速加入鸡丝、笋丝，入盐、白糖、味精和鸡汤，用水淀粉勾薄芡倒入锅中，继续翻炒，直到所有材料全部熟透起锅装盘，用薄荷叶点缀即可。

酥糊里脊

材料

猪里脊肉200克，鸡蛋（取蛋清）1个，面粉75克，蒜末、葱末、姜末、薄荷叶各少许。

调料

料酒、酱油各1大匙，盐、胡椒粉、味精，水淀粉、淀粉、香油、辣椒粉各适量。

做法

①将猪里脊肉洗净，切片，加葱末、姜末、蒜末、胡椒粉、部分盐、料酒、水淀粉、味精和少许油拌匀上浆，备用。

②将面粉入碗，加入适量淀粉、清水、鸡蛋清、剩余盐、酱油、香油调成酥糊，再把猪里脊肉片逐一挂上酥糊。

③锅置火上，倒油烧热，油烧至五六成热时，下入挂糊的猪里脊肉片，炸至金黄酥脆且熟时，捞出沥干油。

④锅烧热后熄火，以锅余热炒胡椒粉、辣椒粉、味精，快速颠翻均匀后，将里脊肉放入，炒匀后即可出锅，装盘后用薄荷叶点缀即可。

徽州丸子

材料

饮食文化典故

中国菜品风味流派

猪肉 350 克，鸡蛋 2 个，葱汁、姜汁、薄荷叶各适量。

调料

盐、水淀粉、蚝油、白糖、味精各适量，料酒 1 大匙，高汤 1 小碗。

做法

①将猪肉洗净，剔去筋膜，剁成肉泥，放入碗内，打入鸡蛋，加少许盐、料酒、白糖、味精、葱汁、姜汁和水，用筷子搅拌至有黏性做成肉馅。

②将肉馅用手挤成如桂圆大小的丸子放盘中，上笼用大火蒸约 20 分钟取出，沥去汤汁。

③锅放在中火上，放入高汤，加盐、味精、蚝油烧开，用水淀粉调匀后勾薄芡，调成味汁。

④将味汁浇在丸子上，最后用薄荷叶装饰即可。

锅边闲话

蒸制而成的丸子是徽菜中的招牌菜，颇受人们善爱。

腐乳爆肉

材料

猪里脊肉 300 克，腐乳汁（红）35 克，鸡蛋（取蛋清）1 个，香菜叶少许。

调料

白糖、盐、水淀粉各适量，料酒 2 大匙，肉清汤 1 小碗。

做法

①腐乳用料酒、白糖、水淀粉、盐和肉清汤调匀；猪里脊肉切长片，用鸡蛋清和盐拌匀。

②锅内油烧热，下肉片滑散开，肉变色即沥去油。

③在原油锅里，放入调好的腐乳汁，见汤汁微沸浓稠时，即把肉片下锅，迅速翻炒几下，起锅装盘，用香菜叶点缀即可。

锅边闲话

颜色金黄透红，质地软烂鲜嫩，腐乳香味扑鼻，青春期和更年期的女性不要为了减肥而抵御这道美食的诱惑！因为它可让肌肤光彩亮丽、神采奕奕。

双爆串飞

材料

鸡脯肉、鸭脯肉各 200 克，鸡蛋（取蛋清）1 个，青豆、香菜叶，葱段、姜片各适量。

调料

盐、鸡精、花椒粉各少许。

做法

①将鸡脯肉和鸭脯肉洗净沥干水，削十字花刀，加少许花椒粉、鸡精和盐腌片刻。

②锅中煮开水，腌过的鸡、鸭胸肉入沸水余烫至变色即捞出沥水后用鸡蛋清抓匀；青豆入沸水烫去豆腥味。

③起油锅，放入青豆和葱段、姜片炒，再放入鸡、鸭胸肉炒至熟，盛盘时加香菜叶点缀即可。

锅边闲话

鹅肉能有效补虚，营养成分也极高，价钱还很亲民，女性生理期不顺或产后、病后的保养更是离不了它。常吃鸡肉、喝鸡汤还可以延缓衰老。

两香山笋

材料

鲜笋 500 克，香肠 60 克、冬菇 50 克，香菜叶适量。

调料

鸡汤、盐、味精各少许，白糖、水淀粉各 1 大匙。

做法

①将鲜笋洗净切片；冬菇洗净切片；香肠切片，备用。

②将笋片放入砂锅中，再加鸡汤，大火烧开后转小火炖 15 分钟。

③大火烧开，加香肠片、冬菇片、白糖、盐、味精，待汤汁收浓，用水淀粉勾芡起锅装盘，用香菜叶点缀即可。

锅边闲话

◎冬菇天然、绿色、健康又有排毒、养颜、养生的功效。

◎笋的营养含量高于其他蔬菜，但是草酸含量比较高，一定要先煮一下，这样可以减少草酸的含量。

珍珠鱼丸

材料

鱼肉 400 克，鸡蛋（取蛋清）2 个，葱汁、姜汁、香菜叶各适量。

调料

盐、鸡精、水淀粉各适量。

做法

①将鱼肉洗净剁成泥状，备用。

②将鱼肉泥加蛋清、盐、鸡精、葱汁、姜汁、水淀粉使劲拌匀至有筋性，后用手挤成大小相同的鱼丸。

③锅烧热，倒入水，待水烧沸后将鱼丸逐个放入锅中，加盐、鸡精以小火煮熟、连水倒入汤盘中，用香菜叶点缀即可。

锅边闲话

制作鱼丸一定要先加水，同方向大力搅拌，使蛋白质处于凝胶状态，吸入大量空气和水分，使鱼丸鲜嫩有弹性，此时才可加盐。

嫩炒虾仁

材料

虾仁250克，荸荠片50克，姜末、葱末各适量，薄荷叶少许。

调料

盐、白糖、料酒各2克、花椒油、醋、味精各1克，淀粉少许。

做法

①将虾仁洗净，备用；荸荠洗净，切片，备用。

②将虾仁和荸荠片放入碗中，加入淀粉，盐和少量水拌匀，用沸水氽烫一下捞出，沥干水分，备用。

③锅内倒油烧热，将葱末和姜末炒香，加入盐、白糖、味精、料酒和醋，快速炒至熟透入味，淋入花椒油，出锅装盘用薄荷叶点缀即可。

锅边闲话

虾含有丰富的钾、碘、镁、磷等微量元素等成分，对人体有很大益处。

豆豉笋丁

材料

莴笋200克，豆豉25克，葱花、蒜末、姜末、香菜叶各适量。

调料

豆瓣酱1大匙，鲜汤、香油、盐、胡椒粉、味精各适量，料酒、白糖各1小匙。

做法

①准备好所有材料；莴笋洗净切丁，用少许盐、葱花、姜末、料酒、味精拌匀码味。

②炒锅内放油烧热，下入豆豉、豆瓣酱、葱花、蒜末、姜末爆香出色，接着入少许鲜汤烧沸，调入盐、胡椒粉、白糖、味精勾成豉香汁，起锅装入碗中待用。

③另起锅烧热油，下莴笋丁炒一下，将豉香汁倒入翻炒入味，淋入香油，装盘

撒上香菜叶即可。

锅边闲话

炒菜时火候不可过大过猛，豆豉的味道才能烧入莴笋中。

腌菜豆腐

材料

新鲜豆腐 1 块，腌白菜 50 克，葱花、姜片各适量，香菜叶少许。

调料

辣椒酱 1 小匙，盐适量。

做法

①新鲜豆腐洗净，切成小块，与葱花、姜片放入砂锅，加一些冷水。

②腌白菜洗净切丝，添少许辣椒酱、盐拌一拌。

③砂锅内加做法②的腌白菜丝，用小火慢慢烧煮，出锅前撒香菜叶点缀即可。

锅边闲话

◎慢火煮的时间越久，腌菜汁入豆腐越深，味越鲜美。

◎刚买回的豆腐十分柔嫩，容易碎烂，宜浸泡在加了少许盐的凉水中并放入冰箱保存，这样在烹调时就能保持形状完整，还可以使之弹性较大，更可清除石膏味。

肉末烧豆腐

材料

嫩豆腐 1 000 克，肉末 150 克，笋干 100 克，虾皮、香菇、葱花、姜末、香菜叶各少许。

调料

盐、酱油、味精各适量，胡椒粉、淀粉、香油各少许。

做法

①将嫩豆腐洗净切块；香菇洗净切丁；虾皮切碎；笋干洗净切丁其余材料均备齐。

②将嫩豆腐块下开水锅中煮透，捞出后放盐腌味。

③将肉末和淀粉调成稀糊状。

④笋干丁锅炒香，放入嫩豆腐块、肉末、虾皮碎、香菇丁、姜末。

⑤再加入酱油、盐和味精搅拌均匀后出锅。

⑥最后撒香油、葱花、胡椒粉，用香菜叶点缀即可。

炸香菇

材料

鱼肉100克，水发香菇200克，鸡蛋1个，薄荷叶少许。

调料

盐3大匙，花椒粉、淀粉、甜面酱各适量。

做法

①水发香菇洗净切块，鸡蛋取蛋清，其余材料都备齐。

②将鱼肉洗净，加少许花椒粉、盐调味略腌切蓉，加鸡蛋液搅拌均匀，加入淀粉、盐、花椒粉配制成鱼蛋糊。

③将水发香菇块粘裹鱼蛋糊，入油锅炸至浅黄色捞出，装盘后用薄荷叶点缀即可。食用时可以蘸取甜面酱。

锅边闲话

◎干香菇用冷水浸泡最理想，如果用热水浸泡，虽然能使其快速变软，却因香味溶于水中而冲淡了本身的味道。

◎香菇用冷水软化后，用淀粉抓匀，再用水冲洗干净，即可完全除去土沙。但应注意的是，如果清洗不当，就会破坏营养成分，因此不能过度浸泡和洗涤。

翠堤春晓

材料

笋200克，香菜叶少许。

调料

盐、鸡精、香油各适量。

做法

①笋去硬皮后切块，入沸水稍煮一下，捞出沥干备用。

②取一碗，将笋块加入少许盐、部分鸡精腌制片刻。

③将腌入味的笋块加鸡精、香油拌匀装在盘中央，再将香菜叶码放在笋周围，或切碎拌匀即可。

锅边闲话

◎笋营养丰富，蛋白质含量高于其他蔬菜，仅在黄豆之下，但与菠菜一样含草酸较多，吃时一定要先煮一下，以减少草酸成分。

◎可以一次多做出来一些，放在冰箱里。在炎热的夏季吃上一口，不仅口感爽脆，而且还有助于祛除火气，有益于身体健康。

香菇盒

材料

香菇 100 克，猪肉泥 50 克，火腿末 30 克，鸡蛋 1 个，薄荷叶少许。

调料

盐、味精各少许，料酒、鸡汤、淀粉各适量。

做法

①将同样大小、肉厚的香菇，泡软，去蒂压平，泡香菇的水留用，鸡蛋打散，其余材料均备齐。

②取一个香菇在反面撒上淀粉，逐个镶上用猪肉泥、火腿末和鸡蛋液以及盐、味精、料酒调制成的馅心。

③将另一个香菇覆盖上，入笼蒸熟后，取出备用。

④锅置火上，倒入鸡汤、香菇水、淀粉略烧一会，然后浇在已熟的香菇盒上，用薄荷叶点缀即可。

锅边闲话

猪肉与香菇搭配不仅能增加食欲，更是好妈妈的"亲情大使"。

火腿炒豆芽

材料

豆芽 500 克，火腿 40 克，姜片适量，香菜叶少许。

调料

醋、盐、蚝油各 1 小匙，白糖适量。

做法

①豆芽择洗干净；火腿切细丝备用，其余材料均备齐。

②锅内放油烧热，倒入火腿丝煸炒片刻，加豆芽、蚝油、盐、姜片煸炒。

③炒至六成熟时加入白糖，淋醋翻炒均匀即可出锅装盘，用香菜叶装饰即可。

火腿炒豆芽

锅边闲话

◎炒豆芽时，除了大火热油加热之外，还要边炒边往锅内淋点开水，这一点是使菜保特鲜嫩的关键。

◎炒豆芽时加入些许醋，可有效地保护豆芽细胞的细胞壁，使其更如坚挺，使菜更加脆嫩爽口。豆芽中含有核黄素，患有口腔溃疡的人很适合食用。

徽式炒面

材料

手擀面250克，瘦肉丝适量，冬笋丝、香菇丝、黄瓜丝、蒜末各少许。

调料

酱油、料酒各1大匙，盐、味精各1小匙。

做法

①起汤锅煮沸一锅水，将手擀面入沸水中煮六成熟，捞出沥干水备用。

②锅中油烧热，下瘦肉丝、蒜末、冬笋丝、香菇丝炒香，将全部调料入炒锅翻炒。

③炒香所有调料后，将煮好的面放入继续翻炒至熟加少许黄瓜丝即可。

锅边闲话

色泽嫩黄，金丝缕缕，鲜香扑鼻，柔软润滑，油而不腻，既可以当点心，又可以上桌当菜。

（三）徽菜典故

皇室贡品"清炖马蹄鳖"

马蹄鳖即甲鱼。"清炖马蹄鳖"是徽州传统名菜，又名"火腿炖甲鱼"，几百年来一直是脍炙人口的美味。明初，户部尚书连心荣曾将皖南山区的马蹄鳖进贡给明太祖朱元璋，朱元璋食后连声赞叹，从那以后马蹄鳖就成为皇室指定贡品。

皖南山区，山高背阴，溪水清澈，浅底尽沙，所产的甲鱼质地高出一等，腹色清白，肉厚背隆起，胶质大，肥嫩，无泥腥气。民谣道："水清见沙底，腹白无淤泥，肉厚背隆起，大小似马蹄。"故称马蹄鳖。选此优质原料，配以火腿与火腿骨佐味，加冰糖提鲜，用木炭风炉，先旺火烧开，转用小火细炖，成熟后用沙锅上桌，香气扑鼻，汤醇胶浓，肉质酥烂，裙边滑润，鲜香可口。

·美食原料

主料：甲鱼1只（重约750克），火腿骨1根，火腿肉100克。

辅料：葱结、姜片、冰糖、熟猪油各10克。

调料：精盐1克、绍酒25克，白胡椒粉1克，鸡清汤750毫升。

·制作方法

1. 将甲鱼宰杀，用开水烫泡后，剥去外层内膜，用刀沿甲壳四面剖开，掀起甲盖，去掉内脏（留下甲鱼盖），剁成约3.5厘米长、1.7厘米宽的块（尾和脚爪不用），放入开水锅中煮至水再开，捞出沥水。火腿切成4大块。

2. 将甲鱼块整齐地码在沙锅中，把火腿、葱、姜和火腿骨围在甲鱼四面，加入鸡清汤和绍酒，盖好锅盖，旺火烧开后，去除浮沫，放冰糖，转用微火炖1小时左右，捡出姜和火腿骨，放盐，再将火腿捞出切成片放入锅里，淋上熟猪油，撒入白胡椒粉即成。

寓意深远的"方腊鱼"

方腊鱼，是取鱼中上品鳜鱼，特别是皖南黄山一带山溪名产桃花鳜，采用多种烹调方法精制而成。此菜又名"大鱼退兵将"。

相传北宋末年，方腊率领农民起义军与官兵交战，因为寡不敌众，方腊率众登上齐云山，齐云山易守难攻，但是不利于后勤补给。官兵于是想要截断义军的粮草。方腊在山上十分着急，但又没有好的办法。这时他忽然看见山上有不少水池，水池里有很多鱼虾，便心生一计，叫大家把鱼虾捞出来投向山下。官兵看到鱼虾，以为山上粮草充足，认为围困也没什么用，于是便撤军而去。

徽菜烹饪界人士为纪念农民起义英雄方腊创制这道菜，一直深受人民群众的喜爱。

·美食原料

主料：新鲜鳜鱼1条（约850克）。

辅料：虾仁250克，大海蟹四只。

调料：淀粉100克，植物油250克，盐、鸡精、老抽、姜末、香醋适量。

·制作方法

1. 将新鲜鳜鱼洗净，切下头、尾蒸熟，将其分摆在垫有菜松的鱼盘两端。

2. 将鳜鱼中段去皮、骨，肚中取净，鱼肉切成片抓拌浆上劲备用。

3. 虾仁拍上干淀粉备用。将蟹洗净放入蒸笼蒸熟。虾仁挂淀粉糊，炸成凤尾虾。

4. 上浆的鱼片分散入油中滑熟捞出，锅中放少许油，倒入水淀粉、盐、鸡精和老抽熬成芡汁，再把鱼片倒入已熬稠的芡汁中，把锅颠翻几下使之裹匀，起锅装在长腰盘的中间，做为鱼身，使其头、尾相接。

5. 将凤尾虾的尾部向外围摆在鱼的四周，蟹分别放在四端形成对称四角，上桌时随带姜末、香醋佐食，回味甚美。

朱元璋与徽州"虎皮毛豆腐"

相传，明太祖朱元璋幼年家境贫困，曾给财主家放牛帮工，白天放牛，半夜就与长工们一起帮忙磨豆腐。他年纪虽小，但做事很勤快，颇得长工们喜欢，因此，长工们尽量照顾不让他干重活。财主知道后很不满意，便将他辞退回家。

长工们可怜他，每天从财主家偷出一些饭菜和鲜豆腐，藏在财主家后院的干草堆里，夜里朱元璋就悄悄拿回去吃。

一次朱元璋因有事出了趟远门，当朱元璋回来去取豆腐时，发现豆腐上已长满了一层白毛，他就拿回家中，弄来油煎了吃，觉得味道更香鲜无比。以后，他就常用此法做豆腐吃。

后来朱元璋做了皇帝，油煎毛豆腐便成了御膳房必备佳肴。现今起名为"虎皮毛豆腐"，成为享誉世界的中外名菜。

·美食原料

主料：毛豆腐 10 块（500 克）。

调料：葱末、姜末各 50 克，酱油 25 克，精盐 2 克，白糖 5 克，味精 0.5 克，肉汤 100 毫升菜子油 100 克。

·制作方法

1. 将毛豆腐每块切成 3 小块。

2. 将锅放到旺火上，倒入菜子油，烧至七成热时，将毛豆腐放油里煎成两面呈黄色。

3. 待到表面皮起皱时，加入葱姜末、味精、白糖、精盐、肉汤、酱油烧 2 分钟，起锅装盘即成。

·菜品特点

味道鲜美，风味独特。

渔民巧得"鱼咬羊"

此菜是徽州杂色类名菜，是将羊肉装入鱼肚子而后封口烹制而成。

传说，清代徽州府有个农民带着四只羊乘渡船过江，由于舱小拥挤，一不小心就把一只成年公羊挤进了河里。当羊沉入水底时，鱼儿蜂拥而至。

恰巧附近有位渔民正驾小渔船从此处经过，见这么多的鱼在水面乱窜，马上撒网，收获颇丰。渔民回到家里，杀了一条，见鱼肚里塞满了羊肉，他很奇怪，顺势连鱼带肉扔进锅里一通乱煮，结果烧出来的鱼，鱼酥肉烂，味道特别得很。消息传出后，当地有些美食家也试着烧成这样一道菜，果然风味不凡，从那以后，当地人就将这样烧成的菜取名为"鱼咬羊"。久而久之，鱼咬羊便成了徽菜中的一道名菜了。

·美食原料

主料：鳜鱼 1 条，羊腰窝肉 250 克。

· 制作方法

1. 将鳜鱼去鳞腮，从脊背正中割一刀口，取出大骨及内脏，用水洗净。羊肉切成3．3厘米长、2厘米宽的长方块，放入滚水中略烫，捞出滤干水。

2. 烧热锅，下油，烧至五成熟后，下羊肉煸炒几下，加适量水、酱油1汤匙、葱2段、姜2片、八角1个、适量白糖、适量盐，烧至八成烂时，拣去葱、姜、八角，将羊肉取出装入鳜鱼腹内。

3. 烧热锅，下油，烧至六成熟时，放入鳜鱼。鱼两面抹一点酱油，煎成两面金黄色时取出，去掉麻线，放在锅内，再加入余下的八角、葱、姜、绍酒、酱油、白糖、盐、清汤和烧羊肉的原汤，用小火煮滚，再用微火煮30分钟，随后拣去葱段、姜片、八角，撒上白胡椒、香菜即可。

"曹操鸡"治好曹操的病

"曹操鸡"俗称"逍遥鸡"，是始创于三国时期的安徽传统名菜。相传是当年曹操钟爱的药膳鸡，色泽红润，香气浓郁，皮脆油亮，造型美观。吃时抖腿掉肉，骨酥肉烂，滋味特美，且食后余香满口。曹操鸡营养十分丰富，具有食疗健体之功。

相传三国时期，合肥为兵家必争之地。在汉献帝建安十三年（公元208年），曹操统一北方后，从都城洛阳率领83万大军南下征伐孙吴（即历史上著名的赤壁大战），行至庐州（今安徽合肥），曾在教弩台前日夜操练兵马。曹操因军政事务繁忙，操劳过度，头痛病发作，卧床不起。行军膳房厨师遵照医嘱，选用当地子鸡配以中药、好酒，精心烹制成药膳鸡。曹操食后感到味道鲜美，十分喜欢，身体很快康复，之后常食此鸡。由此"曹操鸡"声名不胫而走，流传至今。

· 美食原料

主料：母鸡1只（约1000克）。

辅料：蜂蜜50克，天麻、白术、枸杞、党参、红参等中药材各50克。

调料：植物油1000克，古井贡酒30克，盐20克。

· 制作方法

1. 将母鸡宰杀、洗净去内脏后挂阴凉处风干。

2. 在鸡身抹上蜂蜜晾干后用油炸，要控制油温，将鸡炸成金黄色后捞起，放入配有天麻等中药和古井贡酒等作料的汤里卤煮，焖5小时左右即成。

· 菜品特点

造型美观，色泽红润，香而不腻，五味俱全，营养丰富，具有食疗健体的功效。

铁面无私"包公鱼"

包公鱼原名"红酥包河鲫鱼",为合肥传统冷菜。"包河"即合肥市"包公祠"一带护城河,该河所产的鲫鱼为乌背,人称"包公鱼"。1958 年毛泽东主席视察安徽时,名厨梁玉刚为毛主席做了红酥包河鲫鱼这道菜,深得赞赏。饭后,毛主席亲切会见梁师傅,并赠送了苹果。

此菜是通过考证和复原包府家菜时整理出来的,是包拯为官清廉、生活简朴的见证。包河中的莲藕亦与众不同,皆断而无丝,传为"铁面无私"的象征。此菜取包河小鲫鱼、包河藕、葱段、姜片、酱油、冰糖、醋、绍酒、芝麻油等为原料,用荷叶封口扎紧,在盖上锅用旺火烧干后,改用小火焖 5 小时左右,下锅冷透,覆扣大盘中,淋上麻油即成。此菜骨酥肉烂,味鲜,入口即化,有青荷香气,味道鲜美。

· 美食原料

主料:包河鲫鱼 750 克,包河藕 250 克。

调料:冰糖末 50 克,芝麻油 50 克,姜片、葱段各 25 克,酱油 250 克,醋 150克,绍酒 100 克。

· 制作方法

1. 选用新鲜的小鲫鱼,体长 7 厘米左右为宜,去鳞鳃,开膛去除内脏,洗净控干水分。加酱油 75 克,绍酒 25 克,葱段、姜片各 10 克,腌渍 30 分钟左右,藕洗净横切成 2 毫米厚的大片。

2. 取沙锅 1 只,锅底铺一层剔净肉的猪肋骨,然后放一层藕片、姜片和葱段。再将小鲫鱼头朝锅边,一个挨一个围成圈;把酱油 75 克,醋、绍酒各 25 克,冰糖末放碗中和匀;加清水 150 克,倒入锅中,用小火焖 5 小时左右。端下锅冷却后,扣入大盘,去葱、姜、藕片和骨头。食用时取藕片数片垫在盘底,将鱼一条条取出摆在盘中,淋上麻油即成。

· 菜品特点

色泽酱红,骨酥肉烂,入口即化,酥香两味,俱在其中。

· 营养功效

鲫鱼:鲫鱼具有益气健脾、消润胃阴、利尿消肿、清热解毒之功能,并有降低胆固醇的作用,可治疗口疮、腹水、水乳等症。常食鲫鱼,可以防治高血压、动脉硬化、冠心病,非常适合肥胖者食用。

莲藕:在块茎类食物中,莲藕含铁量较高,故对缺铁性贫血的病人颇为适宜。莲藕的含糖量不算很高,又含有大量的维生素 C 和膳食纤维,对患有肝病、便秘、糖尿病等虚弱之症的人十分有益。莲藕富含铁、钙等微量元素，植物蛋白质、维生素以及淀粉含量也很丰富，有补益气血，增强人体免疫力作用。藕中还含有丰富的维生素K，具有收缩血管的作用，对于淤血、吐血、衄血、尿血、便血的人以及产妇极为适合。藕还可以消暑消热，是良好的祛暑食物。

·饮食禁忌

鲫鱼：不宜与大蒜、砂糖、芥菜、沙参、蜂蜜、冬瓜、猪肝、鸡肉、野鸡肉、鹿肉，以及中药麦冬、厚朴一同食用。吃鱼前后忌喝茶。

淮南王每日必食"奶汁肥王鱼"

肥王鱼又称淮王鱼、回王鱼，是淮河名产，以寿县至凤台一带产量多，尤以凤台峡山口至黑龙潭所产最佳，为鱼中上品。

据凤台县志记载：西汉时，淮南王刘安生日，有人将此鱼献给刘安，刘安给它取名"回黄"，并常在宴客中称赞此鱼鲜美可口。淮南王喜食"回黄"，传入民间，人们就称"回黄"为淮王鱼，寿县地区对"回"、"肥"读音相同，故当地人称"肥王鱼"。一次刘安宴众大臣，因人多鱼少，厨师以其他鱼混充，被刘安识破，大发雷霆："吾一日不能无肥王。"可见肥王鱼受宠之程度了。后此菜流入蚌埠、合肥一带民间，并以奶汁鸡汤煨煮，成为徽菜一绝。

·美食原料

主料：肥王鱼1条（1000克左右）。

辅料：猪瘦肉50克，大葱白段10克，姜片10克，香菜5克，精盐5克，白胡椒1.5克，鸡清汤1000毫升，熟猪油100克。

·制作方法

1. 将鱼去鳃，剖腹去内脏，洗净后，用刀在鱼身两边直剞小柳叶刀花。猪瘦肉切成一寸长、半寸宽、一分厚鸡冠形的片。

2. 炒锅放在旺火上烧热，放入熟猪油，烧至七成热时，下热鸡清汤；烧沸后，再放入鱼、肉和葱、姜，盖上锅盖，将汤熬成奶汁，加入盐和白胡椒，出锅倒入汤碗。

3. 上桌时，随带香菜一小碟佐食。

·菜品特点

汤汁浓白如奶，鲜如鸡汤，鱼肉细嫩，风味独特。

曹雪芹与"老蚌怀珠"

此菜是用元鱼做主料，配以鸽蛋、鸡球、冬瓜球等制作而成。其滋味肥厚，营养丰富，是老年人秋冬季珍贵的补品。元鱼是鳖的俗称，也叫甲鱼、团鱼、水鱼、脚鱼等。

用元鱼做菜的方法很多，多为宴席中的名贵菜，用元鱼做菜，首在鲜活，次为刮洗，凡元鱼已死或不净者均不可食。元鱼性寒味咸，可以养阴清热，平肝熄风，软坚散结。

据《废艺斋集稿》记载，传说曹雪芹在世时，曾为招待穷朋友作了一道"老蚌怀珠"。记载中主料为鱼，制作时剖开鱼腹，分为两半，犹如蚌壳两面。研制中改用元鱼，主要因为元鱼的营养价值高，是餐桌上的珍品。同时，也考虑到元鱼上下壳近似蚌壳的样子。鸽蛋色白，圆如珠，故称"老蚌怀珠"。

·美食原料

主料：元鱼1000克，鸡脯肉200克，鸡肉250克，鲜贝50克。

配料：鸽蛋10个，冬瓜250克，鸡蛋1个。

·制作方法

1. 将元鱼剁去头颈部，放尽血，去掉硬盖、尾和爪尖，除去内脏，用冷水洗净。在开水锅中浸烫，刮去黑膜备用。鸡肉剁成块，用水浸透，去净血沫备用。

2. 鸡脯肉去皮、筋，用刀背捶成鸡蓉，鲜贝也捶成贝蓉，加入冷鸡汤、蛋清、葱油、盐、鸡精，顺一个方向搅拌均匀。

3. 蛋煮熟去皮，冬瓜去皮、去瓤，用刀具制成冬瓜球，放入汤锅中浸透备用。

4. 用一紫沙锅放入元鱼、鸡块、鸡汤、葱、姜、绍兴黄酒、盐、鸡精入笼蒸约1.5小时后，从紫沙锅中取出，拣去鸡块、葱、姜。澄清原汤汁，再复原放回紫沙锅内，放入鸽蛋、冬瓜球、鸡丸继续蒸至元鱼酥烂，不失其形即可。

"香炸琵琶虾"——美酒配佳肴

"香炸琵琶虾"是淮北传统名菜，以虾馅先蒸定型，再裹酥糊沾上芝麻仁炸制，菜品形似琵琶，虾尾弯曲如琴轴，外层酥脆，虾馅鲜咸滑。以花椒盐、甜面酱相佐，味道更美。

唐代著名诗人王翰，有诗曰："葡萄美酒夜光杯，欲饮琵琶马上催。"萧县盛产葡萄酒，淮北名品琵琶虾，可谓美酒配佳肴。

·美食原料

主料：虾仁175克，对虾500克。

辅料：鸡胸脯肉75克，肥肉膘35克，冬笋50克，香菇5克，鸡蛋清75克，芝麻10克。

调料：黄酒10克，淀粉15克，小麦面粉10克，猪油50克，香油15克。

·制作方法

1. 香菇去蒂，洗净，切成丝；冬笋去皮，洗净，煮熟，切丝；虾（凤尾虾）洗净。

2. 虾仁、猪肥肉膘、鸡脯肉斩成蓉，加蛋清 25 克、湿淀粉 20 克、精盐、胡椒粉、黄酒搅拌上劲。

3. 笋丝、香菇丝放入肉蓉内搅匀制成虾馅。取汤匙 20 个，抹少许熟猪油，把虾拍一拍放入汤匙里，虾尾露出匙把外，装上虾馅抹平；入笼旺火蒸 5 分钟取出晾凉，脱出汤匙，放在盘中。

4. 蛋清、面粉、湿淀粉、香油调制成酥糊；将蒸好的琵琶虾蘸上糊，粘上芝麻仁。

5. 锅置旺火上放入熟猪油，烧到七成热时，放入琵琶虾，炸至外皮酥脆即成。

"八大菜系"中多姿多彩、风味各异的美味佳肴，体现了中国悠久的饮食文化和精湛的烹饪技艺。"八大菜系"是在漫长的历史过程中逐渐形成的。南北朝初期，鲁菜（包括京津等北方地区的风味菜）、苏菜（包括江、浙、皖地区的风味菜）、粤菜（包括闽、台、潮、琼地区的风味菜）、川菜（包括湘、鄂、黔、滇地区的风味菜），已成为当时最有影响的地方菜，后称"四大菜系"。随着社会的不断进步、饮食文化的不断发展，有些地方菜逐渐形成了自己的鲜明特色，从"四大菜系"中独立出来而自成一派。这样，浙、闽、湘、徽地方菜在清末加入，正式形成"八大菜系"。

"八大菜系"在发展革新的过程中又逐渐衍生出"七大地方菜系"，不断丰富着中国饮食文化。"七大地方菜系"包括京菜、上海菜、秦菜、晋菜、鄂菜、豫菜、东北菜，在"八大菜系"之外贡献了多种美味，受到大江南北食客的广泛欢迎。

第三节 地方菜系文化典故

一、海纳百川的京菜

（一）京菜史语

京菜即北京菜，是以北方菜为基础，兼收各地烹饪技术而形成的，菜品复杂多元，风味兼容八方，烹调手法更是丰富至极。

元明清时代，北京成为全国的政治中心，北京的饮食文化也开始繁荣起来。中国菜肴有四大风味和八大菜系之说，但其中并无北京菜，究其原因，主要在于北京菜品种复杂多元，兼容并蓄八方风味，名菜众多，难于归类。

1. 京菜的形成

自元代之后，全国各地的风味菜开始在北京汇集、融合、发展，形成独特的京菜。同时由于皇室贵族、商贾巨富、政府官员、文人雅士在社会交往、节令礼仪及日常餐饮的不同需要，形形色色的餐馆也开始应运而生。在明清两代，在北京经营饭店的主要是山东人，所以山东菜在市面上居于主导地位。经过多年的熏染，许多鲁菜也融合了北京人的口味，成为北京菜的一部分。

清代，皇宫、官府和一些大户人家都雇有厨师，这些厨师来自四面八方，把中国各地的饮食文化和烹饪技艺带到北京，由此形成了具有京味特点的宫廷菜。同时北京宫廷菜也吸收了明朝宫廷菜的许多优点，尤其是康熙、乾隆两个皇帝多次下江南，对南方膳食非常欣赏，因此清宫菜点中已经吸收全国各地许多风味菜和蒙、回、满等族的风味膳食。宫廷菜中有许多都属药膳还具有食疗作用，因此北京成为药膳的重要发展基地。

2. 特色北京菜

在北京菜中，最具有特色的要算是烤鸭。北京烤鸭是宫廷菜的一种，风味独特，名扬四海。烤鸭原属民间的食品，早在1500多年前，在《食珍录》一书中就有"炙鸭"之名；600多年前的一个御膳官写的《饮膳正要》中也有烧鸭子的描述，在南方苏皖一带，小饭馆也会在砖灶上用铁叉烤鸭，名叫叉烧鸭或烧鸭。明成祖迁都北京时，将金陵（今南京）烧鸭传入北京。

北京的涮羊肉也很有名，这原是游牧民族最喜爱的菜肴，还有人称之为"蒙古火锅"，辽代墓壁画中就有众人围火锅吃涮羊肉的画面。北京涮羊肉也属宫廷御膳的一种，但民间的火锅也比较广泛，只不过宫廷之中的涮羊肉更加考究一些。涮羊肉所用的配料丰富多样，味道鲜美，其制法几乎家喻户晓。

北京的回民较多，城中开设不少清真饭馆、小吃店。清真菜以牛羊肉为主，菜式很多，是北京菜的重要组成部分。如烤肉就是清真菜的一种，它原是游牧民族的"帐篷食品"，用铁炙子烧果枝烤，先放葱丝，上面放上肉片（牛羊肉），用长竹筷不断翻烤，待肉变色烤熟即可蘸调料吃，也有先用调料将肉片拌腌后再烤。

北京还有很多官府菜。过去北京的官府多，府中多讲求美食，并各有千秋，至今流传的潘鱼、宫保肉丁、李鸿章杂烩、左公鸡、北京白肉等都出自官府。颇有代表性的谭家菜就是出自清末翰林谭宗浚家，后由其家厨传入餐馆，称为谭家菜。

北京的许多特色小吃也是京菜的组成部分，这些小吃也是在借鉴其他地方小吃的基础之上，并结合自身的饮食文化创制而成的，很多都具有独特的风味。据统计，旧时北京的小吃多达200余种，且价格便宜，故与一般平民最接近。即使深居宫中的帝后，也不时以品尝各种小吃为快。

（二）京菜典故

"北京烤鸭"誉满天下

北京烤鸭是著名的北京菜，以北京特产填鸭烤制而成，曾是元、明、清历代宫廷御膳珍品，后传入民间，成为京菜之首，独步中国食坛，誉满中外。"京师美馔，莫过于鸭，而炙者成佳。"这就是前人给"北京烤鸭"的评价，外国朋友称它为"世界第一美味"。

"北京烤鸭"始于明朝。朱元璋建都南京后，明宫御厨便选用南京肥厚多肉的湖鸭制作菜肴。为了增加其风味，采用炭火烘烤，使鸭子入口酥香，肥而不腻。这种做法受到人们称赞，这道菜被取名为"烤鸭"。15世纪初，明朝迁都北京，烤鸭技术也带到北京，并得到进一步发展。明万历年间的太监刘若遇在其撰写的《明宫史·饮食好尚》中曾写道："本地则烧鹅、鸡、鸭。"说明那时烤鸭已成为北京的风味名菜。

·美食原料

主料：北京填鸭1只（约1 000克）。

辅料：面包1个，苹果1个，甜面酱100克，薄饼20张。

·制作方法

1. 选一只完整的北京填鸭，从割开的气管处打气，使其皮肉分离、全身鼓起。

北京烤鸭

2. 用沸水往鸭皮上淋，直到整只鸭的鸭皮收缩为止。把盐、料酒、酱油和在一起，料要足，均匀地刷在鸭子身上，多刷几遍，腌30分钟至1小时。

3. 蜂蜜加水调匀，不要稠，用来刷鸭皮。30分钟至1小时之后，再刷1遍蜂蜜水。

4. 风干鸭子，一般晾 10 小时左右。

5. 在烤鸭之前，先用面包浸水，塞到鸭肚内，补充水分保持鸭肉鲜嫩，再把一个苹果切两半，放入鸭子腹腔内。

6. 烤箱 200℃ 预热后，1 20℃ 烤 30 分钟，下面用个托盘接油。

7. 取出鸭子翻面，翻面后用 200℃ 烤 20 分钟，鸭皮呈暗红色即可取出。

久盛不衰"白煮肉"

白煮肉是老北京传统名菜，距今已有 300 多年的历史。明代时就有"冬不白煮，夏不熬"之说，清入关后从宫中传入民间，白煮肉成为老北京民间久盛不衰的名吃。

北京的"沙锅居"饭庄制作的白煮肉最为著名。传说，清乾隆年间，"沙锅居"刚刚开始营业，只有一间不大的门脸。掌柜的用一口直径 133 厘米的大沙锅烹调，每天以出售白煮肉为主。"沙锅居"的白煮肉十分受欢迎，门面也越开越大，而且由于生意兴隆，午前就能将所有的白煮肉全部售出告罄，午后便摘掉幌子停业，于是在民间逐渐流传开一句歇后语："沙锅居的幌子——过午不候"。

·美食原料

主料：五花肉 500 克。

调料：大葱白 1 段，老姜 2 片，大料（八角）2 只，韭菜花 5 克，蒜蓉 10 克，香葱末 5 克，香菜末 15 克，酱油 30 克，红腐乳汁 10 克，辣椒油 1 茶匙，香油 5 克，香葱或香菜适量。

·制作方法

1. 五花肉洗净，皮朝上放入锅中，放入大葱白段、老姜片、大料和能够没过肉的水。先加盖用大火烧沸，再转入小火煮 60 分钟，捞出沥干水分，充分晾凉。

2. 韭菜花、蒜蓉、香葱末、香菜碎、酱油、红腐乳汁、辣椒油和香油一起放入碗内，搅拌均匀备用。

3. 把凉透的五花肉切成薄片，整齐地码放在盘子中，再将拌好的调味汁淋在上面，点缀上香葱或香菜叶即可。

·菜品特点

肥而不腻，瘦而不柴，嫩而不烂，薄而不碎。

南宛北季"北京烤肉"

烤肉，据说是古老的北方游牧民族的传统食品，曾被称作"帐篷食品"。《明宫史·饮食好尚》中就有"凡遇雪，则暖室赏梅，吃炙羊肉"的记载。这里说的"炙羊肉"即烤羊肉。

最早的烤肉，是把牛肉或羊肉切成方块，用葱花、盐、豉汁稍浸一会再行烤制。明末清初时，蒙族人则是把大块的牛、羊肉略煮，再用牛粪烤熟。到了后来，经过不断改进和发展，烤肉技术日臻完美，达到引人入胜的境地。清道光二十五年，诗人杨静亭在《都门杂咏》中赞道："严冬烤肉味堪饕，大酒缸前围一遭。火炙最宜生嗜嫩，雪天争的醉烧刀。"

位于北京宣武门内大街的烤肉宛和什刹海北岸的烤肉季，是北京最负盛名的两家烤肉店，两店一南一北，素有"南宛北季"之称。

·美食原料

主料：羊肉（或牛肉）片 500 克。

辅料：大葱 150 克，香菜（洗净消毒）50 克。

调料：料酒 10 克，酱油 75 克，姜汁 40 克，味精 5 克，白糖 25 克，芝麻油 30 克。

·制作方法

1. 剔除肉筋、肉枣、骨底、筋膜等，再放入冷库或冰柜内冷冻，然后切片。由于烤肉的炙子温度较高，肉片不宜切得太薄，500 克肉切 50 片左右，再将肉片横切两刀成 3 段，即可烤食。

2. 将烤肉炙子烧热后，用生羊尾油擦一擦。然后将酱油、料酒、姜汁、白糖、味精、芝麻油等一起放在碗中调匀，把切好的肉片放入调料中稍浸一下。随即将切好的葱丝放在烤肉炙子上，再把浸好的肉片放在葱丝上，边烤边用特制的大竹筷子（长 50 厘米）翻动。葱丝烤软后，将肉和葱丝摊开，放上香菜（切成长 1～2 厘米的段）继续翻动，待肉呈粉白色（牛肉则呈紫色）时即可。

"红娘自配"救宫女

"红娘自配"是一道清宫名菜，意即姑娘年纪大了，就应择人匹配。相传慈禧太后有一个宫女叫梁红萍，平常一直随侍在慈禧身边，尽心尽力侍奉太后。慈禧被梁红萍侍候惯了，就不肯放梁红萍回家。梁红萍是宫中御厨梁会亭的侄女，梁会亭不仅烹饪技术高超，而且颇有心计。他不愿侄女在宫中虚度青春，就动了一番心思，根据《西厢记》中的故事情节，设计了"红娘自配"这道菜，献给慈禧，恳求慈禧高抬贵手，放入出宫。这道寓意深厚的菜果然打动了慈禧那冷酷的心肠，梁红萍才得以倦鸟还家，另寻爱巢。后来清宫中凡遇到有宫女入宫、出宫，均用此菜，并一代一代流传下来，直到传遍民间，成为一道传统名菜。

·美食原料

主料：大虾 8 只（约 300 克）。

辅料：猪里脊肉 150 克，鸡蛋清 100 克，干淀粉 80 克，面粉 15 克，鲜笋 25 克，海参 25 克，水发冬菇 25 克，熟火腿 25 克，咸面包 100 克，香菜叶少许。

调料：花生油 1000 克，绍酒 5 克，湿淀粉 5 克，精盐 5 克，味精 3 克，胡椒粉 0.2 克，白糖 5 克，番茄酱 10 克。

·制作方法

1. 大虾摘去头，剥去壳，留下尾梢，在虾背划一刀，抽出虾背肠线，用刀拍成大片，放入碗内，加精盐 2 克、味精 2 克、胡椒腌制备用。

2. 将猪肉剁成肉泥，加入精盐 1 克搅拌至起胶，然后加入淀粉 15 克，拌匀成肉泥，把肉泥夹在虾片中，然后裹上，包成半圆形的虾盒，拍上干面粉。

3. 把海参、鲜笋、冬菇分别切成丁，并用沸水滚过，火腿剁成末，面包切成丁。

4. 调蛋清糊，把鸡蛋清打散，加入余下的干淀粉和干面粉拌匀成蛋清糊。

5. 将炒锅置于炉火上，下油烧至 140℃时，取虾盒用手提尾，蘸上蛋清糊后放进油锅内，在未着油炸制的一面撒上一些火腿末，然后翻身，继续炸至熟透。捞起沥油，呈放射状地排放在盘子四周，再把面包丁下油锅炸至色泽金黄、浅脆时捞出，沥去油。放在盘子中间，撒上香菜叶。

6. 配料勾芡。炒锅留少许油，下笋丁、海参丁、冬菇丁和鲜汤 75 克，调入精盐 2 克、味精 1 克、白糖、番茄酱，烧开后用湿淀粉勾芡，加包尾油后出锅，盛入碗内，与虾盒一同上桌。上桌后立即把辅料连芡浇在面包丁上。

·菜品特点

造型美观，色泽金黄，酥香甘美，味鲜略带酸。

"脯雪黄鱼"消太后怒气

此菜为北京传统名菜。黄鱼产在舟山群岛以北地区，鱼群会发出田鸡叫的声音，有"海里田鸡叫，渔民开口笑"的谚语。黄鱼品质最佳期在 5 月，有 5 月黄鱼黄似金之说。

相传此菜是清朝皇帝乾隆所创。有一次乾隆南巡，天近傍晚见一片茂密竹林，听其间传出悦耳叮当声，片刻即逝，命人查看，说林中有一巨石，长得十分不同，别无他物。正说间，响声又起，转眼又止，乾隆决意亲自去看个究竟。入林见石高可逾丈，厚约数尺，色白如雪，形似龙蟠。皇帝一看，倍加喜爱，传旨马上运回宫中。

民夫历尽辛苦。整整搬运了三个季节，总算完成了差役。乾隆见神石运到，即命将它安于"清漪园"内。但因园门太狭，无法入内，乾隆就传旨将门拆掉。巨石安置妥当后，乾隆亲笔题了三个大字"青芝岫"。

后来，皇太后听说此事，十分生气，斥责乾隆劳民伤财，不务正业。为了消除母后的怨怒，在母亲寿辰之日，乾隆特为母后准备一桌别开生面的宴席，还召来江南名班，为太后唱戏。

在这次祝寿宴席上，有一道取名"脯雪黄鱼"的菜肴，由乾隆亲自设计并赐名，取"卧冰求鲤"之典，寓尽忠尽孝之义。皇太后知道后，心中的怨怒也就消除了。

·美食原料

主料：大黄鱼 600 克。

辅料：火腿 15 克，青椒 15 克，海参（水浸）50 克，银耳（干）10 克，冬笋 15 克，鸡蛋清 150 克，淀粉（蚕豆）20 克。

调料：香醋 25 克，盐 5 克，猪油（炼制）50 克，鸡油 25 克，小葱 5 克，姜 5 克，黄酒 15 克，大蒜（白皮）5 克，味精 5 克。

·制作方法

1. 黄鱼宰杀收拾干净，抹干水分，切下头尾，片下中段两侧肉，撕去鱼皮；鱼肉切 4 厘米长段，再切 1 厘米厚、3 厘米宽的片；然后入盘加盐、黄酒 5 克、胡椒粉、味精腌一会儿；鱼头除去脖肉，用刀根劈开脑骨，收在盘内，加盐、黄酒 5 克腌一会儿。

2. 把蛋清抽打成雪花状的泡沫，加入干淀粉和少许白面粉以及调味品，用筷子搅和均匀备用；再用一个鸡蛋黄，加适量干淀粉搅成糊状。

3. 将炒勺放在火上，加入猪油，待油烧至四成热时，用一把羹匙，将鱼片先裹上一层面粉后，放在羹匙上，一头摆一个小香菜叶，滑入油勺内炸，逐个慢炸捞出。

4. 另一把勺加猪油烧至六成热时，把鱼头挂上蛋黄粉糊下勺炸。

5. 将多余的蛋糊加少许番茄酱搅和成红糊。

6. 将鱼尾拖入红糊下油锅炸，炸好后，捞出放在鱼盘两头；再把炒好的鱼片码在头、尾中间，呈黄头、红尾、白身。

7. 炒勺上火，加少许猪油约 20 克，放入葱、姜、蒜丝，略煸炒一下，随即放入配料，加适量汤，加调味品，勾少许粉芡，将鸡油浇在鱼全身，即可上桌。

·菜品特点

此菜头黄如龙首，尾红如彩凤，身白如瑞雪，松软而鲜嫩，咸鲜适口。

谭家菜和"黄焖鱼翅"

鱼翅即鲨鱼的鳍，是一种名贵的海产品，早已被列为"八珍"之一，产于我国沿海一带。它分为背鳍、胸鳍、尾鳍三种，其中以背鳍最好。此菜是高档宴席中的一道大菜，是北京著名的宫府菜——"谭家菜"的代表菜之一。

"谭家菜"本是清末官僚谭宗浚的家菜。谭宗浚一生喜食珍馐美味，从他在翰林院中做官时起，便热衷于同僚相互宴请，以满足口腹之欲。其子谭瑑青讲究饮食，更胜其父。到了 20 世纪 30 年代末和 40 年代初，"谭家菜"在北京地区几乎是无人不晓，一度曾有"戏界无腔不学'谭'（指谭鑫培），食界无口不夸'谭'（指谭家菜）"的说法。

·美食原料

主料：水发鱼翅 1750 克。

辅料：鸭子 1 只（约 750 克），老母鸡 2 只（约 3000 克），干贝 245 克，熟火腿 250 克。

调料：白糖 15 克，绍酒 25 克，葱段 250 克，精盐 15 克，姜块 50 克。

·制作方法

1. 将鱼翅整齐地码放在竹箅子上。

2. 将干贝用温水泡开后，用小刀去掉边上的硬筋，洗去表面泥沙，放入碗中，加适量的水，上笼蒸透，取出备用。

3. 将火腿肉 5 克切成细末，备用；另将火腿肉 45 克切成薄片，备用。

4. 将两只母鸡、一只鸭子宰后燖尽毛，由背部劈开，掏出内脏，用水洗净血污，备用。

5. 将水发鱼翅连同竹箅子放入锅内，将洗净的鸡鸭放在另备的竹箅子上，然后压在鱼翅上面，将葱段姜片也放在锅内，注入清水，用大火烧开后，滗掉水，去掉葱段姜片，以去掉血腥味。

6. 锅内注入 4000 克清水，放入 45 克火腿肉片和蒸过的干贝，用大火煮 15 分钟，撇尽沫子，再用小火焖 6 个小时左右。下火，先将鸡、鸭、火腿、干贝挑出，拣净鸡、鸭碎渣，取出鱼翅（连同竹箅子）。

7. 将焖鱼翅的浓汁放入煸锅内，烧热，再把鱼翅（连同竹箅子）放入煸锅，煮 1 小时左右。然后加入清汤及干贝汤，用火煮开，放入鸡油、糖、盐，炖煮 2~3 分钟，使其入味后，取出放在平盘里，将鱼翅翻扣在另一盘里内；将锅内的鱼翅浓汤放入少量水淀粉，收成浓汁。将浓汁浇在鱼翅上面，撒上火腿末即成。

·菜品特点

翅肉软烂，杏黄透亮，柔软糯滑，味极醇鲜，整翅多汁。

元世祖与"涮羊肉"

"涮羊肉"又叫"羊肉涮锅"，是北方地区的冬季时令美食，最早出现在南北朝时期的我国东北和蒙古族活动地区。

据传，元世祖忽必烈在一次南侵时连续打了七天败仗，后来退却到一座山谷中。因无粮无米，军士饥饿，忽必烈便命大将军哈密史带人到山上去捕捉飞禽走兽，但找了三天一无所获。哈密史情急之下，命人火速回草原捉了几头羊回来。忽必烈看到羊很高兴，急令随军厨师赶快弄熟了吃。饿极了的忽必烈连催几次，羊肉还没端上来，于是他便大步走到厨房。性情急躁、饥肠辘辘的忽必烈从厨师手里拿过刀，快速切下一二十块羊肉片，亲自往铁锅沸水中一丢，顺便用勺子捞出来，顿觉羊肉的香味直扑脸面，吃了几片，倍感味美可口。

后来，当上了皇帝的忽必烈突然想起军中旧事，他下令宫廷御厨如法炮制当时的美味羊馔。于是，厨师们将羊肉精心切成特薄的片，在开水中烫熟后，伴上鲜美的作料，献给皇帝。忽必烈吃完，觉得味道鲜美，便问厨师这道菜的名称。厨师想了想，答道："这叫做'涮羊肉'。"此后这道美味又从宫廷传到了民间，"涮羊肉"成为我国美食苑中的一个重要品类，受到人们的普遍喜爱。

·美食原料

主料：羊腿肉或五花肉 750 克。

辅料：粉丝、白菜或菠菜各 250 克。

调料：芝麻酱 100 克，绍酒、酱油、醋、葱花、辣椒油、香菜末、卤虾油、腌韭菜花各 50 克，腐乳 1 块压成汁。

·制作方法

1. 先把羊肉清洗干净，剔骨去皮，除去板筋，切成长 10 厘米、宽 1. 5 厘米的薄片，每盘装 150 克备用。

2. 将芝麻酱、绍酒、醋、辣椒油、葱花、酱油、卤虾油、香菜末、腌韭菜花、腐乳汁等调料分别盛在小碟子里。

3. 火锅用炭生着，烧开汤水，先把少量羊肉片放进汤里煮烫两三分钟，等肉片呈灰白色时，用筷子夹出，蘸着配好的调料吃，边烫边吃。羊肉吃完后，放进粉丝和白菜烫煮，然后连菜带汤一块吃。汤既鲜又烫，粉丝和白菜能和胃解腻。

·菜品特点

肉质鲜嫩，不膻不腻，系京菜传统风味。

不违祖训的"炒黄瓜酱"

用生菜生酱佐饭，是我国东北地区满族同胞的民间习俗。生菜生酱是他们四季不可或缺之物。在努尔哈赤时代，大力倡导"以酱代菜"来强化军队给养。清兵入关后，食酱习俗广泛流传，影响了平民百姓的生活习俗，使生酱生菜被更多的人所接受。

慈禧太后把持朝政数十年。御膳房的大厨们担心老佛爷生食酱菜会坏了身体，便想出既不违背清太祖以来的祖训定规，又能让太后乐于接受的两全其美办法，那就是别具风味的系列"炒酱"菜肴。诸如"炒黄瓜酱"、"炒榛子酱"、"炒豌豆酱"、"炒胡萝卜酱"等，慈禧太后每天一小碟，变换着口味享用，久吃不厌。

现今的"炒黄瓜酱"系京菜名品之一。选用上好的精瘦猪肉和嫩黄瓜，以黄面酱烹制，清香脆嫩，春暖花开时节，黄瓜初上市时食用最佳。

·美食原料

主料：猪瘦肉300克，黄瓜200克。

调料：酱油、绍酒、麻油、熟猪油、盐、葱、姜、清汤各少许，黄酱10克，湿玉米粉10克。

·制作方法

1. 先把黄瓜洗干净，选用尾部子少的段切成6~7毫米见方的丁，用盐拌匀，把黄瓜水分腌出，再把瘦猪肉切成6毫米见方的丁。

2. 把炒锅放大火上，烧热后放进熟猪油，随之放进切好的瘦肉丁煸炒。等炒出肉丁里的水分，锅里响声加大时，便改用小火。待响声渐小时，肉内水分已尽，再改用旺火，炒至肉色由深变浅时，即放进葱、姜、玉米粉、黄酱。待酱炒到肉中透出酱香味时，加入绍酒、味精、酱油稍炒，放进黄瓜，颠翻几下，浇上麻油即可起锅食用。

·菜品特点

此菜呈深棕色，肉嫩酱香，黄瓜清脆，是下饭的佳肴。

二、融会贯通的沪菜

（一）沪菜史语

沪菜（上海菜），是从农家便饭便菜发展而来的，比较朴素实惠，以红烧、生煸见长，口味较重，善浓油赤酱，颇有家常风味。

作为我国最大的工业城市，也是世界上最大的国际贸易港口之一，近百年来，由于工业发达，商业繁荣，上海一直以"世界名都"著称于世。它位于我国长江三角洲，是一个沿江濒海的城市，气候温暖，四季分明，邻近江湖密布，全年盛产鱼虾，市郊菜田连片，四时蔬菜常青，物产丰富。上海是重要的交通枢纽，采购各地特产方便，这又为上海菜的发展提供了良好的原料、调料。

自1843年上海开埠以来，随着工商业的发展，四方商贾云集，饭店酒楼应运而生。到20世纪三四十年代，各种地方菜馆林立，有京、广、苏、扬、锡、豫、杭、闽、川、徽、潮、湘以及上海本地菜等十六个帮别，同时还有素菜、清真菜，各式西菜、西点。这些菜在上海各显神通，激烈竞争，又相互取长补短，融会贯通，为博采众长、发展有独特风味的沪菜创造了有利条件。

沪菜原以红烧、生煸见长，后来吸取了无锡、苏州、宁波等地方菜的特点，参照上述十六个帮别的烹调技术，兼及西菜、西点之法，使花色品种有了很大的发展。其菜肴风味的基本特点为汤卤醇厚，浓油赤酱，糖重色艳，咸淡适口。选料注重活、生、寸、鲜；调味擅长咸、甜、糟、酸。名菜如"红烧鮰鱼"，巧用火候，突出原味，色泽红亮，卤汁浓厚，肉质肥嫩，负有盛誉。"糟钵头"则是上海本地菜善于在烹调中加"糟"的代表，把陈年香糟加工复制成糟卤，在烧制时加入，使菜肴糟香扑鼻，鲜味浓郁。"生煸草头"，摘梗留叶，重油烹制，柔软鲜嫩，蔚成一格。而各地方风味的菜肴也逐步适应上海的特点，发生了不同的变革，如川菜从重辣转向轻辣，锡菜从重甜改为轻甜。经过长期的实践，在取长补短的基础上，沪菜改革了烹调方法，品种更加多样，别具一格，形成了沪菜的独特风味。

（二）沪菜典故

"贵妃醉酒"催生"贵妃鸡"

贵妃鸡是上海梅龙镇酒家的著名风味菜，源于20世纪20年代末上海陶乐春川菜馆，由名厨颜承麟等根据京剧《贵妃醉酒》而创制。

"贵妃鸡"中的"贵妃"是指唐代贵妃杨玉环。一日，玄宗约杨贵妃到百花亭赏花饮酒。届时玄宗却去了西宫梅贵妃处。杨贵妃在百花亭久候玄宗不至，闷闷不乐，独自饮酒，不觉沉醉。后遂有"贵妃醉酒"之说。

厨师根据这一美丽动人的传说，联想到杨贵妃容貌美丽，再加上酒醉后，面带红晕，倍增几分美色；跳舞时，臂膀扭动，手腕翻飞，动作协调柔和。因此，颜承麟特选用鸡身最为活络的部位——鸡翅加上红葡萄酒等10余种原料，精心创制出此菜。此馔初创时名叫"烩飞鸡"，因深受美食家及文人墨客的喜爱，后遂提议更名为"贵妃鸡"，以喻"贵妃醉酒"之意。

·美食原料

主料：上半节鸡翅膀150克。

辅料：冬笋片、冬菇片60克，冰糖30克。

调料：水淀粉5克，葡萄酒6毫升，酱油、黄酒、葱花、白糖、姜、味精、精盐适量，鸡汤200毫升。

·制作方法

1. 先将鸡翅用滚水漂去腥味，用猪油将冰糖炒至金黄色后，再将鸡翅放入同炒30秒，加黄酒、味精、葱、姜、酱油、盐及鸡汤，用文火焖15分钟左右。

2. 取出葱姜，放入葡萄酒、糖及冬菇、冬笋片，再烧30秒钟，放水淀粉勾芡即可。

贵妃鸡

·菜品特点

此菜制成后装入盖碗内上席，揭开盖后，满室香气，酒香扑鼻，鸡翅肥嫩。

丁氏兄弟与"枫泾丁蹄"

相传清代咸丰年间，有两个姓丁的兄弟在枫泾镇的张家桥开了一家名叫"丁义兴"的酒店，经营酒菜以及各类熟食。为了进一步打开局面，扩大经营，丁氏兄弟就把眼光聚焦在了枫泾猪蹄上。枫泾猪是著名的太湖良种，它体形小而丰满，细皮白嫩，肥瘦适中，一煮就熟。丁氏兄弟就取其后蹄，烹制时又用嘉善姚福顺三套特晒酱油、绍兴老窖花雕、苏州桂园斋冰糖，以及适量的丁香、桂皮和生姜等原料，经过柴火三文三旺之后，以文火焖煮而成。熟后外形完整，色泽暗红光亮，热吃酥而不烂，冷食喷香可口，汁水浓而不腻，十分诱人。丁氏兄弟经过多次试验后，将它作为酒店的招牌佳肴。由于经过精心烹调，猪蹄肥瘦适中，肉嫩味鲜，深受人们欢迎，人们便称其为"丁蹄"。

·美食原料

主料：猪后蹄2000克。

调料：优质酱油50克，绍酒50克，冰糖60克，桂皮、丁香、味精、葱、姜适量。

·制作方法

1. 猪蹄用温开水刮干净，抽掉管骨，放入开水锅中略焯去除污血，修削外形，然后放入汤锅。

2. 锅中加清水，放丁香、桂皮、绍酒、葱、姜，焖烧至半熟，加优质酱油、冰糖。

3. 旺火烧开后，文火焖煮（俗称"三文三旺"，以文为主），使猪蹄外酥内软烂，卤汁渗入猪蹄内。

4. 出锅前用旺火烧煮，并放味精使卤味稠浓，紧包猪蹄而入味。食用时，切片上桌。

·菜品特点

色泽红亮，外形完整，肉质细嫩，酥烂浓香，鲜美可口。

城隍庙老板店的"八宝鸭"

八宝鸭是上海名菜，以上海城隍庙老板店烹制最佳. 这家店创设于光绪二年，以善制上海菜著称。

"八宝鸭"早在清代就有，在1887年重修出版的《沪游杂记·酒馆》中记载，"八宝鸭"一菜，当时是上海苏帮菜馆的名菜，它取用肉鸭拆出骨架，盛入馅心蒸制。该店原来只经营便菜便饭，没有八宝鸭、八宝鸡之类的名菜供应。据说在20世纪30年代，有一位老顾客建议该店经营此类菜肴。当时店里的厨师不知此菜的制法，便到位于市中心的大鸿运饭店买了一只八宝鸡回来仿制，用光鸡配以栗子、笋丁、腕肝、火腿等辅料，上笼蒸熟。做成后香味四溢，鸡肉细嫩味鲜，很受顾客喜爱，不久便闻名全市。后来他们将八宝鸡改为八宝鸭，因鸭子胸腔比鸡大，皮肉薄，容易蒸酥。从那时起直到今天，八宝鸭比八宝鸡更为著名。

上海城隍庙老板店八宝鸭的独特之处，在于采用干贝、火腿、腕肝、鸡丁、冬菇、冬笋、栗子、糯米、虾仁、青豆等优质配料，还一改八宝鸭拆骨的传统操作法，从背骨开鸭背，填入配料，扣在大碗内，封好玻璃纸，再上笼蒸制。这样制作的成品，不但鲜香味特别浓郁，而且形态丰满，菜形美观，再浇上用蒸鸭原卤调制的虾仁和青豆，使成品更加丰富多彩，风格别具。

·美食原料

主料：嫩鸭一只（约1 750克）。

辅料：糯米120克，豌豆30克，火腿75克，虾仁75克，冬笋40克，栗子（鲜）50克，干贝50克，鸡肫50克，水发香菇30克，鸡肉50克。

调料：酱油50克，小葱10克，姜10克，味精5克，白砂糖10克，料酒10克。

·制作方法

1. 将嫩鸭劈开背脊，抽去气管、食管，挖去内脏，剪去鸭脚；然后放进开水锅中焯水后捞出，洗净，揩去水分；再抹上酱油、黄酒、白糖等调料，鸭腹朝上扣入大碗中。

2. 火腿、冬笋、干贝、水发香菇均切成丁；栗子去壳，取肉切丁；鸡肫、鸡肉分别洗净，均切丁。

3. 糯米淘洗干净，加水蒸熟。

4. 炒锅烧热放入猪油，将葱姜下锅略煸一下，烹入料酒，投入香菇丁、笋丁、火腿丁、栗子肉丁、干贝丁、鸡丁，加入酱油、白糖，烧上味；再放入糯米饭拌和，填入鸭腹内。

5. 碗上面用玻璃纸封好，上笼将鸭蒸酥后取下，揭去玻璃纸，将鸭覆在大圆盘中。

6. 将原卤滗入锅中，投入虾仁、豌豆，烧开后用水淀粉勾芡，淋上明油，烧在鸭上即成。

·菜品特点

汤汁肥浓，鸭肉酥烂，香气四溢，滋味鲜美。

江南第一名菜"四鳃鲈鱼汤"

松江四鳃鲈是天下闻名的席上珍馐，四鳃鲈鱼汤则是上海松江地区最著名的特色菜肴。清乾隆皇帝曾誉为"江南第一名菜"。宋代孔平仲的《孔氏谈苑》记载："淞江鲈鱼，长桥南出者四鳃，天生脍（细切鱼）材也。"其实，四鳃鲈鱼实无四鳃，由于它的两个鳃孔前各有一个形似鳃的小孔而得名。

民间流传着有关四鳃鲈鱼的许多传说，左慈的故事是其中最有名的。"东汉左慈尝与曹操宴，曹顾众宾，欲得松江鲈鱼，慈以铜盘贮水钓得之。"历代诗人也纷纷称赞鲈鱼风味之美，宋代杨诚斋曾有诗曰："鲈出鲈乡芦叶前，垂虹亭下不论钱。买来玉尺如何短，铸出银梭直是圆。白质黑章三四点，细鳞巨口一双鲜。春风已有真风味，想得秋风更迥然。"此诗详细描绘了鲈鱼的美味。

·美食原料

主料：鲈鱼 750 克。

辅料：冬笋 75 克，火腿 15 克。

调料：味精 2 克，小葱 7 克，胡椒粉 3 克，猪油（炼制）40 克，盐 5 克，黄酒 10 克。

·制作方法

1. 将鲈鱼去鳃、鳞、内脏，洗净；将笋、火腿、姜均切片，葱切段。

2. 将锅放火上，下猪油，投入葱段、姜片，用大火爆成金黄色，将鲈鱼的腹部朝上，下锅略煎后，翻个身，烹入酒，加盖焖片刻；再加入适量清水烧到汤呈乳白色，再加盖，用小火继续焖约 4~5 分钟；然后投入笋片、盐、味精和胡椒粉，再起大火烧一下，轻轻倒入汤碗中，上面放熟火腿片即成。

·菜品特点

成菜肉质细嫩，汤清见底，味极鲜美。

"生煸草头"吴王蜀主齐称赞

"生煸草头"是上海的一道名菜。

相传，刘备来到东吴招亲，吴王孙权设宴款待，酒席上说不尽的山珍海味，只吃得吴王腻油气烦，口渴肚热。孙权吩咐即刻炒盘清淡爽口的新鲜蔬菜来改改口味。厨师领命回到厨房，只见案板上各色鱼肉都有，独缺新鲜蔬菜，一时半刻又来不及去办。厨师转到屋后田间，只见一片片都是草子田，碧绿生青，十分诱人。他弯腰掐了一把放到嘴里尝尝，一股青气逼人，却无苦涩异味，便顺手捋了一大把草子嫩头，洗洗干净，下锅重油大火爆炒了几下，装盆端呈上去。孙权尝了一口，点头叫好；刘备也尝了一筷，口称好吃，居然把一盆草头吃光。

两位风云帝王夸赞草头的消息，很快传遍东吴大地，江南人从此都知道草子头好吃，成了一道美味菜肴。

·美食原料

主料：鲜嫩草头 600 克。

调料：生油 120 克，酱油 6 克，白糖 10 克，高粱酒 16 克，味精 6 克，精盐 5 克。

·制作方法

1. 草头拣去杂草、败叶，取用嫩叶和嫩头的一段，以水洗净沥干。

2. 炒锅烧热滑油后，放入生油用大火烧，见油烧至冒烟时，将草头放入，用旺火急煸。煸炒时要用铁勺快速搅拌，将锅不断颠翻，使草头在锅内均匀受热，然后加白糖、味精、酱油和高粱酒（烹制时间要快，一盆菜，从下锅到装盆，一般不超过 1 分钟），炒至草头柔软碧绿，即可出锅。

·菜品特点

碧绿清爽，鲜嫩相宜，咸中带甜，酒香馥郁。

到上海必吃"糟钵头"

糟钵头是以猪下水为主的菜，始于清代嘉庆年间，由上海本地著名厨师徐三首创。清代《淞南乐府》载："淞南好，风味旧曾谙。羊胛开尊朝戴九，豚蹄登席夜徐三，食品最江南。羊肆向惟白煮，戴九（人名）创为小炒，近更为糟者为佳。徐三善煮梅霜猪脚。迩年肆中以钵贮糟，入以猪耳、脑、舌及肝、肺、肠、胃等，曰'糟钵头'，邑人咸称美味。"到清代光绪年间，上海老板店和德兴馆等本帮菜馆烹制的"糟钵头"已盛名沪上。近百年来，此菜几经改革，从20世纪40年代起，因原来制法已不能适应顾客需要，就将原来用生猪内脏加香糟逐只蒸制，改为用熟猪内脏加火腿、笋片，放入沙锅，加鲜汤、香糟卤炖制而成。这种制法简易，迅速方便，又不失原来特色。

·美食原料

主料：猪肺半只，猪肝75克，猪大肠125克，猪肚、猪心、猪脚各100克，火腿、冬菇、冬笋、油豆腐各20克。

调料：香糟、葱、姜片、黄酒、盐各适量，清汤1400毫升。

·制作方法

1. 将猪肺、猪肝、猪大肠、猪肚、猪心、冬菇、冬笋都洗净，分别切成小块；火腿切成厚片；猪脚斩成小块。

2. 将以上用料（除猪肝外）放入沙锅，加葱、姜、酒（20克）和清汤（1250毫升），用温火烧至七成熟（约3小时）后，加入油豆腐，继续烧至全熟；然后放入猪肝，并将香糟加酒和清汤淘和过滤后倒入一滚，除去葱、姜即可。

·菜品特点

汤汁浓白，食物多样，糟香四溢，味鲜可口，适宜于春冬二季。

德兴馆的"虾子大乌参"

此菜是上海德兴馆最有名的特色菜之一。说起这道名菜，还有一段小故事，与饭店毗邻的洋行街有关。

在20世纪20年代，洋行街已经是上海最热闹的商业中心之一，有一家海味行的老板与近邻德兴馆的老板商量，愿意无偿向饭店提供海参，请厨师试制菜肴，以作宣传。

德兴馆的厨师先将乌参用火烤焦，铲去硬壳，再用水发浸泡至软，沥干后用热油稍炸，然后加上笋片、白糖、味精、鲜浓汤、油卤进行烹制。烹成的这道"红烧大乌参"，乌参油光发亮、酥烂香鲜，食者无不拍案称绝。一时间，这道佳肴风靡了上海滩，其他饭店也纷纷仿制，海味行的海参自然成了抢手货。后来，厨师又加上干河虾子作配料，与红烧肉的卤汁共同焖烧，味道更加鲜美，菜名也改为了"虾子大乌参"。

·美食原料

主料：水发大乌参1只，虾子30克。

调料：葱段10克，料酒15克，酱油20克，红烧肉卤汁50克，白糖10克，高汤300毫升，猪大油800克，湿淀粉15克。

·制作方法

1. 大乌参洗净，放入冷水锅中加盖煮开，离火浸泡约12小时至乌参肉酥软。

2. 锅内放猪油烧至八成热，下入乌参炸至表面脆硬，倒入漏勺。

3. 锅内放猪油30克，下入乌参，加入料酒、酱油、白糖、红烧肉卤汁、高汤，将虾子撒在乌参上，大火烧开后，加盖焖至乌参熟透，汤汁浓稠时，捞出乌参，放入盘内。

4. 将葱段下入锅内卤汤中，再用湿淀粉勾芡，淋入猪油10克搅匀，出锅浇在大乌参上即成。

·菜品特点

形态完整，鲜味浓郁，软糯香醇。

老正兴菜馆的"青鱼秃肺"

青鱼秃肺，又名"炒秃肺"，始于清末民初，是上海老正兴菜馆所独创的冬令名菜。

在清朝末期，老正兴菜馆和上海本帮菜馆所经营的青鱼菜肴很受顾客欢迎。上海杨庆和银楼老板的儿子杨宝宝，常在老正兴菜馆就餐，他特别喜爱该店的青鱼菜肴。有一次他对厨师说"青鱼肉鲜美，如用青鱼鱼肝做菜一定更美"，并建议饭店将鱼肝制成菜肴。不久该店厨师便用4公斤重青鱼的鱼肝，经反复洗净后，加上笋片、葱姜和其他调味料制成了菜肴，因鱼肝人们常称它为鱼肺，又纯用鱼肺烹制菜肴，故称为"青鱼秃肺"。由于鱼肝含有大量纯鱼肝油，经热油稍煎，加调味烹制后，鱼肝嫩而细腻，入口不腻，加上青鱼肝油，具有补神明目、强健身体之功效，所以很快就闻名沪上。

·美食原料

主料：青鱼肝250克。

辅料：熟笋片25克，青蒜丝1克。

调料：绍酒15克，酱油20克，白糖10克，姜末、味精、米醋、葱段、芝麻油各少许，肉清汤100毫升，湿淀粉10克，熟猪油25克。

·制作方法

1. 取青鱼的鱼肝两叶，撕去肝旁的两条黑线，洗净，沥去水分。一切两半，大的可切三四块，勿切得过小。

2. 炒锅置旺火上烧热，用油滑锅后倒出，再下熟猪油，烧到七成热时，下入葱段爆出香味下鱼肝。将锅晃转两次，把鱼肝摊在锅底煎两秒钟，再颠翻一下，烹入绍酒，加盖焖3～4秒钟，加入姜块、酱油、白糖、米醋、肉清汤、笋片。烧开后，端到小火上烧3分钟左右。见鱼肝已熟，如汤内油质过多可用铁勺滗出，再加入味精，用湿淀粉勾芡，淋入芝麻油，出锅装盘，撒上青蒜丝即成。

时令名菜"竹笋腌鲜汤"

"竹笋腌鲜汤"是上海本帮的时令名菜。每到春天竹笋上市时，沪上人家都喜欢烹制这道佳肴。

竹笋古代叫做"苞"。早在夏代，人们就以笋代食，以笋入贡了，而且代代相传。历代文人也留下了不少赞美竹笋的诗文。"故人知我意，千里寄竹萌。骈头玉婴儿，一一脱绵绷。庖人应未识，旅人眼先明。"这是苏东坡的一首竹笋诗，说的是竹笋如同刚脱褓褓的婴儿，洁白如玉。北方厨师还不识此为何物，羁旅他乡的我，见笋后眼先发亮了。宋代另一高僧赞宁还写了一本食笋的专著《笋谱》。

传说清康熙皇帝特别喜食江南春笋，曹寅与其妻兄李煦为此在江宁、苏州织造和两淮盐政任内，每年都向京城进贡"燕来笋"（即燕子来时出土的笋）。

·美食原料

主料：咸腿肉200克，新鲜肋条肉200克，竹笋净肉150克。

调料：黄酒10克，精盐少许，味精2克，猪油8克。

·制作方法

1. 将咸腿肉、鲜肋条肉同时洗净，刮净皮上污物，皮朝上放入锅中，加水淹没。先用旺火烧滚，再用小火烧半小时。烧至四成熟时，将咸腿肉翻过来，继续用小火，烧至肉皮发软，用竹筷插得进时取出，乘热拆去骨头，去油膘和皮备用。鲜肋条肉烧至八成熟时捞出备用。

2. 将咸、鲜肉各切成四块方块，竹笋切滚刀块，放入原汤锅里，先用旺火烧滚，再用中火烧六七分钟，见汤汁较浓，下味精、盐烧滚，即可出锅。

·菜品特点

汤汁白浓，肉质酥肥，咸肉香，鲜肉鲜，回味无穷。

寓意团结的"扣三丝"

扣三丝是上海流传久远的地方传统名菜。逢时过节，上海人家往往用此菜待客，三丝紧扣寓意团结。

所谓三丝，就是金华火腿丝，笋丝和熟的鸡脯丝。成品色泽艳丽，红白相间，故也被称作"金银扣三丝",又因成菜形状似山,而被喻为金银堆积如山的吉利象征。旧时沪郊农村富裕人家的婚庆宴席上把扣三丝作为主菜,一是标榜筵席的档次,二是讨个吉祥富贵的好彩头。

扣三丝历来是制作精致的品种,制作者不但要有精湛的刀功技术,还需要具备熟练的调和技巧,操作十分繁复,选料也特别讲究,所以现在供应上海菜的饭店里,能把"扣三丝"作为常规品种的并不多见。

·美食原料

主料:熟猪臀肉 75 克,熟火腿 10 克,熟鸡脯肉 50 克,熟竹笋肉 50 克,大香菇 1 只。

调料:鲜汤、熟猪油、精盐、味精各适量。

·制作方法

1. 将猪肉、火腿、笋、鸡脯肉分别切成 6 厘米长的细丝,香菇去蒂洗净,放在小碗底部中间内面向下。

2. 把火腿丝分成三份,整齐竖放在碗里,并将碗间隔成三等分,每等分中放入一份鸡丝,两份笋丝,最后将猪肉丝放到碗中心,用力揿实,撒上精盐,浇些鲜汤,上笼蒸 15 分钟左右后扣入汤碗中。

3. 将鲜汤烧沸,撇去浮沫,调味,淋入熟猪油,轻轻倒入汤碗中即可。

·菜品特点

整齐美观,汤汁澄清,口味鲜香。

三、味浓纯正的鄂菜

（一）鄂菜史语

鄂菜是湖北菜的简称,古称楚菜、荆菜,起源于江汉平原,从屈原在《楚辞》的"招魂"、"大招"两篇中记载楚宫佳宴中的 20 多个楚地名食——此为国内有文字记载最早的宫廷筵席菜单,以及随州曾侯乙墓中出土的 100 多件春秋战国时期的饮食器具可知,鄂菜起源于春秋战国时期（时称"楚菜"）,经汉魏唐宋的渐进发展,成熟于明清时期,1983 年跻身中国十大菜系之列。无疑,鄂菜是我国历史最为悠久的菜系之一。

鄂菜由荆南、襄阳、鄂州和汉沔等地方菜发展而成,武汉菜为其代表。湖北位于我国长江中游,洞庭湖以北,气候温和,物产富饶,境内河网交织,湖泊密布,是著名的鱼米之乡，这为湖北菜的发展提供了有利的物质条件。

如果说"味在四川"的话，那么，"鲜在湖北"似不为过。鄂菜制作的特点是：工艺精致，汁浓芡亮，口味鲜醇，以质取胜。方法以蒸、煨、炸、烧、炒为主，讲究鲜、嫩、柔、滑、爽，注重本色，经济实惠。鄂菜以"三无不成席"即无汤不成席、无鱼不成席、无丸不成席为特色。

鄂菜现有菜点品种三千多种，其中传统名菜不下五百种，典型名菜不下一百种，包括清蒸武昌鱼、鸡茸笔架鱼肚、钟祥蟠龙、瓦罐煨鸡汤、沔阳三蒸、散烩八宝、龙凤配及三鲜豆皮、东坡饼，面窝等。

（二）鄂菜典故

又食"清蒸武昌鱼"

说起武昌鱼，最先想到的一定是毛主席的诗句"才饮长沙水，又食武昌鱼"，因为有主席的这句诗才使"清蒸武昌鱼"这道菜扬名中外，成为湖北菜的象征。

武昌鱼，学名团头鲂，俗称鳊鱼。这种鱼在古代就很有名，《诗经》记载："岂其食鱼，必河之鲂。"《湖北通志》记载："鳊鱼……产樊口者甲天下。"樊口在今湖北鄂城县境内。古时武昌并非今天的武昌，而是现在的鄂城县，团头鲂被称为武昌鱼始于古时。烹食武昌鱼在三国时已经很盛

清蒸武昌鱼

行。据《吴志·陆凯传》记载，三国鼎立时期，吴国最后一代皇帝孙皓要从建业（今南京）迁都武昌，陆凯上书谏阻就引用了当地民谣"宁饮建业水，不食武昌鱼"。毛主席的诗句大概就借鉴了这一史实。

·美食原料

主料：武昌鱼1条（约重800克）。

调料：鸡油10克，山茶油75克，鸡汤150毫升，味精、绍酒、生抽、精盐、胡椒粉、小葱花、葱丝、姜丝、红椒丝各适量。

·制作方法

1. 将鱼去鳃、鳞，剖腹去内脏，洗净，在鱼身两面切花刀，撒上精盐，抹上绍酒盛入盘中，并把葱丝、姜丝、红椒丝撒在鱼的上面。

2. 把锅置旺火上，加入清水烧开，将整条鱼连盘上笼蒸10~15分钟，蒸至鱼眼突出，肉变松软。

3. 将炒锅置旺火上，倒入油，烧热，加入蒸鱼的原汁，下鸡汤烧沸，加入味精、鸡油、生抽后起锅，浇在鱼上面，撒上胡椒粉、小葱花就可以了。

·菜品特点

色彩亮丽、嫩如豆腐、香如蟹肉，清淡爽只，鱼肉肥美细腻，汤汁鲜浓清香，保持原汁原味，是不可多得的美味。

"红菜薹炒腊肉"好吃又治病

传说在很早以前，有一孤身妇人在一个破庙遇见一个名叫苔子的孤儿躺在地上哭。妇人便将他带在身边一起要饭。二人走了一会儿，来到一间破草房的门前，看见屋内有位老奶奶上气不接下气地咳个不停，便进屋去问那老奶奶有什么不舒服，老人说："我快不行了，门后边有块腊肉，你们拿去吃了吧！"那妇人不忍心将老奶奶的腊肉白白拿走。她爬到洪山上采摘野菜，发现有一种野菜长着长长的嫩苔，紫红的颜色，开着黄花。于是她将这种野菜摘回，与腊肉同炒，谁知吃起来味道好极了。而那位老奶奶吃了这道菜后精神也好多了。从此以后，妇人每天都到山上去采这种野菜，除了供她们三人同食充饥外，还拿到街上去卖。后来，她们用那孤儿的名字给这道菜取了个名字——红菜薹子，渐渐地这道菜就传开了。

·美食原料

主料：红菜薹 500 克。

辅料：腊肉 100 克。

调料：植物油 50 克，精盐 3 克，味精 2 克，姜 25 克，干椒 5 克。

·制作方法

1. 将腊肉煮熟后，切成 5 厘米长的细丝，另外姜、干椒均切丝。

2. 红菜薹主要吃菜心抽出来的苔，苔用手折，长约寸许，洗净沥干备用。

3. 锅置旺火上，放入植物油，将腊肉丝煸炒出油，下姜丝、干椒丝略炒，再放入红菜薹、精盐、味精迅速翻炒至熟，出锅装盘即可。

·菜品特点

腊肉鲜香味浓，菜薹脆嫩爽口。

唐朝宰相首创"千张肉"

相传唐穆宗年间，宰相段文昌回老家省亲。当他宴请亲朋好友时，厨师做了许多菜，其中有一道形如发梳，被称之为"梳子肉"，因为菜块大肉肥，使人发腻，几乎无人食用。宴罢，段文昌找到做这个菜的厨师，让厨师将肥肉换成猪五花肋条肉，将胡椒换成黑豆豉，增加葱和姜等作料，并亲自做了示范。数日后，段文昌要离开家乡，再次宴请乡亲，厨师照他指点的方法重做了"梳子肉"。此菜色泽金黄，肉质松软，味道鲜香，肥而不腻，与上次的"梳子肉"大相径庭，一端上桌，客人们便争相品尝，不一会儿就被吃光了。人们纷纷问这是道什么菜？段文昌见此菜肉薄如纸，便随口取了个名字："千张肉。"

后来，这道菜渐渐走进了千家万户和大小饭店，并经专业人士不断加以改进。一直流传至今。

·美食原料

主料：五花肉 500 克。

调料：金酱 15 克，精盐 1 克，五香豆豉适量，红方腐乳汁 20 克，酱油 25 克，味精、胡椒粉各 2 克，葱花 3 克，花椒 6 粒，植物油 1000 克，葱段、姜片各 5 克。

·制作方法

1. 将五花肉刮洗干净，皮朝上放入炒锅内，加清水用旺火煮半小时捞出，用金酱涂匀猪皮。

2. 炒锅置旺火上，下植物油烧至六成热，将涂了金酱的肉块趁热下锅，约炸 2 分钟，待呈红色时捞出晾凉，再将其切成 5 厘米长的薄片。

3. 取大碗一只，先放入花椒、葱段、姜片垫底，再将肉片皮朝下整齐地码入。然后将酱油、红方腐乳汁倒在肉块上，加五香豆豉、精盐、味精连碗入笼，用旺火蒸 4 小时取出晾凉。上桌时，再入笼蒸透，取出翻扣入盘，去掉花椒、葱段、姜片，撒上葱花、胡椒粉即成。

铁拐李卖"山口羊肉"

山口羊肉，是湖北地区的名菜，用熟羊肉为主料制作而成。

传说八仙中的铁拐李有一天来到湖北随州郧水镇，看见一个卖羊肉的年轻汉子，身着破衣烂衫，站在一口破锅旁大声叫卖羊肉。然而，年轻汉子的口喊干了，嗓子喊哑了，也没有一个人来买肉。铁拐李十分可怜他，忙上前询问。那人说，他想将锅中的羊肉卖了给老母治病，可卖了两天，还是卖不掉。铁拐李决定要好好帮他一把。于是他向锅中吹了口气，锅中顿时热气腾腾，香飘四方，接着唱道："羊肉鲜香，大家来尝。一口一个味，一口鲜酽汤，一口下肚暖洋洋。"路人听到这不同寻常的喊声，纷纷驻足。不到一个时辰，一锅羊肉全都卖光了，从此"三口羊肉"就远近闻名了。

后来，人们根据当地的一个地名，将"三口羊肉"改成了"山口羊肉"。

·美食原料

主料：熟羊肉 500 克。

调料：酱油 15 克，植物油 500 克（实耗 75 克），蒜末 10 克，料酒 10 克，米醋

15 克，麻油 25 克，味精 1. 5 克，葱花 15 克，盐适量。

·制作方法

1. 锅置旺火上，下植物油烧至七成热。将熟羊肉切成 5 厘米宽、长短一致的长形斜块，放入油锅中炸 2～3 分钟，待其呈黄色时起锅沥油。

2. 原锅留底油烧热，将炸好的羊肉块倒入锅中，随即将葱花、蒜末、酱油、米醋、料酒、味精、精盐、肉汤兑成卤汁一起下锅合炒 2 分钟，淋入麻油即成。

·菜品特点

色泽黄亮，块形一致，滋味鲜香，肉质酥嫩。

詹王留下的"应山滑肉"

"应山滑肉"系湖北应山县传统名肴之一。

传说安史之乱时唐玄宗惊病，不思饮食。胡人买通内奸右丞相李林甫劝帝忌盐，专门以糖调味。詹御厨认为吃糖过多不利病体康复，坚持以盐烹制滑肉。玄宗大怒，在农历八月十三这天把詹御厨杀了。詹临刑时说："不出百日，帝非食盐不可。"果然数十天后，玄宗由于长期忌盐吃糖，不但病不见愈，而且体虚无力。后经御医谏言，改食盐，仍仿詹御厨之法烹制滑肉。不久，玄宗病体得以康复。玄宗思詹，叹曰："有詹无詹，八月十三。"并将其追封为詹王。后来，应山人民为了纪念他，每年农历八月十三，厨师都要集会，并用整猪、整羊祭祀詹王，这个活动一直延续到解放初期。而詹御厨的"滑肉"一菜的做法也在湖北境内广为流传。

·美食原料

主料：肥肉膘 750 克。

调料：胡椒粉 2 克，精盐 5 克，鸡蛋 2 个，酱油 5 克，猪肉汤 200 毫升，葱花 3 克，湿淀粉 25 克，姜末 1 克，植物油 1000 克，味精 4 克。

·制作方法

1. 猪肉去皮洗净，切成 2 厘米的方块，用清水浸泡 10 分钟取出沥干，盛于碗内，加精盐、味精 2 克、姜末、少许淀粉稍拌，再加鸡蛋液拌匀上浆。

2. 炒锅置旺火上，下植物油烧至七成热，将肉块散开下锅，约炸 10 分钟，待其至金黄色时，倒入漏勺内沥去油，稍凉后码在碗内，上笼用旺火蒸 1 小时左右取出，扣入汤盘。

3. 炒锅置旺火上，下猪肉汤、酱油、味精烧沸后，勾芡，加葱花、胡椒粉起锅浇在肉块上即成。

·菜品特点

油润滑爽，软烂醇香，肥而不腻，风味隽永，尤其为老年人所喜食。

罗娘娘做成"沔阳三蒸"

在古代，沔阳地区水灾甚多，"一年雨水鱼当粮，螺虾蚌蛤填肚肠。"这是当时流传在该地区的民谣。而野菜、虾、藕等混合蒸食是人们充饥的常见食物。不过，说起"三蒸"的来历，据传还与元末的农民起义军首领陈友谅有关：一年，陈友谅率军在沔阳作战，军情紧张，常吃夹生饭、盐水菜，影响打仗。掌管后勤的罗娘娘便从民间学来蒸菜法，将米粉、鱼、藕、青菜等拌和后上笼蒸熟，供大军食用。此法制菜可主副食兼顾，且醇香味美，士兵吃后非常高兴，连打胜仗。后来这种蒸食法随着义军的足迹流传开来。据称，清朝乾隆皇帝下江南时品尝此菜后曾大加赞赏。自此以后，沔阳三蒸渐渐成了饭馆酒楼的宴席菜之一。

· 美食原料

主料：五花肉 200 克，草鱼 200 克。

辅料：粳米 200 克，青菜（根据季节不同，口味不同，自由调配）150 克。

调料：盐、酱、红腐乳汁、姜末、绍酒、鸡精、白糖、桂皮、丁香、八角各适量。

· 制作方法

1. 粳米洗净控干，放入炒锅，在微火上炒至微黄时，加桂皮、丁香、八角，再炒三分钟出锅，磨成鱼子大小的粉粒。

2. 将五花肉和草鱼切成长 5 厘米见方的厚片，用布揾干水分，加精盐、酱油、红腐乳汁、姜末、绍酒、鸡精、白糖，一起拌匀，腌渍十分钟。

3. 将青菜（可选苋菜、芋头、豆角、南瓜、萝卜、茼蒿、藕等）洗净切段或切块，和鱼、肉一起拌上五香米粉，与米饭入一甑蒸，蒸具是杉木小桶。

4. 米饭放在最下面，蔬菜均匀铺在其上，鱼块、肉片又次第放于蔬菜上。盖紧甑盖，旺火蒸 40 分钟左右。

秀才赋诗赞"二回头"

"二回头"是湖北潜江的传统名菜。此菜的形成与当地的风俗有关：这里每年端午节前后，姑爷多要探望丈人，一般要带上鲜活鳝鱼作为礼品。端午节前后，正是鳝鱼肥美之时，再加上潜江盛产鳝鱼，喜食鳝鱼的人很多，人们在长期的烹饪实践中，创制出许多鳝鱼佳肴。

据传，清末湖北潜江有家小饭馆本小利微，生意冷清，一到傍晚，店铺便早早关门。一天，有个秀才来到此店。这时店里还剩一盘制好未卖的鳝鱼。店主便将这盘鳝鱼再入锅走油上桌应付。没想到客人大加赞赏，问其菜名，店主答道："二回头。"秀才听罢，借酒兴赋诗一首："妙哉二回头，客去不需留。异香随风走，何日再回头?"消息传开后,人们慕名前去品尝,小店从此生意兴隆。

·美食原料

主料:黄鳝500克。

辅料:鹌鹑蛋10个,菜叶10片。

调料葱花、精盐、姜片、蒜末、胡椒粉、黄酒、葱段各少许,醋10克,酱油15克,高汤150毫升,熟猪油1000克,湿淀粉25克。

·制作方法

1. 将鳝鱼洗净,用精盐、黄酒、葱段、姜片码味,摆放盘中上笼,用旺火蒸半小时出笼。

2. 炒锅置旺火上,倒入熟猪油,烧至八成热时投入鳝鱼,用勺推动炸至黄亮,捞出沥油,切成5厘米长的条,扣入碗内,上笼用旺火再蒸半小时出笼,反扣在盘中,原炒锅留油25克,下姜末、蒜末、精盐、醋、酱油、胡椒粉、味精,倒入高汤稍烩,用湿淀粉勾芡浇在蒸好的鳝鱼上,撒上葱花即成。

·菜品特点

鱼肉香滑,入口即化,鲜美可口,色泽黄亮,为下酒佳肴。

李白尤爱"翰林鸡"

据记载,唐代大诗人李白,26岁出川入楚,于唐玄宗开元十五年(公元727年)春来到安陆。李白寓居安陆时,结交了不少名人,并以"酒隐安陆,蹉跎十年"而著名。李白平素嗜酒佐食之物,最喜食鸡、鸭、鹅、鱼及蔬果菜肴,也吃牛、羊肉和野味,唯独不食猪肉。友人素知其生活癖好,故常以鸡、鸭、鹅等做菜佐酒助兴。在众多酒肴中,李白对"鸡"最感兴趣。当他接到朝廷诏令时,还念念不忘鸡的美味,曾作诗曰:"白酒新熟山中归,黄鸡啄黍秋正肥。呼童烹鸡酌白酒,儿童嬉笑牵人衣。"此诗流露出诗人功名就在眼前,兴高采烈,志得意满,而痛饮白酒,笑尝烹鸡的得意情景。不久李白便入京任翰林职,"翰林鸡"也由此得名。

·美食原料

主料:子母鸡1只(约1000克)。

辅料:熟蛋黄糕1块(约150克),虾仁150克,蘑菇20克,火腿丝20克,冬笋丝20克。

调料:精盐5克,酱油10克,味精2克,胡椒粉1克,米酒40克,黄酒25克,鸡汤300毫升,湿淀粉15克,熟猪油50克,蒜瓣10克,葱段5克,生姜片5克。

·制作方法

1. 将鸡去内脏洗净，加盐、黄酒、蒜瓣、葱段、姜片、胡椒粉拌匀，腌渍 2 小时，上笼蒸 1 小时取出，去骨，切块，上盘摆成整鸡形。

2. 将摆好的鸡块再入笼蒸半小时。

3. 虾仁剁蓉，加盐 1 克，制成约 20 个小虾球。虾球与蘑菇略煮，相间摆在鸡的周围，上笼再蒸 5 分钟。

4. 炒锅置旺火上，倒入熟猪油烧热，下入火腿丝、冬笋丝略煸，加鸡汤、胡椒粉、酱油、味精、米酒、精盐，烧沸后用湿淀粉勾芡，浇在鸡上即成。

四、博采众长的秦菜

（一）秦菜史语

秦菜，即陕西菜，以关中菜、陕南菜、陕北菜为代表。

陕西是华夏文明最重要、最集中的发源地之一，早在 100 万年前就有蓝田人在此生息劳作，从公元前 11 世纪起，历史上先后有 13 个朝代在此建都，其烹饪发展可以上溯至仰韶文化时期。陕西菜虽然没有名列全国八大菜系之一，但作为千年古都、历史名城，餐饮风格自成一体，具有浓郁的地方特色。

陕西菜注重突出原料的本味，原汤、原汁，擅长炒、酿、蒸、炖、氽、烩，风格华丽典雅，以鲜香、嫩爽、酥烂而独树一帜。用料广泛，不论跑、跳、潜、翔，肉、脏、头、尾，根、茎、花、果，无所不用；还将猪、鸡血清提纯入馔；就连人们视之为废的鸡嗉、鱼肠，也能变成席上之珍。但选料又极其严格，如"葫芦鸡"，非三爻村"倭倭鸡"不用；"奶汤锅子鱼"，非黄河活鲤不做。

陕西菜的刀功堪称一绝，可以单手切肉，肉片薄如纸；可在绸布上切肉丝，而绸布无损；可将猪耳朵切得细如毛发；可用前推后移的"来回刀"双切肉丝等。

陕西饮食，凭借着历史古都的优势，挖掘继承历代宫廷美食技艺，博采全国各地名菜精华，以品种繁多、地方风味各异、古色古香古韵而著称。至今很多菜肴上都可以看到周、秦、汉、唐等王朝的遗风。比如，关中石子馍就保留先民的石烹习惯；家喻户晓的臊子面在唐代叫做长命面，是皇亲国戚庆祝寿辰的寿面；最晚出现的柿

子饼，算起来也有着四百多年的历史。改革开放以来，陕西饮食烹饪技术随科技腾飞而有了长足进步，涌现出数以百计的创新菜。以菜、点组宴，创制出不同风

格、新意迭出的宴席，如仿唐宴、饺子宴、宫廷宴、蝎子宴、泡馍宴、长安八景宴、陕西风味小吃宴等。以牛羊肉泡馍、腊汁肉夹馍、凉皮、臊子面、锅盔等为代表的陕西风味小吃，闻名遐迩。

（二）秦菜典故

恶韦陟逼出"葫芦鸡"

葫芦鸡是西安的传统名菜，原料是西安城南三爻村的"倭倭鸡"，这种鸡饲养一年，净重1000克左右，肉质鲜嫩。制作时经过清煮、笼蒸、油炸三道工序，成品以皮酥肉嫩、香烂味醇而著称，被誉为"长安第一味"。

相传"葫芦鸡"创始于唐代天宝年间，出于唐玄宗时期礼部尚书韦陟的家厨之手。有关史籍记载，韦陟出身官僚家庭，他凭借父兄的荫庇而平步官场。此人锦衣玉食，穷奢极欲，对膳食极为讲究。在他家的厨房里，山珍海味无所不有，就是空气中也充满着浓郁的香味。

一次，韦陟想吃既酥又嫩的鸡肉，便命家厨烹制。厨师采用先清煮再油炸的方法烹制。韦陟品尝之后认为肉质太老，没有达到酥嫩的口味标准，大为恼怒，于是命家丁将厨师重打50大板，可怜这个厨师竟这样被打死了。

韦再命另一厨师烹制，这一厨师采用先煮、后蒸，再油炸的方法烹制，虽达到了酥嫩的要求，但由于经过三道烹制工序，鸡已骨肉分离成了碎块。韦陟品尝后认为口味酥嫩鲜美，但鸡肉零碎不成鸡形，一定是厨师先偷吃过了，不容分说便又命人将厨师活活打死。

慑于韦的淫威，其他家厨不得不继续为其烹饪。第三位厨师吸取了前两位的经验教训，在烹制前先把鸡用绳捆扎起来，然后采用先煮、后蒸，再油炸的方法烹制。这样做出来的鸡，不但口味香醇酥嫩，而且鸡身完整，形似葫芦，韦陟这才满意。后来，这种烹制方法流传民间，人们就称之为"葫芦鸡"，一直流传至今。

·美食原料

主料：倭倭鸡1只（约1000克）。

调料：酱油、盐、料酒、葱、姜、桂皮、八角各适量，花生油500克。

·制作方法

1. 将鸡去内脏，放水中漂30分钟，剁去爪，投入沸水锅中煮约10分钟取出，割断腿骨上的筋，用麻绳绑成葫芦状。

2. 将鸡放入大碗中，注入肉汤（以淹没鸡身为度），加入料酒、酱油、盐，并将葱、姜、桂皮、八角放在鸡肉上，入笼，用旺火蒸约2小时取出，沥干汤水，再将油烧至八成热，将鸡投入，炸至金黄色捞出即成。

·菜品特点

色泽金黄，形似葫芦，皮酥肉嫩，香浓味醇。

"大荔带把肘子"惩贪官

此菜属蒸菜类，迄今已有四百多年的历史。在秦馔筵席上久负盛名，《中国菜谱》秦菜部分把此菜列为第一名菜。它的烹饪技艺考究，味香醇美，流传至今，成为大荔、东府、西安和关中一带的传统名菜。逢年过节，款待宾客的佳肴中必有此菜，方算全席。

大荔带把肘子

传说，明朝弘治年间，同州（今大荔县）城里有个厨师名叫李玉山，技艺精湛，做得一手好菜，闻名遐迩。有一年八月，新任州官做五十大寿，差人传李玉山到府内做菜。李玉山为人正直，不畏权贵。而这州官虽然到任不久，搜刮民财却不怠慢。李玉山心中甚为不平，听见差遣，便一口回绝。

不久，陕西抚台郑时来同州府巡视，州官为了讨好抚台，又差人传李玉山到府内做菜，当李玉山要再次回绝时，被正在酒店喝酒的一位名叫尉能的人给拦住了，尉能曾官居光禄大夫，专管皇家国宴事项，只因为官耿直，厌弃官场生活，才告老还乡。李玉山不解地问道："你今日为何要让我应承这差事？"尉能献计说："我深知郑抚台的为人，今日你去须如此这般……"李玉山连声称："妙！妙！"便拿了家什炊具直奔同州府衙而去。

同州府的管家何三，因上次被李玉山回绝，一直怀恨在心。这次见李玉山来了，就想乘机陷害他，便随意买了些带骨头的肉交给李玉山，限定时间要他做好。岂知李玉山看见带骨肉正合心意，进得厨房刀飞勺舞，只等一声传唤便出了菜。其中一道菜上面为肉，下面是几根骨头，抚台问道："这叫什么菜？"州官见状大吃一惊，急传李玉山便要问罪。李玉山却镇定自若，毫无惧色，从容回答道："抚台大人不知，我们州老爷不但吃肉，连骨头也要吃的！"这位郑抚台本是清官，只两句话，便听出了其中的意思，未等州官发火，便赏了李玉山几两银子，放他回去。第二天，郑抚台亲自到李玉山饭馆，查访州官的劣迹，回去后严惩了州官，百姓都拍手称快。

郑抚台临行前问李玉山那道菜叫什么？李玉山想了想说："带把肘子。"从此，带把肘子便成了席间的一道名菜，世代相传。

·美食原料

主料：带脚爪猪前肘 1 只（约 1000 克）。

调料：腐乳 1 块，甜面酱 150 克，红老抽 35 克，酱油、绍酒各 25 克，蒜片 50 克，姜末、桂皮各 5 克，八角 3 粒，葱 200 克，盐少许。

·制作方法

1. 把肘子洗净，放在砧板上，用刀将皮沿腿骨剖开，露出骨头。

2. 将肘子放入锅中煮至七成熟后捞出。用净布揩干水，趁热将老抽涂在肉皮上。

3. 在蒸盆底放入八角、桂皮，同肘将肘子皮朝下装入蒸盆里。在肘子上均匀抹上盐，再将甜面酱、葱、腐乳、老抽、绍酒、姜、蒜等放在肘子上。

4. 将蒸盆放入蒸笼里用大火蒸 3 小时，待肉烂时，拣去肘子上的配料，带上葱末和甜面酱上桌，吃时夹肘子肉蘸酱和葱末，可达到提味的效果。

·菜品特点

色泽枣红，形似椭圆，肉烂胶黏，肥而不腻，瘦而不柴，香醇味美，别具风味。

"老童家腊羊肉"让慈禧闻香停辇

老童家腊羊肉是陕西省西安市著名小吃，已有三百多年的历史，以其独特风味深受人们的喜爱。

相传，1900 年八国联军攻占北京，慈禧太后与光绪皇帝仓皇出逃来到西安。一天，她乘御辇途经西大街广济街附近，忽然闻到一股浓郁的香味，便喝令停辇。经询问，方知是"回回老童家"正在制作腊羊肉。店主童明闻太后驾到，立即献上腊羊肉，慈禧太后品尝后赞叹不已。随从为了讨其欢心，便将腊羊肉列为贡品，吩咐店主日日供奉，另外赐匾永志，太后依允。随员军机大臣鹿傅霖与太监李莲英商议，慈禧太后坡前止辇，以"辇止坡"为文赐匾较为典雅，遂由兵部尚书赵福桥的老师邢维庭题书"辇止坡"金字牌匾一块，悬挂该店。从此，老童家腊羊肉更加誉满古城。

·美食原料

主料：羊肉 10 千克。

调料：盐 1．5 千克、芒硝、八角、桂皮、草果、花椒、小茴适量。

·制作方法

1. 将羊肉配以盐、芒硝、八角、桂皮、草果、花椒、小茴等调料进行腌制。

中国菜品风味流派

腌肉时将羊肉皮面相对折排放在大缸内，添入井水，撒进盐、芒硝，腌2～5天。

2. 将腌好的羊肉放入锅中熬煮，煮肉时，加入清水（如有老卤汤，适当加入一点则味道更佳）使其淹过肉面，放入调料包，用旺火烧开后再酌加盐，改用小火焖煮3～4小时。

3. 肉酥骨离时捞入盘内，再用原汁汤冲洗肉面，去原汁，用净布沥干即成。

·菜品特点

色泽红润，质地酥烂，香醇可口，是佐餐下酒良菜，也是馈赠亲友佳品。

千年古菜"奶汤锅子鱼"

"奶汤锅子鱼"是一道历史悠久的长安古菜，有一千三百余年历史，是由唐代的宫廷菜肴"乳酿鱼"发展而来的。自唐中宗李显开始，大臣拜官，照例要献食天子，名曰"烧尾宴"，取意"鱼跃龙门"，前程远大。唐韦巨源官拜尚书令左仆射后，向唐中宗进献的"烧尾宴"中的一款菜，即"乳酿鱼"。后来此菜逐渐出现于官邸宴席上，再后来传入民间，在西北一带广为流传。

本菜以黄河鲤鱼为主料，初以"铜爨"为炊具，后改用火锅，煨以其汁如乳的奶汤，上席后点燃酒精。味道鲜美，营养丰富。周恩来、叶剑英、董必武等老一辈无产阶级革命家都曾先后品尝，赞叹不已，故名声远扬。

·美食原料

主料：活鲤鱼1条（约1000克）。

辅料：玉兰片25克，火腿肠、香菇各15克。

调料：姜5克，黄酒15克，盐15克，醋5克，姜汁5克。

·制作方法

1. 将活鲤鱼洗净，宰杀后刮去鳞，开膛除去内脏，挖去鱼鳃，再冲洗干净，沥净水，切成瓦块形。

2. 将水发玉兰片洗净，与熟火腿分别切成片；姜醋汁装入食碟内。水发香菇用清水漂洗干净，去蒂后切成片，挤去水分。

3. 锅置火上，加入菜子油烧热，下入葱段、姜片略炒，放入鲤鱼块翻炒几下，加入精盐、黄酒、奶汤、熟火腿片、玉兰片、香菇片，烧煮3～4分钟，倒入酒锅里。

4. 装好的酒锅连同姜醋汁碟一起上桌，点燃酒锅下的酒精块，火锅烧沸后食者用筷子夹出鲤鱼块，蘸姜醋汁食用。

"白煨鱿鱼丝"感恩温尚书

"白煨鱿鱼丝"是陕西省三原县著名的风味菜。相传始于明朝万历年间，是为纪念明工部尚书温纯而创制的，至今已有五六百年的历史。

明朝后期，由于水利疏于治理，位于泾河流域的三原县经常闹水灾，庄稼全被大水淹没，房屋也大片倒塌，苦坏了当地百姓。万历年间，祖籍三原的工部尚书温纯，听说老家水灾的信息后，寝食不安。这一年，温尚书回乡省亲，接见了许多父老乡亲，对他们深表同情，并拿出自己多年的积蓄捐给地方。在治理河道的同时，温纯又让地方官在南北两城间建筑一座石桥，起名为"龙桥"，以便利交通。

在温尚书的带领下，地方官做了不少有益于老百姓的好事。就在"龙桥"竣工的时候，温尚书特地从京师赶回老家，与父老乡亲一起庆贺。为了表达感激之情，三原厨师精心烹制了多款菜肴，请温大人品尝。温尚书非常高兴，连声赞叹，说是在京师也不曾品尝过如此美味佳肴。当问到其中一款菜肴的名称时，厨师只说是用鱿鱼切丝制成，还不曾命名。温尚书高兴地说："我看此馔就叫做'白煨鱿鱼丝'吧。"众人齐声赞同。从此"白煨鱿鱼丝"便成为三原地方的一道名菜。这道菜后来传入古都西安，成为三秦代表菜之一，扬名中外。

·美食原料

主料：水发鱿鱼350克。

辅料：猪后腿肉500克，鸡腿2只，熟火腿25克，鸡汤750毫升。

调料酱油50克，盐5克，绍酒15克，姜15克，葱10克，桂皮2.5克，咸面酱50克，熟猪油100克。

·制作方法

1. 将鱿鱼身用平刀法切成0.3厘米厚的薄片，再切成细丝。取瓷盆，盛5%浓度的碱水1000克，放入鱿鱼丝，浸泡2小时，再倒入汤锅中，用小火烧沸。待鱿鱼丝卷曲时，汤锅离火，等鱿鱼丝伸展时捞出，将水倒掉。

2. 原汤锅内加清水（以淹没鱿鱼丝为度），放入鱿鱼丝，小火烧沸捞出。依此法连做3次，最后滗干水，加入0.5克精盐腌渍。

3. 猪肉切成4.5厘米长的细丝，加咸面酱拌匀。葱、姜切成细丝。火腿切成末。鸡腿入开水锅中氽过。

4. 炒锅放熟猪油，用旺火烧至五成热，投入肉丝煸炒，待肉丝散开后，喷入绍酒，加酱油、精盐、鸡汤，再放入鸡腿、桂皮、葱丝，即成"垫底菜"。

5. 取沙锅一个，倒入"垫底菜"，用小火煨约1小时，待菜熟透，把鸡腿取出，切成细丝，再装入沙锅中，与肉丝搅匀。

6. 将鱿鱼丝放入沙锅的一边，另一边放"垫底菜"，用小火煨1小时。取一汤碗，先将"垫底菜"放入，再将鱿鱼丝放在上面，倒入原汁，撒上火腿末即成。

·菜品特点

鱿鱼筋韧，滋味醇厚。

·关键提示

1 水发鱿鱼丝用水焯 3 次，再加精盐腌渍，排尽鱿鱼丝的咸味及水分后再爆，则鱿鱼丝筋韧，滋味醇正。

2. 宜用小火煨制，待汁浓时，滗出原汁，拣去葱、姜、桂皮，原汁不可勾芡，浇上即成。

"枸杞炖银耳"，清白与赤诚共存

枸杞炖银耳是陕西古典名菜，也是传统高级滋补名羹。据传，辅佐刘邦兴汉灭楚的"三杰"之一张良，看到刘邦大肆杀戮功臣名将，深感自危，决心急流勇退，辞官隐居山间后经常采集银耳炖食，以示清白。隋末唐初，房玄龄和杜如晦协助李世民推翻隋朝统治，统一全国，对唐朝赤胆忠心。他们认为大丈夫不能只图个清白，如果死得有价值，抛头颅洒热血又有何妨？于是在雪白的银耳中加入了色红似血的枸杞，寓意"清白"与"赤诚"共存，这就创出了红白相间的名羹"枸杞炖银耳"，一直流传至今。

此菜红白相间，香甜可口，为宴席上一道珍贵名羹，是老幼咸宜的滋补佳品。

·美食原料

主料：枸杞 25 克，水发银耳 150 克。

调料. 冰糖 25 克，白糖 50 克。

·制作方法

1. 将枸杞、水发银耳拣去杂质，洗净，沥干水分。

2. 将银耳、冰糖放入沙锅，注入开水 1 000 毫升，用小火煨炖。

3. 将枸杞、白糖放入碗内，注入开水 50 克，上笼用旺火蒸 20 分钟。

4. 待银耳炖至糊状时，将蒸好的枸杞连同汤汁一起倒入炖银耳的沙锅中搅匀，再炖片刻，出锅装入汤盆即成。

·菜品特点

羹汁浓稠，甘甜绵滑，滋补健身。

寓意美好的"醇金钱发菜"

酿金钱发菜为陕西省传统名菜，源于唐代。相传，唐代京都长安有一个小商人叫王元宝，他嗜爱发菜，每餐必食。后来王元宝从一个沿街叫卖的小贩变成长安城中富比王侯的大财主。因为王元宝爱吃发菜，而发菜又与"发财"同音，于是城中商人纷纷效仿，都吃发菜，以求"发财"。直到民国，商人们宴席上第一道菜都专要"酿金钱发菜",象征着生意兴隆,财源茂盛。建国后,来西安旅游观光的港澳同胞、海外侨胞和外国朋友,也都争先品尝这道菜。

此菜以发菜和鸡脯肉为主料烹制而成。发菜切成圆片形如古钱币,故称"金钱"。此菜形、味、寓意、营养皆美,被誉为北国珍馐、烹坛奇葩。

·美食原料

主料:发菜20克,鸡脯肉150克。

辅料:鸡蛋白2个,冬笋50克,菠菜50克,鸡蛋黄2个,鸡蛋皮2张。

调料:鸡汁10克,盐5克,清汤750毫升,水淀粉25克,料酒15克,味精3克,香油5克。

·制作方法

1. 发菜洗净沥干,鸡脯肉切细蓉,放碗内,加蛋清、鸡汁、盐、味精、水淀粉、发菜拌匀制馅;冬笋切片;菠菜切段。

2. 把蛋黄放碗里加清汤50克和水淀粉搅拌均匀,上笼蒸5分钟,取出晾凉,切成1厘米见方的蛋黄条。

3. 将蛋皮抹上鸡蓉发菜馅,在中间放上一条蛋黄条,卷成卷,上笼蒸10分钟取出切成1厘米厚的块,放在汤碗里。

4. 锅内放清汤700毫升,加鸡汁、盐、料酒、冬笋、菠菜段和味精,烧沸后撇去浮沫,淋上香油,浇入汤碗里即可。

·菜品特点

汤清见底,嫩脆绵软,味鲜利口。

"三皮丝"活剥"三豹"皮

唐中期时,殿中御史王旭、监察御史李嵩、李全交三人贪赃枉法,作恶多端,民怨沸腾。三人外号"黑豹"、"赤骏豹"、"白额豹",谓之"三豹"。当时长安西市酒店有一吕姓巧厨,特意用黑色的乌鸡皮、浅红色的海蜇皮和白色的猪皮制成下酒小菜,暗含活剥"三豹"皮之意,以发泄自己的愤恨。消息传到"三豹"府中后,吕厨师惨遭杀害。百姓非常气愤,于是,长安城里大大小小的菜馆和酒店,全都按照吕厨师生前制作"剥豹皮"的烹饪方法,推出了类似的菜肴,还起了一个更响亮的菜名:"三皮丝"。那三个大奸臣虽知这是人们对他们的报复和极度憎恶,但怕树敌太多,只得作罢。

人们在品尝"三皮丝"时既饱了口福,又能感受到正义战胜邪恶的愉悦,实在是一举两得。

·美食原料

主料：乌鸡皮 150 克，熟猪皮 150 克，海蜇皮 150 克。

辅料：火腿 10 克。

调料：葱 10 克，花椒 3 克，盐 5 克，酱油 15 克，醋 15 克，芝麻酱 15 克。

·制作方法

1. 将海蜇皮、乌鸡皮、熟猪皮、火腿、葱均切成 5 厘米长的细丝。

2. 葱丝用热花椒油泼后，加入盐、香醋、芝麻酱、香油、酱油和火腿丝拌匀，滗出汁后放入盘内垫底。

3. 用调味汁分别将三丝拌匀，在盘中堆成三堆。

·菜品特点

三丝立为三堆，色泽分明，形如盆景，滋味各异，筋韧中带鲜脆，清爽利口。

陕西菜独有的"温拌腰丝"

温拌腰丝是陕西温拌菜代表作之一。20 世纪 50 年代在西安饭庄应市，倾倒古城食客。此菜是西安饭庄已故名厨曹秉均受唐代《玉食批》中"酒醋白腰子"的启发制成。这是一款用低档料烹制成高档菜的代表作。由于刀功细致，烹调方法考究，制作出的菜肴腰丝脆嫩，姜、蒜以及花椒的香味相得益彰，味道浓醇，清爽利口。据《本草纲目》记载：常食猪腰可以理肾气、通膀胱、暖腰膝、治耳聋，并有"补肾壮气，消积滞，除冷痢，消咳"的功效。

温拌，是陕西菜独有技法，它改变了拌菜必"凉"的成规，使人耳目一新。成品不但风味特殊，且温馨暖齿，一些牙齿不太好的食客也可大胆品尝。

·美食原料

主料：猪腰丝 150 克。

辅料：水发粉丝段 50 克，水发黑木耳丝 15 克。

调料：盐、姜末各 3. 5 克，醋、黄酒各 10 克，莴笋丝 25 克，酱油 15 克，胡椒粉 1 克，蒜末 5 克，花椒 10 粒，麻油 25 克。

·制作方法

1. 水锅烧沸，下腰丝，边下边搅动（动作要迅速），腰丝颜色变白时捞出，去水分入碗，放黄油、酱油拌匀。

2. 将粉丝、莴笋丝、木耳丝入沸水焯过，一起盛入另一碗，加盐、黄酒、酱油、醋拌匀，装入盘，然后将腰丝盖在上面，

温拌腰丝

上撒姜末、蒜末、胡椒粉。

3. 热锅放麻油，用旺火烧至九成热，投入花椒粒炸出香味，捞去花椒粒，将油淋在姜末、蒜末上即成。

·菜品特点

腰丝脆嫩，鲜香爽口，麻辣芳香，极富乡土气息。

五、注重火功的晋菜

（一）晋菜史语

晋菜，即山西菜。晋菜吸取众家之长，有着深厚的历史底蕴和文化积淀。特别是在晋商的带动下，一批晋菜也曾走出娘子关，让三晋人民引以为荣。

晋菜的基本风味以咸香为主，甜酸为辅。晋菜选料朴实，烹饪注重火功，成菜讲究原汁原味，擅长爆、炒、熘、煨、烧、烩、扒、蒸等多种烹饪技法。地域特点明显，风味特色各异。

菜点主要分为南、北、中三派。南路以运城、临汾地区为主，菜品以海味为最，口味清淡。北路以大同、五台山为代表，菜肴讲究重油重色。中路菜以太原为主，兼收南北之长，选料精细，切配讲究，以咸味为主，酸甜为辅，菜肴具有酥烂、香嫩、重色、重味的特点。

晋菜中的传统名菜有半炉鸡、葱爆柏籽羊肉、过油肉、平遥牛肉、湛香鱼片等。山西面食尤其著名，品种多，吃法别致，风味各异，成品或筋韧或柔软，无不滑利爽口，余味悠长。最奇的是山西面食可以成宴，且从头至尾不会相同。

目前，三晋各界已达成共识，"晋菜"正在打造新的饮食文化、理念和思想，让悠久的晋菜文化发扬光大。

（二）晋菜典故

"半炉鸡" 赢得慈禧笑

相传清朝光绪二十六年，八国联军攻占北京城，慈禧太后与光绪皇帝惊慌不已，连夜出逃。一行人马逃至山西，当他们来到太原府时，已是午夜时分。太原府中的厨师们早已休息，但一听说太后驾到，赶忙起床。厨房里的食物所剩无几，只有半只熏鸡和半只白鸡，以及一些冬笋、干黄瓜之类。厨师们为了应急，忙将这些剩菜清洗干净，混合在一起放在锅中煮，做成一大锅烩菜。因这种烩菜的主要原料是半只母鸡，所以人们便将此菜取名为"半炉鸡"。俗话说"饥不择食"，这话一点儿不错。慈禧一行人又饥又渴，便不管三七二十一地吃了起来。不一会儿，一大锅杂烩全都被吃得精光，慈禧脸上露出了丝丝微笑，连连称赞："好吃！好吃！"后来，经厨师的精制加工，半炉鸡逐渐流传开来。

· 美食原料

主料：熏鸡半只 350 克，熟白鸡 300 克。

辅料：黄瓜 70 克，冬笋 40 克，青蒜 20 克。

调料：葱 10 克，姜 10 克，酱油 30 克，植物油 30 克，料酒 20 克，花椒水 20 克，盐 1 克，鸡汤 300 毫升，味精 1 克。

· 制作方法

1. 熏鸡、熟白鸡分别取净肉 100 克，用手撕成条状。

2. 黄瓜、冬笋切成小条，青蒜切段。

3. 炒锅中放植物油，将葱、姜炸出香味后，倒入酱油、料酒、花椒水、盐、鸡汤，随即放入鸡条，用大火烧开后，改小火煮 10 分钟。

4. 加入冬笋，最后加入黄瓜条、青蒜、味精后翻炒 5 秒钟后出锅。

· 菜品特点

色泽金黄，形似葫芦，皮酥肉嫩，香烂味醇。

汉顺帝尝"湛香鱼片"

相传东汉年间，顺帝刘保非常喜欢打猎，且每次都是前呼后拥。有一次，他摆脱了所有的侍从和卫士，独自一人到野外去打猎。突然间，狂风四起，倾盆大雨直泻下来。刘保被淋得透湿了，急忙跑到山脚下一户人家去避雨。一位白发苍苍的老人出来相迎，并让自己的女儿拿来衣服给他换上。不一会儿，老人的女儿又端来一碗香喷喷的鱼片。刘保狼吞虎咽地将饭菜吃了个精光。然而他吃饱喝足后仍感不适，身体阵阵发寒，头晕心慌。老人见状，知道他是受了风寒，便找来了祛寒药给他服用，并留他在家中休息了两天。

两天后，刘保的侍从找到此处。临别时，刘保对老人说："你们父女救驾立了大功，现封您老为义父，封湛香姑娘为御妹，御妹所做的鱼片为'湛香鱼片'。"从此，这道菜就流传开来。

· 美食原料

主料鳜鱼 250 克

辅料金钱香菇（水发）25 克，青菜薹 25 克，蛋清 1 个。

调料：猪油 100 克，料酒 15 克，盐 20 克，水淀粉 25 克，葱、姜、蒜、香醋、味精适量。

·制作方法

1. 鳜鱼收拾干净去鳞，切成鱼片，放入料酒、盐、味精、蛋清、淀粉一起搅拌。

2. 青菜薹去皮掐成约3厘米长的段，香菇用开水泡开，洗净后加汤，上屉蒸至软烂取出。

3. 将鱼片放入加了少量油的锅中，煎成黄色，再加入熟油炸熟备用。

4. 在锅内放入少量油，加入葱、姜、蒜、青菜薹，煸炒几下，然后加入鱼片、汤汁、香醋等，在小火上煨炒2分钟，再在大火上炒数秒，加入香菇，淋入少许湿淀粉、香油即可。

·菜品特点

色泽淡雅，清香味浓，鲜嫩可口。

感动太后的"娘娘爱"

清朝光绪二十六年（公元1900年），八国联军占领了北京城，慈禧太后与光绪皇帝连夜出逃前往西安。传说当他们行至曲沃县史村时，饥饿难忍，随行人员当即征调当地厨师为太后做吃的。不一会儿，有人禀报说，此地有位颇有名望的中年妇女，是尽人皆知的大好人，当地人都尊敬地称她为"娘娘"。听说慈禧路过此地，并要吃当地的小吃时，"娘娘"便吩咐自己的厨师将自己最爱吃的"莲蓬沙锅鸡"献给皇太后。慈禧吃了鸡，非常满意，而且在听了这位乡间妇女的事迹后，更是感动不已，临上路时，送了"娘娘"一些银两。"娘娘"用银两做了许多有益的事，自己却没有留下一文钱。后来，人们便将"莲蓬沙锅鸡"这道菜改名为"娘娘爱"，以纪念和颂扬"娘娘"的功德和人品。

·美食原料

主料：子鸡1只。

辅料：火腿25克，鱼肉150克，青豆25克，蛋清3个，香菜25克。

调料：大料3克，香油10克，味精2克，葱10克，料酒15克，姜末5克，盐10克，花椒2克。

·制作方法

1. 子鸡收拾干净后，入沸水氽一下，放入沙锅内，加葱段、姜末、花椒、大料、味精、料酒、盐，入笼蒸熟。

2. 将鱼肉去刺，剁成泥蓉，加入葱、姜、花椒粉、大料粉、味精、料酒、盐等，搅拌均匀，取12个小酒杯，将鱼蓉分别装入杯内，上面嵌上数粒青豆，呈莲蓬形状，入笼蒸熟后，取出放入沙锅内。

3. 炒勺上火，倒入鸡汤，加火腿、香菜，沸后淋入香油，再倒入沙锅内即成。

·菜品特点

肉嫩汤鲜，营养丰富。

人间极品"平遥牛肉"

"平遥的牛肉太谷饼，杏花村的汾酒顶有名"，这是脍炙人口的山西民歌中的词句。醇香味美的平遥牛肉与芬芳四溢的汾酒均蜚声省内外。

平遥牛肉历史悠久，起源于汉代，明代时已负盛名，且在清代时享有很高荣誉，是达官显贵宴客的必备之品。嘉庆帝亲赐平遥牛肉为"人间极品"。清朝末年，随着平遥商业、金融业的空前繁荣，平遥牛肉由商人带到全国各地，从而誉满华夏。平遥城乡牛肉铺、牛肉作坊也随之逐年增多，自此，平遥牛肉进入了鼎盛时期。

到20世纪30年代，平遥牛肉已远销北京、天津、西安等地。当时，每逢秋冬季节，各地行商纷至沓来，贩运牛肉，使平遥牛肉闻名全国。

·美食原料

主料：牛肉2500克。

调料：牛油500克，食盐300克。

·制作方法

1. 以春秋两季做法为例，将牛肉切成豆腐样的大块，用刀在肉块上刺上3个盐眼，将肉架在杆上晾一夜，第二天放入缸内，将盐撒在肉上，腌渍15天。

2. 肉腌渍好，取一铁锅，倒入清水烧沸，将肉整齐地码入锅内，锅再沸时，改小火烧。烧至3小时左右，将肉上下倒一下，如果肉色尚未发紫，要加入几斤牛油：煮至第6小时，将锅内的肉再上下倒一次，煮至第7小时后进行第3次翻煮锅；第9小时后，将肉油全部撇出。

3. 出锅：要在灭火后热气散至八成时捞出。

4. 捞出的肉，用刷子刷净，以保证有清洁美观的外形，放置低温处保存起来，食用时，切成片装盘即可。

"仙医"傅山与"清和元头脑"

"头脑"是太原清和元饭店中独具一格的风味菜品，享誉中外。提起头脑，人们就会想起山西的大思想家、"仙医"傅山。傅山在明朝灭亡之后，拒不为官，隐居深山，奉母至孝。

当时一位甘肃尕姓移民户，在太原南仓开设饭馆，生意冷清。于是，傅山就传授给他"头脑"配制方法，还特地给这家饭馆题写了店招："清和元"，又在这三个大字的上边又写了一行小字"头脑杂割",合起来就是"头脑杂割清和元"。这不是一个简单的店招,它具有深刻的含意。在明朝之前,有蒙古族建立的元朝,在明朝之后,有满洲建立的清朝,这两个王朝都实行对汉人的歧视政策,统治残暴。傅山写这块店招,就是想时刻提醒人们,要宰割清和元统治者的头,坚持民族气节,这便是太原"头脑"的来历,也是"清和元"命名的由来。

·美食原料

主料:绵羊腰窝肉 1000 克。

辅料:面粉 500 克,藕根、山药各 200 克。

调料:羊尾酒 100 克,黄芪 5 克,花椒 1 克,葱白、鲜姜少许,黄酒 250 克。

·制作方法

1. 将面粉撒在蒸屉布上蒸约 2 小时,离火冷却。将羊肉、羊尾油用水泡洗干净,并将黄芪、花椒用纱布包好扎紧。然后将以上全部物料放入另一锅,加足水,用大火煮沸,撇清浮沫,转小火,加葱白、鲜姜,焖到用筷子能将肉戳透,将锅离火,取出羊肉、羊尾油冷却,肉切成寸半大小块,尾油切丁。

2. 将锅内原汤的浮油捞净,滤清、冷却。

3. 将滤过的原汤烧沸。面粉加水调成糊汤,山药去皮切滚刀块,藕根切片。把糊汤、山药、藕片等一起投入沸汤内。羊肉块、羊尾油丁和捞出的浮油加入,烧熟后再加黄酒略煮即成。另备腌韭菜、烧饼等和"头脑"一起出菜。

"葱爆柏籽羊肉"赛过"补心丸"

柏籽羊肉是山西中阳县的特产,素以鲜嫩清香、不腥不膻而闻名,当地人称之为"土人参"、"补心丸"。

中阳县地处吕梁山西麓。这里满山遍野生长着小地柏和古老的柏树。当地饲养的山羊,以柏籽、柏叶为食,以含有柏汁的山泉水为饮,人称"柏籽羊"。柏籽羊肉,肉质细密,纹理清晰,味道鲜美,有独特的柏籽香。用这种羊肉烹制的菜肴,不腥不膻,香美异常,具有调血理气、安神补心等功效。当地老人、产妇常把柏籽羊肉作为滋补美食。葱爆柏籽羊肉,就是用中阳县的柏籽羊肉制作的一道传统名肴。

·美食原料

主料:羊肉(肥瘦)150 克。

辅料:大葱 75 克。

调料:酱油 25 克,黄酒 15 克,植物油 40 克,姜 10 克。

·制作方法

1. 将羊肉的腰板皮剥去，挖掉腰窝油，切成小薄片，加入酱油、绍酒拌匀。葱切成片，姜切成末。

2. 炒锅置火上，加入植物油，烧至九成热，将肉、葱、姜同时下入锅里，用旺火爆炒，待肉片变色时，出锅即成。

·菜品特点

羊肉软嫩爽口、无膻味，有柏籽和烟香的特殊风味。

六、脍炙人口的豫菜

（一）豫菜史语

河南省地方风味菜简称豫菜，因受地理位置的影响，遍及东西南北，是我国著名的地方菜系之一。豫菜历史悠久，源远流长。根据仰韶、后冈（安阳县）、新郑等地出土文物的考证，早在五千年前，中华民族的祖先已在此居住，并有了相当发达的文化。夏商两代，虽不断迁徙，但其都城多在河南境内。《左传·昭公四年》载："夏启有钧台之享。"杜预注："河南阳翟县南有钧台陂，盖启享诸侯于此。"这是我国最早的宴会。商朝开国宰相伊尹，出生于"伊水之滨"（今伊川、嵩县之间）。"耕于有莘之野"（今开封莘口村），擅割烹，"善均五味"，被后人推崇为烹调始祖。洛阳自东周到五代有九个朝代建都于此，开封自战国到金朝有七个朝代建都于此。我国七大古都，三个位于河南省。北宋时的国都汴梁（今开封）拥有上百家著名饮食店和餐馆。

《东京梦华录》形容：汴梁城是"集四海之珍奇，皆归市易"，"会寰区之异味，悉在庖厨"。在近代烹饪艺术流派中，豫菜以自己的色香味形，影响及于华北、西北和江南地区。河南省位于黄河中下游，地处中原，境内有四山：东北太行山，西部伏牛山，南部桐柏山，东南大别山。我国南北方的谷物、蔬菜、禽畜、干鲜果等，河南均有出产，可谓兼南顾北，得天独厚。有闻名全国的宽背淇鲫、卫源白鳝、淮阳鼋鱼、罗山黄鳝，黄河鲤鱼驰誉中外，固始三黄鸡闻名遐迩，上述各种物产，构成了豫菜一套完整的主料、配料和调料，为豫菜提供了丰富的物质条件。

豫菜包括宫廷菜、官府菜、市肆菜、寺庵菜和民间菜。总的特点是：鲜香清淡，四季分明，形色典雅，质味适中，可以说与中国菜的南味、北味有所区别，而又兼其所有。著名的菜肴品种有：洛阳燕菜、开封糖醋软熘鲤鱼焙面、套四宝、卫源清蒸白鳝、司马怀府鸡、郑州三鲜铁锅烤蛋、信阳桂花皮丝等。

（二）豫菜典故

色、香、味三绝的"道口烧鸡"

道口烧鸡为河南名菜，历史悠久，至今已有三百多年的历史。豫北滑县道口镇，素有"烧鸡之乡"的称号。

清代顺治年间，滑县道口镇义兴张烧鸡店刚开始经营烧鸡时，由于制作简易，配料不多，无甚特色，故生意冷清。乾隆年间，店主张炳在街上散心，偶然碰到一位曾在御膳房做过御厨的老朋友，经倾心交谈，被授予十字秘方："要想烧鸡香，八料加老汤"及具体制法。张炳回店后如法炮制，烧鸡果然色泽鲜美，香味浓郁，于是生意逐渐兴隆，烧鸡广销四方。后嘉庆皇帝南巡时途经道口，闻异香而振神，问左右："何物乃发此香？"左右曰："烧鸡。"知县遂将烧鸡献上，嘉庆皇帝甚喜，吃后称赞其具"色、香、味三绝"，于是道口烧鸡驰名天下。

·美食原料

主料：嫩鸡或肥母鸡1只。

调料：砂仁、丁香、草果、陈皮、肉桂、良姜、白芷、火硝各少许，海盐20克，陈年老汤适量，蜂蜜20克，油500克。

·制作方法

1. 将鸡宰杀、洗净，切去鸡爪，腹部向上放在砧板上，从肋骨中间处切断，并用手按折。下腹脯尖处切一小口，将双腿交叉插入腹腔内，两翅也交叉插入腹腔内，造型成为两头尖的半圆形，再用清水漂洗干净后晾干，将鸡全身涂匀蜂蜜水，其比例为水60%、蜜40%，将油加热到150℃~160℃，把鸡放入油内翻炸半分钟，炸成柿红色即可捞出。

2. 将炸好的鸡平摆在锅内，兑入陈年老汤或肉汤以及盐水后，再放入砂仁等八味配料，老汤应浸没鸡体的一半。先用武火将汤烧开，放火硝，将汤煮开后再用文火焖煮，煮至软烂为止，从开锅算起，一般需煮3~5个小时。

"炸紫酥肉"特为赵王做

"炸紫酥肉"为河南传统名菜，以炸的烹调技法和成菜后色紫肉酥而命名，已有几百年的历史。此菜以猪硬肋为主料，经过煮、腌、蒸和反复炸制而成。

据说明代已有紫酥肉。明代赵王朱高遂（成祖之子）府中有位侍女，聪慧艳丽，琴棋书画无所不精，尤喜画竹，赵王专门修建了竹园，让她居住。侍女深悉赵王喜食烤肉，便选上等猪肉，经烧皮、煮熟、蒸透、炸酥等工序，又用紫酥等调味，配上荷叶饼、葱丝、甜酱，深得赵王喜欢。赵王尝后连连称赞，问叫什么名，侍女说叫紫酥肉。后来侍女亡故，赵王因思念她，茶饭不思，日渐消瘦。有一厨师知道赵王爱吃侍女做的紫酥肉，就试着仿制，虽说不如侍女做的好吃，却也很有味道。后来紫酥肉传出赵王府，在民间流传开来。

·美食原料

主料：带皮猪硬肋肉中段 750 克。

调料：大葱、姜各、料酒、醋、盐水、花椒各少许，葱段、甜酱各 50 克，花生油 500 克。

·制作方法

1. 将肉切成两块约 7 厘米宽的条，用铁钩钩着放在火上烧，把肉皮烧糊，在水内刮洗干净。烧糊一层刮去一层，直至肉皮约剩 2 毫米厚时，再用清水洗净，放在汤锅内浸透。捞出，皮朝上放在盘里，加入大葱、姜、花椒，煮熟、晾凉。

2. 锅放旺火上，待油烧至五成热，肉皮朝下放入油内，随即将锅移至微火上，10 分钟后将肉捞出，在肉皮上涂一层醋，再入锅炸制，如此反复三次，待肉皮炸成柿黄色时，捞出，切成 5 毫米厚的片，皮朝下整齐地装在盘里。吃时蘸些甜面酱，甜而不腻，滑嫩爽口。

·菜品特点

色泽棕黄，光润发亮，外焦里嫩，肥而不腻，配以葱段、甜面酱佐食，其味更佳。

"铁锅蛋"颠覆传统

"铁锅蛋"是河南地区一种古老的菜肴，堪称豫菜一绝。

据传，明朝时有一家河南菜馆的生意特别好，每天食客络绎不绝。这主要是因为菜馆有一位擅长做鸡蛋菜肴的厨师，他做的鸡蛋菜肴鲜香美味。但这位厨师并没有因此而骄傲自满，总是想着如何能进一步增加菜的特色。

一次，为了增加鸡蛋菜肴的风味，这位厨师将蛋打匀后，加虾米、火腿丁、香菇丁、鲜汤等调和，放入一只特制的铁锅里，煮至半熟后，再用烧红的铁锅盖盖在上面烘烤，将蛋拔起、涨透。这道菜一经推出，马上成为餐馆的招牌菜，众多食客慕名而来，品尝之后赞不绝口。因为它是用铁锅烹制而成，故名"铁锅蛋"。

·美食原料

主料：鸡蛋 7 个。

辅料：火腿丁、海米、荸荠各 20 克，虾子 10 克。

调料味精 2. 5 克，料酒 10 克，盐水 15 克，油 25 克，鲜汤 350 毫升。

·制作方法

1. 将铁锅盖置火上烧红。鸡蛋打入碗内，搅匀，放入火腿丁、荸荠丁、虾子、海米、味精、料酒和盐水，打匀后，添入鲜汤，再打匀，倒入铁锅内。再取搪瓷盘一个，里边垫上青菜叶，倒入香醋。

2. 铁锅放在小火上，将油注入蛋浆中，并用勺慢慢搅动，防止蛋浆粘锅。待蛋浆八成熟时，将烧红的铁锅盖盖在铁锅上，利用盖子的高温，将蛋浆烤凝结，拔起。待凝结的蛋浆凸出锅面时，淋上少许油，再盖上锅盖，使蛋糊皮发亮，呈红黄色。然后挪开锅盖，将铁锅放在搪瓷盘上即可。

"长寿鱼"为何长寿

长寿鱼是洛阳传统名菜，同时也是一道具有药用价值的菜。其特点是味鲜，甜成酸三味俱全，已有近两千年的历史。

相传，东汉光武帝刘秀一年春天外出游猎，过邙山，来到黄河之滨。故地重游，神气清爽。突然一条赤色鲤鱼跃出水面，在阳光下鱼鳞金光耀眼。刘秀大喜，遂命人捉回宫去，御厨别出心裁，与枸杞子同烧，名曰长寿鱼。刘秀食后，顿觉精神倍加，疲倦消失，经常食用，身体比以前更加健康。后来，长寿鱼传入民间，成为洛阳的一道名菜。

·美食原料

主料：鲤鱼1条（约750克）。

调料：花椒、料酒、酱油、醋、盐、枸杞、姜丝、葱、蒜末、小红椒、香菜、味精各适量。

·制作方法

1. 将鲤鱼收拾干净，在锅中倒入适量的油，旺火烧至九成热时，将鲤鱼放入锅中煎至两面微黄（注意放鱼前一定要用大火将锅烧热，不然鱼容易粘锅；鱼也不要煎得太久，否则鱼肉会老）。

2. 鱼煎好后放入适量水，将鱼淹没即可，然后放花椒、枸杞、料酒、姜丝和蒜末。

3. 等水烧去一半时再放适量盐、醋、酱油，这样更容易入味儿。

4. 等剩下少量水时将切好的红椒、葱、香菜和味精放入锅内，再将鱼盛入铺好香菜的盘中，最后将鱼汤浇在鱼身上即可。

·菜品特点

咸、甜、酸三味俱全，色泽红亮，极具药用价值。

"洛阳燕菜"成名记

洛阳燕菜。又名"牡丹燕菜"，是洛阳水席中的重头戏，也是洛阳最负盛名的一道菜肴。相传唐代武则天时期，洛阳一块菜地里，长出一个几十斤的大萝卜，当地官员就把它作为贡品献入皇宫。武则天一见，龙心大悦，认为这是上天对她政绩的褒奖，于是命御厨用它做一道菜。萝卜本不是什么稀罕物件，以它为主的菜肴更不是什么特殊美味，御厨经过百般思考，决定将其和宫中的山珍同煮。武则天吃后，觉得这菜味道极鲜，几乎可以和燕窝相媲美，遂赐名"燕菜"。从此，一道以萝卜丝加山珍海味的菜肴就上了宫中的御菜单，成为招待贵宾的佳品。随着时代的推移，武则天的赐名逐渐湮没，后来此菜传入民间，大家把它叫做"洛阳燕菜"，流传至今。

· 美食原料

主料：白萝卜 1000 克，海参（水浸）250 克，鱿鱼干 100 克，鸡肉 300 克，鸡胸脯肉 100 克。

辅料：红、绿蛋糕各 1 00 克，鸡蛋清 50 克，淀粉（蚕豆）8 克，火腿 25 克，绿豆面 100 克，牛蹄筋（泡发）15 克，玉兰片 8 克，虾米 15 克。

调料：酱油 5 克，猪油（炼制）15 克，盐 5 克，味精 2 克，黄酒 2 克。· 制作方法

1. 将白萝卜洗净去皮，选用中段，切成 2 毫米粗、6 厘米长的细丝；然后将萝卜丝放入冷水中浸泡 20 分钟，捞出沥干水分，放入干淀粉中拌匀，摊在笼布上笼蒸 5 分钟；然后将蒸好的萝卜丝取出晾凉，再放入冷水中抖开，捞出沥干水分，撒上 3 克精盐拌匀：然后再上笼蒸 5 分钟即成素燕菜，下笼后放在大品锅内。

2. 先用凉水将鱿鱼干泡软，撕去血膜，浸入碱水中（纯碱 50 克，凉水 1000 毫升搅匀），压上重物，泡 4 ~ 5 小时就可涨发；然后捞到清水中反复浸泡，直至鱿鱼厚大透明，按之有弹性时，放入清水中加适量天然冰备用。

3. 鸡肉洗净，煮熟；玉兰片浸发，洗净。将海参、鱿鱼、玉兰片、蹄筋和熟鸡肉都片成约 5 厘米长、2 厘米宽的长方形薄片；火腿切成长方形的片。

4. 把浸发的片分别放入沸水中焯一下。

5. 将虾米与各种配料分别间隔相对地码在锅内的素燕菜上。

6. 将生鸡脯肉剁成泥，放入蛋清、湿淀粉、精盐打上劲；再加入清汤 100 毫升、熟猪油，搅匀成糊，放入小碗内。

7. 红、绿蛋糕各 100 克，均切成片；并将红蛋糕切成花瓣，绿蛋糕做成对，制成牡丹花形；将成形的蛋糕插放在小碗内的鸡糊上，上笼蒸透取出放在锅中央。

8. 汤锅放旺火上，添入清汤 900 毫升，放进精盐、酱油、黄酒、熟猪油，汤沸后调好味，盛入锅中即成。

·菜品特点

味道鲜嫩爽口，大有燕窝风味。

司马懿创制"司马怀府鸡"

此菜是豫菜中一道历史悠久的传统名菜。所谓"司马"，是指三国时魏国名将司马懿，"怀府"指怀庆府。怀庆府（今河南沁阳、温县一带）是司马懿的故乡，历来盛产"四大怀药"（怀山药、怀牛膝、怀菊花、怀地黄）。相传司马懿认为鸡是食中佳味，山药是补药之上品，两者合而为肴，久食可强身心、壮筋骨。"司马怀府鸡"因此而得名并沿袭至今。郑州市长春饭店特级烹调师郑立明采用炸、蒸混合技法烹制此菜，具有肉嫩、浓香之特色。

·美食原料

主料：鸡肉 500 克，山药 250 克。

辅料：淀粉（蚕豆）13 克，鸡蛋 60 克。

调料：盐、八角各 5 克，酱油 25 克，小葱、姜各 20 克，黄酒、白砂糖各 10 克，猪油 80 克。

·制作方法

1. 将鸡肉洗净，剁成 2 厘米见方的块，放入 3 克精盐，用酱油浸渍一下；然后放入鸡蛋和湿淀粉调成的糊中搅拌均匀。

2. 山药去皮，切成与鸡块大小相等的滚刀块。

3. 炒锅放旺火上，添入熟猪油，烧至六成热，将鸡块下入炸成金黄色，捞出；再将山药块下油锅炸至金黄色，捞出放在鸡块上。

4. 将精盐、酱油、葱、姜、白糖、八角、味精、黄酒放入大汤碗内，添清汤 250 毫升上笼蒸。

5. 蒸烂后取出，并将鸡块、山药放入盘中；汤汁滗滤在炒锅中，旺火收浓，浇淋在鸡块和山药上即成。

融合南北的"红焖羊肉"

号称"新乡一绝"的红焖羊肉是李武卿老先生于 1988 年创制的。李武卿参加过抗美援朝，也在西藏当过边防军，当年在四川时就尝遍蜀中火锅美味，后来又北上京城，经常到东来顺涮羊肉以饱口福。爱吃也爱琢磨的他就想将这南北两大火锅的美味合到一块儿，使之更适合中原人的口味。时间一长，他还真琢磨出了充分体现中原人气质性格的红焖羊肉火锅。

做红焖羊肉的讲究很多，火候、辅料、配料、吃法，哪一样都有说头。有老食客总结红焖羊肉是"上口筋，筋而酥，酥而烂，一口吃到爽"。随之一勺鲜汤入口，顿觉心旷神怡。红焖羊肉很快便红遍中原，闯进京都，成了闻名遐迩的一道豫菜新品。

·美食原料

主料：公山羊 1 只（约 5000 克）。

·制作方法

1. 把羊肉剁成 2.5 厘米见方的块，放入清水中浸泡 2～3 小时捞出，沥尽血水，入沸水锅中"出一水"，再捞起沥干水分；姜块、大葱洗净拍破；孜然用小火焙香后磨碎。

2. 炒锅放油烧至六七成热，先下姜葱爆香，随即将羊肉块倒入锅中爆炒，再烹入部分黄酒，待羊肉收缩变色后，迅速下入辣椒酱用中火炒香，再下红酱油将羊肉炒至上色，立即起锅倒入大沙锅内，放清水，投入大料、三奈、肉桂等香料。

3. 将沙锅移至火上，用中火烧开后撇去浮沫，再下入料酒、精盐、胡椒粉，随后放入胡萝卜、大枣、枸杞，加盖用中小火焖烧 40～50 分钟，至羊肉酥烂时揭开锅盖，拣出姜葱、胡萝卜及香料渣不用，调入鸡精、味精和孜然粉。配油面筋、老豆腐、大白菜、香菜各一碟上桌。

七、讲究勺功的东北菜

（一）东北菜史语

东北菜主要包括辽宁、吉林和黑龙江三省的菜肴，是我国历史悠久、富有特色的地方风味菜肴，自古就闻名全国。

东北是一个多民族杂居的地方。北魏贾思勰所著的《齐民要术》一书中，曾记述了北方少数民族的"胡烩肉"、"胡羹法"、"胡饭法"等肴馔的烹调方法，说明其烹调技术很早就具有较高的水平。辽宁的沈阳又是清朝故都，宫廷菜、王府菜众多，东北菜受其影响，制作方法和用料更加考究，又兼收了京、鲁、川、苏等地烹调方法之精华，形成了富有地方风味的东北菜。

辽宁省地处我国东北南部，南端为辽东半岛，西南海岸线较长，东部和东北部峰岭连绵，中部平原土质肥沃，是动植物良好的繁殖场所，熊鹿獐狍，猎之不尽；菌蘑菇耳，采之不竭；参虾鲍贝，取之不穷。

吉林省绝大部分地区处于北温带、长白山脉纵横，天池系诸水之源，漳溪奔流。平原肥沃，物产丰富。其中蛤士蟆、白鱼、鹿尾、熊掌被列为四大贡品；白鱼、鲤鱼、鳌花、鲫花被列为松花湖四大名鱼。

黑龙江省地域辽阔，水绕山环，沃野千里，素有"五山、一水、一草、三分田"之说。物产极为丰富，其中飞龙、熊掌、犴鼻、猴头蘑为黑龙江四珍。

东北菜善用本地特有的山珍野味、水产飞禽，精心烹制名菜佳肴。形成了就地取材，选料珍奇；制作精细，品种繁多；咸鲜定味，油重色浓；盘大量多，丰富实惠的特色。

（二）东北菜典故

马铃声里"崔马铃"

"崔马铃"其实就是干炸丸子，是东北地区有名的风味菜肴，常常出现在各种筵席上。

据传，在清朝乾隆年间，现在的吉林省公主岭地区，当时还是游牧地区，牧民们常在马颈上悬挂一串铜铃，当时叫做"脖串"。当马儿行走时，铜铃会发出清脆悦耳的铃声。若是多人同时骑马向前飞驰，马蹄声声、铃声阵阵、铃助马威，会给人一种千军万马的声势。

有一个姓崔的厨师，他的手艺很不错。也很会做生意。为了迎合牧民的心理，他模仿马铃的形状做成一道菜，当时起名叫"马铃丸子"。这道菜很受牧民的欢迎，逐渐流传开来。后来时间长了，就随着厨师的姓，改为"崔马铃"了。

· 美食原料

主料：肥瘦猪肉末250克。

调料：黄酱、酱油适量，葱、姜末各2克，鸡蛋1个，水淀粉100克，盐2克，料酒10克，植物油500克（实耗50克），蒜适量。

· 制作方法

1. 在猪肉末内加入葱、姜末、料酒、鸡蛋清、盐、酱油、黄酱、水淀粉搅匀成馅。

2. 炒锅置旺火上，放油烧至六成热，将肉馅挤成小丸子，入油锅炸，结皮后用漏勺将丸子捞起，拍松，再入锅炸，至丸子焦脆，捞出装盘。

3. 做老虎酱。锅中放香油，上火烧至温热，加入蒜泥、黄酱炒熟即可。吃时，夹起一个丸子在酱上一蘸，送入口中，顿时满嘴都是肉香、酱香。

· 菜品特点

颜色金黄，形似蛋黄，入口酥脆鲜香，风味独特。

"红棉虾团"献吕后

相传，刘邦推翻秦朝当上皇帝后，深深地知道自己的成功除了外界的支持，更离不开贤内助吕雉的支持。为了答谢吕雉，高祖决定专门举行盛大的宫廷宴会庆贺，并且赐她稀世珍品"红棉锦衣"。

高祖知道锦衣珍贵，必得皇后欢心。他私下又授意丞相，命御厨一定要在庆功宴上奉献出仿红棉色形的佳馔，好让皇后喜上加喜。盛宴当日，满朝文武无不兴高采烈。吕雉身着崭新的"红棉锦衣"，光照四壁。御厨献上的"红棉虾团"金红油亮，绚丽无比。吕雉第一个品尝该馔，觉其甜酸宜人，酥脆中带有微麻。高祖大喜，赞过之后，重赏了御厨。从此，"红棉虾团"成了一道历史名馔，流传了下来。

· 美食原料

主料：珍珠虾仁 500 克。

辅料：熟瘦火腿、益兰松、黄金肉松各 50 克，黑芝麻 15 克，绿菜叶 12 片，鸡蛋 2 个。

调料：猪油 1 250 克，绍酒、花椒粉、麻油、葱泥、味精各少许，精盐 25 克，荸荠粉 20 克。

· 制作方法

1. 洗净虾仁杂质，控净水分放到碗里，加入精盐、绍酒、味精、葱泥、麻油，拌匀后备用。把鸡蛋清打成泡沫状，加进荸荠粉调成糊。把虾仁放到糊里拌匀，分 20 份。

2. 把绿菜叶切成菱形斜片，摆成五角星状，将虾团放到菜叶上面，再把火腿末撒在虾团上，呈现棉桃形状。

3. 将肉松、益兰松在平盘里码~圈，再将炒熟的黑芝麻撒在益兰松上面。

4. 炒锅放到大火上，加入猪油 1250 克，烧到六成热时，放入摆好的棉桃形虾团，炸到虾团漂浮在油面时捞出，码在大平盘双松圈里即可。

四绝名菜之"熘肝尖"

清光绪年间，河北北塘人国喜玉到辽宁谋生，他在沈阳市小东门外开了个宝发园饭馆。

一天早晨，一位二十来岁的年轻人来宝发园就餐，点名要吃熘肝尖、熘腰花、熘黄菜和煎丸子四道菜。菜上桌后，这位青年连声说好。临走时，他把堂倌找来，称赞这四样菜色、形、味、刀功、火候俱佳，以后可以称之为"四绝"。说完留下 10 块大洋。微笑而去。

那青年刚走，周围的人都来向国喜玉道喜。国喜玉莫名其妙，经人解释才知道，原来那年轻人不是别人，正是大名鼎鼎的少帅张学良。从此，宝发园的四绝名菜名声大振。1980 年，沈阳市政府正式命名宝发园的熘腰花、熘肝尖、煎丸子和熘黄菜为"四绝名菜"，使其更负盛名。

·美食原料

主料：鲜猪肝 500 克。

辅料：青红椒 200 克，洋葱 50 克。

调料：葱末、蒜末、色拉油、精盐、味精、湿淀粉、酱油、白糖、料酒、香油适量。

·制作方法

1. 将猪肝洗净，切成柳叶形薄片，加精盐、味精、料酒、湿淀粉等拌匀。

2. 将青红椒、洋葱均切成菱形片；酱油、精盐、料酒、白糖、味精、湿淀粉等共纳一碗，兑成芡汁，均备用。

3. 炒锅上火，放色拉油烧至四成熟，下入浆好的肝片，滑散至熟时，倒入漏勺内沥油。

4. 锅内留底油，放入葱末、姜末、蒜末炝锅，再放入青红椒、洋葱煸炒一下，然后放入滑熟的肝片，烹入兑好的芡汁，翻炒均匀后淋入少许香油，出锅装盘即成。

·菜品特点

鲜嫩酥软，清淡适口。

"清蒸白鱼"迎圣驾

清蒸白鱼为东北传统名菜，主料是产自松花江的鲜活白鱼。白鱼是吉林鱼中的上品，俗话说："三月桃花开江水，白鱼出水肥且鲜。"自古以来，松花江上的渔户以江水煮白鱼，款待来访的亲友，被人们传为美谈。后来，有烹饪高手潜心制作，终于创出了清蒸松花江白鱼这道名菜，登上了圣宴之席。

据传，此菜是清代吉林乌拉将军巴海的家厨所创制。康熙二十一年，康熙皇帝赴吉林考察时，巴海设宴迎驾，家厨用松花江白鱼烹制了"清蒸白鱼"。康熙皇帝品尝后大为赞赏，于是扬名全城。乾隆十五年，乾隆皇帝东巡吉林时亦品尝了"清蒸白鱼"，称它为关东佳味。朱德、董必武等革命老前辈也曾品尝江水蒸白鱼，予以好评。

清蒸白鱼有两种做法，高级盛宴以食汤取其鲜汁为主，鱼肉细腻无咸淡味；另一种是以食鱼肉为主，清蒸时使汤汁入鱼体内，属于蒸法。两种做法，均需鲜活鱼。

·美食原料

主料：松花江活白鱼 1500 克。

辅料：火腿 25 克，肥肉膘 50 克，油菜 25 克，玉兰片 10 克，香菇（鲜）25 克。

调料：黄酒 25 克，盐 5 克，小葱 10 克，味精 1 克，姜 10 克，猪油（炼制）50 克。

清蒸白鱼

·制作方法

1. 将白鱼去鳞、去腮、去内脏，用水洗净，在开水中稍烫，用凉水冲凉，刮净黑皮，两面刻上斜刀口，摆在盘内。

2. 把猪肥肉膘切成 3 厘米长的木梳花刀片；玉兰片用水泡发，洗净，切成长薄片；熟火腿切成长薄片；油菜择洗干净，切成长薄片；香菇去蒂，洗净，切两半。

3. 将肥肉片、玉兰片、火腿片、油菜片、香菇片分别摆在鱼身上，撒上精盐、味精、黄酒，放上葱姜块，添上鸡清汤、猪油。

4. 蒸锅上汽后，把鱼放入，蒸 20 分钟，熟后取出葱姜块。

5. 把原汤滗在勺内，将鱼拖入盘子内，把汤调好口味，浇在盘子内即可。食时加姜末和醋。

·菜品特点

色彩艳丽，鱼肉洁白，细嫩鲜美，汤汁清淡。

·营养功效

白鱼除味道鲜美外，还有较高的药用价值，具有补肾益脑、开窍利尿等功能；尤其鱼脑，是不可多得的强壮滋补品，久食之，对性功能衰退、失调有特殊疗效。中医理论认为，白鱼肉性味甘、温，有开胃、健脾、利水、消水肿之功效，可以治疗消瘦浮肿、产后抽筋。

·饮食禁忌

白鱼不宜和大枣同食。

明武宗"游龙戏凤"

"游龙戏凤"为东北菜的名品之一，是由辽宁盛产的刺参、笋鸡以及人参放入酒精锅中烹制而成。

据传，明正德年间，武宗朱厚照微服私访来到某县梅龙镇，镇上有家由兄妹俩开设的酒店。武宗来到酒店时，见妹妹凤姐有沉鱼落雁、闭月羞花之貌，便让她备佳肴美酒。凤姐亲手做了一道由鸡、鱼合烹的菜肴，武宗品尝后大为赞赏，问此菜何名，凤姐一时语塞，武宗便封此菜为"游龙戏凤"。此后凤姐随皇帝进宫，这道菜就成为明宫廷名菜。后来传入民间，成为北京和辽宁地区的传统名菜。辽宁著名厨师刘敬贤在鹿鸭春饭店掌勺时，曾将它略作改进，重新应市。

· 美食原料

主料：活笋鸡 1 只。

辅料：水发鱿鱼 250 克，鸡蛋 2 个。

调料：精盐、味精、湿淀粉、植物油、鲜汤各适量。

· 制作方法

1. 将活鸡宰杀煺毛、取出内脏清洗干净，出骨切块。鱿鱼清洗干净，用刀剞为卷形，备用。

2. 把鸡蛋搅匀，加入盐、味精、干淀粉搅拌成蛋糊。把炒锅烧热，倒油烧至五六成热时，把鸡块裹上蛋糊放进油锅炸至金黄色、外酥里嫩时捞出。

3. 炒锅置大火上烧热，倒油至七八成热时，加入鱿鱼稍熘，待鱿鱼卷缩成卷状时取出，控干油入锅，加鲜汤、盐、味精，再用湿淀粉勾芡，淋上熟油少许即可出锅，摆在菜盘四周即成。

· 菜品特点

用料考究，营养丰富，汤汁乳白，鸡肉酥烂脱骨，滋味鲜美。

立陶宛来的"哈尔滨红肠"

哈尔滨红肠是哈尔滨最有特色的美食之一。在当地流传着这样的顺口溜："哈尔滨啥最好，肉联红肠不可少；肉联红肠带几斤，才算来过哈尔滨。"

1900 年的一个晴朗夏日，从莫斯科开来的一列火车徐徐驶入当时的松花江火车站（后来的哈尔滨火车站）。乘客中有一个俄罗斯商人叫伊万·雅阔列维奇·秋林，他在哈尔滨创建了著名的秋林洋行。

在秋林洋行里，有一位黄头发、蓝眼睛、大鼻子的立陶宛籍的员工，他不甘心为秋林老板打工，想体验一下自己当老板的感受。于是，1909 年 3 月，他在道里西商务街（现上游街）建立了秋林灌肠庄，生产立陶宛风味的香肠，俗称"里道斯"香肠。因香肠呈枣红色，故又称"红肠"，更因产地在哈尔滨，更多人叫它"哈尔滨红肠"。

· 美食原料

主料：肥瘦适中的新鲜猪肉和牛肉各 10 千克，牛小肠或猪小肠 5 千克，淀粉 1千克。

调料：蒜 300 克，黑胡椒粉 100 克，盐 300 克，硝石 5 千克。

·制作方法

1. 把猪肉与牛肉切成长约 10 厘米，宽约 5 厘米，厚约 2 厘米的肉块。

2. 用盐、硝石与肥瘦肉块混合搅拌均匀，在 3℃～4℃ 的低温下腌渍 2～3 天，将腌渍后的瘦肉绞碎，再用刀重剁一次。将腌渍好的肥肉切成丁。将剁碎的肉与蒜、黑胡椒粉混合搅拌均匀。将牛肉馅用适量冷水充分混合搅拌 5～6 分钟，用清水将淀粉溶解后，加入肉馅中，加入肥肉丁搅拌 2～3 分钟。

3. 将灌制好的肠放入烤炉内，炉温保持在 65℃～85℃，每隔 5 分钟上下翻动一次，烘烤 25～40 分钟后，肠衣呈半透明状，表皮干燥，肠衣表面和肠头无油脂流出时即烤好。

努力哈赤金肉阿吗尊肉

乾隆期间，正值清朝鼎盛时期。这一时期政局稳定，经济发展，饮食市场空前繁荣，其中以"满汉全席"称雄饮食业，满汉全席分为"上八珍"、"中八珍"、"下八珍"，满族八大碗为满汉全席之下八珍。满族地方风味也应运而生，吉林境内专营饮食的店铺日益增多，呈现出一派繁荣景象。满族八大碗深受民间欢迎，《满族旗人祭礼考》记载，宴会用五鼎、八盏，俗称八大碗，年、节、庆典、迎、送、嫁、娶，富家多以八大碗宴请。八大碗在当时集中了扒、焖、酱、烧、炖、炒、蒸、熘等烹饪手法。

满族八大碗的菜名为：雪菜炒小豆腐、卤虾豆腐蛋、扒猪手、灼田鸡、小鸡胗蘑粉、年猪烩菜、御府椿鱼、阿玛尊肉。其中，"阿玛尊肉"最具代表性。此菜是清太祖努尔哈赤时代流传下来的，故俗称"努尔哈赤金肉"。《满族简史》记载努尔哈赤统一东北后建"堂子"，立竿祭天，凡用兵及大事必祭。《竹叶亭杂记》载，祭用必选择其毛纯黑无一杂色者其牲即于神前割之、烹之。

美食原料

猪肉（肥瘦）500 克，大葱 50 克，花椒 15 克，八角 5 克，桂皮、肉豆蔻、芥末各 10 克，酱油、醋、姜、大蒜（白皮）各 20 克，腌韭菜花 15 克，辣椒油 15 克。

·制作方法

1. 将新宰杀的猪肉切成大块，清洗干净。

2. 锅置火上，放入清水、加入葱、姜、花椒、八角、桂皮、豆蔻、大块猪肉烧开，煮至猪肉熟烂即可停火，将肉捞出。

3. 将捞出的肉，按头肉、尾根、肩、硬肋各部位各取 100 克，切成菱形片（象眼片），分别码放在盘中。

4. 将酱油、醋、辣椒油、韭菜花、芥末、蒜泥放入碗中，调拌均匀。

5. 将兑好的汁，分装数个小盘内，与切好码盘的肉，一同上桌蘸食即可。

技术诀窍

1. 猪肉以新鲜为佳，以不失其特有风味。

2. 煮猪肉时，一定煮至烂熟但又不失其形，以利于切片。

3. 调味汁亦可改用其他调料调制，因各自口味而定。

4. 此菜既可凉食又可加酱油、葱、姜蒸热食用。

品质标准

五香味，具有肥者不腻、瘦者不柴、味美鲜香的特点。

杀生鱼

杀生鱼又叫"塔尔卡"或"塔拉哈"，是赫哲族人饮酒时不可缺少的佳肴美馐。

赫哲族是我国东北地区一个历史悠久的民族，主要分布在黑龙江省同江县、饶河县和抚远县，少数散居在桦川、依兰、富饶三县的一些村镇和佳木斯市。捕鱼和狩猎是赫哲人衣食的主要来源。赫哲族人喜爱吃鱼，尤其喜爱吃生鱼。这一习俗沿袭至今，显示了这个民族与其他民族不同的特点。

赫哲族人一向以"杀生鱼"为敬礼。在室外，他们拿起刚刚捕的鱼，用刀在活蹦乱跳的鱼身上割下一块肉请客人吃。客人若是愉快地从刀上咬下鱼肉吃下，就被视为朋友，受到热情的款待；反之，那就别想再登这家的门。

在家里招待亲朋好友，那么吃杀生鱼则要讲究得多：主人多选鲤鱼、鲟鱼、鳇鱼、鳊鱼、草鱼等为原料，从鱼体上剔下两整块鱼肉，切成能连接起来的鱼丝，去掉鱼皮后装入一个大盘中，拌上用开水烫过的土豆丝、绿豆芽、粉皮或粉丝、韭菜，调上辣椒油、醋、食盐等调料，拌匀后即可食用。其鲜嫩可口，吃起来清香满嘴，别具风味。

在冬季捕鱼时节，赫哲族人还用刀将冻得像冰棍似的鱼从头划到尾，撕掉鱼皮后提起鱼尾，用刀一片一片往下削鱼肉，像木工刨子推出来的刨花似的鱼肉一卷一卷地落在盘子里，鲜嫩洁白，拌入各种调料，吃起来香脆可口，堪称佳品。

美食原料

上等鲤鱼或鲟鱼1条，野辣椒100克，野韭菜、醋各200克，盐适量。

·制作方法

1. 取最新鲜的上等鲤鱼或鲟鱼，从鱼脊处将鱼劈开，把鱼肉从鱼骨上剔下两整块，用刀横切成相连的薄片。再从鱼皮上将鱼片片下来，切丝，用醋熬一下。

2. 鱼皮上火烤至半熟后切丝。

3. 将鱼肉丝、鱼皮丝拌以葱丝、野辣椒或野韭菜即成。

技术诀窍

在食用时可根据个人口味特点用食盐进行调味。

品质标准

原汁原味，乡情浓郁，凉爽鲜美，具有清香。

清炖黑鲷

加吉鱼属于鱼纲，鲷（Sea Bream）科，体高侧扁，长 50 厘米以上，体呈银红色，有淡蓝色的斑点，尾鳍后绿黑色，头大、口小，上下颌牙前部圆锥形，后部臼齿状，体被栉鳞，背鳍和臀鳍具硬棘。我国沿海均产，但以辽宁大东沟，河北秦皇岛、山海关，山东烟台、龙口、青岛为主要产区，其中山海关产的品质最好。

加吉鱼分红加吉和黑加吉两种，红加吉的学名叫真鲷，黑加吉即黑鲷。有关加吉鱼名字的由来，还有一段有趣的故事呢。

相传，唐太宗李世民东征，来到登州（现在的山东蓬莱）。一天，他择吉日渡海游览海上仙山（现今的长山岛），在海岛上品尝了长相漂亮、味道鲜美的鱼之后，便问随行的文武官员，此鱼何名？群臣不敢胡说，于是作揖答道："皇上赐名才是。"太宗大喜，想到是择吉日渡海，品尝鲜鱼又为吉日增添光彩，为此赐名"加吉鱼"。

加吉鱼营养丰富，富含蛋白质、钙、钾、硒等营养元素，为人体提供丰富的蛋白质及矿物质。

清炖黑鲷是辽宁省传统名菜。其选用渤海产黑鲷为原料，先经过触油，再以清汤炖制而成。常用作宴席头菜。

美食原料

黑鲷750克。玉兰片、香菇（鲜）、小白菜、黄酒各15克，猪肋条肉（五花肉）、香菜各25克，盐、小葱、姜、香油各10克，花椒5克，猪油（炼制）30克，胡椒粉、味精各3克。

·制作方法

1. 加吉鱼（黑鲷）宰杀治净，在鱼身两则每隔1.3厘米刻上花刀。

2. 将刻好花刀的鱼投入热油中触一下捞出。

3. 玉兰片发好，洗净，切片。

4. 香菇去蒂，洗净，切片。

5. 小白菜择洗干净，切片。

6. 猪五花肉切片。

7. 香菜择洗干净，切末。

8. 葱去根洗净，一半切段，一半切末。

9. 姜洗净，一半切片，一半切末。

10. 炒勺内加少许熟猪油烧热，放入葱段，姜片和黄酒炝锅，加入配料翻炒. 再添汤1000毫升，汤沸撇净浮沫，调好口味。

11. 再将鱼下勺，改慢火炖至汤约剩500毫升时，拣去葱、姜、花椒，淋香油盛出，再撒上葱姜末和香菜末即成。

技术诀窍

1. 鱼触油时，注意不要上色，以保持肉质软嫩。

2. 鱼下勺后，文火微沸，以免混汤，保持鱼肉鲜嫩。

品质标准

咸鲜味，肉质细嫩、味道鲜美、清淡爽口。

第十章　中华风味小吃文化典故

第一节　东北地区风味小吃

我国东北地区主要指辽宁、吉林和黑龙江三省。其中，辽宁省是东北地区的门户，其西南与河北省交界，西北毗邻内蒙古大草原，南临黄海和渤海。东北这块黑土地，物产富饶，山川秀美。大、小兴安岭和长白山山峦起伏，林木繁茂，盛产各种野味、珍禽及各种菌类植物。渤海、黑龙江和松花江为这一地区带来丰富的水产资源。东北地区四季分明，冬季温差较大，盛产玉米、大豆、小麦、高粱、谷子、水稻等粮食，农作物一年一熟。这种得天独厚的条件为东北地区丰富多彩的面食奠定物质基础。东北自古就有汉族、满族、朝鲜族、蒙古族等多民族聚居。早在三千多年前，满族的先祖——肃慎就定居在白山黑水之间，过着渔猎生活。战国以后，称这一民族为"挹娄"，南北朝则称为"勿吉"，隋唐时变称"靺鞨"，宋、元、明期间以"女真"泛称。时至后金才自称为"满洲"。辛亥革命后其简称满族。满族人热情好客、民风淳朴，豆面饽饽、年糕饽饽、水煮饽饽（即饺子）、苏叶饽饽和畜牧肉类是他们日常主食。朝鲜族喜食冷面、打糕等。这一地区特有的民族风俗和区域文化，结合当地物产原料与特色技艺，构成东北地区丰厚的饮食文化内涵，加上地理特性的历史嬗和，最终造就了东北地区典型的面食风格。

辽金两代，居住在黑龙江地区的有胡人、女真、蒙古等先民，主食为馒头、炊饼、白胡饼、粳饭等。发展到今天，黑龙江人的主食有米饭、玉米干饭、捞水饭、米粥等。其中大糁粥深受人们的喜爱，俗话说"苞米楂子大芸豆，越吃越没够"。下大酱、渍酸菜、做豆腐也是黑龙江人民的重要饮食风俗。

15世纪，河北、山东、山西、河南等地大量居民移居东北，在与当地的女真族的互存相依的交往中，中原饮食文化与松辽平原的饮食风俗相汇交融，形成了东北地区食文化特色，把这个地区的饮食发展推向繁荣！至19世纪末，吉林省各地的专业饮食店如包子铺、饺子馆、煎饼铺等日益增多，大小筵席已很讲排场。《满族旗人祭祀考》载："冬日食火锅，春日食春饼、馒头、馅饼、水饺、蒸饺。"如今，吉林人的日常饮食反倒以米饭为主，辅以小米、高粱、小糙子等与大米混合焖制成的杂饭及豆饭。其中，最具吉林特色的是高粱米赤豆饭和玉米糙子菜豆粥，还有锅贴、贴饼子、玉米窝等。

辽宁人由于受气候环境与物产状况的影响，口味特点以嗜好肥浓、喜腥膻、重油偏咸为特点，这与满族、蒙古族等民族饮食风格十分相像。而老边饺子和王麻子锅贴等应是辽宁最具特色的面食了。

东北小吃用料广泛，主要有面粉、大米、荞麦、玉米、高粱、大黄米、红枣、牛羊猪肉等，制作工艺独具本土特色。如沈阳的老边饺子，肉馅经过煸炒后用骨汤慢煨而成；四平李连贵熏肉大饼，是用煮肉的汤油加入食盐、花椒面和干面粉调制面团等，既突出满族、回族和朝鲜族等民族风格，同时又存有汉族风味。米面主食配以丰富的杂粮，组合成风味各异、品种繁多的面食小吃，如玉米面可做窝头、煎饼、发糕、六合饼等；黏米面可做黏豆包、黏饽饽、豆面卷等。在东北繁多的面食中，最富有特色的面食小吃有老边饺子、海城老山记馅饼、义县伊斯兰烧饼、王麻子锅贴、李连贵熏肉大饼、会友发包子、清糖饼、打糕、冷面、老都一处三鲜水饺、小笼灌汤包、黄米切糕等。

一、脆松糖

黑龙江盛产松籽，每年均可收购五十多万公斤。齐齐哈尔市联合食品厂为了发挥地方优势充分利用松籽资源，根据苏州朱芝斋创造的重松糖，研制了红梅牌脆松糖。该糖不仅在国内深受消者欢迎，而且在中国香港、中国澳门和新加坡、马来西亚、日本等国也很畅销。

红梅牌脆松糖是一种具有特殊风味的中形糖果，是添加30%纯净松籽仁制成的一种硬糖。该糖使用的松籽是黑龙江小兴安岭森林的特产，这种红松籽籽实，含有大量的脂肪、蛋白质和维生素。松籽添加在硬糖里，制成脆松糖，是一种高级营养糖果。

美味原料

纯净松籽仁，砂糖，液体葡萄糖，水。

·制作方法

1. 准确按配方称取砂糖、液体葡萄糖及水，盛于溶糖锅内。

2. 将溶糖锅于慢火上加热溶化，通过 120 目罗及 4 层纱布将糖液滤入熬锅内。

3. 将过滤后的糖液加火熬煮。熬糖过程中，火力要平稳，防止焦煳。熬至出锅温度时（160～163℃），立即出锅。

4. 冷却成形：

①冷却：出锅的糖液倒在冷却铁板上，兑入返工品，拌入纯净的松籽仁后叠均匀，放于案子上，待成形。

②将糖坯揪成小块，搓成圆条，置于压模中压平，再移于切模内用片刀切块。然后平放在铁板上冷却至高于室温 2℃ 时即可开始包装。

5. 包装：

①包玻璃纸（30 克玻璃纸）：将冷却到高于室温 2℃ 的糖体用糯米纸、白玻璃纸，两层包裹，中间央标签。包裹要紧密，边角要规整。

②装袋：装袋要平整，不得有卷角现象。每袋 12 块，装袋后热合封口。封口要平整，不得有过热穿孔等现象，要保证糖体密封。

③装盒：将塑料袋上口下叠，每盒装两袋，包玻璃纸。要求玻璃纸平整、严密。

④装箱：先将专用脆松糖纸箱铺好 80 克/米 2 条纹柏油纸，垫加强隔板后，装包封玻璃纸的脆松糖盒。每层 4 盒，每箱 10 层。每层间垫加强隔板一张。装完后上面将防潮纸包盖紧密、合盖，用胶水、纸封箱。封箱要结实，不得有开裂现象。最后打纸腰子，即为成品，入库。

技术诀窍

1. 要想保证脆松糖所应有的外观和风味，在加工时，要十分注意松籽的选择和处理。用于加工脆松糖的松籽必须选用大粒的，新鲜干燥的，无虫蛀、霉烂和氧化哈败的松籽。

2. 选择优质砂糖；用平稳火度熬糖；严格控制还原糖等措施。

品质标准

感官上具有淡黄色至黄褐色；味道芳香无异味；形状规整无块形不均的明显差异；松籽较完整无较大气泡；糖不粘牙，不粘纸；无松散纸皮以及可见杂质。

二、风干口条

风干口条是哈尔滨正阳楼的名产，相传已有一百五十多年历史。作为食品的（猪、牛）舌头，因"舌"与"折"谐音，故避"舌"说"条"。在没有特别说明是牛口条时，口条通指猪舌头。

美味原料

猪口条 1 0000 克，精盐 500 克，酱油 6000 克，花椒面 50 克，甘草 300 克，花椒、大料各 100 克，桂皮 200 克。

·制作方法

1. 去皮：将口条浸入开水内烫至表面呈白色时，捞出剥去外皮，用水洗净。

2. 腌制：将精盐与花椒拌和，搓擦口条表面，平放在木板上，上面压以木板或石块，经 4~5 小时，揭开木板，晾 2~5 小时，再按原样搓擦盐和花椒，并再腌压，这样每天 2 次，到 5 次以后，口条中水分大部分排尽。将各种辅料放入锅内煮沸，晾透后倒进缸里，将口条投入浸泡，经 2 天捞出。

3. 风干：将口条一个个用细绳串上，挂在阴凉通风干燥处，半个月取下。

4. 煮熟：将风干后的口条放在老汤内，约煮半个小时捞出即为成品。

技术诀窍

1. 开始风干时，不宜烈日暴晒。当口条水分接近干燥时，可挂在通风阴凉处风干。

2. 煮口条的老汤时间越久，味道越浓。

品质标准

深红色，味浓香，不软不硬，咸淡适口，久嚼其味越香，滋味深长。

三、克东腐乳

在小兴安岭二克山脚下，座落着一家门面并不显赫的企业，但它生产的"二克山腐乳"却闻名遐迩，其盛誉历经 80 年不衰。它就是克东腐乳厂。

据传 1915 年，一山西老板在二克山脚下一个叫"人和春"的作坊里酿造腐乳，患有胃疾的老板在腐乳缸间摆弄治病的中药，不料纸包撕裂，十几味中药撒入缸中。6 个月发酵期满后，老板启开缸封，却闻到一股奇妙的异香。从此，克东腐乳就一直沿用着这种神奇的配方。到了 20 世纪 80 年代，克东腐乳不仅获得轻工业部全国行业评比第一名的殊荣，还在 1988 年的中国首届食品博览会上获得银奖；1991 年克东腐乳在中国农业博览会上夺得金奖。

如今克东腐乳厂与北京王致和酱菜厂、桂林的白腐乳厂已形成三足鼎立之势，以全国唯一的球型菌风味为特色的克东红腐乳走俏市场，在全国享有盛名，是黑龙江省独特的名牌发酵食品。

美食原料

面粉 1 300 克，红曲 280 克，白酒 210 克，良姜、白芷、公丁香各 9 克，砂仁、食盐各 5 克，白蔻、紫蔻、肉蔻、甘草各 4 克，母丁香、贡桂、管木、陈皮各 1 克，三奈 8 克。

·制作方法

1. 原料选择：主料选用优质大豆，平均千粒重 170～200 克以上，含蛋白质约 40% 左右，这有利于制造质量好的豆腐坯。

2. 豆浆与豆坯：制作步骤：浸泡大豆，使大豆组织中的蛋白质吸收水而膨胀，使干豆中的凝胶状态的蛋白质转变立溶胶状态。这样浸泡后便于磨浆。磨豆腐浆要保证粉碎细度和均匀度，磨下豆汁应成鱼鳞状下滑，取 1 000 毫升豆汁，用 70 目铜网过滤 10 分钟，干物质不应高于 30%，要求磨细是为了破坏大豆细胞壁组织，使蛋白质能很好地游离溶于水中，加水量应是大豆的 10 倍，这样可溶出 80% 蛋白质。用滚浆机分离豆汁与豆渣，要保证不糊网，不流渣子。煮浆温度要达到 100℃，并保持 5～10 分钟，一定要少用油脚等消沫剂。点浆温度必须达到 95℃ 以上，如果温度低于 90℃ 就会残留豆臭，凝固不好，抽出量也少。

3. 豆坯的蒸、腌与前发酵：将合格的豆腐坯先蒸 20 分钟，要蒸透，表面无水珠，有弹性。蒸后将豆腐坯立起冷却到 30℃ 以下再进行腌制。腌时摆一层豆腐块，均匀撒一次盐；腌 24 小时后，将豆腐坯上下倒一次，每层再撒少量盐，腌 48 小时，使其含盐量为 6.5%～7%。腌后，用温水洗净浮盐及杂质（水温冬季 40℃ 左右，夏季 20℃ 左右）。切块，然后放入前发酵室，将豆坯串空摆在盘子里，要排紧，防止倒。然后喷洒茵液，茵液的制法是将发酵好的风味正常的豆腐坯上的菌膜刮下，用凉水稀释过滤而成的。接种后的豆坯放置的温度 28～30℃ 的发酵室内培养，发酵 5～4 天后，坯上的茵呈黄色后倒垛一次，发酵 7～8 天豆坯呈红黄色，菌衣厚而质密即为成熟。

4. 装缸与后发酵：将红黄色的豆胚进行 12 小时 50～60℃ 的干燥，使其软硬适度，有弹性，不裂纹，含水量在 45%～48% 之间，含盐分 8%～9%，即可装缸，将辅料配成汤料加入缸内。装缸时，加一层汤料装一层坯子，装上层要装紧，坯子间隙为 1 厘米，装完后，坯子距缸口 9～12 厘米。然后将缸放在装缸室内，坯子在缸内浸泡 12 小时，然后再进入后发酵库内，垫平缸，再加二遍汤料，其深度为 5 厘米，然后用纸封严，决不可透气。后发酵温度要保护在 28～30℃。装满库后经 50～60 天，要上下倒一次，再经 30 天即可成熟食用。

技术诀窍

1. 可根据季节和大豆品种调整水温，冬季需加温至15℃左右，浸泡时间近24小时，如果浸泡时起白沫，应立即换水，以免酸败。当大豆浸泡后重量增加2.2~2.3倍时，即可用手掰开豆瓣，其相对处呈平面状，豆瓣无硬心即为浸泡适宜。最忌浸渍不透，因浸不透蛋白质不易溶出，混杂于豆腐渣中降低蛋白利用率。

2. 点浆操作要求：细倒卤汁，慢打耙，微见清沟，凝结块加黄豆粉大小。点浆后养花3分钟再开浆，5分钟撒黄浆水，pH值为5.7~5.8。上榨工艺使用压力不要过猛，否则造成薄厚不均。成品豆腐要求坯色为淡黄无白点，豆胚面无高低不平，有弹性。有特殊香味，豆坯厚度为1.9~2.1厘米，水分为69%~70%。

品质标准

克东腐乳属于细菌类型发酵，有别于毛霉类型发酵，其产品特点是色泽鲜艳，质地细腻而柔软，味道鲜美而绵长，具有特殊的芳香气味。

四、老鼎丰川酥月饼

据传早在二百年前，乾隆皇帝二下江南，在古城绍兴暗访时，品尝一家果匠铺的点心，觉得风味独特，欣然提起御笔，钦赐"老鼎丰"三个大字。意思是，锅里总是有许多好吃的。

自那以后，老鼎丰点心便成了贡品，并以南味正宗名点传遍大江南北。从此，老鼎丰字号的果匠铺如雨后春笋，出现在中华大地上，仅哈尔滨就有7家。

黑龙江的这家老鼎丰是1911年开业的，当时位于哈尔滨道外区正阳三道街（今靖宇大街216号），至今已有98年的历史，当时称"老鼎丰南味货栈"。该店一面卖南味干鲜食品，一面自制自销南味点心，可谓生意兴隆，财源茂盛。

后来，东北沦陷，民族危亡，加之"伪满"当局限制民族工业发展，至使老鼎丰倒闭。新中国成立后，百废俱兴，老鼎丰点心又重新开张营业。特别是改革开放以来，老鼎丰得以迅猛发展，多次获得殊荣，被国家有关部门命名为"中华老字号"，成为全国唯一的一家有二百多年历史的老鼎丰糕点厂。

老鼎丰糕点被国家命名为"国优"、"部优"称号的很多。特别是老面点师徐玉铎制作的老鼎丰月饼，久负盛名，誉满九州。其代表作川酥月饼、蜜制百果月饼等名品，被评为"国优产品"。《人民日报》曾发表老鼎丰的专访文章，对月饼给予高度评价："老鼎丰月饼是精品中的精品，也是中华传统糕点精华之体现。"

美味原料

特制粉17500克，标准粉7000克，白糖12000克，青梅1250克，蜂蜜、鸡蛋各 1 000 克，桃仁、瓜仁、芝麻、玫瑰、桂花各 500 克，果脯 1. 5 千克，桔饼 750 克。

·制作方法

1. 调馅：将熟面倒在案面上推成圆圈，圈内放好各种小料，加上桂花、玫瑰酱等，再按原料配比放入糖、油，快速搅匀，注意不能多搅，馅的软硬要适度，突出所需的各种香型。

2. 调粉：先调酥，后调浆皮。调浆皮时先把化好的凉浆倒入搅拌机内，同时倒入油，搅至油不上浮、浆不沉底，充分乳化时，缓缓倒入特制粉，搅拌成油润细腻，具有一定韧性的面团即可。

3. 包馅：先把酥和浆皮按照 1：2. 5 的比例包好，擀成片状，切成 8 条，卷起备用。按每千克 10 块，皮、馅 1：1 的比例包成球型饼坯，封口要严。

4. 成形：根据月饼馅、味不同选用不同模具。刻模时要按平，严防凹心、偏头、飞边；出模时要求图案清晰，形态丰满。码盘时轻拿轻放，留有适当间距，产品表面蛋液涂刷均匀，适量。

5. 烘烤：用转炉烘烤，炉温 180～190℃，最高不超过 200℃，时间为 12 分钟左右，产品火色均匀，表面棕黄，墙乳白色，并有小裂纹，底部棕红色即可出炉。

技术诀窍

1. 备料：将果脯切成均匀的小块（不能剁）；芝麻洗净用文火炒至产生香味，注意保持芝麻原有的色泽；各种果仁（桃仁、瓜仁等）均须经过烘烤，以使口味醇正。

2. 糖浆要经过蛋液提纯，浆口老嫩要适度。

3. 调馅要使用经高温蒸制呈细沙状的熟面，以保证馅心润口。调馅所用植物油，尤其是豆油，要事先熬熟、凉透，去掉不良气味。

品质标准

表面棕黄色、底棕红色，皮酥馅软，层次分明，酥松利口，细腻酥软、多味触合，香味独特，久放不干。

五、朝鲜冷面

朝鲜族自古有在农历正月初囤中午吃冷面的习俗，说是这一天吃上长长的冷面，就会长命百岁，故冷面又被称作"长寿面"。关于农历正月初四吃长寿面，还又一段动人的传说呢。

相传天宫的七位仙女，厌倦了天上冷清的生活，便瞒着玉皇大帝，偷偷飘降在长白山天池。她们戏水为乐，日子过得逍遥快活。正月初四这天，最小的仙女在沐浴时，忽然发现一个白衣秀士向自己走来，急忙上岸取衣裳躲避。就在这时，一只大鸟突然从天而降，衔走了仙女的衣裳，仙女羞得欲躲回水中。说时迟那时快，只见白衣秀士搭箭就射，大鸟吃了一惊，抛下衣裳展翅而逃，衣裳不偏不倚地飘落在仙女身上。于是，白衣秀士就成了七位仙女的座上宾，她们精心调制了冷面请秀士品尝。秀士从没有吃过如此美味的面条，便向仙女们讨教做冷面的方法，下山以后仿照制作，并传授给了自己的子孙。秀士活到很大年龄，并且子孙满堂，他所传授下来的冷面便被称作"长寿面"。于是，每年农历正月初四吃"长寿面"就成了朝鲜族的传统习惯。

朝鲜冷面（俗称"朝鲜面"）是驰名国内外的一种深受人们喜欢的传统民族食品。其中，以荞麦面冷面最为著称。一般用牛肉汤或鸡汤，佐以辣白菜、肉片、鸡蛋、黄瓜丝、梨条、葱丝、辣椒、味精、盐等。食用时，先在碗内放少量凉汤与适量面条，再放入佐料，最后再次浇汤。其面细质韧，汤汁凉爽，酸辣适口。

美食原料

荞面400克，淀粉600克，牛肉200克，时令蔬菜300克，苹果50克，葱、胡萝卜、酱油各30克，香油，芝麻，味精各5克，蒜泥20克，精盐、食碱、辣椒面各10克。

·制作方法

1. 将牛肉切大块浸凉水洗净，放进凉水锅里以旺火煮开后，撇去表面飘浮血沫，然后放入酱油及精盐，此时可改微火慢炖；将葱、胡萝卜装一特制小布袋里放入锅中。待牛肉完全炖熟时，捞出放置案板上，等其晾凉时切成小薄片。

2. 将牛肉汤稍过滤后放入容器内待用。

3. 将荞面、淀粉按一定比例混倒在和面盆里，以开水烫成稍硬的面，加适量食碱后，揉和好，搓成圆条，放入特制的挤筒内，快速压制成面条后随即入开水锅里煮。面条熟后再放入凉水中过凉，妥后装碗上桌。

4. 面条上放辣白菜等时令蔬菜及四五片熟牛肉，浇上蒜辣酱，然后再放上水果片、鸡蛋丝，最后浇上牛肉汤，撒上熟芝麻、淋上香油即成。

技术诀窍

1. 面条类食品在朝鲜语中叫作"股细"，冷面通常是用小麦粉加上荞麦面或玉米面制成，配上清汤或荤汤，再加上辣酱、辣椒油、泡菜、芝麻、水果等作为作料。

2. 蒜辣酱是以蒜泥、干辣椒面、水搅成糊状的酱。

品质标准

冰凉清淡、酸辣爽口。

六、朝鲜族沉藏泡菜

沉藏泡菜一般在立冬前后泡制，主要有通泡菜、石波基（译音）、宝桑泡菜（译音）、冬沉等，其通泡菜是沉藏泡菜中的代表。

美食原料

水 50000 克，盐 5000 克，白菜 2000 克，萝卜 3000 克，辣椒粉、姜、牡蛎各 200 克，蒜、葱各 300 克，芹菜、芥菜、虾酱各 500 克。

·制作方法

1. 在 50000 克水里放入适量的盐，然后将白菜放进盐水坛子里，上面再撒一层盐。

2. 过一昼夜，将腌咸的白菜捞出，放在篓子里，滴净盐水。用水清洗 4～5 次，再放进篓子里沥干水分。

3. 准备调料。取萝卜 10 个擦成丝儿。剩下的均切成两半，与盐、辣椒粉和蒜拌在一起。蒜和姜需捣碎，如用石臼磨碎则更好。将芹菜和芥菜切成 5 厘米长。牡蛎放少许盐腌，再清洗干净，除去水分。如用墨鱼，则先剥去皮，再剁成两截，然后用 1 厘米宽的擦床儿将其擦成丝，在盐水里腌泡 24 小时，最后控去水分。葱用擦床儿擦。

4. 先将萝卜丝用辣椒粉拌至鲜红，再与调料拌匀，最后用虾酱汁和盐调味。除上述材料之外，还可以加入适量的梨、枣、干柿、、牛肉片、明太鱼、鳕鱼（大头鱼）等（鲜鱼应该稍腌后再用）。

5. 在每一层叶子上均匀地涂抹上准备好的调料，放进坛子里，中层放切成块的萝卜，上面再放一层白菜，然后用宽大的菜场叶盖起来，再用大石头压定。3～5 天之后，把盐水或是经过煮沸、调味、冷却的酱汤倒进泡菜坛里。腌一周即可食用。酱汤并不只是用虾酱，可根据各自的口味，放旗鱼酱、黄花鱼酱、刀鱼酱等。

技术诀窍

1. 朝鲜族人民不但重视冬天吃的沉藏泡菜，制作季节性泡菜也是一丝不苟。有以萝卜为原料而味道不同的那波泡菜和嘎都基（译音），还有用盐和糖调味的酱泡菜。

2. 酱泡菜制法如下：将萝卜和白菜切成片，放进梨、栗子，苹果、柚子，辣椒、蒜、葱、生姜等，再撒一些松籽，然后用酱油和白糖调味。吃起来香甜可口，味道鲜美。因此，酱泡菜历来颇具盛名。除此之外，还有黄瓜泡菜、茄子泡菜、野菜泡菜等。

品质标准

香辣鲜脆，开胃消食，作小菜、凉菜两相宜。

七、炒肉拉皮

炒肉拉皮是东北脍炙人口的冷食佐酒佳肴，选用猪精肉、绿豆淀粉和时令蔬菜为原料，辅以多种调味品，用拌的技法制成。

猪里脊肉：猪肉含有丰富的优质蛋白质和人体必需的脂肪酸，并提供血红素（有机铁）和促进铁吸收的半胱氨酸，能改善缺铁性贫血；具有补肾养血，滋阴润燥的功效；猪里脊肉含有丰富的优质蛋白，脂肪、胆固醇含量相对较少，一般人群都可食用。

绿豆面：绿豆含有丰富营养元素，有增进食欲、降血脂、降低胆固醇、抗过敏、解毒、保护肝脏的作用；绿豆有清热解毒、消暑除烦、止渴健胃、利水消肿的功效；主治暑热烦渴、湿热泄泻、水肿腹胀、疮疡肿毒、丹毒疖肿、痄腮、痘疹以及金石砒霜草木中毒者。

海蜇头：海蜇含有人体需要的多种营养成分，尤其含有人们饮食中所缺的碘，是一种重要的营养食品。海蜇具有清热、化痰、消积、通便之功效，用于阴虚肺燥、高血压、痰热咳嗽、哮喘、瘰疬痰核、食积痞胀、大便燥结等症。

绿豆芽：绿豆芽富含大量的维生素 C 可以有效预防坏血病，有清除血管壁中的胆固醇阳脂肪的堆积、防止心血管病变的作用。另外，绿豆芽中还有丰富的维生素 B_2，对口腔溃疡的人很适宜，其含有大量的膳食纤维，可以预防便秘和消化道癌等，同时还是一种低热能的减肥食品。

水萝卜：萝卜所含热量较少，纤维素较多，吃后易产生饱胀感，这些都有助于减肥。萝卜能诱导人体自身产生干扰素，增加机体免疫力，并能抑制癌细胞的生长，对防癌、抗癌有重要作用。萝卜中的芥子油和精纤维可促进胃肠蠕动，有助于体内废物的排出。常吃萝卜可降低血脂、软化血管、稳定血压，预防冠心病、动脉硬化、胆石症等疾病。

菠菜：菠菜中含有大量的 β–胡萝卜素和铁，也是维生素 B_6、叶酸、铁和钾的

极佳来源。其中丰富的铁对缺铁性贫血有改善作用，能令人面色红润，光彩照人，因此被推崇为养颜佳品。菠菜叶中含有铬和一种类胰岛素样物质，其作用与胰岛素非常相似，能使血糖保持稳定。丰富的 B 族维生素含量使其能够防止口角炎、夜盲症等维生素缺乏症的发生。菠菜中含有大量的抗氧化剂如维生素 E 和硒元素，具有抗衰老、促进细胞增殖作用，既能激活大脑功能，又可增强青春活力，有助于防止大脑的老化，防止老年痴呆症。哈佛大学的一项研究还发现，每周食用 2～4 次菠菜的中老年人，因摄入了维生素 A 和胡萝卜素，可降低患视网膜退化的危险，从而保护视力。

虾米：虾米中含有丰富的蛋白质和矿物质，钙含量尤其丰富；其还含有丰富的镁元素，能很好地保护心血管系统，对于预防动脉硬化、高血压及心肌梗死有一定的作用；并还有镇定作用，常用来治疗神经衰弱、植物神经功能紊乱等症。老年人常食，可预防自身因缺钙所致的骨质疏松症。

美食原料

猪里脊肉 750 克，绿豆面、海蜇头、水萝卜、菠菜各 100 克，绿豆茅 150 克，虾米 20 克，辣椒油、香油各 10 克，酱油、芝麻酱各 30 克，醋、大蒜各 15 克，香菜 25 克，白矾 3 克。

·制作方法

1. 把猪瘦肉片成薄片切成丝；炒勺放火上加底油烧热放入肉丝煸炒熟备用；将海蜇头洗净切成丝后，用沸水略焯捞出，控净水分；绿豆面加入适量清水、白矾和精盐调和均匀；黄瓜洗净切成丝；绿豆芽洗净，放入沸水锅中焯熟捞出，沥净水分；水萝卜洗净后切成细丝。

2. 调匀的绿豆粉倒入旋子内入沸水锅中旋成熟粉皮。

5. 熟粉皮取出入凉水中投凉捞出，切成长条。

4. 菠菜用水洗净，放入沸水锅中焯透后，入冷水中投凉捞出，沥净水分，切成长条。

5. 把绿豆粉皮抓入盘中，然后将黄瓜丝、绿豆芽、水萝卜丝、蜇头丝、菠菜条分别整：齐地码入盘中粉皮的周围；再把肉丝放入盘内中间。

6. 分别加上适量芝麻酱、辣椒油、蒜泥、酱油、醋、香油、水发海米、香菜即成。

技术诀窍

1. 切丝要整齐划一，则造型美观。

2. 调味品齐全适量，要突出酸辣口味，这是东北人喜爱的风格。

品质标准

色泽鲜艳，酸辣适口。

八、吊炉饼

杨家吊炉饼是由河南人杨玉田于 1908 年在吉林省洮南县创制，至今已有一百多年的历史。1950 年，杨玉田之子杨善修将饼铺迁到沈阳并挂出"杨家吊炉饼"的牌号。

杨家吊炉饼制作方法独特，它用温水和面，水温和用盐随季节变化而有差异。饼片排好后放在碳炉中上烤下烙，熟透出炉，故称"吊炉饼"。成品形圆面平，呈虎皮黄色，层次分明，外焦里嫩，清香可口。食时再配上精致的鸡蛋糕，更是锦上添花。

用打散的新鲜鸡蛋加水搅匀，上屉蒸制，熟后浇上糕卤，撒上鸡丝，同时佐以辣椒油和蒜泥，糕嫩卤鲜，清香可口，美妙绝伦。目前杨家吊炉饼这一传统风味已扬名沈阳乃至东北各地，深受人们的青睐。

吊炉饼

美食原料

面粉 2 5000 克，精盐 50 克，食碱 5 克，熟豆油 100 克。

· 制作方法

1. 将食盐、食碱加入温水 1 500 克搅拌溶化后，倒入面粉揉成面团，搓成长条，摘成约 160 克的剂子。

2. 面板上刷一层熟豆油，将圆剂擀长，双手拿住面片的两端，向着面板摔成长方形片，然后再拉长抻薄，刷上一层熟豆油，由外向里叠起，再抻长，从一头盘起，另一头掖在底部。

3. 将饼坯擀成直径 13 厘米的圆饼，放入吊炉平锅中，加入熟豆油，烤烙成金黄色即可。

技术诀窍

1. 吊炉饼用温水和面，水的温度和用盐量随着季节变化而增减。

2. 饼片擀好后，上炭炉烤制，上烤下烙，全透出炉。

品质标准

成品形圆面平，呈虎皮色，层次分明，外焦里嫩，清香可口。

九、吉林长春涮羊肉

涮羊肉又称"羊肉火锅"，始于清初，满洲入关后兴起。早在18世纪，康熙、乾隆二帝所举办的几次规模宏大的"千叟宴"．内中就有羊肉火锅。后流传至市肆，由清真馆经营。《旧都百活》云："羊肉锅子，为岁寒时最普通之美味，须与羊肉馆食之。"此等吃法，乃北方游牧遗风加以研究进化，而成为特别风味。

羊肉肉质细嫩，容易消化，高蛋白、低脂肪、含磷脂多，较猪肉和牛肉的脂肪含量都要少，胆固醇含量少，是冬季防寒温补的美味之一；羊肉性温味甘，既可食补，又可食疗，为优良的强壮祛疾食品，有益气补虚、温中暖下、补肾壮阳、生肌健力、抵御风寒之功效。

美食原料

羊肉1000克，白菜300克，虾米100克，盐、虾油各5克，辣椒油15克，芝麻酱、韭菜花，腐乳（红）各20克。

·制作方法

1. 将肥瘦羊肉切成大薄片，码在盘内；白菜头切成长条块，装盘内；汤粉用开水泡软，剪成长20厘米的段，放在盘中佐料分别装入各小碗内。

2. 火锅里加鸡汤、海米，再把烧好的木炭放入锅子的炉膛里，烧沸，连同料盘，料碗一起上桌，摆好。

3. 自行调配作料，边涮羊肉，边蘸作料，进食，最后下入白菜条、汤粉段，待白菜熟时，加味精、精盐调料，即可食用。

技术诀窍

1. 羊肉肥瘦相间，切得越薄越好，不可选入净瘦肉。

2. 必须使用鲜汤，保持火锅鲜味。

3. 各种调料应俱全，方是吉林风味特色。

4. 调料中最宜选用韭菜花酱，若没有韭菜花酱可用腌韭菜花代替。

品质标准

鲜美适口，爽口不腻。

十、酱大头菜

圆白菜中含有大量人体必需的营养素，如多种氨基酸、胡萝卜素等，维生素 C 含量尤多，这些营养都具有提高人体免疫功能的作用，同时其中含有维生素 U 样因子，比人工合成的维生素 U 的效果要好，能促进胃、十二指肠溃疡的愈合，新鲜菜汁对胃病有治疗作用。其中还含有较多的微量元素钼，能抑制亚硝酸胺的合成，具有一定的抗癌作用。此外，圆白菜中的果胶及大量粗纤维能够结合并阻止肠内吸收毒素，促进排便，达到防癌的目的。另外，圆白菜含有丰富的维生素 A、钙和磷。这些物质是促进骨骼发育，防止骨质疏松，所以常食有利于儿童生长发育和老年人骨骼健壮，对促进血液循环也有很大的好处。

牛肉富含丰富蛋白质，氨基酸组成比猪肉更接近人体需要，能提高机体抗病能力，对生长发育及术后、病后调养的人在补充失血、修复组织等方面特别适宜，寒冬食牛肉可暖胃，是该季节的补益佳品；牛肉有补中益气、滋养脾胃、强健筋骨、化痰息风、止渴止涎之功效，适宜于中气下隐、气短体虚、筋骨酸软、贫血久病及面黄目眩之人食用。

美食原料

圆白菜 2500 克，牛肉 1 000 克，酱油 2000 克，花椒、八角各 10 克，桂皮 11 克，味精 5 克，盐、醋各 50 克，白砂糖 20 克。

·制作方法

1. 将大头菜（圆白菜）洗净，去掉残根，一叶一叶地撕开，用盐腌两个小时。

2. 待大头菜腌软后，用清水洗两遍，控干水分，放进坛子里。

3. 锅里放进酱油和牛肉，一边煮一边放入白砂糖、醋，花椒粒、大料、桂皮等，至牛肉熬烂后，取出切成四厘米宽的片，铺到大头菜上面。

4. 在熬出的汤里边加 500 克水，继续熬 5 分钟后，晾凉，倒入装在大头菜的坛子里，腌没为止，用一重物压上。

5. 5 天后即可取出食用。

技术诀窍

用水泡肉时，冬季用热水，春秋用温水，夏季用凉水。

品质标准

肥肉不腻，瘦肉不柴，色泽油亮，味美适口。

十一、牛肉锅贴

锅贴是一种煎烙的馅类小食品，制作精巧，味道精美，多以猪肉馅为常品，根据季节配以不同鲜蔬菜。包制时一般是馅面各半，呈月牙形。锅贴底面呈深黄色，酥脆，面皮软韧，馅味香美。锅贴的形状各地不同，一般是饺子形状，但天津锅贴类似褡裢火烧。从某种意义上说，日本人所谓的饺子都是锅贴。

相传当年慈禧太后非常喜欢吃饺子，但是一旦凉了就不肯吃了，所以御膳房得不停煮出热腾腾的饺子，还得把冷掉的饺子丢掉。有一天太后到后花园赏花，忽然闻到宫墙外传来一阵香味，于是好奇地走出宫外，看到有人在煎煮状似饺子、面皮金黄的食物，尝了一口后，觉得皮酥脆馅多汁，相当美味。后来才知道，这是御膳房丢弃的饺子，因为凉掉了皮粘在一块，不能用水煮，所以才用油煎热着吃。不过还有另一种说法，是有位广东师傅在偶然的机会下，在中国北方吃了煎饺，觉得很好吃，于是带回家乡，经过改良，才演变成今天的锅贴。

美食原料

面粉 100 克，牛肉末、白菜各 150 克，鸡蛋 1 个，葱末、精炼油各 15 克，鸡精、白砂糖、老抽各 5 克，芝麻香油 10 克。

· 制作方法

1. 将面粉放入面盆中，将 15 毫升开水慢慢淋入面盆中拌和均匀。然后再慢慢加入 30 毫升凉水，用手搅合均匀，揉成面团，用保鲜膜包好，饧置 20 分钟。饧好后将面团分成小块，擀成锅贴皮。每张锅贴皮中包入适量馅料，捏成饺子状。

2. 白菜清洗干净，沥去水分，剁成白菜末；鸡蛋在碗中打成蛋液。

5. 将牛肉末和切好的白菜末混合，加入打好的蛋液和葱末，调入鸡精、白砂糖、老抽和芝麻香油，用手将馅料抓拌均匀后，改用筷子沿一个方向搅打至馅料变得黏稠，腌制 5 分钟。

4. 油倒入平底锅中，使油均匀地布满平底锅底，将包好的锅贴整齐地码放在平底锅中。

5. 中火加热平底锅，煎制 1 分钟后淋入 50 毫升凉水，盖上锅盖煎至锅中的汤汁收干，锅贴底部呈焦黄色时盛出即可。

技术诀窍

1. 牛肉末与白菜末的比例为 1：1，白菜末也不需要挤去其中的汁水，这样做出的锅贴一口咬下去满嘴都是香浓的汁。

2.　煎制锅贴时加入的水量要特别合适，太少则容易将锅贴煎煳，太多则又容易将锅贴变为煮饺子了。

品质标准

黄焦酥脆，皮筋馅香，味道鲜美。

十二、炸春段

韭菜旧时又称"起阳草"，是我国特有的蔬菜之一。《本草拾遗》曰："在菜中，此物最温面益人，宜常食之。"曾有许多诗人为之命笔，如杜甫的"夜雨剪春韭，新炊间黄粱"；苏东坡的"渐觉东风料峭寒，青蒿黄韭试春盘"。韭菜春、夏、秋三季常青。现在温室栽培已普遍推广，因而终年供人享用。但春季的敞韭，即通常所指的自然生长的头刀韭菜，清香扑鼻，质味皆佳。

美食原料

猪里脊肉 200 克，鸡蛋 240 克，韭菜 50 克，水发木耳、虾米各 15 克，冬笋、小麦面粉各 20 克，香油 10 克，大葱、酱油各 5 克，盐 3 克，味精 2 克，料酒 3 克，玉米淀粉 8 克，花生油 30 克。

制作方法

1.　将猪里脊切成火柴梗粗的肉丝；木耳摘蒂洗净，切成细丝；冬笋削皮洗净，切成细丝；面粉用水调成稀糊；葱去根须洗净，切成细丝。

2.　勺内加油烧热，将肉丝、葱丝、冬笋丝倒入勺内略炒，加酱油、料酒、食盐、味精、海米、木耳丝、清汤烧开，用湿淀粉勾成浓溜芡，滴上香油盛出作馅用；鸡蛋打在碗内，加少量湿淀粉、盐搅拌均匀；将油勺擦净烤热，把搅好的蛋液分 4 次舀入勺内，吊 4 张蛋皮；吊好的蛋皮每张从中间切开，成两个半圆形。

3.　将蛋皮逐块放在案板上摆平，周围抹上面糊，把炒好的馅摊在蛋皮的刀口面，馅口摆上洗净的韭菜卷成约 2.5 厘米粗的管形。

4.　锅内放花生油烧八成热，将卷好的蛋卷逐根放入，炸酥熟，外皮呈金黄色捞出；将炸好的蛋清切成 4 厘米的段，整齐地摆在盘内。

技术诀窍

1.　春初自然生长的头刀紫根韭菜品质最佳。

2.　炸蛋卷的油温应七八成热，用中火，凉了容易开口，热了蛋皮黑，并且外焦里生。

3.　因有过油炸制过程，需准备花生 油800 克。

品质标准

成品色泽金黄，外焦里嫩，具有浓郁的韭菜鲜味。

十三、扒冻豆腐

此小吃为辽宁名吃。俗语讲，"豆腐青菜，越吃越爱。"冬天将豆腐加工成冻豆腐，再进行烹制，有种特殊风味。冻豆腐的制作方法简单，数九寒天，把豆腐切大块摆在室外，上面盖一洁布，待豆腐中的水分结冰膨胀，豆腐出现蜂窝状即成；也可放在冰箱中冷冻，随取随吃。而此法是将冻豆腐用凉水化出冰渣，切长方片，再加调味品扒制而成。

美食原料

冻豆腐 400 克，小麦面扮 30 克，玉米淀粉 15 克，猪油（炼制）40 克，花椒、盐各 5 克，鸡油、料酒、大葱各 20 克，姜 10 克，味精 2 克。

·制作方法

1. 炒勺内放凉水，将冻豆腐浸泡，待冰融化后切 4 厘米长、1．5 厘米宽、0．5 厘米厚的长方片，放回炒勺内，上火烧开捞出控净水。

2. 勺内加熟猪油，三成热，放面粉炒开，加汤、味精、浸泡花椒的水、葱姜汁、料酒及冻豆腐块，用小火扒制。

3. 待汤快尽时，用水淀粉勾芡，大火拢汁，淋入鸡油，出勺装盘。

技术诀窍

扒制必须用小火，不要乱翻炒勺，保持豆腐的形状完整。

品质标准

质地酥软爽口，味香且醇厚。

十四、白肉血肠

"那家馆"（饭店名）坐落在沈阳故宫西侧，以经营东北民间和满族风味的白肉血肠而驰名关内外，距今已有一百多年的历史了。

传说清同治年间，皇太极的亲娘舅叶赫那拉氏阿什达尔罕后裔（属正白旗的一支）那吉有辞去朝廷官职，到今天沈阳市风景秀丽的小河沿魁星楼前开设了一家专门经营满族风味菜肴的"吉兴园"饭馆。后来饭馆又迁至大东门里，扩大了店面。那家根据东北民间及满族人逢年过节杀猪吃白肉血肠的习俗，在原有溜肝尖、溜三样等菜肴的基础上增添了白肉血肠这一品种，并不断加以改进提高，逐渐地"吉兴园"的白肉血肠声名远扬，受到了远近顾客的一致赞誉。

二十世纪初，那吉有的大儿子那文贵继承父业开始经营"吉兴园"。那文贵将"吉兴园"扩建为一栋二层楼房，并更名为"那家馆"，正式挂起了那家馆的金字牌匾。除一直保留颇受顾客青睐的白肉血肠外，那家馆又增添了坛肉米饭、三套碗、六碗六碟、满汉全席等菜肴，这时那家馆已发展到相当规模了。抗日战争结束后，那家馆从沈阳迁到了北京的皮裤胡同。

新中国成立后，在人民政府的大力支持下，那氏后人又重新在沈阳开办起了那家馆。特别是 1979 年以后，不但重新挂起了那家馆的金字牌匾，而且还恢复了传统的操作方法，使越来越多的顾客能够品尝到白肉血肠这一正宗的满族风味佳肴。

那家馆白肉血肠的特点是：选料考究、制作精细、调料味美；白肉肥而不腻、肉烂醇香、血肠明亮、鲜美细嫩；配以韭菜花、腐乳、辣椒油、蒜泥等佐料，更加醇香鲜嫩，脍炙人口。

美食原料

猪肋条肉（五花肉）、猪大肠、猪血各 1 000 克，酸白菜 250 克。砂仁、桂皮、肉豆蔻、丁香各 8 克，味精 5 克，酱油、腐乳（红）各 20 克，盐 50 克，大蒜（白皮）、辣椒油、香菜各 15 克，虾油、香油各 10 克。

制作方法

1. 白肉制法：

①将肉叉于铁叉之上，用中火烤，烤出浮油，将毛烤净。

②把烤好的肉放入水中浸泡 10 分钟后，用刷子刷 3～4 遍，刷净污染，吊起擦净污水。

③肉皮向下，开水下锅，水开后，移至微火煮至六七成熟，抽出筋骨，再煮熟为止。

④将煮好的肉切片，每片 1. 3～1 6 厘米长、0. 5 厘米厚。

2. 血肠制法：

①将猪肠加盐、醋，搅拌见起白沫，用水洗净白沫和污物，放入冷藏箱待用。

②取杀猪时流出的鲜血，坐清两次，把清血和混血分开。

③混血与清血各加水 125 毫升、盐 10 克、味精 1 克以及砂仁、桂皮、肉寇等.

④把猪肠从冷藏箱内取出，用水洗净，一头用马兰草扎好，从另一头灌血，灌好后，将口扎住，再从中间扎住，分为两段。

⑤开水下锅，煮 10 分钟左右，见血肠浮起捞出。放入冷水盆内，把煮熟的血

肠用刀切 1.3~1.6 厘米的片。

3. 酸菜去外层老叶，洗净，切成细丝。

4. 将白肉、血肠、酸菜丝，下锅同煮 3~4 分钟即可。

5. 蘸调料食用：调料用酱油、韭菜花酱、辣椒油、腐乳、蒜泥、虾油、香油、香菜末合成。

技术诀窍

1. 要选用肉质鲜嫩、膘厚薄适当、带骨带皮的猪肉。

2. 烤好的肉要在水中排酸。冬天用热水，夏天用温水。

3. 肉切片时，趁热由外向里四面切，稍凉回锅，再换另一块热肉切。

4. 用猪鲜血风味才好，灌肠时，将血上下搅拌。

5. 制韭菜花酱时除韭菜花外，加适量的嫩韭菜、苹果、梨、小黄瓜等，清香可口，别有风味；制辣椒面用辣椒，先用净布擦净灰尘，用剪刀剪成细圆圈，连粉一起炸成椒油，有煳香味。

6. 血肠的制作过程需要用盐 50 克、醋 100 克腌制以去除白沫和污物。

品质标准

色泽红白、煳香可口，味道多样，肥而不腻，瘦而不柴，嫩而不碎，松软鲜嫩，冷热均可，风味独特。

十五、百乐熏鸡

百乐熏鸡，又称"百乐烧鸡"、"田家熏鸡"，是辽宁丹东的传统名食，至今已有一百多年的历史。因做工精细，味道极佳，此鸡在东北一带颇有名气，曾荣获辽宁省肉蛋禽制品质量第一名。

美食原料

公鸡若干只，大料 50 克，茴香、山奈、肉蔻各 20 克，桂皮 10 克，陈皮、花椒、砂仁各 15 克，肉桂 30 克。

·制作方法

1. 宰割：将活鸡宰杀，放净血，入热水中浸烫，煺尽羽毛。宰杀下刀部位应在鸡下喙 1 厘米处，刀口不要超过 3 厘米。开膛去内脏则在鸡右翅下和臀尖处下刀，刀口不超过 3 厘米，取净内脏后，用清水洗净鸡身内外，沥干水。然后将鸡腿窝于腹内，翅别背上，头挽腋下，使造型美观。

2. 卤煮：将鸡坯按大小依次摆在锅内，大鸡在下，小鸡在上。将草药装纱布袋内放锅中，加上其他调料（食盐的比例为：每20千克白条鸡加精盐约600克），兑入老汤和清水（以淹没鸡身为度）。用大火将汤烧沸，撇去浮沫，加盖后改小火焖煮。具体煮制时间要依鸡的品种和大小而定，一般为1~2小时。

3．熏制：将煮熟的鸡捞出，晾凉后即可熏制。熏烤时，熏锅的温度为120℃左右，白糖分两次放入锅底，每7.5千克熟鸡放白糖50克。将鸡放铁箅子上，加锅盖后每次熏烤约30秒钟。熏好的鸡，鸡身外涂香油或熟豆油后即可食用。

技术诀窍

1．在选料时，要求选择健康无病的活鸡为主料，要体重适中，个体丰满。

2．配料过程中，调辅料的用量要根据煮鸡的老汤的多少和季节不同而灵活掌握。

品质标准

油润光亮，咸淡均匀，香透入骨、味美肉嫩，软硬适中。

十六、大连烤鱼片

我国产的马面鲀因其鳍色不同，分为绿鳍马面鲀和黄鳍马面鲀。其体形长椭圆而又侧高，称为"面包鱼"；其皮粗又厚，又称"橡皮鱼"、"猪鱼"。因作食时必须先剥其皮，所以又有"剥皮鱼"的绰号。

马面鲀一身是宝。首先鱼肉可以制成美味鱼茸，成品比传统的鱼松优越，肌肉纤维长，是色香味佳的小包装方便食品。又可制成烤鱼片，干烤马面纯，配以玉兰、冬菇、油菜，特点是色枣红、味清、鲜、香。还有醋溜马面鲀，配料莴笋、木耳、油菜，成品金红色，味香、焦、酸略甜，都别有风味。其次，马面鲀肝大，可制鱼肝油，鱼骨可做鱼排罐头，头皮内脏可做鱼粉，皮可炼胶，油灰还可代替桐油灰，全身是宝，对于马面鲀要珍视它，又要合理开发利用。

美食原料

马面鲀10000克。白糖2000克，精盐3000克，五香粉、味精各500克。

·制作方法

1．原料处理：选用鲜度好、个体大的三去马面鲀作原料（个体小、有异味或受机械损伤的应予剔除），先以清水冲洗干净，然后在流水中将两片鱼肉沿脊骨两侧一刀剖下，尽量减少脊骨上鱼肉，剖面要求平整。

2．漂洗：将剖下的鱼片在清水中洗净后放在水槽中，漂洗约半小时，每10分钟轻轻搅拌一次。

3. 盐渍渗透：将漂洗干净的鱼片捞出沥干、过磅。把称好的调味料倒入鱼片中，并小心搅拌均匀，放置渗透 1 ~ 2 小时，其间每 15 分钟用手搅拌一次。如夏天室内温度太高，应在室内采取降温措施。

4. 摆片：经渗透过的鱼片在尼龙网片上摆片，一般情况下两片鱼片拼成一片，如片小也可数片拼成一片，要求平整，无明显拼缝，呈树叶状。

5. 烘干：把摆鱼片的尼龙网片放置在特制的小车上推入烘道中烘干。温度应控制在 40 ~ 42℃，最高不超过 45℃。温度太高会影响鱼片的鲜度、质量。

6. 揭片：烘干的鱼片用手工从网片上揭下。揭片时注意尽可能保持鱼片的完整，不要揭破，以免影响鱼片质量和规格。此时鱼片称为生片。将揭下的生片暂时放置在防潮的容器里。长期储存生片应包装好后在冷库中存放，一般不要超过半年时间。

7. 烘烤：将生片在清水中浸润片刻（时间长短视生片含水量而定）后放置 5 ~ 10 分钟，再把鱼片放在链式烤箱内烘烤。一般用电热烘烤，有条件最好用液化气烤箱，这样烤出来的鱼片熟而不焦，味香可口。

技术诀窍

1. 在烘干过程中要经常察看鱼片的干湿程度，一般用感官方法判定。要求含水分在 18% ~ 21% 之间，烘干结束后应测定水分是否符合标准。

2. 烘烤温度一般控制在 170 ~ 180℃，时间 3 ~ 4 分钟，必须防止烤焦，成品水分控制在 17% ~ 22%。

3. 烘烤出来的鱼片鱼肉组织紧密，不易咀嚼，须用碾片机压松，使鱼肉组织的纤维呈棉絮状为最理想。经碾压后的熟片放在整形机内整形，使熟片平一整、成形，美观，便于包装。

品质标准

具有鲜美可口的特色。

十七、风鸡

风鸡又叫风干鸡，将宰杀过的鸡不煺毛调味后风干起来，半月之后即可食用。

风鸡一般在小雪前后腌制，春节期间食用。俗语云"风鸡不看灯"，即过了正月十五，天气转暖，此时风鸡容易变质，故必须在此之前食用。

制成后的风鸡，肉质细嫩，味美可口，是东北地区别具风味的冬令佳肴。

美食原料

公鸡 800 克，大葱、盐各 10 克，黄酒、花椒各 15 克，姜 5 克。

·制作方法

1. 在鸡喉部下刀放血后，提起鸡腿倒挂，使其沥净余血，不去毛，在鸡翅膀下或腹部肛门下方开 6 厘米的直口，拉出全部内脏及嗉囊并剜去肛门。

2. 为了防止腐败变质，要挖尽肺叶和软硬喉管，并把腹膛揩擦干净，同时注意不使羽毛弄湿弄脏。

3. 将粗盐、花椒、八角放在炒勺内，炒至变色后，倒在案子上压碎，晾冷。

4. 趁刚宰过的鸡体内不凉，从刀口处将炒过的花椒盐放进腹腔内，再用两个手指伸进去，把调料抹在鸡内膛周围，从鸡颈刀口处填入少许椒盐。

5. 都抹好后，把鸡头插入翅下刀口，再将两翅两脚合拢起来，在刀口以前处，用麻绳把翅腿捆扎紧，吊到风凉处风干，一般一个月腌透后即可取出食用。

6. 把风鸡取下，解去绳子，拔净鸡毛，剩下的细毛用火燎净，但不要烧焦鸡皮。

7. 然后用温水浸泡，再剃去污垢并洗净，从脊背开刀割开，放到大海碗里。

8. 加葱段、姜片、清汤入笼蒸熟，取出剔去鸡骨，晾凉后，切条装盘，淋上香油即盛。

技术诀窍

1. 制作风鸡时，宰杀前 12 ~ 24 小时不喂饲料，只喂清水。停食后宰杀的鸡出血干净，肉质鲜嫩。

2. 做风鸡最好选用当年的雏鸡，尤其以阉割后的肥鸡为最好。

3. 鸡在风干时，要挂在无日光直照、通风凉爽的地方。注意刀口朝上，防止漏卤，使风鸡变老。

4. 风鸡也可与肉类同炖，鲜香四溢，味厚醇美。

5. 风鸡也可先放入冷水中浸透，然后放入凉水锅内，用旺火烧沸，慢火炖熟，然后端下锅，使其慢慢冷凉，捞出剔骨，切条装盘，淋花椒油即成。

品质标准

腊香馥郁，鸡肉鲜嫩。

十八、沟帮子熏鸡

沟帮子熏鸡是辽宁北镇市沟帮子传统名产，以其历史悠久、制作独特、味道鲜美而驰名。沟帮子熏鸡始创于清光绪二十五年（1899）。当年安徽有个熏鸡商户叫

刘世忠，为生活所迫，逃荒来到沟帮子落脚谋生。他重操旧业，制作熏鸡。由于熏鸡味道不浓，又不符合东北人的口味，食客很少，生意清淡。刘世忠经过反复研究改进，效果都不理想，最后在一位老中医的指点下，在煮鸡的老汤中，添加了具有开胃健脾、帮助消化的肉桂、白芷、陈皮、砂仁等十几味中草药，这样熏出来的鸡既保持了祖传的特点，又增加了一种浓郁的特殊香味。后又经过多次试验，掌握了最佳配方。从此刘世忠的熏鸡逐渐名声大震。

1910年刘世忠去世后，他的熏鸡铺由三儿子刘振生继承。刘家熏鸡的产量和质量又有了进一步的提高，买卖十分兴隆。抚顺、本溪、佳木斯、通化等地的许多商人都慕名专程前来购买刘家熏鸡。于是，沟帮子镇先后又开设了其他几家熏鸡铺。到1930年初，发展到有杜、齐、孙、张、田等十几家熏鸡店铺，但质量都远比不上刘家的好。

新中国成立后，刘振生熏鸡铺与其他几家店铺合营，成立了沟帮子食品购销站，建立了熏鸡生产车间。在充分发挥刘振生、田子成等几位老师傅的技术专长的同时，不断提高工艺水平，使熏鸡成了沟帮子的名产。

目前，沟帮子熏鸡的格局已有很大变化。改革开放后沟帮子熏鸡逐步走向繁荣，其中尤以尹家熏鸡发展得最好。尹家熏鸡，始创于清光绪十五年（1889），是现今沟帮子熏鸡最有代表性的产品。先后被农业部、国家旅游局、辽宁省产业化办公室、辽宁省商业厅、辽宁省工商局、锦州市质监局等单位授予"农业部全面质量达标单位"、"国家工农业旅游示范点"、"省级农业产业化重点龙头企业"、"辽宁省畅销产品"、"辽宁省著名商标"、"锦州市放心食品"、"辽宁独特食品三十九绝"等荣誉和奖励。

沟帮子熏鸡制作过程精细，有16道工序，包括选活鸡、检疫、宰杀、整形、煮沸、熏烤等。在煮沸配料上更是非常讲究，除采用老原汤加添20多种调料外，还坚持使用传统的白糖熏烤，同时必须做到三准：一是投盐要准，咸淡适宜；二是火候要准，人不离锅；三是投料要准，保持鲜香。所以，加工出的熏鸡具有香气浓郁、色味俱佳、烂而连丝、咸淡适宜、营养丰富的特点。

美食原料

公鸡40只，胡椒粉、五香粉、香辣粉、豆蔻、砂仁、山奈各5克，肉桂、白芷、桂皮、丁香、陈皮各15克，草果10克，鲜姜25克，味精20克，香油100克，另备白糖200克，老汤适量。

·制作方法

1. 选料：选用一年生健康公鸡，屠宰后盘鸡整形，大致和烧鸡相同。

2. 煮鸡：经整形后的鸡，先置于加好调料的老汤中略加浸泡，然后放在锅中，顺序摆好。用慢火煮沸两个小时，半熟时加盐（用盐量应根据季节和当地消费者的口味定），煮至肉烂而连丝时出锅。

3. 熏制：出锅后趁热熏制。将煮好的鸡体先刷一层香油，再放入带有网帘的锅内，待锅烧至微红时，投入白糖，将锅盖严2分钟后，将鸡翻动再盖严，再等2~3分钟后，即可出锅。

技术诀窍

1. 煮鸡要掌握好火候，要烂而不散，以保持完整鸡形，以利于进行下一道工序。

2. 熏制时间不可过长，否则颜色过重，影响外观。

3. 在加入鲜姜、五香粉、胡椒粉、味精时也可加入香辣粉，味道会更加鲜美。

品质标准

颜色枣红，晶莹光亮，细嫩芳香，烂而连丝，烟熏出烟，回味无穷。

十九、回头

相传在清朝光绪年间，有姓金的一家人在沈阳北门里开设烧饼铺谋生。因为经营不善，生意一直不好。一日正值中秋节，生意更加萧条，时至中午尚不见食客上门，店主茫然，遂将铁匣内几枚铜钱取出，买了些牛肉回家剁成肉馅，将烧饼面擀成薄皮，一折一叠地包拢起来，准备自家过节食用。这时，从外面忽然进来一位差人，进店见锅中所烙食品造型新奇，一经品尝，品味甚佳。这位差人当即告诉店主，再烙一盒送往馆驿，众人食后齐声叫绝。此后，这种食品一时名声大振，官民争相购买，生意日趋兴隆，故而取名"回头"。

美食原料

面粉500克，猪肉50克，时令蔬菜100克，葱、香油各10克，姜15克，味精5克。

·制作方法

1. 取500克面粉加入250克水，少许盐调成面团备用。

2. 把肥猪肉和时令鲜菜剁好切碎拌在一起，加葱、姜、味精、香油等调料制成馅备用。

3. 将揉好的面团搓成长条，下成每50克一个的小剂，用手将剂子按扁、擀平、抽薄、上馅，折叠成长方形再把两头包紧即成。

4. 平锅内放油烧热，将回头生坯摆入锅内，两面反复煎烙，待回头鼓起即可出锅。

技术诀窍

煎制过程中，应掌握火候，不要煎煳。

品质标准

色泽金黄，皮焦馅嫩，口味鲜香。

二十、煎烧虾饼

煎烧虾饼是辽宁省的传统名菜，是选用渤海特产的对虾为主料，配以玉兰片、豌豆，用煎、烧技法烹制而成的。

渤海产的对虾又称为中国对虾、东方虾，肉质鲜嫩，滋味醇美。每年春天，随着海洋水温回升，在黄海南部越冬的对虾便北上产卵，秋末冬初塞外寒风吹进渤海后，水温急剧下降，在渤海各大河口附近长成的对虾，又成群结队地南下越冬。在这种规律性的长距离洄游中，虾群十分密集，这就构成了我国黄海、渤海一年两度的虾汛，成为捕捞对虾的大好季节。

煎烧虾饼

虾营养丰富，且肉质松软，易消化，对身体虚弱以及病后需要调养的人是极好的食物；虾中含有丰富的镁，能很好地保护心血管系统，它可减少血液中胆固醇含量，防止动脉硬化，同时还能扩张冠状动脉，有利于预防高血压及心肌梗死；虾肉还有补肾壮阳、通乳抗毒、养血固精、化淤解毒、益气滋阳、通络止痛、开胃化痰等功效。

美食原料

对虾400克，鸡蛋120克，玉兰片、豌豆各30克，玉米淀粉、白砂糖各15克，猪油（炼制）40克，味精1克，小葱、姜、大蒜各10克，酱油50克。

·**制作方法**

1. 大虾去头、皮、尾和沙包，洗净控干，剁成蓉装碗。

2. 虾蓉内放入蛋清、精盐、味精、鲜汤拌匀成馅，做成均匀的丸子码在盘里。

3. 玉兰片发好，洗净，切小片。

4. 葱、姜洗净，蒜剥去蒜衣，均切末。

5. 炒勺放底油烧热，把丸子推入勺中，用手勺按扁，两面煎至金黄时，滗去余油。

6. 放玉兰片、豌豆、葱、姜、蒜、酱油、精盐、白糖、味精、鲜汤，烧开至汤汁剩少许时，用湿淀粉勾芡，淋明油出勺。

技术诀窍

1. 虾饼个稍大一点，要大小均匀。

2. 煎制虾饼时，掌握好火候，不要煎煳。

3. 因有过油煎制过程，需准备熟猪油100克。

品质标准

色泽金红，鲜嫩松软，香味浓郁，形态艳美。

二十一、锦州什锦小菜

锦州什锦小菜创始于清朝康熙年间，距今已有三百多年的生产历史，以皇家贡品而闻名于世。据说，在锦州城南靠近渤海湾有个叫硝盐锅的村子，村里住着一家姓李的，以打鱼捕虾为生。他将卖剩下的虾倒在缸中撒上盐，日久便从缸里散发出一股虾香味，便成了虾酱。每到吃饭时他就着虾酱下饭，并送给邻居品尝，吃到的人都夸虾酱味道鲜美。有一天，他忽然发现虾酱缸里浮现薄薄的一层油，于是就盛了些，品尝之后感觉非常鲜美，他在虾油中放进小黄瓜、豇豆、油椒、苤蓝，做成四样虾油小菜，取名"虾油小菜"。乾隆皇帝东巡祭祖途经锦州时，对什锦小菜赞不绝口，并挥笔写下对联："名震塞外九百里，味压江南十三楼"，横批："什锦小菜"，自此虾油小菜成了锦州的贡品。

美食原料

小黄瓜15000克，豇豆角20000克，油椒10000克，苤蓝5000克，杏仁2000克，地梨3000克，芹菜12000克，姜、小茄子、小芸豆各1000克。虾油、原虾酱各30000克。

·制作方法

1. 将锦州地区产的连花带刺小黄瓜用盐腌制（每100千克加食盐30千克），然后用清水洗去盐分、杂质，再放入缸中，投入30千克原虾油，拌浸48小时。再以每100千克水加盐30千克的熟盐水洗去虾酱，将瓜晾干后再装入缸中，加满虾油，浸泡 5 天即可。

2. 将锦州地区产豇豆角洗净，切去根，用每 100 千克加盐 30 千克的盐水浸泡 24 小时，捞出装入缸内，装一层撒一层盐（每 100 千克撒盐 20 千克）。每天倒缸二次，4 天后，用清水洗净，切成 2.3 厘米长，装入缸内，放满虾油，经 7~10 天即可使用。

3. 将锦州地区产油椒洗净去蒂，在根处扎眼数个，然后用每 100 千克水加盐 32 千克的盐水浸泡 60 小时，每隔 3 小时翻动一次。捞出沥净水分后倒入缸中，放满虾油，每 3 小时翻动一次，1 月后每 24 小时翻动 4 次，天气凉爽后停止翻动。

4. 将苤蓝洗净，削去表皮和根，用每 100 千克水加盐 30 千克的盐水腌制，10 天后即可使用。

5. 将芹菜去掉根叶，切成 2.2 厘米长，放入沸水中煮 5 分钟，待色变绿时捞出，放入冷水中浸渍两次捞出，放入缸中。每 100 千克芹菜拌入食盐 28 千克，盐腌 12 小时后捞出，用冷水洗净后再放入缸中，放满虾油浸泡，7~10 天即可使用。

6. 将杏仁用开水煮一下，然后用冷水浸渍，冷却后去皮，再用每 100 千克加盐 25 千克的盐水腌制即可。

7. 将地梨洗净，放入每 100 千克水加盐 25 千克左右的盐水中腌制。

8. 将小芸豆角摘筋，用沸水焯煮 3 分钟，再放入冷水中浸渍 12 小时，然后捞出放入空缸内，将虾油灌满泡制，3 天后即可使用。

9. 将小茄子去蒂洗净，在根部扎一个小孔，然后用开水煮一下，捞出放入凉水中浸渍，冷却后捞出，放入缸内，灌满虾油浸泡，7~10 天即可食用。

10. 将准备好的各种原料，按比例配制即为成品。

技术诀窍

锦州什锦小菜特点是以小黄瓜、油椒、江豆、芹菜、苤蓝、茄包、云豆、地梨、姜丝、杏仁等 10 种鲜嫩蔬菜和虾油配制腌成。对于各种原料都有严格的质量要求。在色泽上，小黄瓜、油椒、芹菜、江豆、云豆等要碧绿，姜丝正黄，杏仁洁白，苤蓝块红黄色，地梨深褐色。味道上，鲜脆适口，无苦咸、异邪味。外观一上，蔬菜鲜，无杂物，不粗不碎。

品质标准

鲜嫩翠绿，味道鲜香，清脆适口，营养丰富。

二十二、老边饺子

相传清朝道光年间，河北任丘一带多年灾荒，官府却加紧收租收捐，老百姓忍无可忍只好背井离乡，四散逃亡。这其中有个边家庄的边福老汉，原来是开饺子馆的，此时也待不下去了，只好带着一家人逃向东北。一天晚上，他们投宿在一户人家中，恰巧这家在为老太太祝寿，于是就给边福老汉一家每人一碗寿饺充饥。边福老汉觉得这水饺清香可口，其馅肥嫩香软而不腻人，于是就虚心向这家人求教。主人看边福老汉诚实厚道，便告诉了他其中的秘密，原来这家人为了让老太太吃起来舒服，在做饺子时就把和好的馅用锅煸一下再包，如此做出来的饺子便又香又软，而且不那么油腻了。边福将此记在心中，后来辗转到沈阳市小东门外小津桥护城河岸边住了下来，搭了个马架子小房，开起了"老边饺子馆"。其子边德贵在继承父业的基础上摸索出烫煸馅的办法，系将肉馅用油煸之后再放入骨汤里煨好，使原收缩的肉馅松散味美，易于消化。由于技术上的改进，老边饺子的名声渐渐响了起来。为了在激烈的竞争中立足，从创始人边福开始，其煸馅的秘方便传子不传妻，于是每天直到闭店，等伙计离店妻子入睡后，老边家的儿孙们才开始煸馅。这一招也使得老边饺子成为独树一帜的沈阳名吃。

新中国成立以后，老边饺子的第三代传人边霖将煸馅这一绝招献了出来，老边饺子馆也开始了它新的辉煌。虽然沈阳有不少老边饺子馆，但当属坐落于市中心繁华地段中街的那家老边饺子馆最为正宗。老边饺子以精粉为皮，包馅而成，皮薄馅饱，鲜香味美，油润不腻，可蒸、可煮、可煎、可烤，有几十个品种。

1964 年邓小平同志到沈阳视察时，品尝过边霖包的饺子，吃后非常高兴地说："老边饺子有独特之处，要保持下去"。1981 年夏天，我国著名的艺术大师侯宝林品尝老边饺子，吃得兴致勃勃，称赞不已，席间余兴未尽，挥毫写了八个大字："边家饺子，天下第一。"

美食原料

面粉 1000 克。猪肉，熟猪油各 500 克，应时蔬菜适量。

·制作方法

1. 调馅：先将肉馅煸炒，后用鸡汤或骨汤慢喂，使汤汁浸入馅体，使其膨胀、散落、水灵，增加鲜味。同时，按季节变化和人们口味爱好，配入应时蔬菜制成的菜馅。

2. 剂皮制作：取精粉掺入适量熟猪油、开水烫拌和制面团。这样的剂皮柔软、筋道、透明。

技术诀窍

老边饺子之所以久负盛名，主要是选料讲究，制作精细，造型别致，口味鲜醇，它的独到之处是调馅和制皮。

品质标准

皮薄肚饱，柔软肉头，馅鲜味好，浓郁不腻。

二十三、老山记海城馅饼

老山记海城馅饼是沈阳市传统风味小吃，由毛青山于1920年创始于辽宁海城县城火神庙街。毛氏名山，取其山字，立号老山记馅饼店，于1939年迁到沈阳。

老山记海城馅饼是以面团包入猪肉、精牛肉和时令蔬菜调成的馅，制成圆饼烙制而成的，在东北地区流传广泛。

美食原料

面粉500克，猪五花肉350克，精牛肉150克，八角、肉桂、肉豆蔻、白豆蔻、草果、白芷，精盐各5克，砂仁、味精各4克，山奈、茴香、丁香、花椒各3克，陈皮10克，姜末、香油、米醋、芥末糊各15克，韭菜300克，酱油、蒜泥、辣椒油、葱花、海米各20克。

·制作方法

1. 面粉加温水调成软硬适中的面团，揉匀静饧。

2. 取香料加水上锅熬成汁，滤去渣备用。

3. 猪肉、牛肉一起剁成蓉，加入香料水、海米水、精盐、味精、姜末搅打至起劲，再加葱花、青菜末，芝麻油调匀成馅。

4. 面团分成小剂，擀成面皮，包入适量肉馅，按压成直径约12厘米、边薄中间稍厚的圆饼，放入布有一层油的平底锅中煎成两面呈红黄色熟透即成。

技术诀窍

1. 面团宜软不宜硬。

2. 猪肉与牛肉的比例为7：3，要搅打均匀。

3. 油煎时、火不宜太猛，以免煎煳。

品质标准

皮薄馅厚，馅料别致，浓香扑鼻，独具风味。

二十四、李记坛肉

1918 年，天津人李学新在山水秀丽、风景优美的铁岭龙首山下的银州镇开了一小饭馆，首创坛肉。起初，李学新用铁锅炖肉，为除铁腥味，在沙锅炖肉启示下，改为坛肉，在北方颇有名气。

美食原料

猪肋条肉（五花肉）750 克，猪肉（瘦）250 克。腐乳（红）、植物油各 30 克，八角、料酒、盐各 10 克，白砂糖 20 克，小葱、大蒜、甜面酱各 50 克。姜 25 克 。

·制作方法

1. 将五花肉与瘦肉切成 4 厘米见方块。

2. 葱切段，姜切厚片。

3. 腐乳用筷子弄碎。

4. 炒勺上火，加底油，油热下入肉块，用大大爆炒，下入糖翻炒。

5. 待肉块呈金黄透亮颜色时，放甜面酱、姜片、葱段、蒜瓣、盐、大料、腐乳、料酒、汤，大火烧开。

6. 再转小火炖 20 分钟，转入微火炖六成熟。

7. 坛子上火，倒入炖肉，用小橄火炖两小时左右，至肉烂香溢为止。

技术诀窍

1. 煸炒肉块时要迅速，如掌握不好，白糖先制成糖色再加入也可。

2. 此菜是火候菜，急大可使各种调料浸入肉内；三四开后小火炖，能使肉中的油抽出束，使肉肥而不腻；微火可保持肉形状，瘦而不碎、不柴。

品质标准

肥而不腻，瘦而不柴，酥烂味厚，小料味浓，余香满口。

二十五、辽阳塔糖

辽阳城三宗宝，塔糖、梨干、乌拉草。塔糖是辽阳市的一种历史悠久的特产品之一。

相传在辽阳白塔西南角住着几户人家，把头一家姓李，老头五十多了，老伴 10 年前故去，他拉扯一个 11 岁的女儿，父女俩相依为命。李家和广祐寺为邻，同饮白塔下的井水，与寺僧朝夕相处，李家的菜地种的各种蔬菜不时送到庙上去，常来常往，李老汉就与佛结了缘，常做些善事，去城里卖菜遇到贫困人就一文不收白送菜。这李老汉还有一点手艺，就是用大麦熬成糖，会做香甜可口脆管糖，一进腊月就专做灶糖供祭灶王爷，所以人称外号叫"灶糖李"。这李老汉的女儿叫珠儿，帮爸爸侍弄园子，又能做糖才11岁可懂事了，对爸爸那是百依百顺。可就有一样让珠儿不高兴，都这么大了，没进过一回辽阳城。这一天吃过晚饭，珠儿又为进城"蘑菇"上了，这回好说歹说爸爸总算同意第二天带她进城。珠儿的高兴劲儿就甭提了，一会儿扫院子，一会帮爸爸做脆管糖，连蹦带跳，乐得她像吃了冰糖似的甜滋滋的。第二天还没亮，珠儿就摸着黑把衣裳的穿好了。吃完饭，帮着爸爸装好货担锁上门，乐颠颠地跟着爸爸进了城。珠儿第一次进城什么都新鲜，有骑马牵驴坐轿的；有穿红挂绿戴高帽的；有说书唱戏卖药的；还有店铺客栈梨窖。眼睛不够用了，两腿直打奔儿。李老汉只好拉住她的手挤出人群，找个地方放下货担，打开货蒙子，吆喝着："脆管糖，脆管糖，又香又甜还不粘牙膛！"今个还真顺当，刚喊一嗓子，就来了一个顾客买去一多半，不一会工夫，筐里只剩下十几根了。老人家挺高兴，就说："咱爷俩好好逛逛辽阳城，剩这几根能卖就卖，不能卖留给你吃。"正逛街呢，看见前面有几个穿绫罗绸缎的小孩，把一个卖柴的小孩打翻在地。卖柴的小孩，鼻青脸肿，地上还有一条小蛇，也被打得只剩下口悠荡气了，一会摆摆尾巴，一会吐吐火苗似的舌头。李老汉是个慈悲为怀的人，看这种事实在受不了，急忙上前问明缘由，原来是砍柴的小孩无意中在柴禾里带进一条小青蛇，这帮富家子弟说这是砍柴小孩故意用蛇来害他们而遭到毒打的。李老汉好话说了一大堆，又把剩下的糖给了这些阔少，才救出了砍柴的小孩和这条小青蛇。这个砍柴的小孩姓张，从小就没有爹娘，也没人给他起个名字，因为天天砍柴卖，所以大伙都叫他樵哥。自从李老汉帮了他的忙以后，他每天多砍一捆柴，早早就送到李家。那条小青蛇原来是东海的小青龙，因为贪玩，一不小心误出了海泉。要不是李老汉搭救，它早就没命了。自从被救到老李家后，它老是围着李老汉转，自由自在好不快活。

这一天，它跟着李老汉去挑水，到井沿上，一不小心"扑通"一声掉进了井里，原来这口井是通往龙宫的一个海眼，小青龙侥幸地回到了大海里。它高高兴兴地跑进龙宫向龙王述说了自己误出大海，爬进深山密林，挨打受苦，被李家父女相救的经过，龙王感动得流下眼泪。小青龙不忘李家父女的救命之恩，经常到白塔下的老李家看望父女俩。说也奇了，自从小青蛇掉到井里后，这井水变得湛清瓦亮，又凉又甜。李老汉用这井水造糖别有一股清香味，三伏天放在太阳底下也晒不化，也不黏糊糊的了。人们吃了他的糖不仅香甜适口，还大病化小，小病化了，身体格外强壮起来。一传十，十传百，很快传出几百里，来买糖的人是一帮挨一帮，把这父女俩累坏了，也乐坏了。李老汉还有一件心事，就是女儿珠儿，已出落成一个亭亭玉立的大姑娘，如今还没个人家，钱赚的再多顶个啥用？他心琢磨着，这樵哥一晃八年如一日，天天砍柴给送来，该是多么勤快又厚道的后生啊！再说这樵哥虽然贫穷，却是个长相不俗的棒小伙，高高的个头，宽宽的肩膀，红彤彤大脸上是浓眉大眼，也配得上咱姑娘。再说，这两个孩子有一天见不到也不行，像丢了魂似的，不如就招他做自己的养老女婿吧。因此，也没请媒人说和，老头就把他俩的终身大事给定下来了。这天樵哥又来送柴，老头就把他俩叫到一起，把这婚事提出来了，樵哥和珠儿早就盼着这一天呢，可表面上只说"依您老人家就是了"！小俩口成家以后，一家人别提多高兴了！一天，樵哥对珠儿说："咱爸渐渐老了，不能总是这么累，有饭大家吃，有钱大家赚，把咱爸的造糖手艺也教给咱们那些穷邻居，那该多好啊"！珠儿笑了笑："我和你想的一样。"第二天，他俩跟老人一商量，李老汉也特别高兴："善有善报，你俩想得周到，后生可畏，永世修好。"

从那以后，老汉传艺，樵哥和珠儿帮助街坊邻居挑井水造糖又浇园，糖越造越好，井水浇园，浇草草变绿，浇菜菜长大，浇桃桃结果，浇梨梨开花。人们都说这是青龙给咱们的，叫青龙水吧。造糖的人家也想把这糖名叫作青龙糖。珠儿知道后忙劝阻大伙："乡亲们哪，小青龙说过好几回，她做的事是为报答爷爷的救命之恩，无论有什么好处都不许记在她身上，现在大伙叫青龙糖，小青龙会生气的。咱这眼井是在塔下，不如叫'塔糖'吧。"大伙都同意。于是"塔糖"这个辽阳特产便闻名于世，大伙的日子也越过越红火了。

美食原料

砂糖5000克，矾1.8克，香料15克，香草片1片，水适量。

· 制作方法

1. 化糖：将水放入锅后加入砂糖搅拌，使其加热至沸腾，然后以筛过滤。

2. 熬糖：将过滤的糖液加入矾后，将其加温至156℃。

3. 冷却；将熬好的糖坯，放在冷糖板上，加入香料及香草片，然后冷却至65~75℃。

4. 捣白：将冷却的糖坯进行捣白，并且打进一定量的空气使其成梅花形并多孔。

5. 切块：将捣白后的塔糖切成规格长。

技术诀窍

成品塔糖需要在15℃以下保管，不得潮湿，可保管1~2年，经暑不变。

品质标准

外形有如梅花形并多孔，吃起来酥脆，清香可口，色泽洁白细致，经暑不变。

二十六、马家烧麦

马家烧麦是沈阳特殊风味的回民小吃，距今已有二百余年的历史。

早在清朝嘉庆元年（1796），回民马春就在奉天府（今沈阳）街道旁，边包边卖做起了烧麦生意，可谓沈阳"烧麦"之始？到道光八年（1828）其子马广元在小西门外租用两间约20平方米的板房挂匾营业。由于马家烧麦选料精细，风味独特，别具一格，食客络绎不绝。后由马家第三代传人马长永经营。1914年马长永传给后人马鸿芳，马铭卿兄弟俩经营。1956年6月，马家烧麦在小北门路东30多平方米店铺重新开业，由马家二位兄弟经营。到1963年，马家烧麦由马家第5代传人马继亭继承，将烧麦的配方、制作方法、独特技巧全部继承下来。恪守"百金买名，千金买誉"的宗旨使马家烧麦传统风味青出于蓝而胜于蓝。马家烧麦也由创业时的小平房变成现在的二层小楼，由马家第五代传人马继亭大弟子、国家高级面点师田雨森亲自主理，营业面积八百多平方米。

由于马家烧麦用料讲究，做工精细，口味殊美，名噪一时，成为辽沈的著名小吃之一。

美食原料

精粉500克，大米粉80克。牛肉500克，酱油50克，味精、精盐10克，姜末、葱花、香油各20克，作料油适量。

·制作方法

1. 制皮：开水烫面，用大米粉作扑面，每个剂量10克，擀成薄皮。

2. 制馅料：选牛的三岔、紫盖、腰窝油三个部位的肉，生剔出板筋煮烂，再将其与肉放一起绞成肉馅，加精盐、酱油、味精、姜末、葱花、香油、作料油（用葱、花椒、大料炸制的油）等调料和清水、拌匀（下搅），浸味之后即可包制。

3. 包制：上无花穗，封口露馅不干，犹如含苞待放的牡丹。这也是马家烧麦与众不同之处。上笼蒸熟后，色形美观，香味扑鼻。

技术诀窍

1. 面粉烫时一定要烫透，不能有生粉。

2. 牛肉选料以仔盖、腰肉窝、三岔部位为佳，制馅时适当加入肥肉。

3. 蒸时用旺火，短时速成，不使一形状塌落，一般7分钟左右即成。

品质标准

皮薄光亮，筋道柔润，鲜嫩松散，味道醇香。

二十七、什锦粟米羹

什锦粟米羹是高档筵席正菜前的开胃汤羹，为秋末到初春的时令菜品，尤其适用于北风凛冽的寒冬。按我国饮食习惯，宴会以饮酒食冷拼菜开始，在此之前上一道什锦粟米羹，不仅为客人驱走寒冷，也使其在食用生冷油腻之前，先食用半流质的汤羹，保护了人体消化系统的健康。

美食原料

玉米（鲜）100克，猪肉（肥瘦）40克，鸡蛋黄糕70克，青虾、荸荠、胡萝卜各50克。玉米淀粉30克，海参（水浸）、蛋糕、黄瓜各20克，姜汁10克，盐8克。

制作方法

1. 海参用水焯过，切成粒。

2. 青虾去壳取净虾仁上浆过油滑过，晾凉切粒。

3. 猪肉入锅煮熟，晾凉切成粒。

4. 蛋糕均切成粒。

5. 嫩黄瓜去蒂，洗净，切成粒。

6. 荸荠削去壳，洗净，用刀拍酥、切粒，过水略焯。

7. 胡萝卜洗净，刮去皮，切粒，用水焯透。

8. 鸡蛋液加少许水用打蛋器打匀。

9. 灶上坐净勺，加入高汤，下入调料，汤开后撇净浮沫，将各种主料小粒下入，汤开后再撇净浮沫，调好口，下水淀粉，勾米汤芡。

10. 然后将鸡蛋液缓慢淋入勺中，甩成蛋花，即可出勺。

11. 再分盛在10个盖杯中，衬托碟，带小调羹上桌。

技术诀窍

1. 此菜各种主料除玉米外，其余主料都切成红豆粒大小，并在烹制前最好再总体焯水一次，以保证突出玉米的香味。

2. 甩蛋花时，可将盛蛋液的碗抬高，以小股流到勺内汤开处，也可用手勺将蛋液平泼均匀，以使蛋花成薄片状。

品质标准

汤味鲜醇，面飘蛋花，什锦料各有特色，淡甜略咸，有浓郁的鲜玉米香味。

二十八、馨香灌汤包

馨香灌汤包是沈阳市风味名点。它以"鸡汤拌馅原笼上桌"为特点，深受当地百姓喜爱，有诗赞道"明月灯火照锦楼，风味余香客更稠"。此点以皮白、汁多、馅鲜而深受广大食客的喜爱，广泛流传于东三省。

美食原料

（以 15 个成品计量）精盐 500 克，酵面 100 克，食碱 8 克，猪肉、鸡汤各 250 克，酱油 75 克，绍酒 5 克，大葱 150 克，鲜姜 25 克，甜面酱、豆油各 50 克，味精 3 克，花椒、大料各 2 克。

制作方法

1. 将精粉加入酵面及适量的温水调匀，揉成面团，然后盖上湿布发酵，待面团稍稍发起即可。

2. 将猪肉绞碎放入盆内，将大葱、鲜姜洗净各切一小块，余下的分别切成末待用。在猪肉馅内加入酱油、姜末、绍酒、甜面酱搅匀腌渍约 3 小时左右，加入鸡汤，顺一个方向搅拌成粥状，再分别将葱、姜块、花椒、大料放入烧热的豆油中炸制，待香味爆出，捞出葱、姜块、花椒和大料，余下的佐料稍凉后加入粥状的馅中，最后加葱末和味精拌匀即成金黄色的汤包馅。

3. 将发起的面团加入碱水揉匀揉透，然后将其搓成长条，下成 15 个剂子，用擀面杖擀成圆形面皮，逐个放入馅心，提褶捏成菊花形包子生坯。

4. 将蒸锅烧开，把包子生坯摆入屉内，用旺火蒸 10 分钟左右即可成熟。

技术诀窍

1. 精粉和酵面和水搅拌，然后搓揉透彻，成为面团。注意季节不同，所用水温有所变化，春秋用 30℃ 左右的水温；夏季用常温水；冬季用 40℃ 左右的水。面团揉好后一般需饧发 1 小时左右。如天气温度较高，饧发的时间可短些，注意如时间过长，发酵过度，酸味过浓，影响汤包的口感；如温度过低，饧发的时间可略长些，使之充分发酵。此面团发酵以嫩为度，使之具有水调面团的韧性，成熟时形成包子皮体应有的弹性。

2. 猪肉选用肥瘦相间的夹心肉较好，此类肉吸水（汤）性强，涨性好，黏性大，肉质鲜嫩，肉香浓郁。

3. 调馅时应按照程序进行，应先将肉腌渍，使肉馅充分入味，然后再分次加入鸡汤，顺着一个方向搅拌，使肉中蛋白质的亲水基团充分和鸡汤的水分亲合，肉与汤融为一体，形成黏稠状的馅心。

4. 发酵后的面团要进行适度兑碱，并且要揉匀揉透。如果碱量偏大，制品会带有苦涩的碱味，且表面发黄，严重时制品发黑不能食用；如果碱量过小，面团中和不够，成品带有酸味，面皮品质不暄软、口感发黏。碱量的多少根据面团的发酵程度适当增减。兑碱时要充分揉匀，防止碱液分布不均，从而造成制品的"花达碱"现象。

5. 要用旺火蒸制，时间不能过长，防止破皮、掉底和漏汤现象发生。

品质标准

形状整齐美观，大小相对一致，色泽洁白如玉，皮薄馅大，汁多味美，鲜咸适口，提褶均匀，不破皮，不漏馅。

二十九、李连贵熏肉大饼

李连贵熏肉大饼作为传统风味，迄今已有百余年的历史。1908 年春天，河北滦县人李连贵一家跑关东来到距四平市 30 千米的梨树街安了家。李连贵先是领着几个弟弟打短工。那年初冬，李连贵用两间草房开了一个烧饼铺，生意不错，后来，又把烧饼改成吊炉大饼，并开始做熏肉。两年后的一个初春早上，他在大街上救下了一位遭警察和便衣毒打的双目失明的老人，经过一个多月的调养和治疗，这位名叫高品之的老人痊愈了。高品之乃当地的一位老厨，其烹调工艺很高，为报答李连贵的救命之恩，他给李连贵传授厨艺。李连贵在高先生的指点下，做出了香味独特的熏肉。之后，他又用不同的配方继续试验，最后制出更具特色的熏肉。不久他又用煮肉的老汤和面粉制作出别具风味的大饼，这就是当时极具神秘色彩的熏肉大饼。1940 年李连贵病故，其继子李尧继承父业。一年后他携带老汤来到四平市，租了五间瓦房开办了李连贵熏肉大饼铺。从此，李连贵熏肉大饼在四平落户，声名逐渐远扬，不久成为当地名食。李连贵大饼圆如满月，层层分离，外酥里嫩，滋味浓香。食用时，辅以面酱、葱丝等料，再拌吃一碗小米绿豆大枣粥，令人回味无穷。

自 20 世纪 50 年代以来，邓小平、陈云、李雪峰、杨尚昆、李富春、刘澜涛、李鹏等党和国家领导人先后到四平视察时，都曾品尝过李连贵熏肉大饼。1958 年 9 月 23 日，邓小平同志品尝饼时赞它："经济实惠，简单好吃："1987 年 6 月 17 日，李鹏吃过此饼后也说："真好，名不虚传。小平喜欢，我也喜欢。"

1997 年，李连贵熏肉大饼被为评"中华小吃"并成为全国著名商标。目前，

"李连贵"在全国已拥有三十余家连锁店。

美食原料

精粉500克，猪油（汤油）11O克，精盐5克，花椒面2. 5克。

制作方法

1. 取精粉40克放入小盆内，加入50克猪油（汤油）和精盐、花椒面搅和成粥状软酥。

2. 将剩余精粉加温水和成软面团，并稍饧一会儿。

3. 将面团揉匀，搓成长条，下成5个长条剂子，擀成6. 6厘米宽、中间厚、四边薄的长方片，然后用竹板匙子抹上一层软油酥，再双手将之拿起抻长，由一头叠起，把两头分别擀开（越薄越好）包严，再用手指将四个角往回按一下，然后擀成直径17厘米左右的圆饼即为生坯。

4. 平锅烧热后，饼面朝上放锅内烙，见饼面起泡时。刷上一层猪油（汤油），翻过来再烙片刻，再刷一次猪油，然后再翻再烙，直至饼鼓起成熟时即可出锅。用刀由中间切成两半，刀口朝上，码入盘中即成。

技术诀窍

1，调制面团时，冬季低温低湿用温水，夏季高温高湿用冷水，并要加少许精盐，主要是增强面团的筋力，使面团柔顺有劲。

2. 合理掌握面团的软硬度，是保证大饼品质的重要因素。一般每500克精粉加水300～325克。

3. 掌握好擀片的长、宽和厚度要求，否则将影响形状；抹软酥要匀，叠至7～8层为宜，包实包严。

4. 烙制时应采用急火快烙。因为急火快烙可使饼的表面先熟，形成一层"保护膜"，避免内部水分流失造成大饼干硬。

5. 大饼用的猪油（汤泊）是李连贵煮肉后的浮油（汤油），经过提炼去掉水分而成的。传统配方为每煮50千克猪肉用丁香62. 5克、肉蔻80克、桂皮40克、砂仁7. 5克、豆蔻17. 5克、花椒75克、八角50克、鲜姜150克、大葱300克、精盐1000～1500克，待肉烂入味时，撇出浮油即为汤油。

6. 食用时，将熏肉夹入大饼内，配入葱丝、甜面酱、枣汤、大米绿豆粥等同吃更别有风味。

品质标准

色泽金黄，面带虎皮斑点，圆形整齐，火候均匀得当，外焦里软，软而不黏，层次分明，味道咸香，稍带有汤料香味。

三十、新兴园蒸饺

新兴园蒸饺是吉林省吉林市的风味名点，具有浓郁的地方特色。它首创于吉林市新兴园，最初由王氏兄弟创制，具有皮薄发亮、筋道、卤汁多、外形美观等特点，是当地老百姓喜爱的名食。

美食原料

（以50个成品计量）精粉500克，净猪肉350克，大葱50克，材料油60克，芝麻油200克，猪骨汤100克，酱油40克，味精、花椒面各10克，精盐、鲜姜各5克，青菜250克。

制作方法

1. 将精粉加入200～225克沸水中烫匀烫透，搓成揉成团后，摊开晾凉，再揉成团。

2. 把猪肉剁碎，葱、姜经洗净后切成末，青菜洗净切碎，挤去水分待用。将剁碎的猪肉加入酱油、花椒面、姜末拌匀，再边加骨头汤边顺一个方向搅拌，搅到肉馅发黏成粥状，随即加入调料油、精盐、味精、葱末、芝麻油、青菜末拌匀成馅。

3. 将烫好的面团搓成长条，下成50个剂子，按扁，擀成薄厚均匀的圆形皮子。然后左手拿皮，右手抹馅，收拢，用右手拇指和食指捏褶收口，捏成月牙形的饺子生坯。

4. 笼屉铺上屉布或刷上油，把饺子逐个摆好，放在开水锅上，用旺火蒸12分钟成熟即可，食用时原笼上桌。

技术诀窍

1. 烫面时要用沸水，不能用落滚的开水。因为水沸时倒入粉搅拌，能使面粉中的淀粉充分糊化，蛋白质变性迅速，形成透明晶亮、质感好的面团，保证成品质量。

2. 烫面后要摊开晾凉，再揉成团，否财热气郁结在面团内，造成制品干皮开裂，吃口发粘。

3. 猪肉要剁碎，肉馅和水搅拌时，要尽可能使劲和充分搅要，以使蛋白质的亲水基团能够结合大量水分，能从而使肉馅黏稠不泌水。

4. 加骨头汤时应分次加入，并顺一个方向搅拌，避免一次加入过多，影响肉馅吃汤，造成"伤水"现象。

5. 饺子皮要薄，馅要足够，捏制时边要薄而齐，无重边现象。

6. 掌握好蒸制时间，切忌时间过长易造成掉底、漏馅、流汤等现象。

7. 材料油制法：把熟豆油烧热，加入拍松的葱、姜、蒜块、花椒、八角炸成黄色捞出，剩下的油即为材料油。

品质标准

成品大小均匀，形似月牙，皮薄发亮透明，吃口筋道，卤汁多，滋味鲜美，不破皮，不漏馅。

三十一、回宝珍饺子

回宝珍饺子是吉林省回族风味名点，由回宝珍于1927年首创于吉林省长春市，故而得名。此饺子以皮薄边小、馅大鲜嫩、汤肥味鲜、制作精细而闻名，流传至今，深受人们的喜爱。

美食原料

（以60个成品计量）精粉500克，净牛肉325克，豆油40克，芝麻油10克，牛腱肉汤60克，鲜姜7．5克，大葱15克，特母油35克，花椒水40克，精盐7．5克，味精2．5克，白菜175克。

制作方法

1. 把500克精粉加入200克水和成面团，揉匀揉透，饧10～15分钟。

2. 把牛肉剔去板筋和筋膜，用绞肉机绞成高粱米粒大的肉馅；葱、姜洗净切成末；白菜剁碎，挤净水分待用。

3. 把牛肉馅加入花椒水、牛腱肉汤、特母油、味精、精盐、葱、姜末等调料，顺一个方向搅拌，把肉馅搅成腻糊的粥状，放阴凉处静置4小时，最后加入剁碎的白菜，豆油、芝麻油搅拌均匀成馅。

4. 把饧好的面搓成长条，下成60个剂子，用手按扁，再擀成薄厚均匀的圆皮，左手拿皮，右手打馅，包成饺子生坯。

5. 锅内加水烧开，将包好的饺子下入锅内，用旺火煮沸，如水过于沸腾可洒少许冷水，煮7～8分钟成熟捞出即可。

技术诀窍

1. 调制面团时，夏季用凉水，冬季用温水，加水量不宜多，以使面团要硬一些，方能保证擀出又圆又薄的圆皮。

2. 调馅时要顺一个方向搅拌，并要搅至黏稠状，然后放凉处静置，使牛肉充分吸水和入味，保证馅心的质量。

3. 擀皮要擀成边薄中间略厚的碟形，大小均匀。饺子包捏时要叠紧，防止煮制时破皮、漏馅和流汤现象发生。

4. 煮制时要沸水下锅，生坯下锅后，待水沸腾时要点入冷水，水量多少以使水面沸而不腾为准，点水的目的是避免水沸腾后冲击饺皮，造成破皮现象。饺子煮熟后应马上捞出，防止水泡时间过长后饺皮变软黏破裂。

品质标准

个头均匀，形状整齐，皮薄边小，馅大而嫩，汤肥味鲜，不破肚，不裂口，不漏馅，不塌腔。

三十二、东北水饺

东北水饺是东北传统风味名点，其馅心属于北方传统的"水打馅"，面团采用冷水和面，皮薄筋抖，馅心汁多咸鲜，属大众化面食。饺子起源于南北朝时期，历史悠久。水饺也称"饺"、"牢丸"、"粉角"、"匾食"、"角子"、"煮饺"等，俗称"饺儿"、"扁食"、"饺饵"、"煮包子"、"水包子"或"水煮饽饽"。水饺为北方主食，常于年节或来客时制作食用，尤其是春节，东北人在除夕和大年初一的早晨必食用饺子，以象征团圆和吉祥，有日子越过越红火之意。现今，东北各地的特色饺子馆多得难以计数，品种以满足食客随时的需求而变。馅心种类较多，如猪肉加芹菜、青椒、胡萝卜、酸菜、白菜等作馅，还有西葫芦、韭菜等一些素馅。众多馅心中以东北的"水打馅"引导着市场的主流，尤其是东北的猪肉酸菜水饺，其风味特色唯本地独有。目前，东北饺子除了传统风味外，在此基础上又变换出山野菜水饺和食用菌水饺等系列品种，"天然、绿色、营养、保健"的地方特色突出。

美食原料

精粉 250 克，猪肉 125 克，山芹菜 250 克，酱油、猪油、大葱各 25 克，鲜姜、精盐、芝麻油各 5 克，花椒面 1 克，味精 2 克。

制作方法

1. 将精粉加水和好，揉匀揉透，制成面团，盖上湿布饧一会儿。

2. 把猪肉绞成肉蓉，大葱和鲜姜洗净切成末，山芹菜焯水投凉冷却，切成末待用。在猪肉蓉中加入花椒面、酱油、姜末、猪油拌匀，然后再分次加水，顺一个方向搅拌，直至肉馅成黏稠的粥状时，再加入精盐、味精、葱末、芝麻油、山芹菜末一起拌匀成馅心。

3. 将饧好的面团搓成长条，下成 30 个剂子，分别将每个剂子按扁，擀成圆薄片。然后左手拿皮，右手抹馅，再用双手合拢捏成饺子生坯。

4. 取锅加水烧开，将饺子生坯下锅，随即擦锅边推至锅底，待水开时，可点少许凉水，煮至皮馅分离成熟时，捞出即可。

技术诀窍

1. 面团的软硬要合适，通常是每 500 克精粉加水 250 克左右。若面团太软，包制时不易保持形状，并缺少弹韧性口感，面团太硬则不便于操作。

2. 调制面团时要掌握好水温，通常为以 30℃ 左右为好。夏季用冷水，冬季用微温的水。

3. 调制肉馅加水时，不要将水一次全部加入，要边加边搅，并要掌握加水量，防止水量过多或一次加入造成馅心伤水离散而黏稠。一般每 500 克猪夹心肉加水 200 克左右。

4. 制坯成形时，擀皮要圆且薄。包捏时边要窄、肚要圆，皮边要捏紧，以免煮时开口，或破皮漏馅流汤。

5. 煮制时要开水下锅，待饺子浮起水沸时点入冷水。注意点水量不可过多，保持水呈微沸状态。一般需点水 2～3 次。若水沸腾过度，会冲击饺皮，容易发生破碎。如点少许冷水使饺子处于平静的沸水中能保持形状，如果点入冷水过多，饺子泡在温度较低的水中亦易破碎。

6. 饺子成熟后应及时捞出，防止饺子泡在热水中时间过长，将皮泡软筋性。

品质标准

皮薄爽滑，口感筋道，外观大小均匀，形状整齐，无破碎漏馅流汁现象，馅心口味鲜嫩不腻，咸香适口。

三十三、打糕

打糕为吉林省朝鲜族风味名点，具有悠久的历史。此点是用木槌捶打煮熟的糯米饭而制成的，故名打糕。打糕为朝鲜族广泛食用的早点。除夕傍晚，家家户户忙着打制年糕，到春节的早晨，男女老少穿着新衣，全家欢聚一堂，吃着新打出的年糕，企盼新的一年五谷丰登。现在此品已广泛进入食市，随时随地都可以吃到。

美食原料

糯米 4500 克，赤小豆、黄豆各 500 克，白糖 200 克。

制作方法

1. 将糯米淘洗干净，用清水浸泡 10 小时，至用手能将米粒捻碎即止，捞出沥干水分，放入铺有湿屉布的蒸笼内，上沸水锅蒸约 20 分钟，使米饭成熟即可。

2. 把蒸制成熟的糯米饭放在砧板上，用木槌边打边翻，直至看不出米饭粒即表示米糕已打成（也可把糯米饭放置打糕机里打制而成）。

3. 将赤小豆 500 克用水洗净，置锅中加冷水煮熟，捞出沥干水分，加入白糖，再置锅内，用小火煸炒，推碎成豆沙粉。

4. 将黄豆 500 克用水洗净，放锅内用小火炒熟，取出磨粉，筛出黄豆面。

5. 将制好的米糕切成条块状，外面裹上豆沙粉或黄豆面即成，也有外层不裹豆沙粉和黄豆面的，随食随蘸甜味料，也有的放油锅中煎食的，口味又香又甜。

品质标准

1. 糯米要充分浸泡。浸泡的过程就是糯米粒吸水膨涨的过程，浸泡时间略长些，米粒松胖，蒸制后黏性好。

2. 糯米饭蒸制要软硬适度，因为太软的饭打出的糕筋性差。如果米饭太硬，很难形成细腻的米糕。

3. 打制糯米饭时，开始用力要均稳，以免饭粒回溅。翻动时手要蘸凉开水，并不断擦拭砧板以免粘板。

品质标准

打糕的黏性强，质感筋道滑润，颜色表黄内雪白，组织柔软，味道清香适口。

三十四、黄米切糕

黄米切糕又称年糕，已有三百多年的历史，是黑龙江省传统风味名点。该点由当地特产糜子粉（即大黄米粉）制成。《龙城旧闻》记载有："齐齐哈尔产糜子，土人以为常食。"据《宁安县志》记载，清雍正六年（1728），宁古塔（今宁安县）即有糕饼店。现在如卜奎（今齐齐哈尔市）、墨尔根（今嫩江县）等古城，还有这种切糕，是当地独有的一种风味面点。如今，这种风味面点较多的改用糯米粉制作，产品种类也有变化，在东三省的各个城市风靡至极。

美食原料

大黄米 1000 克，白芸豆、白糖各 250 克。

制作方法

1. 将大黄米淘洗干净，用凉水浸泡 6 小时，沥净水碾成面，过筛得细粉。

2. 将白芸豆淘洗干净，加水煮到八成熟，即用手一捻就碎，但还未成粉面，不能烂糊。

3. 将黄米面与水以 1：1 的比例调成稠浆糊，倒在铺上屉布的蒸屉上（厚约 3 厘米），用旺火蒸制，见糕面呈金黄色而即将熟时，把煮熟的芸豆撒一层在上面，紧接着再把黄米面糊摊上一层再蒸。再撒一层芸豆，摊上一层面糊，一共摊三层面，撒两层豆，总厚度 10 厘米以上。蒸制成熟，将蒸屉翻扣在案板上，用刀切成小块撒上白糖，趁热食用，或切成小块放锅中加油煎食，谓之油煎年糕。

技术诀窍

1. 最好用水磨粉，因为水磨粉细腻，蒸制的糕质地光滑细嫩而软糯。

2. 煮芸豆时最好开水下锅，使豆表面形成僵皮，防止把豆煮烂煮煳，影响年糕的质量。

3. 黄米面与水的比例应掌握好。水分过稠，蒸糕不细腻；水分过稀，蒸糕过软不筋道。

4. 蒸糕较厚，蒸制后检验是否熟透。可用竹签插入检验，如竹签上没有米浆，说明已经熟透。

品质标准

糕体形状整齐，切面层次分明，组织口感黏软筋道，滋味香甜可口。

三十五、黏饽饽

黏饽饽是东北传统风味小吃，为满族的特色食品。清代满族人常以此为祭品。饽饽原为满语，后为汉族所沿用。该食种类很多，因为不同季节而异，通常是春季做豆面饽饽，夏秋两季做苏叶饽饽，冬季做黏饽饽。根据形状和成熟方法不同，黏饽饽又称为黏豆包或黏火勺，因其性黏，便于携带，耐保存，又能抗饿，故成为当时八旗兵随身携带的军粮。如今该食是人们普遍喜爱的食品。入冬以后，东北各地乡村家家都要蒸制黏豆包或烙制黏火勺，冻后作为储粮，随时取食，一直吃到第二年春天。当地人为此称这种黏豆包或黏火勺为黏饽饽或黏干粮。此点主要以大黄米、小黄米或糯米、玉米面等为原料制成，本是东北的农家风味，现已登上了"大雅之堂"，成为宴会中的一款美点。

美食原料

大黄米、小黄米各 500 克，玉米楂子（现在多用糯米和粳米）100 克，赤小豆 1 000 克，白糖 1 000～1500 克，植物油 50 克。

制作方法

1. 将米混合用水淘洗干净，以清水浸泡发酵至有酸味时，将米捞出，用清水漂洗干净。

2. 将米连同清水上磨制成稀糊，装入布袋内，压干或吊干至能捏成团即可。

3. 取赤小豆拣净杂质洗净，放入锅中加清水煮烂熟，再加入白糖，用勺子擦成碎糊状即为小豆馅料。

4. 将面团揪成 30 个剂子，逐个压扁包入小豆馅料，捏拢收口，制成馒头状即为黏豆包。若将之制成腰圆形，裹上刷了油的苏叶即为苏叶饽饽或"苏耗子"。制成小圆饼状的即为黏火勺或黏糕饼。

5. 将蒸屉刷油，把黏豆包摆上或把苏叶饽饽直接摆在屉上，用旺火蒸约 25 分钟左右成熟。也可将平锅刷油，摆入黏火勺，两面烙成金黄色即可成熟。

技术诀窍

1. 掌握好各种米的比例，主要以黏米（大黄米、小黄米、糯米）为主，但应加入适量的粳米或玉米糁子，否则黏性过强，制出成品不易保持形状。如加入过多的粳米或玉米糁子黏性不强，则品质干硬不柔糯。

2. 掌握好泡米时间。如夏季制作，米可泡 1~2 天，如冬季制作，米可泡 15~20 天左右。也有不泡米的，将米混合淘洗干净直接磨成粉，再加水调成面团发酵，然后再制成成品。黏性面团必须经过发酵，使粉料充分吸水，面团性质发生变化，才能获得较好的品质。

3. 煮赤小豆时，要冷水下锅，旺火烧开，小火焖煮，并要掌握好小豆与水的比例，通常每 500 克豆加水 1 000~1 500 克，中途不宜加水，否则豆不易煮烂。

4. 包制时，要包紧包匀，不能包进气体，防止熟制时变形漏馅。

品质标准

形状整齐，软糯可口，微酸回甘，性黏甜香，色泽分明。

三十六、义县伊斯兰烧饼

义县伊斯兰烧饼是辽宁省传统风味名点。据说 1949 年以前，义县回民胡海潮在锦州北街杨家烧饼铺学艺时，曾有信奉伊斯兰教的外国客人到杨家烧饼铺吃饭，胡海潮以自己创制的烧饼奉客，客人吃完烧饼连声叫好，杨家烧饼从此扬名，传为伊斯兰烧饼。以后由马贺仁将其继承下来，并由此开发出白糖南桂馅烧饼、玫瑰馅烧饼、豆馅烧饼、澄沙馅烧饼、牛肉馅烧饼、油盐烧饼和椒盐馅烧饼 7 种烧饼。多年来，这些饼食拥有大量的追随食客，其名声也因此远近闻名，至今已有七十多年的历史，但生意一直经久不衰。

美食原料

精粉 500 克，白糖 250 克，豆油 120 克，芝麻油 30 克，青红丝、南桂各 10 克，芝麻 20 克，熟面粉 50 克。

制作方法

1. 将豆油 120 克加热烧开，用勺取出 30 克留用，余下的 90 克油加入过筛后的精粉，炸至能和为止，即为酥心。将余下的精粉加 30 克豆油和温水，和成水油面后盖上湿布饧 30 分钟左右。

2. 将熟面粉 50 克、白糖 250 克、南桂 10 克、青红丝 10 克、芝麻油 25 克拌和在一起，用手搓擦均匀，加入少许水搓至不散不粘时即成馅心。

3. 将饧好的水油面擀成边薄中间厚的长方片，包上酥心，再擀成长方形大片卷成卷，下成剂子，分别将每个剂子按扁包上糖馅，收好口，在剂口处沾满芝麻，再擀成圆饼即为生坯。

4. 将烤炉预热 220℃左右，把饼坯放在烤盘上，刷少许芝麻油，放入烤炉烤约 15 分钟左右即可成熟。

技术诀窍

1. 酥心采用油炸方法制作的。炸时要掌握好油温，油温过高易将精粉炸糊，吃时发苦带焦糊味。

2. 酥心与水油面的软硬度应基本一致，如一软一硬不便于包酥，影响制品的质量。

3. 调馅时掌握好各料的比例。加入熟面粉，能使馅心口感滑爽不黏。

4. 包酥擀皮时用力要适当。因为炸制的酥心松散，如用力过大，会将酥心挤压到一边，易造成混酥现象。

品质标准

形状整齐，色泽焦黄，皮酥馅软，香甜可口，不破皮，不混酥，不漏馅。

第二节　华北地区风味小吃

华北地区包括北京、天津、山西、山东、河北、内蒙古等省区市。这一地域土地辽阔，既有平坦的平原和高原，又有连串的盆地和高度不等的山地和丘陵。气候以暖温带大陆性季风气候为主，温差较大，春旱多风沙，降水集中，降水变率大，以半湿润为主，间有干旱、半干旱的地区。华北地区是我国小麦、杂粮的集中产区，水稻的比重较小。重要的杂粮作物有玉米、谷子、高粱、薯类，其他粮食作物以莜麦和糜黍为主。其中，以畜牧业为核心的内蒙古地区，自古以来就是我国重要的畜牧基地，有着丰富的肉食资源。

华北地区土地面积170多万平方公里，是我国政治、文化中心，是华夏祖先最早生存繁衍的地区之一，其悠久的历史，灿烂的文化，成为滋生繁衍中华饮食文化的重要源流之地。这一地区的民族以汉族为主体，还生活着蒙古族、回族、满族、朝鲜族、鄂伦春族、鄂温克族等少数民族。其中，内蒙古自治区是我国古代北方少数民族繁衍生息的摇篮，曾在这里活动过的游牧部族有十多个。如今这里生活着蒙古族、达斡尔族、鄂温克族、鄂伦春族等30多个少数民族，这些民族都有自己的风俗习惯和宗教信仰，其生产生活方式独特，少数民族食风食俗亦绚丽多姿。

华北地区不同省区其小吃存在一定的差异，但以面粉为主料的居多，莜面、荞面各种米面、豆面以及薯类也是制作各种风味小吃的重要原料。在馅心的用料上，包括各种肉类、水产、蔬果，油、糖、蛋、奶、盐、碱等众多的调辅料在面点制作中不可取代。在成形方法上，囊括了手工成形法和器具成形法的各类各种操作技法，特别是面点制作的抻、切、削、拨、搓、擀、包、捏等技法，突出地体现了本区与众不凡的技艺。在熟制方法上，以蒸、煮、烙、烤、炸为主，煎、炒、焖、烩辅之。小吃特色表现为用料广泛，精工细做，色调自然明快，形态简洁流畅，质感舒适可口，味道厚重香醇。

北京是祖国的首都，作为全国的政治、文化和对外交往的中心，历史上，辽、金、元、明、清五朝曾建都于此，具有悠久的历史和丰厚的饮食文化。其特殊的历史地位，使之能在继承本地传统饮食文化的基础上，又博采各地各民族之精华，加上受历代皇官饮食的影响，历经各个朝代的滤炼积淀，形成今天北京小吃独特的小吃饮食风格。如龙须面、栗子糕、萨其马、千层糕、焦圈、艾窝窝等都集中体现了这一地区的饮食特点。天津是退海之地，地处平原，东临渤海，西依燕山，位居九河下梢，气候适宜，物产丰富。天津路通各省，特别自金朝天德元年（1149）建都北京（大兴）后，这里逐渐成为漕运的枢纽，"舟车商贾之所萃集，五方人民之所杂处"。因此，天津小吃得以汲取南北各地技艺，汇集众多的行家高手，形成自己的特色。如著名的津门三绝（狗不理包子、桂发祥什锦麻花、耳朵眼炸糕）都因操作方法各有绝处，才使其与众不同，闻名遐迩。

山东为孔孟故里，礼仪之邦。位于中国东部，黄河下游，东临大海，地理位置

优越，自然、人文风光奇特优美，是中国饮食文化的发祥地之一。春秋时期，孔子提出了"食不厌精、脍不厌细"的饮食观，对后世的影响颇大。从较早的西汉《史记》、南北朝北魏《齐民要术》到清乾隆年间的《随园食单》等对山东的小吃都有较详细的记载。如清初文学家蒲松龄描述："霍罗（饸饹）压如麻线细，扁食捏似月牙弯，上盘薄脆连甘露，透油飞果有套环，油散霜熟兼五味，糖食酥饼亦多般。"山东小说源于民间，与人们的生产劳动、节气时令、风俗习惯以及当地的物产都有密切关系，如周村酥烧饼、糖酥火烧、福山拉面、三鲜酥盒、莲花酥等。

河北省环绕京津，是中华民族的发祥地之一。早在春秋战国时期，这里属燕赵版图，元、明、清三朝定都北京后，又成为拱卫京师的"畿辅之地"。河北在地貌上是全国唯一兼有高原、山地、平原、湖泊和海滨的省份，并具有暖温带大陆性季风气候的森林植被景观，山河壮丽，物产丰饶。这里的饮食文化既受京津的影响，也有晋、鲁、豫的介入，如河北著名的棋子烧饼、缸炉烧饼、油酥饽饽、混糖锅饼等。

内蒙古以高原地形为主，地势高亢、坦荡，在草原上镶嵌着形态各异的丘陵、盆地、山脉和沙漠，气候属于温带大陆性季风气候，冬季漫长而寒冷，夏季短促而温凉，寒暑、干湿变化明显。内蒙古地处北国边陲，疆域辽阔，历史上是北方少数民族集聚的地方。随着经济文化的发展，生活方式和饮食习惯有了很大改变，其饮食文化受京、鲁、晋及东三省影响较大，并融合了蒙、汉、回、满、朝鲜、达斡尔等多民族的饮食风味和制作特点，如最具代表性的面点哈达饼、蒙古馅饼、羊肉烧麦、玻璃饺子、奶油刀切等。

山西在春秋时为晋国领地，战国时韩、赵、魏三家分晋，故又别称"三晋"。位于黄河中下游的黄土高原上，古代这里气候温和，土壤肥沃，水草森林茂密。早在一百万年前，中华民族的祖先就在这里劳动、生息、繁衍。相传，华夏民族始祖之一的黄帝，曾经活动于此；而远在史前的尧、舜、禹，都曾在山西建立都城；春秋时期晋文公重耳，为春秋五霸之一；秦统一中国后，历朝历代这里都是重要的政治经济基地，从而创造了博大精深的"三晋文化"，同时也促进了烹饪技术的发展。山西地区历来以面食为主，其中包括晋式面点、面类小吃和山西面饭三大类。晋式面点制作注重色味口感，做工比较精细。面类小吃品种繁多，地方性强，口味丰富，形色俱佳。最具特色的要数山西的面饭，做法别具一格，食法五花八门，用料异常广泛，具有浓厚的乡土气息，如拉面、削面、剔尖、刀拨面、擦蝌蚪等，还有著名的闻喜煮饼、五台万卷酥、锅魁等，荞面凉粉、莜面搓鱼、豌豆面瞪眼等杂粮小吃也深受人们的喜爱。

一、焦圈

焦圈原为清代宫廷内的一种油炸食品，后由御膳点心师孙德山将技艺传给升源斋烧饼铺的邬殿元及赵宝明，便将焦圈技术及特色保存并传承下来，成为北京传统小吃一绝。焦圈是用矾、碱、盐膨松面团，经油炸制成，因形小巧似手镯金黄油亮酥香焦脆而得名。

焦圈的面团制法近似于油条，而油条的前身即油炸桧。据《清稗类钞》载"油炸桧：长可一尺，捶而使薄，以两条绞之为一，如绳，以油炸之。其初则肖人形，上二手，下二足，略加×字，盖宋人恶秦桧之误国，故象形以诛之也。"说明油炸桧是源于南宋秦桧卖国，国人作成人形而炸之，故得名。此名在清末才传到北方，清末《南亭笔记》记有济南早晨有童子卖油炸桧之事，可见矾碱盐膨松面团是继发酵面团之后的另类膨松方法，历史悠久。用此类膨松面团制作的品种除油条、焦圈外，还有薄脆、矾碱麻花等。百余年来，焦圈一直是北京人喜食的一种传统佳品。这是由于它香酥焦脆、落地成渣，即使存放七八天也都不失其脆性。而且北京人吃焦圈时，多把它夹在马蹄烧饼或叉子火烧里，再佐以豆汁、咸菜，别有一番风味。

美食原料

面粉500克，明矾面13克，碱面6.5克，精盐12克，色拉油2500克。

制作方法

1. 将明矾、精盐放盆内加200克水溶化，另将碱面放入一盆内，加100克热水化开，再将碱水徐徐倒入矾盐水内，边倒边搅动，听到沙沙的响声，并泛起泡沫，且水呈粉白色即可。取出1/10，再少量加水稀释备用。

2. 将面粉倒入溶液内抄拌成穗，揉成团，再用双拳蘸上稀释的溶液从上到下、从左至右掼捣、提叠至光滑后，加盖饧20分钟。饧好后，再照上述方法掼捣、提叠、缓饧，反复4次，最后一次揉好抹油，饧面1小时。

3. 将饧好的面团放在油案上压平，用小刀（特制的刀身小，刀刃钝，专做油条、焦圈、油饼用）切下3厘米宽的条，抻长压平，再剁成2厘米宽的段，每两段摞在一起，用小刀在中间顺长切一刀，两端不切断即成生坯，全部切完。

4. 油入锅上火烧至180℃，逐个将生坯拿起稍抻一下放入油中，漂起后翻身，用一双筷子从中间刀口处插入并轻轻碰撞两端，将缝碰宽后，再将其撑圆，并套在筷子上在油中划几个圈，即定型成圆圈状。炸至两面呈深黄色捞出即可。

技术诀窍

1. 矾、碱、盐的具体数量以及水温应随着季节变化适当调整。以上配料比例适宜春秋两季，如遇夏季要向上浮动，用凉水和面；冬季向下浮动，用温热水和面。

2. 由于矾、碱质量纯度的差异，辅料配比也有例外。如遇此情况，在兑制溶液时可从 3 方面判断比例是否合适：其一，听声音看泡沫。在制初期，在搅动溶液时会听到沙沙的响声，并泛起大量泡沫。随着搅动，泡沫逐渐消失，声音也逐渐微弱，此为合适。如泡沫过多，消失很慢则矾重，相反则碱重。其二，看溶液的颜色。用手撩起来看，水呈粉白色（即水中的白色悬浮颗粒）合适。如颜色浓，颗粒密度大则是矾重，相反则碱重。其三，将溶液滴入油内，若水滴成珠并带白帽为合适。若水珠小帽多则矾大而碱轻，反之碱重。

3. 饧面时间随环境温度而定。一般夏季短，冬季长，春秋两季居中。尤其是在冬季，饧面时还要注意保温、保湿。

4. 炸制时正确掌握油温也很关键。由于焦图形小巧，成熟快，因而油温应掌握在 180℃（六成热）较为合适。如低于这个温度，炸制时间长，使制品艮而不脆，高于此温又容易焦而不酥。另外，炸制时要勤翻动，使两面色泽一致，防止炸成阴阳色。

品质标准

色泽深黄油亮，形如手镯，玲珑剔透，质地酥香焦脆。

二、一窝丝清油饼

一窝丝清油饼在民间流传至今已有一千多年的历史，相传与南北朝时昭明太子萧统有关。昭明太子萧统从小好学，聪明过人，为了寻找一个读书的好处所，曾多次来虞山勘察，最后选定了南方夫子——言子墓旁的石梅。

石梅在虞山南麓，岩崖突兀，泉水清澈，虬松翠柏，曲径通幽，是个读书的好处所。昭明太子喜欢晨读，且喜欢一个人静思，不许别人去打扰，这样一来，早晨吃饭便成了问题。仆人为了让太子安心读书，到山脚下的烧饼店，特地让烧饼师傅做几个好吃的给太子。

太子见到这形如盘香、色泽金黄、香味扑鼻的饼十分感兴趣，一连吃了几个，遂取名此饼为"石梅盘香饼"。此后，石梅盘香饼传到建康（今南京），深得大众喜爱，誉满京都。这种民间广为传说的石梅盘香饼，历经千百年的演变，发展为目前广泛流行于京津地区的著名小吃——窝丝清油饼。

美食原料

精白面粉 1 500 克，老肥面 250 克，芝麻油 1 000 克，精盐 30 克，碱适量。

制作方法

1. 将精白面粉、老肥面、盐和适量凉水揉成面团。

2. 将面团经 9 次反复抻拉成很细的面丝，铺在案板上，在面丝上刷上一层芝麻油，使油浸透面丝。

3. 根据需要，将面丝拉成更细的面丝，然后盘成圆饼，丝头放在饼中间，揪一小块面团压在面丝头上，按一下使之连接和盖住丝头。

4. 将饼放在烧热的铛上，刷上油约烙约 10 分钟，两面呈金黄色时取下，用手在中间按一下，使饼丝散开即成。

技术诀窍

1. 为了防止面丝之间的相互粘连，可在案台上刷上一层油再抻拉。

2. 可根据品种口味变化需要，在做好的饼上加入桂花白糖、玫瑰、豆沙、枣泥、百果、葱花等，再放入铛上烙至浅黄。

品质标准

色泽金黄，酥香油润，咸淡适中。

三、一品烧饼

一品烧饼成名于清朝乾隆年间，相传与和珅的发迹有关。乾隆三十九年（1774），乾隆谒东陵回京，驻跸盘山行宫，据说这是乾隆登上皇帝宝座后第 21 次来蓟。游览了盘山，吃腻了山珍海味的乾隆，一看到行宫御膳房做的饭菜就没胃口。当时只有 24 岁的和珅，还只是乾隆身边的三等侍卫。然而，他凭自己的才学和乖巧，颇得乾隆的器重。为讨好皇上，和珅打听到这里的小吃曾受到康熙皇帝的赞美。于是，他千方百计想办法让地方官员进贡当地特色小吃，然后自己亲手奉送给乾隆品尝。这种形状扁圆、外层裹满芝麻的烧饼很受乾隆喜爱，他吃后龙颜大悦，对这种地方美食赞不绝口，连声说好，味够一品！"一品烧饼"由此得名。该食皮酥层多，香甜可口，风味独特，从此成为乾隆皇帝的御膳点心，和珅也因此更加得宠。一品烧饼在成为宫廷美食的同时，也成了当时最好烧饼的代名词，并在以后广泛流行于民间。

美食原料

面粉 575 克，猪油 225 克，清水 100 毫克，白糖 150 克，白芝麻 100 克，蜂蜜 65 克，桃仁 50 克，熟芝麻 25 克，香油 50 克，桂花适量。

制作方法

1. 取面粉 250 克过罗滤粗得精粉，置案板上，开一小窝，放入 100 克猪油和 100 毫升清水，和成面团，并压成面皮。

2. 取面粉 250 克过罗，得精粉置案板上，开一小窝，加入猪油 125 克，和面揉擦成酥心。

3. 将桃仁切碎，加入面粉 75 克及各种配料制成馅。

4. 用面皮包入酥心，压扁，擀成长方形，折三折，再擀成片，卷成卷后揪剂。逐个压成皮，包入馅，揉成圆形，以手掌压扁，在一面沾上白芝麻。

5. 将沾上白芝麻的饼坯放入铁盘中，推入烤箱烤至表面呈金黄色即成。

技术诀窍

1. 冬天猪油太硬，可适当加热融化后再使用。

2. 为防止馅漏出，在包制过程中要包捏好收口，并使收口朝下，用力拍扁成圆形饼皮。

品质标准

这款北京著名风味小吃的体形圆扁，色泽金黄，内裹油酥，皮酥脆，馅香甜。

四、三鲜烧麦

烧麦是北京久负盛名的小吃之一。烧麦出现于元大都，是地道的北京小吃。烧麦起源于包子，它与包子的区别在于顶部不封口，作石榴状。明代称烧麦为纱帽，清代称之为鬼蓬头。清乾隆年间的竹枝词有“烧麦馄饨列满盘”的说法。

以前烧卖的馅分四季而有所不同。春以青韭为主，夏以羊肉西葫芦为优，秋以蟹肉馅最为应时，冬季以三鲜为当令。三鲜烧麦皮薄剔透，色泽光洁，入口香醇鲜美。北京经营烧卖的餐馆不少，以“都一处”的烧卖最有名，其中该店的三鲜烧卖和蟹肉烧卖最为人喜爱。

美食原料

精白面粉 500 克，鲜猪肉 750 克，熟鸡肉、虾仁各 150 克，熟火腿 50 克，料酒 15 克，酱油 25 克，精盐 5 克，白糖 10 克，葱 25 克，姜 10 克，味精 1 克。

制作方法

1. 将面粉用沸水烫揉成面团，搓条揪剂。

三鲜烧麦

2. 将剂子用手压成扁形。案板上放干面粉250克，把扁形剂子放入干粉中，用烧麦擀杖擀成荷叶边、中间略厚的圆形皮子，逐个全部擀完待用。

3. 将猪肉绞成泥，加料酒、酱油、精盐、糖、葱花、姜末搅拌均匀，打上劲，制成馅；熟鸡肉、熟火腿分别切粒；虾仁加料酒、盐、味精拌匀备用。

4. 皮子托在左手中打入肉馅，轻轻往上合拢皮子的边缘，把馅包起来，在上部的开口处分别加入熟鸡肉、虾仁、火腿，用馅板抹平，即成三鲜烧麦生坯。

5. 将包好的生坯，口朝上装入铺好笼布的蒸笼内，蒸10分钟即成。

技术诀窍

1. 必须用沸水烫面，并将面揉透。

2. 蒸制时要用旺火，使之有足够的蒸汽，使烧卖快速成熟。

3. 烧麦皮的中心要擀得稍厚一些，边缘一定要擀薄，收口不要捏死，要稍露馅心。

品质标准

三鲜烧麦皮薄剔透，色泽光洁，入口香醇鲜美。

五、天福号酱肘子

传说清朝乾隆年间，山东人刘德山在北京西单牌楼附近开张了一家肉铺，取名“天福号”（上天赐福之意），专门制售各色山东风味肉食，由于刘老板父子俩起早贪黑经营这个肉铺，生意一直很红火。一天晚上，儿子守夜看管煮肉的汤锅，竟在不知不觉中睡着了。等刘老板前来查夜时，锅里已是肉烂如泥，眼看着满锅稠黏一片的烂肉，心急如焚。此时，晨曦将至，想重新再煮一锅是来不及了。刘德山于是急中生智，父子俩一起动手，将这锅烂肉出锅摊凉后摆在盘子里出卖。恰巧这天的顾客中，有个刑部官员的家人也买了这种烂肉。没想到这位大人对这种皮肉熟烂香嫩、口味鲜美无比的酱肘子的感觉非常好。次日，他又命家人特来天福号买这种酱肘子。这让刘家父子喜出望外，于是改变以往煮法，专烧这种肘子。如此多时，这种酱肘子竟因而名声大振，逐渐成为北京的名食。

天福号的酱肘子专选京东八县的猪作料，据说那里水土好，养的黑毛猪耳朵耷拉，成熟期一般为 11 个月左右，肉比较鲜嫩瓷实。用这种猪的前脚做肘子，一个就重二三公斤，肉质鲜香是其他猪不能比的。几百年过去了，北京酱肘子至今仍然盛名不减，这是传统饮食史上的一个奇迹。

美食原料

猪肘子 2000 克，桂皮 3 克，大料、花椒各 5 克，生姜 10 克，绍酒 5 克，粗盐 40 克，糖色 15 克。

制作方法

1. 取猪肘子多次冲洗干净，配以桂皮、大料、花椒、生姜、盐、绍酒和糖色一起入锅，旺火煮至猪肘出油。

2. 将猪肘取出，以清水洗干净；锅里肉汤撇沫、去杂质，过滤干净。

3. 再次放入猪肘子，旺火烧沸。转用中火，约煮 4 小时，再转小火，约焖 1 小时，看锅内汤汁浓稠时，即可取出晾凉。

4. 将酱肘子改刀后装盘即可。

技术诀窍

1. 选猪肘要选猪前腿，每只猪前肘约重 2000 克，个头大小、肉质肥瘦、肉皮薄厚要基本一样。

2. 酱肘子最好不要用酱或者酱油，选用糖色。

品质标准

肉皮红亮，红中透紫，熟烂香嫩，汤汁浓郁香飘。

六、奶油炸糕

奶油炸糕属北京风味食品，系烫面制品，是用面粉、奶油、鸡蛋混合和成面团经油炸而成。据传，四十多年前，居住北京的广东籍人汪永年，在从日本探亲返国途中的轮船上，构思了这一品种的制法。返京后，便在王府井大街南口设摊经营，取名奶油炸糕，不久便创出声誉。后因其年老歇业，将技艺传给了东来顺小吃部，使这一品种得以保持下来。后来又一顺、隆福寺等小吃店亦争相仿制，促进了这款小吃的发展，使之风靡数十年，至今不衰。

从制作工艺和用料看，此食近似西式面点，除油炸熟制外，也可做成烘烤品，通过形态变化能做出多种不同的造型，同时还可在制品的空腔内注入不同口味的馅心，如各种果酱、巧克力酱、奶黄酱等。

美食原料

高精面粉 250 克，鸡蛋 250 克，奶油 50 克，白糖 100 克，香草粉 1 克，色拉油 1 500 克。

制作方法

1. 锅内倒入凉水 250 克上火烧开后改用小火，加入面粉 250 克迅速搅拌，直到面团由白色变成青灰色，面粉熟透并不粘手时，取出稍晾。

2. 将白糖与香草粉用少量温水溶解后备用。

3. 将蛋液分三四次加入微凉的面团中，每加一次蛋液就揉和一次，直到面团与蛋液完全融为一体，在最后一次加蛋液时，加入融化的糖水与奶油，揉和均匀。

4. 将揉制均匀的面团揪成 20 个剂子，逐个搓成圆饼后放入 180℃ 的油温中炸制，呈金黄色时捞出，沥去油，撒上白糖即成。

品质标准

1. 烫面前最好将面粉过罗，并徐徐倒入开水锅内，搅匀熟透。

2. 如有条件，可在打蛋桶内利用机械操作，打出的面团更好用，制品效果更好。

品质标准

外裹白糖如同挂霜，白中透黄，外焦里嫩，香气馥郁。

七、芙蓉糕

芙蓉糕是北京著名的京式四季糕点之一，其发展历史已经很难考证。制作的方法跟萨其马相似，组织紧密并有小孔洞，入口香甜松软，桂花蜂蜜香味浓郁。以正明斋出品的最为有名。

美食原料

面粉 500 克，花生油 250 克，鸡蛋 5 个，泡打粉 15 克，白糖 750 克，饴糖 150 克，蜂蜜、芝麻仁各 100 克。

制作方法

1. 将鸡蛋加水搅打均匀，加入面粉揉成面团，面团静置半小时后，用刀切成薄片，再切成小细条，筛掉浮面，将花生油烧至 120℃，放入细条面，炸至黄色时捞出沥净油。

2. 将白砂糖和水放入锅中烧开，加入饴糖、蜂蜜和桂花，熬制到可用手拔出单丝即可。

3. 将炸好的细条面挂上一层糖浆；木框内铺上一层芝麻仁，将细条面倒入铺平，挂上一层绵白糖，压平切块成形即成。

技术诀窍

1. 面团揉制要充分，静置适当时间以形成足够的面筋，保证口感质量。

2. 注意掌握好油温和炸制时间。

品质标准

成品颜色适中，糕体分布均匀小孔，口感香甜酥脆。

八、墩饽饽

饽饽是北京人对面制点心等食品的一种叫法。有客人来家要摆饽饽招待，因此老北京糕点店也称饽饽铺。饽饽一词出自明代杨慎的《升庵外集》，该书有"北京人呼波波，南人讹为磨磨"的记载，其中"波"同"饽"音，可见饽饽在明代就有。墩饽饽也可说是北京宫廷小吃的一个品种，清宫廷御膳房专门设有为皇室做美点的饽饽局。墩饽饽是北京颇具特色的风味小吃，颜色白黄，味道甜润，质地松软且富有弹性，耐嚼有味。

美食原料

面粉3500克，糖桂花50克，老酵面2250克，碱面35克，白糖1250克，花生油25克。

制作方法

1. 将老酵面、白糖、碱面与凉水一起搅成稀糊状，再放入糖桂花搅匀，倒入面粉和成面团，盖上湿布饧10分钟。

2. 将面团放在案板上，取一块面团用手反复按揉至表面光润时，搓成直径约一寸五分的圆条，刷上花生油，摘剂。

3. 用手将面剂按成中间略薄、周围稍厚的圆饼，放在饼铛上用微火烙至两面呈微黄色后，放入烤炉中烤，直到圆饼暄起并呈白黄色时即成。

技术诀窍

1. 面粉与老酵面的比例很重要，如老酵面过多，发酵过度，饽饽的质地过于松塌，还影响口味；反之，老酵面过少则达不到品质标准。

2. 面团揉制要均匀得当，反复揉制至表面光滑。另外，炉火温度不宜过高，否则饽饽的质地粗糙，表面颜色偏深。

品质标准

色泽白黄，松软而有弹性，味甜润。墩饽饽宜凉吃，最好放在木箱中焖软后再吃，口感会更好。

九、灌肠

这是一款风味独特的北京小吃。明刘若愚《明官史》中就有灌肠的记载。清光绪年间，北京的"福兴居"灌肠很有名气，人称店铺普掌柜的为"灌肠普"，传说其制作的灌肠深得慈禧太后喜爱。各大庙会所卖灌肠一般是用淀粉加红曲制成的，传说最初的灌肠则是用猪小肠灌绿豆粉芡和红曲经蒸熟而成，外皮白色，肠心粉红。后来由于猪小肠与淀粉不相合，就用淀粉搓成肠子形，上锅蒸，但保持了灌肠的名称。再后也不用绿豆粉了，颜色也不像以前的好看。老北京的灌肠以长安街"聚仙居"的最好。

美食原料

猪肥肠 1 副，精面粉 1 000 克，豆蔻 10 克，糖桂花 15 克，蒜葱姜合计 30 克，砂仁 1 克，丁香 1 克，花椒粉 2 克，莳萝子 2 克，熟猪油 20 克，精盐 10 克。

制作方法

1. 将砂仁、莳萝子、丁香等药料一起研成末；蒜加精盐捣成泥，再兑入凉开水，搅匀成盐水蒜汁；将面粉、姜、葱末、精盐一起与凉水搅匀后，加入糖桂花、药料粉、花椒粉、红曲水，搅成粉红色面糊。

2. 将猪肥肠粗的一端用绳扎紧，另一端灌入面糊，灌至七成满时，将两端用绳扎在一起，即成灌肠。

3. 锅内放满凉水，锅底扣几个小盘，用旺火烧至九成沸时放入灌肠，改用微火煮至灌肠有弹性时，捞入凉水中浸泡，将铁铛放在炉火上，倒入熟猪油 250 克，将灌肠切成小片，分批放入铛内，将两面煎焦冒出小油泡时，盛入盘中，浇上盐水蒜汁即成。

技术诀窍

1. 制作面糊时注意各种配料的用量比例，莳萝子、丁香、花椒等香料可以根据个人口味作调整，但不能过多，且要研成细末，否则味重，影响口感。

2. 面糊的用水要恰当，调制过稀灌肠时容易但成品孰制后不成形。一般要将面糊调得浓稠一些，这样制得的灌肠结实饱满。

3. 严格按照熟制程序操作，旺火煮沸后改为微火慢煮至熟，使之具有弹性，然后捞出快速冷却，以保持品质的脆嫩。

品质标准

色泽粉红，鲜润可口，咸辣酥香，别有风味。

十、北京炒疙瘩

二十世纪初北京宣武区虎坊桥东北的臧家桥开了一家名叫"广福馆"的面食铺，店主为穆姓的母女俩人，经营一些物美价廉的面食。一天，几位常客对母女俩说："面条都吃腻了，能否改一个吃法？"母女俩照顾客要求，将面揪成疙瘩，煮熟后拌上虾酱端给顾客吃，觉得味一般，然后端上炒的给顾客吃，获得好评。从此，炒疙瘩便成为该店的主打面食。此后母女俩精心制作，并在配料上进行改进，使炒疙瘩的品质不断提高，该食也因此远近闻名。

广福馆地处臧家桥南端，是堂子街、韩家谭、五道庙、杨梅竹斜街的五道路的路口，俨如一座寨子，店主无男性，于是一些文人雅士戏称广福馆为"穆家寨"。后来，广福馆逐渐被人们遗忘了，而"穆家寨炒疙瘩"却声名鹊起。因旧时到琉璃厂逛的多为文人，逛完琉璃厂，很方便地光顾该店吃一碗炒疙瘩。当时一位名书法家品尝炒疙瘩后，专门为此题了一首诗："廿载蜉游客燕京，每餐难忘穆桂英。寄语她家女招待，可曾亲手去调羹。"著名画家胡佩衡、于非闇等也曾该店赠过字画，使炒疙瘩这道普普通通的面食更加为人们所推崇。1952 年，女店主去世，该馆因无人继承而停业。但仿制的饭馆很多，直至今日仍广泛流行在北京各个街区。

美食原料

中筋粉 500 克，水 200 克，牛肉 100 克，青蒜、胡萝卜各 50 克，酱油 50 克，精盐、米醋、芝麻油、黄油各 10 克，胡椒粉 2 克，味精 3 克，植物油、葱末、姜末各适量。

制作方法

1. 将面粉加水调成硬面团，用压面机滚压成长条面片，用刀切成黄豆大小的粒状，撒上少许干面搓成圆形疙瘩。

2. 锅内加水烧开，倒入生疙瘩煮至浮起约六七成熟时，捞出放入清水中过凉，再捞出 控净水，放入少量植物油拌匀备用。

3. 将牛肉去掉筋膜切末，青蒜切成长段，胡萝卜切成粒。

4. 锅中放少许植物油，下葱姜末爆锅，把牛肉末放入炒熟，再放入胡萝卜粒及调料，倒入煮熟的疙瘩，加入清汤，炒片刻后投放青蒜段翻炒几下，滴入芝麻油，出锅即可装盘食用。

技术诀窍

1. 面团要反复揉制至表面发亮，且越有劲越好，疙瘩切制要大小均匀。

2. 必须将水煮沸后方可加入疙瘩粒，并同时用铁铲或长筷子搅动，避免颗粒互相粘连，之后每隔一两分钟又搅动一下，使之均匀受热和避免粘底。

3. 疙瘩煮熟后，要迅速捞出快速冷却，以获得劲道口感。

品质标准

炒疙瘩是北京特有的一种面食风味小吃。制作过程中煮炒兼用，颜色焦黄，吃起来又绵软又有劲，醇香可口，越嚼越香。

十一、驴打滚

驴打滚又称豆面糕，是一种以江米做皮、红豆做馅的满族传统小吃，清朝时列为宫廷食品，现已成为北京著名小吃。因在其表面裹有均匀的一层豆面，外观颇似小毛驴在土地上打滚后浑身沾满干土而得名。《燕都小食品杂咏》中就说："红糖水馅巧安排，黄面成团豆里埋。何事群呼'驴打滚'。称名未免近诙谐。"还说："黄豆黏米，蒸熟，裹以红糖水馅，滚于炒豆面中，置盘上售之，取名"驴打滚"真不可思议之称也。"如今，很多人只知雅号俗称，不知其正名了。现北京各小吃店一年四季都有供应，但大多数已不用黄米面，改用江米面了，因外滚黄豆粉面，其颜色仍为黄色，是群众非常喜爱的一种小吃。

美食原料

江米面 1 000 克，黄豆、豆沙馅各 200 克，白糖 100 克。

制作方法

1. 江米面加水蒸熟，和面时稍多加水和软些。

2. 将黄豆炒熟轧成粉面备用。

3. 在案板上撒一层黄豆面，将江米面放在黄豆面上擀成一个大片，将豆沙馅均匀地抹在上面，然后从头卷成卷，撒上一些白糖。再在最外层多撒点黄豆面，切成 100 克左右的小块即成。

技术诀窍

1. 蒸江米面的时候可以在装面团盘上抹少量油，这样蒸出来的面软嫩，且不粘盘。

2. 炒黄豆时要适当调整火候，火大了容易糊，火小了又不容易上色，一定要炒香炒熟。

3. 切面的时候刀蘸上清水，刀就不会粘了。

品质标准

馅卷均匀，层次分明，外表呈黄色，特点是味香甜，质绵黏，有较浓郁的黄豆粉香味。

十二、小枣粽子

吃粽子是千百年来中华民族的传统习惯。早期的粽子与屈原无关，也不只在端午前后食用。端午吃粽子的说法出现在南北朝，是后人赋予的美好寓意。南北粽子的区别只不过是馅料的不同，老北京卖粽子，多用凉水泡透再卖。每到端午节和夏初时分，旧时北京的胡同小巷，经常听到"江米小枣，好大的粽子"、"江米嘞哎粽子，有玫瑰，有糖的"的吆喝声。小贩多半推着小车，车上装着浅木盆，盆里放着粽子，有的上面还放着冰块，冰上铺着布。为方便购买的人食用，很多小贩车上还备有小瓷碟和小铜叉子。

美食原料

糯米 1 500 克，小枣 50 克，苇叶 10 张，马莲草数根。

制作方法

1. 将糯米洗净，用凉水浸泡 2 小时。

2. 小枣洗净待用；鲜苇叶用开水煮至变黄时，捞入凉水中洗净；马莲草用水泡软。

3. 取苇叶叠成中心为圆锥形的斗，放入泡好的糯米，放上小枣三四个，再放糯米，将斗口包严，用马莲草捆紧。

4. 粽子放凉水锅中，盖上锅盖，用旺火煮熟即成。

技术诀窍

1. 最好将糯米洗净后用凉水浸泡 2 小时至软再使用。

2. 将苇叶叠成圆锥形的斗状对初学者有一定难度，反复多练几次就行。另外，包制时斗口要包严，并用马莲草捆紧，否则煮制时容易漏。

品质标准

色白光亮，质地糯润，食之软韧有劲，具有苇叶的清香味，端午节或夏初时食之者多。

十三、马蹄烧饼

马蹄烧饼是用面粉、植物油、芝麻为主要原料，用特制锅炉烤制而成的食品，其形状如马蹄，故得名。据传，该食在清乾隆年间就已享有盛名，但目前仍然缺乏考证。马蹄烧饼作为一款来自民间的大众小吃，之所以能流传至今，与其制作工艺简便和口味独特有关。

美食原料

面粉750克，老酵面350克，食碱7.5克，芝麻30克，花生油75克，饴糖少许。

制作方法

1. 将老酵面用温水调开，加入面粉和成面团，放置十几分钟，发起后将碱面用温水化开，倒入发面内搅匀成面团。

2. 将发面搓成圆条状后摘剂，用手按成圆皮。

3. 摘一小面球，蘸上花生油，放在圆皮上包起，拎成桃形，按成直径为15厘米的圆饼，再研边。

4. 在圆皮正面稀疏地洒上一些芝麻，平摆在烤盘内，入炉烤五六分钟，待其呈微黄色即成。

技术诀窍

1. 制作面团时要揉匀饧透，揉至光滑发劲为宜。

2. 烤制时注意温度不宜过高，否则容易焦煳。

品质标准

这款典型的北京风味小吃，色微黄，皮薄内空，质地酥软，口感清香。

十四、艾窝窝

艾窝窝是北京清真风味食品，用蒸熟的糯米团包馅而成。明万历年间刘若愚的《酌中志》中说："以糯米饭夹芝麻糖为凉糕，丸而馅之为窝窝。"而艾窝窝是自清代才有。传说乾隆平息了大、小和卓木叛乱后，把新疆的一个维吾尔族首领的妻子抢到宫中作自己的妃子，即香妃。香妃被抢到北京后，日夜茶饭不思，急坏了乾隆，于是传旨御膳房，有谁能做出香妃爱吃的东西，不但升官，还赏银千两。这一来御厨们使出浑身解数，做尽了山珍海味，但香妃连看也不看。乾隆只好下旨叫白帽营的人给香妃做家乡吃食送进宫。而香妃的丈夫早已追随进京藏在白帽营，当听到皇帝这一旨意，觉得是个联系的好机会，于是就做了盘江米团子，因这是他家祖传自制点心，香妃见后自然会明白。当江米团子送进宫中，太监问他这东西叫什么名字，他想自己姓艾买提，说就叫艾窝窝吧。香妃见后眼睛一亮，知道是丈夫来了，便拿起一个，轻轻咬了一口。乾隆听说香妃吃东西了，甚是高兴，便下旨让艾买提天天送艾窝窝来。从此艾窝窝就出了名，后又流传到民间。后来有人描绘它："白黏江米入蒸锅，什锦馅儿粉面搓，浑似汤圆不待煮，清真唤作艾窝窝。"

美食原料

糯米 250 克，白糖 100 克，核桃仁、瓜子仁、熟麻仁、青梅、京糕各 10 克，熟大米粉 80 克，桂花酱 5 克

制作方法

1. 将糯米淘洗干净，用清水浸泡一夜。控净水分后上笼蒸 30 分钟，出锅后倒入盆内，浇入 150 克沸水，加盖焖 20 分钟。待米粒吸足水分后，再捞入屉内蒸 20 分钟。取出后用木槌捣烂，摊在屉布上晾凉。

2. 核桃仁、瓜子仁小火焙熟；将核桃仁、青梅、京糕都切成筷头丁；熟麻仁略擀几下，将以上原料与白糖、桂花酱拌匀成馅。

3. 案上撒一层熟大米粉，将捣烂的熟糯米搓条揪 10 个剂子，逐个按扁包上馅心成圆球形，再滚沾一层熟大米粉即成。

技术诀窍

1. 糯米浸泡时间要充分，以使其吃水充足，既容易蒸透，又能保证黏性。

2. 要在出锅后趁热捣米，而且应尽量捣细一些，这样不仅黏性强，而且还能增加其筋韧性，容易成团，便于成形。

3. 馅心可任意变化，各种泥蓉馅、果酱馅、果仁馅均可。

品质标准

颜色白似霜雪，圆球形，质地软糯柔韧，馅松散香甜。

十五、银丝卷

银丝卷是中式面点中常见的一种，南北皆有，只是制法迥异。北方的银丝卷是用嫩酵面在抻面的基础上制成的，经过反复多次抻拉（8~9 扣），使酵面形成均匀细丝，刷油后再用面皮包裹成枕形，成品质地暄软，爽口甜柔。北京、山东、内蒙古等地的老饭庄多以此作为当家面点。一些面点技术大赛、烹饪表演或技能考核，

常用该项目来考察制作者的技术水平。

银丝卷还可以派生出许多花色品种，如将熟鸡丝或火腿丝夹在面丝中制成的鸡丝卷与火腿卷；将剁成段的面丝用几缕面丝从中间或一头缠绕而成的柴把卷与马尾卷、将剁成段的面丝抻长而盘成圆形得盘香卷（如果带馅，应先把馅心拍成小圆饼，在盘的过程中，把馅心放在中间，不露馅）等，这些品种与银丝卷的不同之处，是在成形时将擀好的圆皮下面垫一个，上面盖一个，熟后将上面的皮揭去。

美食原料

优质面粉 400 克，酵面 150 克，碱面 5 克，白糖、色拉油各 50 克。

制作方法

1. 酵面放盆内，加水 250 克调稀，倒入面粉和成面团发酵。发至六成时兑碱揉匀，再将白糖揉进面团内，揉至全部溶化后，饧 10 分钟。

2. 将面团取 2/3 搓成长条，用抻面的方法溜顺，再开成中细条（8 扣），铺在案板上，用刀切去两头，把面条顺丝拨散开，均匀地刷上油。再顺长卷回，两头合拢，再抻开切成 7 厘米长的 10 段。

3. 将剩余的面团和出条时揪下的面头揉在一起，揪 10 个剂子，逐个擀成周边略薄、中间略厚的椭圆形皮，再把面丝段放在中间，先将左右两边的皮翻起盖在面丝两头，再提起内边盖住面丝段，然后翻身将另一边皮压在下面，成长 8 厘米、宽 4 厘米的枕形卷。

4. 将包好的银丝卷生坯入饧箱饧 10～15 分钟，待胀发饱满时，取出上笼用旺火蒸 10 分钟即成。

技术诀窍

1. 掌握好面团的发酵程度是既能保证操作工艺顺利进行，又不影响制品特点和质感的关键。如果面团发酵过度会影响出条，而发酵不足又会使制品失去膨松暄软的特点。

2. 抻面是制作银丝卷的主要技术环节，也是它的难点所在。抻是中式面点成形方法中难度最大的一种，是一项硬功夫，需要经常不断地练习。如能掌握了抻的技术，可在面团的性质、成形和成熟方法以及制品的口味与馅心的变化上创新出很多品种。

3. 制皮前，要注意检查面团是否走碱，如需要应及时补碱，以保证制品成熟后的色泽和品质。

品质标准

成品色泽洁白，形态饱满，呈长圆枕形，皮厚薄均匀，丝粗细一致，不粘连，根根爽利，口感虚暄柔软，味道清香微甜。

十六、馓子麻花

馓子麻花是集馓子和麻花用料与制作工艺之所长制成的，因而其品质兼具两食特点，是北京众多小吃中独具特色的一款传统风味食品。

馓子古称寒具、环饼。李时珍《本草纲目》中说："寒具，即今馓子也，以糯粉和面，少入盐，牵索扭捻成环钏之形，油煎食之。"北宋诗人苏东坡曾赞美它："纤手搓揽玉数寻，碧油煎出嫩黄深。夜来春睡无轻重，压扁佳人缠臂金。"

馓子麻花采用矾碱化学膨松方法使制品膨松，制作工艺相对简便快捷，成品质地酥脆，口味可甜可咸。

美食原料

面粉 500 克，明矾面 10 克，碱面 5 克，白糖 150 克，糖桂花 10 克，麻仁 150 克，色拉油 2000 克。

制作方法

1. 将矾碱放盆内，加水 175 克，溶化后放入白糖和糖桂花，搅至全部溶化后，倒入面粉和成面团，然后双手蘸水从上到下、从左至右撅揉，提叠面团，直至面团滋润光滑后，在表面抹一层油，加盖后饧 30 分钟。

2. 将饧好的面团揪 40 个剂子，每个剂子都搓成 6 厘米长的小条，然后刷水，再沾上麻仁，码在盘内，盖上湿布，再饧 40 分钟。

3. 取一个饧好的小条，搓成约 40 厘米长条，从中间折回，两头捏在一起，捏头朝左横着放好。再取一个小条做成同样的形状，捏头朝右，并排放在前一根条的后面。接着将这两根条的两端分别捏在一起，成为扁"目"字形，再抻成 40 厘米长，从中间斜着对折，使一端的左侧压在另一端的右侧，并捏在一起，即为馓子麻花生坯。照此方法全部做完。

4. 锅内放油上火烧至 160℃，手拿生坯的捏头处，将生坯下入油中来回摆动十几下，待生坯定型后，再整个放入油中，炸至棕黄色时捞出即成。

技术诀窍

1. 和面的水温、矾碱数量以及饧面的时间应随着季节、环境温度调整，即冬季的矾碱数量略减，水温提高，水量增加，饧面时间延长；夏季则相反。

2. 炸制的油温不可过高或过低，如过高易使制品外焦内皮，过低则膨松度不够好，质地艮硬。摆动定型是必要的，否则制品条股不顺，形态扭曲。

品质标准

成品色泽棕黄，形态整齐，条股顺畅，似4个椭圆形环束在一起，质地酥脆，甘甜并有芝麻香味。

十七、桂发祥什锦麻花

桂发祥什锦麻花是"津门三绝"之一。因其店铺原设在天津河西区大沽路东楼十八街，故人们又习惯称"十八街麻花"。而桂发祥之名是其创制人范贵才、范贵林两兄弟将各自的"贵发成"、"贵发祥"两个店铺合并，改"贵"为"桂"，定名"桂发祥"。

桂发祥麻花不仅制法独特，口感香、甜、酥、脆，而且规格多样，久存不绵，可放置半年不变质。1971年广交会上曾展出每根重达1500克的大麻花，令中外客商交口称赞，也使桂发祥及其产品愈加名扬海内外。

美食原料

面粉2350克，酵面150克，白砂糖1000克，花生油275克，青梅、沙姜、核桃仁、桂花酱各50克，青、红丝各25克，碱面19.5克，芝麻250克，炸麻花用油5000克。

制作方法

1. 将酵面用250克温水解开，放入400克面粉和成面团发酵。

2. 将白糖500克、水200克、碱面16克放锅内上火熬开，晾凉备用；面粉100克加50克花生油搓擦成油酥面。

3. 将发好的酵面与酥面、糖、碱水一同倒入搅拌机内，再放入1450克面粉搅拌成滋润光滑的面团。

4. 将青梅、沙姜、核桃仁、青红丝等各自切成细粒，然后与500克白糖和400克面粉及桂花酱掺匀，用适量清水将3.5克碱面溶化，与225克花生油一同倒入以上馅料中，和拌均匀而成馅面。

5. 将和好的面团放入轧条机内，轧成直径为1厘米的条，再将3/4的条截成36厘米长成为白条，1/4的条截成26厘米长，蘸水后沾满芝麻，再搓成与白条长度相同的麻条。

6. 将7根白条与2根麻条间隔排列整齐，取一小块馅面搓成与白条、麻条同样长的条，放在一侧。两手轻轻按住条的两头，右手向里搓拉，使右半边的条包住馅条，左手向外搓推，使条拧上劲，同时拿住条的两头，轻轻一抻，再从中间折回，使两个头并拢，两股大条自行拧上劲，即成生坯。

7. 锅内倒入花生油上火烧至150℃，双手拿住麻花两头，平放下锅，待麻花漂起后，用筷子整形，适时翻身，使之受热均匀，炸至棕红色，麻花直挺时即可捞出。

技术诀窍

1. 发面的比例不可过多，如手工操作过程较长，还要注意防止面团继续发酵，否则制出的麻花较虚，如炸制火候不够，还会影响口感和质量。但比例太少也不行，否则麻花不但不饱满，形态有缺陷，更重要的是质感干硬。

2. 成形时左右手要从相反的方向上足劲，这样折回后，麻花才能自行拧成。两头合拢后，头部应处理好，防止炸时散开。

3. 此麻花炸制的时间较长，所以油温不能过高，但也不能太低，否则生坯下锅后浸泡喝油影响质量。待麻花漂起后要及时整形，防止麻花弯曲变形。

品质标准

成品色泽棕红，条直花匀，造型别致，酥脆香甜，经久不绵不变质。

十八、薯泥蛋糕卷

蛋糕及蛋糕卷是利用高速搅打的物理运动将空气充入蛋液内，使调好的蛋面糊内充满细微的空气泡沫，在熟制过程中，气体受热膨胀，从而使制品膨松、暄软且富有弹性。这就是膨松面团中的第三类膨松方法——物理膨松法。它不同于生物膨松法（发酵法），制品的膨松靠的是酵母菌的生物现象，而酵母菌的繁殖、产生气体要受到温度、养分以及面团本身保持气体的能力等诸方面因素的影响；也不同于化学膨松法，其制品的膨松要靠酸性和碱性的物质在加热条件下产生的化学反应生成的气体作用。物理膨松法较为单纯，其制品之所以膨松，靠的是气体受热膨胀的物理作用。因此，高速度的物理运动是产生气体的根本，而保持气体不流失是制作物理膨松制品的关键。

蛋糕卷是在蛋糕的基础上改进翻新而来的。其品种的变化可从蛋糕的主体色泽上改变。如在打起的蛋面糊内加入可可粉、绿菜汁或红色果肉汁；也可从馅心上变化，即各种泥蓉馅、果酱馅，甚至各种鲜果都可用来制作蛋糕卷。还可从卷的方法上变化，如除单卷法外，还可用双卷法中的双对卷或双反卷的方法卷出不同形状的蛋糕卷，如果再结合色泽、馅心的变化即可制出两种色泽、两种口味合而为一的蛋糕卷。

美食原料

鸡蛋 500 克，面粉 300 克，白糖 250 克，蛋糕速发油 5 克，薯泥馅 250 克。

制作方法

1. 将鸡蛋打入蛋桶内，放入白糖和蛋糕速发油，用先慢后快的速度打至蛋液泛白，体积膨胀 3 倍以上，倒入过箩后的面粉搅匀，使之成糊状。

2. 烤盘内铺好白纸，倒入蛋面糊摊平，推入 230℃ 的烤箱内烤约 8 分钟成金黄色取出。

3. 将蛋糕扣在铺纸的案板上，揭去蛋糕底部的纸，将薯泥馅均匀地抹在蛋糕片上，再卷成卷，晾凉定型后切成片即成。

技术诀窍

1. 薯泥馅的制法：用红薯或马铃薯 500 克，蒸熟去皮捣成泥，加入白糖 250～400 克，放入锅内，小火熬至糖化开，并用勺不断推动锅底，防止烟锅，熬至稠厚状，当闻到气体中带有焦糖烟味时，放入色拉油 150 克，炒至没有生油味即成。

2. 鸡蛋一定要新鲜，以保证能充入足够的气体并保持气体的性能稳定。面粉以选用色白、细腻、筋力适中的为好，可使制品有正常的色泽、舒适的口感与良好的弹性。

3. 烤制成熟的蛋糕坯厚度以不超过 1 厘米为好，所以烤制前一要掌握好倒入烤盘内蛋糊的量，二要摊匀抹平，这样卷成的蛋糕卷粗细适度。

4. 烤制的温度不能太低，时间不能长，应在短时间内上色并成熟；制品要有较好的弹性，卷时才不易断裂。

品质标准

表皮色泽金红，内部淡黄，卷层纹路清晰，圆卷形粗细适度，片或墩厚薄一致，蜂窝细密均匀，质地暄软膨松，弹性良好，口感绵柔适口，味道香甜。

十九、知了卷

知了卷是天津民间传统面食，属花卷系列品种之一。花卷是发酵面团制品中的一大类。在自发酵面团发明至今近 2000 年的历史长河中，我国人民在日常生活和劳动中创造出了无数精美的发酵面点制品。花卷的各种形态都源自于生活和自然，如荷叶卷、莲花卷、菊花卷、秋叶卷、夹桃卷、如意卷、虎头卷、蝴蝶卷、猪蹄卷、知了卷等。除了形态形象生动外，人们还通过夹卷馅心使其色泽、口味更加丰富多彩，从而使这些普通花卷成为日常饮食或高档宴席中的佳品。

美食原料

优质面粉200克，酵面75克，碱面2克，芝麻油10克。

制作方法

1. 酵面撕开用100克温水调稀，倒入面粉和成面团发酵，待面团发起后兑碱揉匀。

2. 将2/3的面团搓成约30厘米长的圆条，按扁擀成宽15厘米、长30厘米的面片，刷上芝麻油，卷成卷。将剩下的面团搓成长条，擀成稍大于长卷的长方形面片，将长卷放在上面，包严后结口朝下，捋直，切10个剂子。

3. 取剂子一个，用一根筷子顺纹在中间一按，两端层次即翻起来。用刀在按下的印痕处纵向切开2/5，并用两手分别轻提住切开处和另一端，向里一折，使切开的两瓣外侧层次朝上。"蝉翼"即成。然后用一根筷子从面剂未切开一端的中间，由下向上挑起约0.5厘米宽，向蝉翼方向按紧，即成蝉的尖口。接着将尖口两边各捏出一个小圆球，用筷子将蝉颈处轻夹一下即成生坯。

4. 全部做完后摆入笼屉，上锅用旺火蒸10分钟即成。

技术诀窍

1. 面团不宜发得太足，发至八成即可。兑碱的数量应视具体情况灵活掌握，碱大碱小或花碱都会严重影响制品质量。

2. 刷油时要掌握好用量，不是越多越好，以能够分层为宜。可改为卷馅，如绿色蔬菜末、粉红色火腿末或黄色鸡蛋末等；也可两种颜色套用，如菊花卷或蝴蝶卷通常都是粉红色和黄色原料套用，制出的花卷更美观。

3. 花卷的个头不宜太大，尤其是宴会用花卷应以小巧为好。

品质标准

色泽乳白，形似知了，层次均匀，质地膨松暄软，口味清香。

二十、闻喜煮饼

闻喜煮饼是山西省闻喜县的著名传统食品，有山西"饼点之王"的美誉。煮饼在明朝末年就已有名气，至今已有三百多年的历史。据传康熙皇帝巡行路经闻喜时，闻喜官绅为接圣驾，遍选名师治宴。席间皇上觉得其他肴馔都淡而无味，唯有煮饼滋味独特，余味绵长，不禁喜问其名，众官绅搜索枯肠，都想取一个吉利的名称来讨皇上高兴，但因皇上猝然发问，不免一时语塞，无言以对。皇上见此情状不觉笑道，就叫煮饼吧。于是康熙皇帝命名的闻喜煮饼就此名声大噪，并流传至今。

如今闻喜煮饼不仅畅销于山西省内，而且闻名于北京、天津、西安、济南、开封等城市，就是在上海、广州、兰州、海南等地区也久享盛名。

美食原料

熟面粉1 000克，面粉100克，绵白糖300克，白砂糖350克，红糖250克，饴糖950克，蜂蜜275克，植物油1 600克，苏打25克，白麻仁500克。

方法

1. 熟面粉与苏打掺匀过罗，将200克水、300克饴糖、250克红糖、100克植物油同时放锅内上火熬开，倒入面粉窝内和成面团。

2. 将100克面粉和300克绵白糖过箩后开窝，将200克蜂蜜上火熬开，倒入糖粉内和成馅。

3. 将面团揪成25克重的剂子，按扁包入8克馅心，收口搓成圆形。

4. 植物油1 500克入锅上火烧至200℃，将包好的生坯放笊篱上，在凉水中过一下，控净水分下入油锅，炸至生坯漂起呈金红色，熟透捞出晾凉。

5. 将白砂糖和剩下的饴糖、蜂蜜同时入锅上火烧开，用小火熬至能将捞起的糖浆吹出小泡时关火。将炸好的半成品倒入糖浆中浸泡3～5分钟，捞出倒在麻仁内滚沾一层即成。

技术诀窍

1. 面粉以低筋面粉为好，并一定要蒸熟。

2. 饴糖的具体比例应视其质量而定，如存放时间较长的饴糖，其酸度高，比例应适当减少，而苏打则酌情增加，以使其酸碱度平衡，并产生大量气体，从而在制品形态完整的前提下，保证制品正常的质感。

3. 炸制的油温不能太低，否则制品会在定型前即因浸油而碎烂。

二十一、周村酥烧饼

周村酥烧饼是山东传统名点，源于淄博周村地区，故而得名，距今已有一百多年的历史。据资料记载，1880年，山东周村的商业空前繁荣，成为鲁中商业的枢纽。随着人口的增多，饮食业也很快发展起来。当时比较大的烧饼店有三家，郭云龙先生开的"聚合斋"是其中之一。郭云龙在加工烧饼中，偶然发现了马蹄形厚烧饼上面鼓起的部分，薄而酥脆，而且带有芝麻，吃起来香脆可口，就试着做这样的烧饼，果然好吃。后经郭云龙先生的后人郭海亭先生改进，质量进一步提高。于是周村酥烧饼便流传开来，深受人们喜爱。

周村酥烧饼经营百余年，经久不衰，主要在于它的三大特色，即酥、香、薄。①酥是周村烧饼的基本特色。质量好的周村酥烧饼一嚼即碎，既不磕牙又不皮，如果不小心失手落地，马上会碎裂成极小的碎片，而且它的酥度可保持几个月。②香，因为烧饼的一面布满芝麻，嚼起来很香，所以风味更浓了。③薄，也是烧饼酥脆的一个原因。周村酥烧饼薄如纸片，有人把它比作白杨树的干叶子，乡间有的称它为"呱啦叶子烧饼"。如果你拿起一叠烧饼，真是刷刷有声，呱啦作响，这比喻确实非常形象。

美食原料

面粉 150 克，精盐 3 克，白芝麻 40 克。

制作方法

1. 将盐放在 75 克水内溶化，倒入面粉和成面团，饧透揉匀，至滋润光滑。

2. 将面团搓条，揪 15 个剂子，取一个剂子蘸水在瓷墩上压扁，再用手指向外延展成圆形的极薄圆饼片，然后刷水沾麻，再提起饼坯光面（无芝麻一面）向上放烤具上。

3. 将饼皮贴在挂炉上壁，下面用锯末火或木炭火烘烤至熟，用长把铁铲铲下，同时用长柄勺接住取出即成。

技术诀窍

1. 面团不宜太硬，和好面后应饧透揉匀，直至滋润光滑，这是使饼皮延展至极薄的前提。

2. 延展、沾麻与贴饼的动作要娴熟，否则会影响饼的形态及质量。

品质标准

成品饼的一面布满芝麻，嚼起来很香；饼体比较薄，质地酥脆，一嚼即碎，吃起来香脆可口，并伴有呱啦作响声，如果不小心失手落地，马上会碎裂成极小的碎片。

二十二、酸奶饼

酸奶饼是内蒙古地区近年来创制的一种民族特色面点。它选料独特，制作简单，风味别致，营养丰富，老少皆宜。无论是宴席、零点或是人们居家三餐，它都是常点常吃的佳食美点。

美食原料

面粉 250 克，白糖 80 克，酸奶 200 克，鸡蛋 2 个，泡打粉 5 克。

制作方法

1. 将酸奶倒入盆内，加入白糖搅至溶化，再将两个鸡蛋的蛋黄加入搅匀。泡打粉与面粉掺匀过箩后倒入酸奶内搅匀。将两个蛋清打成稠厚的蛋泡糊，加入面糊内搅匀。

2. 饼铛烧热后淋入色拉油，用勺子舀面糊倒在热铛上，自然流成直径约 10 厘米的小圆饼，煎至两面金黄熟透取出。上桌时淋少许融化的黄油在上面，口味更佳。

技术诀窍

1. 白糖一定要完全溶化，否则制品不仅有斑点，影响色泽，还会影响口感。

2. 面糊搅匀即可，既不能有干粉块，也不能因长时间搅动而使面糊上劲。

3. 摊饼时，每次舀糊的量要准确，以保证摊出的饼大小、薄厚一致。

4. 饼铛上淋油要适量，以不粘锅好翻动为宜，如用油过多，渗入饼内，不仅影响色泽，还会影响味道口感。

品质标准

色泽金黄，大小薄厚一致，质地暄柔，口感舒适，奶香四溢，酸甜可口。

二十三、五台万卷酥

五台万卷酥是山西省五台县历史较悠久的传统风味面点，从清代起就誉满三晋。当时台城、东冶、豆村等大集镇所设面饼铺，都以万卷酥为主营产品。据《五台县志》记载，清乾隆皇帝到五台山朝圣时，庙里僧人曾以万卷酥供奉皇上，乾隆食后龙颜大悦，对此食大加赞赏，万卷酥能名垂历史，无不与此相关。万卷酥为长条形，长约 20 厘米，宽 3 厘米，厚 1.5 厘米，色泽金黄，由像纸一样薄的面层卷合而成。从截面看，犹如书卷一样，口感酥绵清香，故名"万卷酥（书）"。

美食原料

面粉 450 克，酵面 75 克，胡麻油 110 克，精盐 5 克，碱面 1 克。

制作方法

1. 将酵面放盆内撕开，倒入 165 克水和 35 克胡麻油以及精盐 2 克，再放入碱面搅匀，然后倒入 300 克面粉和成面团。

2. 面粉 150 克加 3 克精盐和 75 克胡麻油拌匀，搓擦成油酥面团。

3. 将酥面的 1/3 包入皮面内，擀开成 0.3 厘米厚的长方形片，卷回后揪成 10 个剂子。将剩下的 2/3 酥面分成 10 份，取一个酥皮剂平放在手中，上面放上一块酥剂，用手托推开。推时要上下调换推，推得越薄越好，最后卷成筒形，放在案上，一只手捏住一头，另一只手用小木槌顺长轧成凹形。

4. 全部做完后，将面坯码在烤盘里，推进250℃的烤箱内，烤约10分钟，呈金黄色熟透即成。

技术诀窍

1. 皮面和酥面的软硬要相当，开酥要尽可能均匀一致，这样成品才均匀美观，质地均衡。

2. 成形时两手配合要协调，推的面片既薄且匀，尤其是上面的酥面一定推匀，卷出的筒也要粗细长短一致。

3. 烤制的炉温不能太低，时间不宜太长，以防制品干硬。

品质标准

成品色泽金黄，侧面看酥饼层层相叠，状如茂叶；卷成筒形则状如书卷，口感酥脆绵润，香味四溢。

二十四、螺丝转

螺丝转是一款传统的北京风味小吃，由酵面团经过反复搓揉，摘剂造型、抹麻酱烙烤而成，因其表面形似淡水螺蛳壳的纹理曲线而得名。

美食原料

面粉250克，酵面175克，碱面5克，芝麻酱25克，花椒盐面10克，香油10克。

制作方法

1. 将面粉225克加入温水120克和成面团，再掺入酵面和碱面揉匀揉透。

2. 将麻酱、椒盐面和香油同放入碗内调匀。

3. 将25克干面粉搓揉到面团内，揉匀后搓条揪10个剂子，取一个面剂，擀成18厘米的长条片，在上面均匀地抹一层芝麻酱，用双手提起面皮里端两角，反腕向案板前方一甩，把面片甩成约30厘米长，从一头卷回成8厘米长的卷。用刀将面卷顺长切开两半成一宽一窄两条，然后将窄条摞在宽条上，刀切面朝外缠绕在手指上，边绕边抻，最后将面头压在底下，成旋纹清晰的螺蛳形，最后将旋纹朝下，擀成直径5厘米的圆饼。

4. 将饼坯旋纹朝下放入热铛内，烙至两面金黄色时，再入烤炉中烤至焦黄色即成。

技术诀窍

1. 此酵面的做法为碰酵面，应视酵面的老嫩程度掌握合适的比例以及碱面的数量。

2. 甩面皮的动作要娴熟、利落，既要将其甩长甩薄，又要防止扯破面皮。如没有掌握此动作，也可将抹过麻酱的面片边卷边抻，但也要防止抻破。

3. 手指上缠绕成形时，要注意层次，纹路顺畅，不能扭乱。

4. 传统成熟法用饼铛，如今多用烤箱，烤制时注意以下几点：①一次烤制数量不宜太少，在烤盘内饼坯放置的间距不宜过大；②烤制的炉温不能太低，时间不能过长，通常以250℃、10~12分钟为宜，③出炉的成品如不及时食用则不能长时间晾置，应及时封装，这样才能保证制品松软而不干硬。

5. 除抹麻酱外，也可制成咸油酥或糖油酥，用小包酥的方法制成成油旋、糖油旋，也可用水调面团抹葱油泥制成油旋。

品质标准

色泽金黄，形态饱满，层次清晰，外皮酥脆，内质松软，味道幽香。

二十五、狗不理包子

狗不理包子是名扬四海的"津门三绝"之一，迄今已有百余年历史。

狗不理包子的创始人叫高贵友，因其上无兄姐、下无弟妹，按照北方民俗，为图吉利，长命百岁，父母便给他起了个"狗不理"的乳名。

清朝末年，高贵友只身进津，在侯家后刘库蒸食铺学徒。3年后，他手艺学成，与他人在南运河三岔口处合摆了一个包子摊。由于他苦心琢磨，不断实践，逐步摸索出和水馅、用半发面制皮等独特方法，使所制包子汤满油足，外形漂亮，有咬劲，吸引了众多顾客，买卖日益兴隆，"狗不理"的乳名也与包子的美名一起不胫而走。

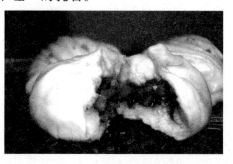

狗不理包子

后来包子摊扩大成一间门面的包子铺，起名"德聚号"。但是人们叫顺了嘴，仍称"狗不理"，新字号反倒渐被忘却，不为人知。戊戌变法前后，袁世凯进京面见慈禧时，曾将狗不理包子带去进贡。慈禧吃后，大加赞赏。此后，"狗不理"包子声名愈噪，成为津门上乘美食。

1956 年，在人民政府的扶植下，将山东路原丰泽园饭店旧址改做狗不理包子铺，扩大了营业，声誉俱增。1980 年以来，狗不理先后在北京、石家庄、杭州、哈尔滨以及日本开设了分号。后来又研制出狗不理速冻包子，推向国内、国际市场。

狗不理包子选料精细，制作考究，质量上乘。如猪肉馅之所以鲜嫩，一是把鲜猪肉按肥三瘦七的比例剁（绞）成细肉粒；二是将以猪骨、鸡骨架吊制的高汤打入馅中；三是在调味料的选用上，除葱、姜、味精、香油外，以酱油取口，不用食盐，既防止盐直接渗透肉中而使蛋白质凝固，又避免了盐的抢口以突出其他调味品的作用，从而使其馅心鲜、香、松嫩，回味无穷。狗不理包子的又一特点是皮薄馅大，其原因是皮坯的性质虽是发酵面团，但发酵程度应在六成左右（半发面），使其制品具有暄软柔韧、口感有劲的质感。即使馅心油水汪汪，也不致浸渗入皮内。狗不理包子的第三个特点是小巧玲珑，形如朵朵含苞待放的白菊。因每 500 克面粉制 40 个剂子，包捏时要求每个包子提 16 个以上的褶，而且褶长一致，褶距均匀。

美食原料

优质面粉 100 克，酵面 75 克，食碱 2 克，鲜净猪肉 80 克，葱末 10 克，姜末 3 克，酱油 18 克，味精 1 克，香油 10 克，高汤 50 克。

制作方法

1. 酵面放盆内撕开，加清水 55 克调稀，倒入面粉和成面团，加盖使其发酵。

2. 将猪肉剁成细粒放盆内，加姜末搅匀，再分次加入酱油，然后逐次加入高汤，待搅上劲后，最后放入味精、葱末、香油搅拌成馅。

3. 面团发至六成时兑碱揉匀，稍饧后搓条揪 12 个剂子，擀成直径 8 厘米、边略薄、中间稍厚的圆皮。上馅后提捏 16～18 个褶花，收口成形。

4. 将包子生坯摆入笼屉，用旺火蒸 8 分钟即熟。

技术诀窍

1. 和面的水温应根据季节、气候及环境温度灵活调整。施碱量也应根据面团的发酵程度、碱的纯度以及环境温度等灵活掌握。

2. 调制馅心打高汤时，应注意每次少加，分多次加入。加入高汤后要充分搅动，搅至有黏性、上劲时，再加下一次，不可过多过急，防止出现肉水分离现象。另外，葱、味精、香油等调料待成形时再加，以免气味的挥发。

3. 提褶是包子成形的重要动作，它属于基本功范畴，非一朝一夕即能掌握，所以也是本工艺的技术难点，需平时多加操练，否则包出的包子外形难看，底薄、顶部厚实，严重的流汤露馅，塌底碎烂。

品质标准

色白饱满，形似待放白菊，皮质暄软柔韧，馅心鲜香松嫩。

二十六、奶油千层糕

奶油千层糕是盛行于内蒙古地区餐饮筵宴中的一道具有地方民族特色的面点。由于其香醇甜柔，口感甚佳，营养丰富，并且有滋补、养身、保健等功能和药用价值，甚为各族人民推崇。它是利用本地区的特色原料牛奶、黄油、枸杞、青梅等，借鉴传统名点千层油糕的制作工艺而成的。据传，千层油糕创制于清光绪年间，至今已有百余年历史。千层油糕的制作方法颇多，有江苏、北京、山东、山西之分，制法略有不同，特色各有千秋，但都是在面点的方寸之间呈现出几十层甚至上百层，状如书页，质地暄虚柔软、香甜可口的面片，故而得名。其工艺精湛，制作考究，是其广为流传、经久不衰的根本。

美食原料

优质面粉 350 克，酵面 150 克，熟面粉 50 克，牛奶 170 克，黄油 50 克，色拉油 25 克，白糖 75 克，枸杞 50 克，青梅 25 克，碱面 5 克。

制作方法

1. 酵面放盆内撕开，到入鲜牛奶调稀，然后倒入面粉和成面团发酵。发至八成时，兑碱揉匀，再将白糖揉进面团内，揉至全部溶化后，饧 10 分钟。

2. 将熟面粉与黄油放盆内搅匀成面团，将擀开成 80 厘米长、40 厘米宽的片，用刮板均匀刮一层黄油酥，薄薄撒一层干面粉，叠成 3 层。照此方法反复一次，再擀成 60 厘米长、30 厘米宽的片，刷一层色拉油，叠成 3 层，照此方法再反复一次。共擀叠 4 次，前两次刷黄油酥，后两次刷色拉油。最后定型为 30 厘米长、20 厘米宽的长方形，饧 10~15 分钟。

3. 将枸杞、青梅洗净，在刷水的饼面上镶嵌成 10 朵花的图案，上笼用旺火蒸 30 分钟，熟透取出，修去四边再按花朵图案成 10 份。

技术诀窍

1. 酵面团不可发得过足，以保证制品既暄软而又不失其柔韧，并且层次分明；否则，过虚暄的蜂窝孔洞会使层次不清。

2. 兑碱是发酵面团制品的主要技术诀窍，施碱过量或不足都会影响制品质量。应学会根据各种诱变因素灵活掌握。

3. 刮酥或刷油都是为了分层，但一定要掌握好用量。过多，在擀片时容易挤漏出来，即使不漏，渗入面皮中会使制品发青，而且不暄软；过少，则又起不到分层的作用。所以要刮到刷匀即可。

4. 此点属较大型糕饼，熟制时要旺火、急汽，掌握好时间，切不可夹生。

品质标准

色泽乳白，可按图案切菱形、正方形、长方形，层次多而清晰，薄厚均匀，奶香四溢，绵甜爽口，质地暄软柔嫩。

二十七、锅魁

锅魁是山西省原平市的传统风味面点，民间又称"锅馈"、"光奎"，是一种烤制成熟的两端圆的长条形糖馅饼，距今已有三百多年的历史。

明末清初，原平山多地少，又屡遭战乱，其食品行业很不发达，只能生产圆形的月饼和三角形的"三尖子"等小食品。据传，"锅魁"是一家面饼铺的学徒偶然创制出来的。一日，店主和师傅出去办事，徒弟便把做月饼剩下的面粉加了点油酥、包点糖馅，压成鞋底样的饼子用烤炉烤熟。师傅回来后，见徒弟咬着个黄澄澄、香喷喷、鞋底样的饼子吃，拿来一尝，酥脆香甜，味道极好，以后便照着徒弟的方法制作饼子，上市销售，生意兴隆。

八国联军侵占北京，慈禧在逃难路经原平时，在县官邢夏林备的筵席上就有"锅馈"。慈禧吃得津津有味，听说此食品叫"锅馈"，便信口赞道："不错，不错，炉食之魁嘛！"从此就把"锅馈"改名为"锅魁"了。

锅魁不仅是山西人喜欢的面点，在山东、内蒙古等地也甚是流行。除在皮质上不同外，在馅心上也变化翻新，不仅有糖锅魁，还有肉锅魁、素锅魁，每一类又能变化出很多不同的口味。在形状上除椭圆形外，也有圆形，三角形和长方形，实为当地人们饮食中的重要品种。

美食原料

面粉350克，酵面150克，麻油175克，红糖200克，熟麻仁、玫瑰酱各15克，青红丝20克，熟面粉50克，碱面5克。

制作方法

1. 盆内加水100克，放入酵面撕开，再放入碱面搅匀，然后倒入60克麻油搅匀后，倒入200克面粉和成面团。剩下的150克面粉加75克麻油搓擦成油酥面团。

2. 熟麻仁略擀几下，加入到擀细的红糖内，再放入熟面粉搓匀，最后放入青红丝，玫瑰酱和剩下的麻油，搓匀成馅。

3，将油酥面团包入到酵面皮内，擀开成0.5厘米厚的薄片，卷回揪5个剂子，分别包入馅心，擀成宽 8 厘米，长 20 厘米的椭圆形饼，摆入烤盘，表面刷油后，推入温度为 250℃ 的烤箱内，烤至表面呈红褐色，内部熟透即可。

技术诀窍

1. 由于是烤制成熟，水分蒸发较多，故面团不宜过硬，应比一般酵面制品略软。另外，一次烤制数量不宜过少，摆放距离不宜过大，否则制品易干硬。

2. 酵面皮与油酥面软硬要一致，包酥后擀推力度要均匀，尽可能保证油酥面的分布均匀。

3. 烤制的温度与时间应根据各自烤箱的性能和一次烤制的数量的多少来确定和掌握，防止焦煳、夹生或干缩硬挺。

品质标准

色金黄并有不规则褐斑，形状椭圆，大小厚薄一致，质地酥爽暄软，口味甘甜幽香。

二十八、开口笑

开口笑是用化学蓬松的方法，使制品在油炸成熟时自然张口绽开，故得此名。开口笑在华北各地流行较广，南方地区也有分布，既可作为糕点、席点，又可作为早点、零食，很受群众推崇。

美食原料

面粉 200 克，糖浆 140 克，白麻仁 100 克，碱面 2 克，植物油 2014 克。

方法

1. 面粉倒在案上，中间开窝后放入糖浆、碱面、植物油（14 克），充分搅匀后拌入面粉和成面团。

2. 将面团搓条揪 12 个剂子，逐个搓成圆球形，放在漏勺内在凉水盆内过一下，控净水后，倒在麻仁上，滚沾一层，再逐个搓揉一遍，使其粘牢。

3. 将油入锅上火烧至 170℃ 时端离火口，下入生坯，待生坯漂起后上火，用小火慢炸，炸至全部张开口后，逐个翻身，炸至均匀的深红色，熟透捞出即成。

技术诀窍

1. 糖浆的制法：将 500 克白糖、150 克饴糖、400 克水放锅内上火烧开，改用小火熬至米汤芡状，在阴凉干燥处放置 10 天以后再用。

2. 投碱是开口的关键，即碱与糖浆中的酸中和后，在成熟的过程中产生二氧化碳气体使制品开口。所以，碱的数量应视糖浆放置的时间及环境温度使糖浆变化情况而定。也就是说，糖浆放置的时间长即酸度高，尤其是在夏季，因此碱的数量应略多，反之则少。

3. 和面与炸制用的油以胡麻油为好，一是味道香醇，二是制品色泽红润。

4. 恰当掌握油温也非常关键，油温高会使制品外焦里生，但油温底很容易使制品开口过大，不易定型，甚至是碎烂。

品质标准

色泽深红中嵌浅黄色麻仁，形态一致，都是底部圆球形，顶部很规则地开成三瓣花状，质地外部酥脆，内部沙暄，味道甘甜油香，麻香味十足。如若将开口笑放入坛中将其封口后放在阴凉潮湿处使其反潮，口感则更佳。

二十九、羊肉烧麦

烧麦是中式面点中历史较为久远的名点，自古南北皆有，但叫法不同。最早见于元代，《朴通事》记载，元大都（今北京）午门外饭店中有"稍麦"出售。其"以面作皮，以肉为馅，当顶作花蕊，方言谓之稍麦"。据明代《嘉定县续志》记有面点"纱帽""以面为之，边薄底厚，实以肉馅，蒸熟即食最佳，因形如纱帽，故名"。

清郝懿行《征俗文》："稍麦之状如安石榴，其首绽中裹肉馅，外皮甚薄，稍谓稍稍也，言麦面少。"清李斗《扬州画舫录》："文杏园以稍麦得名，谓之鬼蓬头。"

还由于稍麦形如麦梢上绽开的白花，也有叫"梢麦"者；又因其形似银瓶，口似梅花，故又有"梢梅"之称。而在南方，又称其为"烧卖"、"寿迈"，盖皆由稍麦一名演变而来，现今基本统称为烧麦。

由于地域、物产、人们的饮食习惯以及制作工艺不同，各地的烧麦风格迥异，久负盛名的有北京都一处的烧麦、扬州富春茶社的翡翠烧麦、广东的蟹黄瑶柱干蒸烧麦、苏州的糯米烧麦、山东临清的羊肉烧麦等。

内蒙古的羊肉烧麦以其用料考究，制作工艺独特，风味别致而有别于其他烧麦，

羊肉烧麦

它不仅是餐饮市场经久不衰的名品，也是居家餐桌上常有的面点。为了方便消费者，近些年悄然兴起了烧麦皮加工业，除了供应饭店、宾馆、茶馆外，人们在集市上也能随时买到烧麦皮，从而将制作烧麦难、繁的工艺变的简易、快捷。

下面介绍内蒙古羊肉烧表的制作方法。

美食原料

雪花粉 100 克，羊肉 150 克，姜末 10 克，花椒面 2 克，精盐 5 克，葱末 50 克，味精 3 克，香油 10 克，干淀粉 100 克。

制作方法

1. 用凉水 40 克将面粉和成较硬的面团，揉光后盖上湿布饧 10 分钟。

2. 取 10 克干淀粉放盆内，用 10 克凉水搅匀，再用 50 克沸腾的开水冲熟成蒙子，晾凉。

5. 羊肉剁（绞）成细粒，分次加入 30 克凉水搅黏，然后放入花椒面、姜末搅匀，接着放入精盐搅至上劲，再放入味精搅匀，最后放入葱末、香油搅匀备用。

4. 将饧好的面团搓成长条，揪 16 个剂子。用剩余的干淀粉做铺面，用烧麦槌先逐个将剂子擀成直径 8 厘米的小圆皮，摞整齐后，再在整摞小圆皮的周边转圈推拧出像百褶裙一样的褶皱边，最后一张一张揭开，抖净淀粉，码摞在盆内，盖上湿布备用。

5. 将晾凉的蒙子倒入肉馅内搅匀。取烧麦皮一张置于掌心，打入馅心拢起面皮成形，全部包完后上笼用旺火蒸七、八分钟即成。

技术诀窍

1. 面粉质量要求高，面团要和得较硬，夏季还需在和面的水中酌加食盐，以增强面团的筋力。

2. 调馅时忌加酱油，以免成熟后的制品色泽深暗。调馅时加盐应在打水和加调味品之后，如过早加盐，会使肉中蛋白质凝固而吸水不足，至使馅心肉水分离，不便包捏，同时还会使馅心口感老硬。

3. 馅心里加蒙子一是为吃口松嫩，二是为增强馅心的黏性，便于成形，所以打蒙子时要掌握好软硬。过软的蒙子会使馅心稀澥；过硬会结块，造成馅心中有搅不开的淀粉疙瘩。

4. 此种擀皮的方法难度较大，只有熟练掌握，擀出的皮才能大小薄厚一致，褶皱细密均匀，不碎边，不塌底。

品质标准

色泽青白，半透明状，皮薄馅大，且皮质口感柔韧爽口，馅心鲜嫩味道醇厚，吃时口齿流香，外形挺拔，褶皱疏密均匀，顶部平整，隐约显露馅心。

三十、蒙古馅饼

蒙古馅饼是蒙古族的传统面食。远在明朝末年，蒙古族蒙郭勒津部落，在辽宁阜新地区定居下来，饮食逐渐由肉、奶食品改为面食和肉食相结合。最初的蒙古馅饼是以当地特产的荞麦面为皮，牛、羊肉为馅，用干烙水煎的方法制成。1636 年，在土默川设立了归化域土默特，馅饼传入王府，馅饼的制法由干烙水煎改为奶油、牛羊油或大油煎。现在又以白面为皮，用豆油或色拉油煎制。

美食原料

面粉 500 克，牛肉或羊肉 600 克，植物油 100 克，葱末 100 克，姜末 15 克，花椒面、味精各 5 克，精盐 10 克。

制作方法

1. 面粉倒盆内，徐徐加入 400 克水，边倒边搅动，搅至黏韧、筋力强的软面团，饧 30 分钟。

2. 将肉剁碎放盆内，放入花椒面、姜末搅匀，再加味精、精盐，最后放入葱末和 50 克植物油搅匀备用。

3. 将饧好的面团揪 10 个剂子，逐个按扁包入馅心，并收拢捏严，剂口朝上放在案上，用手逐个按扁使馅心分布均匀，成直径 16 厘米的圆饼。

4. 饼铛烧热淋一层油，将馅饼生坯剂口朝上放入饼铛，烙至浅黄色翻身，并在饼面上刷一层油，当另一面烙成金黄色时再翻身，待烙至饼皮鼓起时即成。

技术诀窍

1. 蒙古馅饼又叫搅面馅饼，所以和面时加水不要急，要徐徐加入，同时用筷子或木棍充分搅动，借助高速搅动的物理运动，使面粉充分吸水，搅黏搅上劲再逐步加水，从而使面团在超量加水的情况下，仍具有超强的筋力、韧性和延伸性。否则，面团稀溏，筋力韧性差，不利于包捏成形操作。

2. 烙制时恰当掌握火候非常重要，火皮，时间长，皮干挺，馅老硬；火急，外焦里生。

品质标准

色泽金黄油亮，皮薄透明，质地柔软，馅大鲜嫩，味道香醇。

三十一、荷叶饼

荷叶饼是由秦汉时的"白饼"演变而来，距今已有二千多年的历史。宋代《东京梦华录》中有"荷叶饼"的记载。

有的地方荷叶饼又叫春饼、合页饼，都是用两个面剂刷油后合在一起擀成薄饼，成熟后揭开两张。荷叶饼在北京、天津、河北、山东、内蒙古等地甚是流行，它不仅是烧烤店的主打品种，而且所有的饭店餐馆几乎都有经营，因为它除了和烤鸭、烧鸡、烤乳猪、烤全羊、烤羊背等匹配外，也可以与锅烧肘子、京酱肉丝、凉拌素菜等跟带，甚至可与大酱、葱段、黄瓜、土豆丝等搭配，所以在一些经营粥品的店铺也少不了荷叶饼。

单饼是相对于荷叶饼而言的，即 50 克面剂，擀成直径为 40 厘米的薄饼。马褡饼和口袋饼近似，是将两个面剂分别擀成长 16 厘米、宽 8 厘米的椭圆形饼，在其周边 1 厘米处刷水，中间刷油，再将两张粘合，烙熟后从中间切开成 U 形张口饼。灯影饼是将 3 个面剂刷油后摞在一起，擀薄烙熟后取其中间不着火色的一张，既柔软又轻薄，能透灯光而得名。通州饼是将面剂揪下拇指大一块，蘸油后再滚沾面粉，并包入面剂内，擀成直径为 10 厘米的小圆饼，烙熟后从饼的边沿撕开 5 厘米长的一个口。

美食原料

优质面粉 150 克，色拉油 10 克，熟大油 5 克。

制作方法

1. 将面粉用 85 克热水和成面团，稍晾后将大油揉进去并揉匀。

2. 将面团搓条揪 12 个剂子，撒一些扑面将面剂滚圆，按扁排成两行，刷一层色拉油，再撒一层扑面，然后每两个面剂油面相对合在一起，擀成直径为 16 厘米的薄饼。

3. 饼铛烧热，放入饼坯，烙至表面起小泡，翻过，再烙至饼面鼓起大包即出锅。将出锅的饼趁热揭开，叠成半圆或扇面形（着火色的一面叠在里面），装盘随菜上桌。

技术诀窍

1. 面团不宜过硬，否则制品硬挺，不柔软，但也不宜太软，过软会影响成形操作。

2. 擀薄饼是体现杖子功的活儿，要求擀出的饼薄厚均匀，无褶皱，饼圆而周正，边沿整齐，两张饼不能错开，大小一致。

3. 恰当地掌握火候是保证饼质柔软的关键，所以温度应在210℃以上为好，20秒钟之内饼熟即出锅。如果温度低，烙制的时间长，会使饼干硬，而且无法揭开。

品质标准

7 色泽青白并有芝麻花火色，圆形周正，大小一致，轻薄透亮，质地柔软，口感柔韧、有劲。

三十二、雁北油炸糕

糕的历史长，地域广，花样多，这一是由于名字好，与"高"谐音，与吉庆有关，取其"步步登高、吉祥富贵"之意；二是与年节习俗相连，如盖房要吃上梁糕，乔迁要吃搬家糕，婚嫁要吃锣鼓糕，逢年过节要吃节日糕。此外，饮食习惯、口味爱好也使其成为调剂一日三餐的重要内容。在山西雁北、大同及晋西北一带依做糕的原料及方法不同分毛糕（即将黍子带皮磨成面，加水和匀，上笼蒸熟，下笼后擩揉光滑，捏坯油炸）、素糕（将黄米面加水拌好，上笼蒸熟，下笼擩揉光滑，捏成糕形）、脆炸糕（即用素糕包上各种甜馅，捏成扁圆形油炸而成）、素馅糕（即用各种蔬菜、豆皮、粉条、鸡蛋等制成不同口味的素馅，包入素糕内，捏成扁饺子形油炸而成）。下面介绍豆馅炸糕。

美食原料

黄米面 500 克，芸豆 250 克，白糖 100 克，玫瑰酱 10 克，胡麻油 1 000 克。

制作方法

1. 黄米面放盆内，加约 150 克水和拌成不规则的块状，静置 1 小时。

2. 芸豆洗净入锅，加 2500 克水、5 克碱面上火烧开，改用小火慢煮，煮至豆子用手指一捏即软烂细绵，捞出豆子加白糖捣烂成泥，凉后加玫瑰酱搅匀。

3. 笼屉上铺屉布，撒一层湿米粉块上锅蒸熟，再撒一层蒸熟，直至全部撒完，蒸熟后倒入盆内趁热擩揉光滑。

4. 将熟米粉团搓条揪 20 个剂子，按扁包入 25 克豆馅，收口捏成扁圆形糕坯。

5. 胡麻油入锅上火烧至 200℃，下入糕坯炸至金黄色并起泡时捞出装盘，上撒白糖并点缀少许青红丝即成。

技术诀窍

1. 拌米粉的水温应随季节调整，夏季用凉水，冬季温水。由于米粉性质有所差异，如本身的含水量、粉质的粗细以及产地等，所以拌粉时所用的水量应掌握好，即米粉较湿、粉质较细以及特性较软糯的，拌粉时应少加水，反之则多加。

2. 蒸熟的米粉应趁热掇揉，但掇揉时应尽量少蘸凉水，如带进凉水太多，会使糕质发黏、粘牙。如有条件，可放进小型的搅拌机（立式和面机）中打至光滑有劲。

3. 炸制的油温不能低，糕坯最好趁热炸，这样成熟后的制品松泡，色泽好看。

品质标准

色泽金黄，稍扁的圆形，外层布满不规则的泡泡，质地外松脆，内软糯，口味油香、绵甜并带有幽幽玫瑰花香。

三十三、米面摊花

米面摊花是山西、内蒙古等地民间杂粮食品，是用玉米面、小米面、大米面等混合发酵后，在热铛上摊成两面金黄的饼，当地人俗称摊花。在 20 世纪六七十年代，玉米面、小米面等杂粮是人们饮食生活中的主要粮食。在人们的生活水平逐步提高，饮食内容更趋丰富的今天，无论是高档宴席、家庭便宴，还是日常食谱，都不忘用这些制作精细的粗粮杂食来调剂口味。

美食原料

玉米面、小米面、大米面（粳米）各50克，酵面、白糖各50克，碱面1克。

制作方法

1. 先将酵面放盆内撕开，加200克温水溶解开，再放入3种米面搅成稠糊状发酵。

2. 面糊发好后兑碱加糖搅匀。

3. 将电饼铛的上下火同时打开烧热，取猪肥膘一块，在热铛上擦一遍，用勺舀约50克面糊倒在饼铛上，自然流成直径10厘米小圆饼，盖上盖将两面煎烙成棕红色，熟透取出，将饼从中间折回成半圆形，码摆在盘中即成。

技术诀窍

1. 面糊不能过稀，具体的加水量可视米面的粗细及吃水情况灵活掌握。

2. 兑碱量以合适或略欠碱为好，这样制品口味稍显酸甜，更具风味。

3. 几种粮食配制及各自的比例并无定式，可根据原料情况和不同口味要求灵活调整，如玉米面、小米面、白面配制，各占1/3或杂粮与白面各占1/2；小米面、豆面（豌豆、大豆、蚕豆等）和白面配制；玉米面、黑米面、薏米面配制等。

4. 在口味上也可任意变化，既可做甜的，并在面糊中加适量的果料、果仁，也可以做咸的，如根据要求加花椒面、茴香面、葱花等。

品质标准

棕红色表皮夹金黄色内瓤，形似月牙，规格一致，质地暄软，味道酸甜爽口。

三十四、小窝头

小窝头是北京宫廷风味食品。传说清光绪庚子年（1900），八国联军侵占北京时，慈禧太后一行向西安仓惶逃避，一路风餐露宿，饥寒交迫。行至西安郊外时，正值夜半，四野茫茫，一片荒凉。正当慈禧饿得无计可施时，一个叫贯世李的人给她送来个窝窝头。饿昏了头的慈禧觉得这窝窝头比宫里的任何山珍海味都好吃，三口两口就吃完了。后来回到北京，终日熊掌燕窝，美味珍馐，慈禧吃也吃腻了，便想起那饶有田园风味的吃食，不禁十分向往。于是命御膳房也给她做窝头吃，御厨们哪敢怠慢，可又不敢蒸大窝头，于是用特细玉米面和黄豆面并加了许多糖制成小窝头，成为慈禧晚年斋戒时吃的一种甜食。

北京以经营宫廷风味菜点而闻名的北海公园仿膳饭庄、颐和园听鹂馆饭庄和天坛公园北门御膳饭庄均擅长制作此食品。1956 年国庆节，在一次招待外宾的宴会上，仿膳的老师傅、原清宫御厨牛文质等人大显身手，连夜制作 34000 个精巧的小窝头，宾客交口称赞，一时传为美谈。近百年来，小窝头在民间广泛流传，经久不衰。

美食原料

新鲜精细玉米面 40 克，黄豆面 10 克，白糖 25 克，桂花酱 2 克，苏打 0. 5 克。

制作方法

1. 将玉米面、黄豆面、苏打拌匀开窝，中间放白糖、桂花酱和 15 克温水搅匀后，拌入面粉和成面团，充分揉和使其柔韧上劲。

2. 将面团搓条揪 10 个剂子，在手心上抹一点凉水，取一个面剂搓成圆球。用一手食指蘸点凉水在圆球中间钻一个小洞，边钻边转动面球，另一手拇指根及中指协同捏拢，这样，洞口由小渐大，由浅到深，并将窝头上端捏成尖形，直到窝头壁厚 0. 4 厘米，且内壁和外表均光滑为止，最后成底部直径 2 厘米、高 5 厘米的宝塔形。

3. 将窝头生坯摆入笼屉旺火蒸 10 分钟即成。

技术诀窍

1. 由于糖的比例较大，再加玉米面和豆面的吸水性能差，因此和面加水要慎重，面团不可稀软，否则成形后易坍塌。

2. 成形时要蘸水多捻捏，方可使生坯光亮滑润，不然成品会粗糙。

品质标准

颜色鲜黄，形如塔状，上尖下圆，底有小洞，小巧别致，品质略感柔韧且沙绵，犹食栗子一般，甜香饶舌，别有风味。

三十五、耳朵眼炸糕

耳朵眼炸糕与天津狗不理包子、桂发祥什锦麻花并称为"津门三绝"。因炸糕铺紧靠一条仅一米宽的耳朵眼胡同而得名。迄今已有上百年历史。早在晚清庚子年间，其创始人刘万春即在天津北门外估衣街西口摆摊卖炸糕，后又与外甥张魁元合作，在原址开设了"刘记炸糕铺"（后取名"增盛成"）。刘家制售的炸糕选料严格，操作精细，温油下锅，精心炸制。尤其是制馅方法一反旧法，投好料，投"狠"料。所以，其成品外皮金黄、爆"刺儿"，内里嫩而不生，馅心干细沙甜，飘溢着玫瑰清香。遂名扬津塘，常供不应求。20 世纪 90 年代，耳朵眼炸糕曾被商业部评为部优产品，荣获"金鼎奖"。

美食原料

黄米 500 克，红小豆 250 克，碱面 10 克，红糖 350 克，玫瑰酱 20 克，香油 1 500 克。

制作方法

1. 将黄米淘洗净，用清水泡 5 小时左右，上石磨淋清水磨成米浆，并将米浆灌入布袋内，扎紧袋口，用石头压出水分，成潮湿状的黄米面，放盆内盖上湿布使其发酵。

2. 红小豆洗净，放锅内加水和 5 克碱面上火烧开，改用中小火将豆子焖煮至酥烂，水分基本耗尽，将其离火并捣碎。

3. 炒锅内放红糖和 50 克清水，置中火上化开，用勺轻推，熬至糖汁先起大泡，后起小泡时，下入豆馅翻炒，炒至豆馅不粘手时出锅，晾凉后加玫瑰酱搅匀。

4. 将发酵好的黄米面兑入碱水揉匀，揪 12 个剂子，逐个包入豆馅（约 50 克），收严剂口，按成扁圆形，放在湿布上。

5. 香油放锅内，上火烧至 120℃时下入生坯，待其浮起，外皮稍硬时翻身，炸至糕的两面均呈金黄色时捞出即成。

技术诀窍

1. 米浆要控（挤）净水分，而且要充分发酵，兑碱要适中。

2. 炸制时油温不能过高，以免糕体破裂或外焦里生。

品质标准

外形椭圆，色泽金黄，外皮酥脆，内里软糯，馅心细腻甜香，气味芬芳，放置多日不变质，凉后用微火一烘，仍能保持其原有风味和质量。

三十六、豌豆黄

豌豆黄是北京宫廷风味食品，是用豌豆先煮后炒制成的。传说清朝末年，有一天，慈禧太后正坐在北海静心斋歇凉，忽听大街上传来敲打铜锣声和吆喝声，心里纳闷，忙问是干什么的，当值太监回禀是卖豌豆黄和芸豆卷的。慈禧一时高兴，传令将此人叫进园来，来人见了老佛爷急忙下跪，双手捧着豌豆黄和芸豆卷敬请老佛爷赏光。慈禧尝罢，赞不绝口，并把此人留在宫中，专门为她做豌豆黄，芸豆卷。此品种本源于民间，至今每到春令，北京饮食市场上便及时推出豌豆黄竞相经营，一直供应到夏末秋初。最有名的当推北海公园仿膳饭庄。在1925年开业时，该饭庄就聘请了原清宫御膳房的厨师掌灶，按照宫廷御膳做法，选料严格，加工精细，工艺讲究，做出的豌豆黄色、香、味、形、质五美俱全，不同凡响，因而常作为宫廷冷点的代表品种，跻身于高级筵席之列。

美食原料

白豌豆 500 克，白糖 350 克，碱面 1 克

制作方法

1. 将白豌豆磨成碎豆瓣，簸去皮，用水洗净。锅内倒入凉水 1 500 克上火烧开，下入豆瓣和碱面烧开，撇净浮沫，改用微火煮 2 小时。当碎豆瓣煮成稀粥状时，下入白糖搅匀起锅。

2. 取瓷盆一个，上面翻扣一个马尾罗，逐次将豆瓣和汤舀在罗上，用竹板刮擦，通过罗底落入盆中便成豆泥。

3. 把豆泥倒入锅内，在旺火上用木板不断搅炒，勿使煳锅。炒至舀起豆泥向下既能流成堆，又能与锅内的豆泥慢慢融合为一体即可起锅。

4. 将炒好的豆泥倒入长 36 厘米、宽 17 厘米、高 2.2 厘米的白铁模内摊平抹光，上面盖一张白色的薄纸，放通风处晾 5～6 小时，凉透后入冰箱凝结。吃时揭去白纸，将豌豆黄扣在干净的案板上，切成小方块或其他形状装盘即成。

技术诀窍

1. 煮豆与炒豆泥时应用铝锅或不锈钢锅，禁用铁锅，以防止制品变色。

2. 煮豆的过程中，不要搅动，以免炼煳锅。刚开锅时须撇去浮沫，以保证制品颜色漂亮。

3. 炒豆泥时须带手套，以免被溅出的豆泥烫伤。炒制的火候要适当，如若豆泥炒得太嫩，即含水分较多，凝固后不易成形，若炒的老，即含水分过少，凝固后又会出现裂纹。所以炒至适当的时候，用木板捞起豆泥往下淌，在锅中形成堆，并与锅中的豆泥逐渐融合（俗称堆丝），就可以起锅了。

4. 如用花豇豆、白芸豆替代豌豆，需加适量黄栀子（中药材）水染色。其制法是：将 1 克黄栀子压碎，用一小豌水浸泡成金黄色。在起锅前 10 分钟加入，加得过早，黄色就会消失。

品质标准

颜色浅黄，质地纯净细腻，香甜凉爽，入口即化。

三十七、脆皮雪梨果

脆皮雪梨果属薯泥制品，是用马铃薯泥加淀粉制成团，然后包馅做成梨形炸制而成的。薯泥系列制品因原料选用方便，品种更新拓展空间大，口味任意变化且易被人接受，成熟方法煎、炸、蒸、烙均可，因而在华北地区甚是流行。

美食原料

马铃薯 200 克，淀粉 25 克，梨脯 100 克，绵白糖 20 克，桂花酱 10 克，青红丝 5 克，咸面包糠 50 克，鸡蛋 1 个，色拉油 1 000 克。

制作方法

1. 将马铃薯去皮洗净切片上笼蒸熟，取出后趁热擦成泥，然后将淀粉揉进去，揉至细腻光滑。

2. 将梨脯切成细粒，与绵白糖、桂花酱搓匀后分成 12 份，稍捏拢。

3. 将薯泥团搓条揪 12 个剂子，分别包入馅心，捏成鸭梨形。将青红丝切成长 3 厘米的段，插在鸭梨顶端成把。

4. 将色拉油倒锅内上火烧至 170℃。鸡蛋打在碗内搅散，面包糠倒盘内，在每一个梨坯上刷一层蛋液，再滚一层面包糠，拉开距离摆在小网罩上，下入油锅，炸至漂起，表面挺括，并呈浅金黄色捞出即成。

技术诀窍

1. 马铃薯要选黄色，不要白色，因白色的马铃薯蒸熟后易变青黑，影响色泽。

薯泥要尽可能搓擦细腻，但擦泥时禁用铁制工具，以防薯泥变色。

2. 淀粉的使用量应依马铃薯的质地恰当掌握，如沙质的或水性的马铃薯，前者用淀粉略少，后者则略多。其淀粉的品质不拘一格，土豆淀粉、玉米淀粉、绿豆淀粉、麦淀粉、生粉均可，也可加面粉或米粉。

3. 馅心可随意变化，除各种果脯馅外，也可包各种泥蓉馅，如做成馅、各种肉馅、素馅均可，但一定要用熟馅，因皮料较厚实且熟制过，炸制时间短，所以生馅不易炸透炸熟。

4. 油温要恰当掌握，过低制品易浸油，过高容易上色，所以一般在170℃下锅，其油温保持在160℃以上，不超过170℃为好。

品质标准

形状、色泽酷似鸭梨，外皮酥脆，内质软嫩，馅心香甜适口。

三十八、豌豆面瞪眼

豌豆面瞪眼是山西省太谷县民间传统炉烤小吃，是以豌豆面的突出风味和如墩的饼形，且饼面有眼而得名。此饼在旧时是专为商家大贾、朱门大户人家所制的应时小吃、尝鲜食品。

豌豆营养丰富，所含蛋白质仅次于大豆，维生素和矿物质的含量均高于其他豆类。中医认为，豌豆性味甘平，有和中下气、利小便、解疮毒、止泄痢、通乳之功效，对高血压、心脏病等有一定的防治作用。正因为如此，人们常以这些小杂粮入主肴馔，既增加其营养成分，使之合理搭配，又调剂饮食内容，还改善主食的口味。

豌豆面在山西省内做法有很多，如豌豆面墩墩、豌豆糕、豌豆面煎饼等。

美食原料

豌豆面150克，面粉350克，胡麻油125克，精盐5克。

制作方法

1. 面粉内加25克胡麻油和190克温水和成团，揉匀稍饧。

2. 将100克胡麻油放锅内烧热，倒入豌豆面和精盐搅匀炒成油酥。

3. 将饧好的面团包入油酥，擀成长方形薄片，卷回揪10个剂子。取一个剂子，一手持剂，另一手从剂子的一端开口处拧成圆锥形，然后用食指在锥尖处向下按入，成一个小洞，深约2厘米，但不能戳透。

4. 全部做完后在饼面上刷油，上鏊子烙成两面微黄，定型后入炉膛烤成金黄

色出炉。待饼晾凉后，放入小瓮内，回软后食用口感更好。

技术诀窍

1. 和面的水温与水量应依环境温度及面粉质量灵活调整。
2. 炸豆面油酥时油温不能太高，时间不可过长，应稍有变色，溢出香味即可。
3. 两块面的软硬要一致、开酥应均匀。

品质标准

颜色金黄，形态一致，回软后饼质柔润，豆味香浓，回味悠长。

三十九、萨其马

"萨其马"是满语"萨其非"和"马拉木壁"的缩音。"萨其马"一词，最早见于清乾隆三十六年大学士傅恒等编的《御制增订清文鉴》一书："萨其马，把白面经芝麻油炸后，于糖稀中掺和。"清光绪二十六年成书的《燕京岁时记》中也记载："萨其马乃满洲饽饽，以冰糖、奶油合白面为之。用烘炉烤熟，遂成方块，甜腻可食。"这里说的是萨其马的传统制作方法。原来，制作萨其马的最后两道工序是：切成方块，随后码起来。"切"满语为"萨其非"，"码"满语为"马拉木壁"，故"萨其马"便是这两个词的缩写。其实，萨其马的汉名叫"糖缠"，见《清文补汇》一书。1644 年，满洲入关，定都北京，逐步统一中原。因为大批满洲民众入关，满汉人民杂居相处，生活习俗与语言词汇愈来愈多地交流、融合。所以萨其马作为满洲风味的食品，也渐为汉族人民所接受。300 多年来不仅流行于京津地区，而且在华北、西北、东北甚至是江南、广东等地也广为流传。

如今的萨其马可从多方面变化，形成不同口味、不同风格的品种。一是可从主体色泽上变化，如将面粉一分为二，是在其中的一半中加适量的可可粉，或不同色泽的果汁，即可做成双色萨其马。二是可在配料上变化。即在拌浆时，同时加入各种果仁，如花生仁、核桃仁、松仁、榛仁等，也可在表面的点缀料上变化，即把青红丝改为各种果脯。三是口味上的变化，可以把桂花酱改为玫瑰酱，也可以改为其他口味的香料、香精，如加少许香草粉，滴上不同香型的水果香精。四是可以制成芙蓉糕，这也早有先例，即在萨其马的基础上铺一层白糖，也可将白糖变色处理，红白或白褐两种颜色相间，或三四种颜色套色，形成非常艺术化的食品。

美食原料

面粉 500 克，鸡蛋 5 个，白糖 250 克，饴糖 200 克，熟麻仁 10 克，桂花酱 50克，青红丝 25 克，色拉油 1 000 克。

制作方法

1. 用鸡蛋将面粉和成面团，饧到揉匀后，擀成 0.2 厘米厚的薄片，再切成 0.2 厘米粗的细面条。

2. 色拉油入锅上火烧至 180℃ 时，下入面条，炸成淡（蛋）黄色捞出。

3. 将白糖、饴糖放锅内，加 250 克水

萨其马

上火熬开，改用小火熬至糖浆起大泡并能拔出细丝时，端离火口倒入桂花酱搅匀，再倒入炸好的面条翻拌均匀。

4. 案上放方木框一个，框内撒一层熟麻仁，再将裹好浆的面条倒入，用木板压平，上面均匀地撒上青红丝，晾凉后切成方块即成。

技术诀窍

1. 面团不宜过软，以防切条时粘连。面条应切得粗细均匀，不能有连刀。

2. 油温不宜过高或过低，防止面条上色或浸油。

3. 熬糖浆的关键是掌握其老嫩程度，如过嫩，黏结不牢，容易散碎；过老则口感脆硬，不舒适。

4. 块形和大小可酌情而定。

品质标准

主体色泽淡黄柔和，配料色彩艳丽，口味香甜肥美，质感酥松舒适，没有坚硬或粘牙现象，块形完整不松散，将其掰开，糖丝相连不断。

四十、栗子糕

栗子糕是京津地区秋冬季的风味食品。栗子是我国原产干果之一，已有 3000 年的栽培史，主产北方，古时以其代粮。《清异录》记载："晋王（李克用）尝穷追汴师，运粮不济，蒸栗以食，军中遂呼为河东饭。"故有"铁杆庄稼"之称。栗子营养丰富，可养胃健脾、补肾强筋、活血止血。

美食原料

栗子 500 克，绵白糖 150 克，琼脂 20 克。

制作方法

1. 用刀将栗子壳切成十字口，下入开水锅中煮熟，捞出后，剥去外皮，放入盆中，用木槌捣成栗子泥过罗。

2. 将琼脂洗净，放铝锅或不锈钢锅中，加清水170克上火烧开，使琼脂溶化，放入白糖溶化，最后下入栗子泥搅匀，倒入方盘内晃平，晾凉后入冰箱冷镇，食用时切3厘米见方的块，码碟上桌。

技术诀窍

1. 栗子一定要煮至绵烂，捣泥后必须过罗，以保证品质细腻。

2. 琼脂、水、栗子泥的比例要恰当掌握，既不可过嫩，也不能太老，过嫩不易成形，太老口感脆硬。

3. 也可以直接将栗泥抹成片，中间夹馅，做成3层或5层栗子糕。

品质标准

凝重的暗黄色，块形整齐，质地软嫩细腻，口感爽滑，栗香浓郁。

四十一、水煎包

水煎包是华北地区流行甚广的民间风味食品。它以酵面作皮，菜肉馅为心，捏制成"相公帽"形状，在饼铛上加水、油煎制而成。在各中小饭馆、小吃店以及夜市摊档均有销售。现制现吃，上部洁白暄软，底部黄嘎焦脆，馅心鲜嫩，口齿流香，既经济实惠，又方便快捷，深受消费者青睐。

美食原料

面粉100克，酵面75克，碱面2克，鲜猪肉75克，时蔬100克，葱末30克，酱油25克，鲜姜末10克，精盐5克，味精2克，香油20克，植物油25克。

制作方法

1. 酵面放盆内撕开，加温水65克左右将酵面溶化后放入碱面搅匀，然后放入面粉和成面团。

2. 猪肉切剁成蓉，放盆内加姜末、酱油搅匀，再放入精盐、葱末搅匀。蔬菜切碎（需去水分的要焯水或腌渍）放入肉馅内搅匀，最后在成形前再放味精和香油搅匀。

3. 将面团搓条揪12个剂子，逐个按扁包入馅心，先将左右两只角向中间推回，再将前后两片面皮捏回，五指顺势向上收拢，捏成"相公帽"的包子状。

4. 将饼铛烧热，淋一层植物油，把包子生坯整齐地排列在上面，在饼铛较高或较热地方倒入适量清水后，马上加盖，焖煎至水汽散尽，打开盖，顺包子的一侧倒入调好的稀薄面糊，加盖，再焖煎至水汽散尽，包子熟透，揭开盖在包子上淋少许香油或植物油，然后铲出，底部朝上码入盘中即成。

技术诀窍

1. 面团不宜太硬，比馒头面略软，并与馅心软硬一致，以便于成形。

2. 兑碱量应根据酵面的老嫩确定，一定要碱正。否则，碱轻制品发青，不饱满；碱重色发黄，并影响口味。

3. 煎制时，水要倒在锅热的地方，并顺制品的底部流过，使之很快成汽，不可浇在制品上面。水不可过多，能在 3~5 分钟内耗完即可。另外，面糊不可过浓稠，否则流动性差，不易形成均匀的薄片黄嘎，而且过厚的面糊不易很快成嘎，黏面糊会影响品质。在浇面糊时，务必使面糊顺制品底部流过，使之连成片，才符合要求。

品质标准

相公帽形状，整齐一致；上部洁白饱满，质感松软；底部色泽棕黄，嘎片相连，质感焦脆；馅心鲜嫩，口味醇厚，吃时口齿流香。

四十二、春卷

春卷是由古代立春之日食用春盘的习俗演变而成的。春盘始于西晋，初名"五辛盘"。西晋周处《风土记》记载，"五辛盘"中盛有 5 种辛荤的蔬菜，如小蒜、大蒜、韭芸苔、胡荽等，是供人们在春日食用后发五脏之气用的。唐时，春盘的内容有了变化。《四时宝镜》说："立春日，食芦菔，春饼，生菜，号春盘。"元朝出现了将春饼卷裹馅料油炸后食用的记载。元代无名氏编撰的《居家必用事类全集》记有卷煎饼：摊薄煎饼，……加碎羊肉、姜末、盐、葱调和作馅，卷入煎饼、油煎过。这实质上正是早期的春卷。类似记载，明代食谱《易牙遗意》中也有。到了清代，已出现春卷的名称。从以上历史演变中可见春卷渊源久远，故而在国内流传广泛。其中，尤以北京、天津、河北等地春卷制作工艺精湛，其和面的技法独特，即用力地张弛的物理原理，使面团超量吸水（每 500 克面粉吃水 400~500 克），并形成超强的弹性、韧性和延伸性，从而使看上去近似于糊状的面团能拿在手中灵活自如地摊成薄似纸张的春卷皮，谓之抓皮春卷。目前，春卷的制作已形成机械化的工业生产线。春卷这一中国的历史名点，不仅在国内食品商店有售，而且行销世界各国。

春卷的馅心可荤可素，可咸可甜，著名品种有肉丝韭菜春卷、荠菜春卷、三鲜春卷、豆沙春卷等。

美食原料

优质面粉 500 克，猪肉 400 克，绿豆芽、韭黄各 200 克，鲜姜粒 10 克，醋 5 克，酱油 20 克，盐 10 克，色拉油 32 克，味精、生粉各 5 克，猪肥膘一块。

制作方法

1. 面粉加 300 克凉水和成面团，然后在宽底浅缸盆内摔面，同时逐次再加入 100～200 克凉水。注意，每一次加水量要少，通过摔打面团，将水全部吸入后，再行加水。直至面团非常柔软但不松懈，筋力和韧性非常强，能够很自如地拿在手中操作即可。

2. 将猪肉（肥三瘦七）切成直径 0.3 厘米粗细均匀的细丝；绿豆芽掐头去尾；韭黄洗净切成长 4 厘米的段。色拉油 50 克入锅上火烧热，下入肉丝煸炒，同时下入姜丝，至肉丝变色时，放入豆芽，烹醋并加酱油、盐、味精，翻炒几下后用生粉勾芡出锅。稍凉后加韭黄拌匀。

3. 用猪肥膘在烧热的饼铛上擦一遍，将面团拿在手上，在饼铛上依手腕为轴转一圈，摊成直径为 15 厘米的薄饼，待饼变色，边沿翘起后揭起。全部摊完可得饼皮 60 张左右。

4. 用 20 克面粉加 50 克凉水调成稀面糊。取饼皮一张铺平，中间放约 15 克馅心，捋成宽 2.5 厘米、长 9 厘米的条形，然后将下边的饼皮翻上，两边的饼皮折回，上边饼皮的边沿抹面糊，再将春卷翻身卷回，成长 10 厘米、宽 3 厘米、厚 1.5 厘米的生坯，照此方法全部做完。

5. 色拉油倒锅内上火烧至 200℃，下入春卷生坯炸至呈金黄色捞出即可。

技术诀窍

1. 和面时可视面粉的质量酌情加盐。摔面时加水不可过急，一次不可多加，防止面团稀瀣。在操作时，拿在手上的面团要不停地抖动，一是防止面团下垂、脱落，二是防止面团瀣劲。

2. 摊皮时正确掌握手腕转圈的大小和在饼铛上停留时间的长短是保证春卷皮大小、薄厚一致的关键。摊皮初期，手中的面团大，转圈要小，后期随着面团的逐步减少，转圈也应逐步加大。转圈应匀速，不可忽快忽慢，即停留时间长短不一，会使摊出的皮薄厚不均。

3. 炒馅时应视原料的不同耐热程度分别下锅，适时烹调，以保证馅心良好的口感。

4. 炸春卷的油温不可过低，以免长时间炸制使皮质艮硬，馅心水分外溢。

品质标准

色泽金黄，形状整齐，皮质酥脆，馅心鲜嫩，口味威香。

四十三、新田泡泡糕

　　新田泡泡糕是山西侯马市的历史名点。侯马市古称新田，为春秋晚期晋国的都城。这里的新田饭庄精心制作的"太后御膳泡泡糕"，造型美观，晶莹透亮，酥脆香甜，国内外宾客品尝后，无不连声赞好。泡泡糕原是清皇室御膳坊的专供名点。据传，清朝侯马人屈志明在车站摆了一个饭摊卖面，偶遇清宫御厨许德盛。许德盛自幼进宫在皇家御膳坊当差，学得一手好厨艺，特别是他制作的泡泡糕，深得慈禧太后的喜爱。后因病不能侍奉太后，辗转流落侯马。许德盛老人见屈志明为人忠厚，诚心拜师，虚心求艺，就手把手地把泡泡糕的制作绝技传给他。

美食原料

　　优质面粉250克，熟猪油75克，红枣250克，绵白糖75克，核桃仁、熟花生仁、熟麻仁各25克，玫瑰酱、青红丝各15克，党参、黄芪各10克，海马、山芋肉、枸杞子各0.5克，色拉油2.5千克，上等红茶水120克。

制作方法

　　1. 红枣煮熟去皮去核，海马、山芋肉、枸杞切碎，花生仁、核桃仁、青红丝切成细粒，熟麻仁略擀几下，与绵白糖、玫瑰酱拌匀成馅。

　　2. 将党参、黄芪用开水泡汁。将炒锅置火上，放入35克猪油，融化后倒入党参、黄芪汁和适量的开水（合计约200克水）。烧沸后，徐徐倒入面粉，边倒边搅，搅匀熟透后倒在案板上摊开。晾至不烫手时，分次加入红茶水和剩下的猪油，揉匀，至三不粘为止。

　　3. 将面团搓条，揪15个剂子，逐个揉圆压扁，包入馅心，收口后在手心团成"泡肚"状糕坯。

　　4. 在糕坯包馅成形前，就将油锅置火上烧至120℃，将捏成形的糕坯封口朝上顺锅边溜入锅内，并迅速将糕翻过，待油糕呈蘑菇状，形似花朵，色泽金黄即捞出，装盘后撒上白糖即成。

技术诀窍

　　1. 烫面时一定要烫熟烫透，吃水量依面粉质量稍有浮动。猪油可一次性加入锅内与水同时烧沸烫面，也可分次掺入到烫熟的面内擦匀。无论采用哪一种方法，面烫熟后都需反复搓擦至面团均匀、滋润、光滑、不粘手方可。

　　2. 此品要求成形与炸制一气呵成，即成形的糕坯趁热下油锅，其面团中的猪油未冷凝，糊化的淀粉未老化，油炸时易起泡且均匀。

3. 油温不可过高，否则会使糕坯外形成硬壳，而难以起泡，并且颜色过深，甚至焦煳，但也不能太低，低则容易使糕坯喝油，软烂不成形。

4. 出锅装盘时，要轻拿轻放，勿使泡泡破损。

品质标准

远看"蘑菇云"，近看"泡泡花"，色泽金黄，酥脆香甜，滋阴补肾，营养丰富。

四十四、哈达饼

"哈达饼"是蒙古族人民的传统名点，至今已有一千七百多年的历史。据有关资料记载，在三国时期，匈奴人发明了油酥面团。之后，一支活跃于西拉木仑河、老哈河一带的匈奴部落东湖人，率先创制了此品种，并且根据其地名乌兰哈达（译意为赤山）取名为"哈达饼"，一直流传至今。特别是在昭乌达草原一带（今赤峰地区），哈达饼的制作除保留了传统特色外，在原料、制作工艺上进行了大胆改进和创新，使其更加完美精巧，从而在1990年上海举办的全国面点金鼎奖大赛上，一举夺得金鼎大奖。这充分体现了蒙古族人民粗放中不失细腻，淳朴中蕴涵着考究的饮食风格。如今的哈达饼，作为地方风味、民族特色的佳品已为全自治区各地宾馆、饭店、大小餐馆所经营。

原料

优质面粉500克，熟猪油125克，奶油50克，白糖150克，松仁、京糕条、苹果脯各25克，熟麻仁10克，青梅20克，桂花酱10克，色拉油适量。

制作方法

1. 面粉250克，加奶油50克、凉水120克和成面团；剩下的面粉用125克熟猪油搓，擦成油酥面团。

2. 将果脯与松仁都切成绿豆大的细粒，与熟麻仁、桂花酱一同掺入白糖内，搅拌均匀成馅。

3. 将水油面和油酥面分别揪12个剂子，再逐个将油酥面包入水油面内。取一个包好的面剂，擀开成薄片，铺一层糖馅，擀压一遍，再由上至下卷回，盘成螺旋形，然后擀成直径16厘米、厚0.3厘米的圆饼，照此方法全部做完。

4. 饼铛烧热淋一层色拉油，放入饼坯用文火翻烙至两面呈淡黄色、饼身挺括时即成。

技术诀窍

1. 水油面与油酥面的比例以对半（1：1）为好，另须采用小包酥的方法，方可保证开酥均匀、酥层清晰的特点。

2. 凉水凉油和面，既能保证水油面良好的柔韧性，又能保证油酥面的可塑性。两块面软硬一致，也是便于操作，保证质量的前提。

3. 馅心配料不可切得过大，以免成形时硌破面皮影响质量。卷馅、成形应一次完成，不可放置过久，防止成形时裂口。

4. 操作时应注意案上和饼铛上的卫生，烙制时忌用大火、高温，以保证洁净淡雅的色泽以及入口酥化的质地。

5. 可揪15个剂子做成直径10厘米的小圆饼，更显精致，切开码摞装盘上桌或成打包装都很方便。

品质标准

色泽黄白相间，层次清晰，厚薄均匀，质地松酥，香甜爽口。

四十五、奶油刀切

奶油刀切是内蒙古中西部地区较为流行的面点，它是在传统名点刀切的基础上改进而成。刀切始于清咸丰年间。据说慈禧垂帘听政期间曾回家乡归化城（今内蒙古呼和浩特市）祭祀祖先，因吃腻了宫廷膳食，特提出要吃家乡莜面饸饹。侍从和地方官特命归化的能工巧厨，以上好的油糖、面粉按莜面饸饹的操作方法，做成卷子，切成片，制熟后起名为"刀切"送了上去，慈禧吃后很是赏识，从此"刀切"就在内蒙古地区流传开来。由于刀切味道甜美，一百多年来，当地各族人民逢年过节、走亲访友常以刀切作为馈赠礼品。

传统刀切用料较为粗略，面粉不精，用油多为植物油，后来当地厨师在原料和制作工艺上做了较大改进，使现在的刀切不仅好吃，而且更好看。

美食原料

面粉500克，白糖175克，奶油110克，熟猪油140克，饴糖20克，全鸡蛋液30克，京糕250克，碳酸氢铵10克。

制作方法

1. 用30克热水将20克饴糖化开，放入30克熟猪油和鸡蛋液，搅匀后倒入150克面粉和成面团作为皮面。剩下的350克面粉加白糖和碳酸氢铵搓匀，然后加入奶油和剩余的熟猪油搓擦成糖酥面。

2. 将糖酥面包入到皮面内，擀开成0.4厘米厚的长方形薄片。将京糕切成0.

8厘米见方的长条，放在面片的上下两边，再由上下两边同时卷起到中间，翻身，底面朝上，用两块木板夹齐，并将顶部也拍平整，使整个大条成为有棱有角的长方条。最后切成厚1厘米的片，摆入烤盘，推入温度为200℃的烤箱内，烤12分钟即成。

技术诀窍

1. 皮面与糖酥面的比例要合适，一般掌握在1：2以上，即糖酥面不能少于皮面的两倍。糖酥面的面粉与糖的比例也应严格掌握，一般为2：1，否则会严重影响制品的色泽、形态。

2. 和好的皮面要饧透揉匀，糖酥面也要擦透擦匀，两块面软硬一致才便于操作。

3. 开酥时用力要均匀，擀片要平整周正。少用扑面，卷条时应卷紧，并注意粗细要一致，保证形态端正。

4. 摆盘时要注意间隔一定的距离。正确掌握炉温，过低的炉温容易使制品坍塌，影响形态；反之，又会影响色泽，甚至品质。

品质标准

色泽金黄、鹅黄相间，中心有透明的红色京糕，形似镶金嵌宝的如意，奶香四溢，吃口酥化，甜酸爽口。

四十六、奶油松酥盏

奶油松酥盏属油酥面团中的单酥类制品。所谓单酥，是相对于层酥类制品而言，即制品酥松，但没有层次，它是将油糖蛋乳等配料直接与面粉混合调成面团，所以又叫混酥类面团（制品）。此外，在和面时还要加入化学膨松剂，因此，它又可列入膨松面团中的化学膨松法（类）中。

奶油松酥盏就是依制品所用面团的性质、形成的形态以及内装的原料而定名。它的变化空间较大，一是可将主坯原料变成层酥坯，如清酥坯、白皮酥坯、擘酥坯均可。二是可将盏内装的原料任意变化，如将松仁、核桃仁、榛仁等加工后分别装入盏盒内，即形成系列果仁盏盒，也可将各种果脯加工配制后装入，还可将各种鲜果制成小方丁或小圆球分别装、混合装均可，当然也可制成咸味盏盒。咸味盏盒的底坯以层酥类较好，内装的原料可随意调整，即荤、素、三鲜都可以，但都要以口感好、味道好、色彩搭配好、形态好方为上乘。三是可从形态上变化，即将盏盒的边沿处做不同的技术处理，再插上把儿，就可成为花篮或篮筐的形态。

正因为此品可任意变化，所以是各大酒店、宾馆的保留点心，而且无论是中式、西式宴会还是酒会、冷餐会，只要稍加改动均能适用。

美食原料

面粉 250 克，白糖 90 克，黄油 93 克，鸡蛋 2 个，泡打粉 5 克，奶油 250 克，糖粉 100 克，红色带把车梨子 25 个。

制作方法

1. 面粉与泡打粉掺匀后中间开窝，放入白糖、鸡蛋，搅至白糖溶化后放入黄油，继续搅打至融为一体，然后拌入面粉，用双手反复叠压二三次即成松酥面团。

2. 将面团擀成 0.5 厘米厚的长方片，用平口套模（口径应与菊花盏盒一样）扣成圆片，再逐个将圆片放入菊花盏盒内，转圈压实，边沿略高出盏面。全部做完后摆入烤盘，推入温度为 180℃ 的烤箱内，烤至浅金黄色熟透出炉，冷却后脱模备用。

3. 将奶油和糖粉放入打蛋桶内，打至膏体膨松。将油纸卷成漏斗形，底部剪掉少许，放入齿形花嘴，再装入奶油膏，将端口的纸折叠封好，将膏体向下挤，注入每个松酥盏内，形成饱满的圆形花纹状，顶端放一个带把的车梨子即成。

技术诀窍

1. 和制松酥面团时只要复叠几次，将面粉与配料混合均匀即可，忌用揉搓的方法，防止面团起劲溂油。

2. 擀开的面片厚度不可超过 0.5 厘米，放入盏盒内的面片要逐一地将底部及每一花棱贴紧压平实，并用牙签在底部扎几个小孔，防止在熟制时起泡或鼓起，制出的盏盒应棱线分明，精巧美观。如果面片过厚或没有压紧、压实则会厚笨变形。

3. 奶油膏要打至膨松并能够立住花才行，这样挤出的奶油花才会有立体感。如在夏季操作，奶油膏或成形的点心在上桌前需冷藏。

品质标准

色泽鲜明，形态美观，盏盒酥松，奶油软滑，香味浓郁，肥甜滋润。

四十七、五彩汤团

五彩汤团是用糯米粉制成小粒汤团与各色果料丁配制成的汤食凉点，是春末、夏季、秋初宴席中常备食品。尤其在夏季，人们常把它作为消暑解渴的佳品。它色彩艳丽，清凉甜爽，沁人心脾，且制作简便。因此，深受华北的各地消费者均喜爱。

美食原料

糯米粉200克，白糖200克，桂花酱15克，红色水果（草莓、西瓜、车梨子均可）、黄色水果（菠萝、黄桃、柑橘类等）、绿色水果（猕猴桃、密瓜娄、无核葡萄等）各150克。

制作方法

1. 糯米粉加清水和成软硬适宜的面团，再搓成直径为1厘米的小圆球。

2. 将各色水果切成1厘米见方的丁，再将1 000克清水放铝锅内，放入白糖上火烧开，撇去浮沫后，倒入干净盆内，晾凉，将水果丁放入糖水中，入冰箱冷镇。

3. 锅内加水，上火烧开，下入汤团煮熟，捞入凉水盆内过凉，再捞入水果糖水中，最后加入桂花酱，分装入10个小碗内即成。

技术诀窍

1. 糯米粉的吃水量应视其含水量而定，如是水磨粉或温磨粉，加水略少；如是精制干糯米粉，吃水较多，以便于成形为准。

2. 汤团与果料丁的大小要尽可能一致，如能将果料也制成与汤团相一致的形态则更好。

3. 水果的选用不拘一格，可根据当地物产和不同季节的上市情况择优选用，既要注意色泽搭配，又要考虑口味协调。

4. 糖的用量以适中为好，不可过浓，也不能太淡。

品质标准

红绿黄白，色彩绚丽，清凉甜爽，沁人心脾。

四十八、玻璃饺子

玻璃饺子是内蒙古中西部地区的地方特色面点。当地盛产马铃薯，是人们的饮食生活中不可缺少的重要食品。尤其是在生活水平低下、物质匮乏的20世纪60年代至80年代，马铃薯在人们的一日三餐中占有重要的位置。人们为调剂和变化饮食，将马铃薯翻新出了数不胜数的吃法，其中玻璃饺子就是典型的一例。它是用焖或蒸熟的马铃薯去皮后捣成泥，再掺入一定比例的马铃薯淀粉，包馅成熟后，因成品晶莹透亮而得名。

玻璃饺子的馅心可根据条件、原料或食客的口味随意变化，咸、甜、荤、素均可。比如以碧绿的菜叶为主，再配以少量白色的脂油和红色的火腿丁做成馅心而制成的玻璃饺子，看上去，通透的外皮在碧绿馅心的映衬下，给人以清新亮丽的感觉。形状小巧玲珑，馅心清淡爽口，虽不是高档原料，但通过精心制作，从色泽、形状及口感诸方面都不失为高档宴席中的一道特色面点。

美食原料

马铃薯150克，马铃薯淀粉40克，猪肉100克，韭菜、马铃薯各50克，鲜姜末2克，酱油5克，味精2克，盐、香油各3克。

制作方法

1. 将马铃薯去皮洗净，切片后蒸熟取出，趁热捣成泥，加入淀粉，搓擦均匀至起劲后和成团。

2. 将猪肉（肥四瘦六）切成筷头丁，加姜末、酱油、盐、味精搅匀。马铃薯去皮后切成筷头丁，下开水锅焯至七成熟，捞出过凉水，然后捞出控净水分倒入猪肉内。同时将韭菜切碎也放入猪肉内，再加香油，搅匀成馅。

3. 将薯泥团搓条揪16个剂子，按扁擀成周边薄中间略厚的直径为8厘米的圆皮，包入约13克馅心成饺子状，并用双手推捏的方法推出瓦棱花边。

4. 将饺子生坯上笼用旺火蒸7～8分钟即成。

技术诀窍

1. 薯泥加工得以细腻、无颗粒为好，淀粉的具体使用量以马铃薯的质地灵活调整，制成的薯泥团要软硬适宜，过软不便成形操作，过硬则容易开裂并影响口感。

2. 加工好的薯泥团以及成形后的半成品应注意保湿，并及时使用、成熟，避免干裂。

3. 馅心调制应具有黏性，不可稀漓，所以调制肉馅时要充分搅动，而加入马铃薯丁和韭菜末后搅匀即可，不能过分搅动。

4. 蒸制时间不可过长，防止瘫软。

品质标准

色泽形态玲珑剔透，皮质柔韧，口感舒适，馅心鲜嫩，口味香醇。

四十九、莜面窝窝

莜面窝窝是用莜麦面粉制成的。莜麦又称燕麦、裸麦、油麦等，汉代已有栽培，主要分布在内蒙古阴山南北。宋代杨升庵《丹铅总录》载："阴山南北皆有之，土人以为朝夕常食。"河北省的坝上、燕山地区，山西省的太行吕梁山区，以及西南大小凉山高山地带均有种植，以山西、内蒙古一带食用较多。

莜麦的营养价值很高，含蛋白质15%，且蛋白质中的氨基酸含量丰富、品类平衡；脂肪含量为8.5%，脂肪中的亚油酸占38%~46%，它属于高热量耐饥食物，每千克可提供热量3960千卡；此外还含有多种维生素和其他禾谷类作物所缺少的皂苷，所以，对于降低胆固醇、防治心血管系统疾病有一定效果。

莜麦面加工须经过"三熟"，即磨粉前炒熟，和面时烫熟，成形后蒸或煮熟。莜面的吃法很多，恰似当地人所说，搓鱼鱼、推窝窝、卷囤囤、捏饺饺，还可以用马铃薯、淀粉以及其他原料掺和制成多种多样的特色食品。

美食原料

精莜面500克，水400~500克

制作方法

1. 面粉放盆内加水和成面团，擞揉成滋润光滑的面团。

2. 取一宽15厘米、长25厘米，平整光滑、质地硬实且较沉重的材料做成的工具（如石板、瓷质、玻璃砖等），在身前放置成前低后高约35°角。取一块面团搓成直径2.5厘米、长10厘米的条，夹在食指和中指之间背在手背上，每次揪小枣大的一块面在平板上由上至下推开成薄片，揭起顺势缠绕在食指上卷成圆筒状，一个挨一个竖着码在笼屉内。码满后，看去似蜂窝状。

3. 水锅烧开后上笼旺火急汽蒸8分钟即成。

4. 吃时讲究冬蘸羊肉卤（羊肉、香菇、马铃薯、番茄、香菜等制成），夏调时蔬汤（黄瓜、茄子、青椒、豆角、香菜等调成）。

技术诀窍

1. 和面时，冷、沸水均可，沸水用水量多于冷水，冷水和面搅拌成不规则的块状后需有30分钟的饧面时间，方可擞揉成团。无论冷水还是沸水一定要软硬适宜，如过软，成熟后会塌形、质黏，反之则质感僵硬。

2. 成形时要求每一片推得宽窄、长短、薄厚一致，这样卷出的窝窝才会高低、粗细一致，码满笼屉后，表面平整、孔洞一致，没有高凸低凹或孔洞大小不一的现象。

3. 成熟后要及时下屉不可长时间蒸，否则会变形，并瘫粘在屉上。

品质标准

灰黄色有光泽，成整片蜂窝状，有弹性，口感柔韧滑爽。

五十、荞面蒸饺

荞面也是华北地区居民经常食用的杂粮之一，尤其山西、内蒙古等地居民常以其作为调剂饮食的首选粮食。

荞面中蛋白质、维生素与矿物质的含量均高于小麦和稻谷。中医认为，荞麦味甘性凉，可开胃宽肠、下气消积，是消化不良患者的良好食品。

荞面的作法多样，吃法各异，可煮可蒸，也可煎烙，如荞面碗托、恰烙、荞面蒸饺、馅饼、疙团、拿糕等。其中，尤以荞面蒸饺很有特色，内蒙古东部哲里木盟盛产荞麦，当地人以驴肉作馅、荞面为皮制成的蒸饺、馅饼等，皮薄馅大，风味别具。

美食原料

精荞面 200 克，玉米淀粉、优质小麦粉各 25 克，驴肉、蒜薹各 250 克，鲜姜 10 克，大葱 25 克，花椒面 2 克，味精 3 克，香油 25 克，高汤 50 克，盐 5 克，生抽 20 克。

制作方法

1. 将荞面、淀粉、小麦面粉掺和均匀，用 150 克温水和成面团。

2. 将驴肉、蒜薹分别切成绿豆大的细粒，葱、姜切成末，驴肉放盆内，加花椒面、姜末搅匀，再分几次打入 50 克高汤和 20 克生抽，接着放盐，搅黏搅上劲后放入味精、葱末、蒜薹、香油搅匀成馅。

3. 将面团搓条揪 20 个剂子，逐个按扁擀成直径为 10 厘米、边薄中间略厚的圆皮，包入约 30 克馅心捏成饺子，再推出花边成生坯。

4. 全部做完后将饺子生坯摆入笼内，水锅烧开上笼蒸 10 分钟即成。

技术诀窍

1. 掺粉的比例可按荞面的精粗或食客口味的不同调整，即较粗的荞面可适当加大淀粉和小麦粉的比例，玉米淀粉也可换作生粉或绿豆淀粉、马铃薯淀粉等。

2. 和面的水温应根据季节气候调整，如春秋两季以 50℃为准，夏季低于而冬季高于此温度。

3. 馅心要调制有一定黏性，应注意防止水分渗出使馅心稀漓。

4. 成熟时间不能过长，否则塌架、碎烂，皮质黏，馅心老。

品质标准

色泽灰紫光亮，花边饺子形，皮质柔韧，馅心鲜嫩，口味香醇。

五十一、肉火烧

肉火烧扁圆如烧饼，分为火烧（无馅）与肉火烧，一般以肉火烧为多，但胶东半岛的火烧为无馅火烧。火烧多见于北方。

无馅火烧很像羊肉泡馍所用的馍，无馅，很硬，大小如手掌，咬起来很劲道。正宗火烧为手工制作，以石磨火烧最为正宗。山东高密姚哥庄镇的李家石磨火烧，就是其中的正宗，其火烧的外形已申请专利。由于太硬，因此也有"钢火烧"的美称，食用时，常常将火烧撕碎泡于菜中食用，也可泡于汤中，尤其是与羊肉汤一起食用。火烧的一大特色是硬而劲道，便于携带，且不易变质。即使外层发霉，切去发霉的部分后，其他部分照样可以食用，毫无变质或者异味。

肉火烧含馅似饺子，皮薄馅多，外酥里绵，鲜香味浓，轻咬一口，油水便滋溢而出。肉火烧分为干火烧和油火烧二种。干火烧做法是，把面和好揉透，切成一两左右大小，用擀面杖擀成薄皮，皮薄似纸张一般，抹上油卷起，竖立压开，包入肉馅，再压成直径为10厘米左右的圆饼，放在专门打饼子用的鏊子上烙至外皮焦黄即可。油火烧则直接用面皮包馅，在平底锅浅油中煎熟，食用时，浇蘸上醋蒜汁，清香解腻，更为爽口。其馅多用猪肉剁大葱，也有用羊肉或牛肉的，深受各地食客称道。

美食原料

面粉500克，猪油100克，猪肉300克，胡椒面3克，白糖15克，甜面酱30克，大白菜125克，酵母、酱油、料酒、盐各5克，味精2克，姜丁15克，葱、香油各10克。

制作方法

1. 取面粉150克加入猪油70克调成油酥面；350克面粉用沸水100克烫制后晾凉，加入适量清水、酵母调制成烫酵面团，静止发酵。待面团发起后，包入酥面团，进行破酥后，下成剂子，待用。

2. 将肉切成指甲大小的肉丁，放入甜面酱调拌均匀先行味口，再将白菜切成和肉丁一样大小的丁状，然后用精盐腌渍一下，用清水投洗后挤去水分，与其他调味料一起放入肉料中调拌均匀，调制成馅料，将坯皮按扁成锅底形状，包入20克馅料呈圆形，并用刀压成厚约1厘米的圆饼。

3. 表面刷一层蛋液，沾上芝麻，放在烤箱之中，用220℃的温度，烘烤约15分钟，表面成金红色即熟。

技术诀窍

做肉火烧的鏊子很特别，上下都封口，只有在侧面有一个开口，这样做是为了保证火烧受热均匀。在这样一个半封闭的空间里，高温下肉火烧里的肥肉才会流出油，才会有如此的美味。

品质标准

口味醇厚，咸鲜适口，酥、松、咸、鲜。

第三节　华东地区风味小吃

华东地区位于我国的东部，主要包括江苏、浙江、安徽、江西、福建、上海等五省一市的区域范围，它东临大海，南、西、北三面分别与华南地区、华中地区、华北地区接壤。本区地形地势纵横交错，既有高山丛林，又有平原湖泊；既有连绵起伏的丘陵，又有一望无边的大海。气候温暖湿润，四季分明，风光秀丽，土地肥沃，物产富饶，自然资源得天独厚，素有"鱼米之乡，人间天堂"的美誉。河鲜海产、家禽家畜、时蔬鲜果、菌蘑干果等种类繁多，此外，农产品种类也极其丰富，是我国农作物的主要产区。同时，华东地区作为我国轻工业与第三产业的发达地区，人口众多，交通便利，经济繁荣，生活富裕。优越的自然条件和先进的生产力水平，为华东地区餐饮业的发展提供了良好的条件，创造出众多的地方名点。

华东小吃是我国小吃的主要组成部分，它的历史悠久。据《吴越春秋》记载，在春秋战国之前，江浙一带的古民就已用稻米、麦、豆等粮食制成饭、饼等食品。北魏的《齐民要术》、五代的《清异录》也都对这一带小吃的精美工艺作了大量的描述。唐宋时期，是这一地区小吃发展并形成特色的重要时期，唐代的《闽中记》中就有"闽人以糯稻酿酒，其余揉粉，岁时以为团粽馎糕之属"的记载；合肥地区（肥东县）流传至今的著名小吃"示灯粑粑"，相传也是唐代肥东龙灯节的食品；宋代的《梦粱录》中有大量的篇幅描写当时临安城（今杭州）小吃的经营盛况："每日交四更，诸山寺观已鸣钟，……御街铺店，闻钟而起，卖早市点心，如……"相传寿县的"大救驾"也是因宋朝开国皇帝赵匡胤吃过而得名。至明清时期，随着手工工场的出现，推动了整个饮食产业的发展，也促进了小吃制作技艺的不断提高。清代的《随园食单》中的小吃记载，不但品种繁多，而且制作精湛，如记载扬州制作的小馒头"如胡桃大"、"手捺之不盈半寸，放松仍隆然而高"等。得益于如此雄厚的历史基础，华东地区的小吃形成了今天的风格特色，成为我国小吃"南味"流派的代表体系。

华东小吃品种丰富，因气候、物产、风俗习惯等的不同，各地的风味特点也有所区别，按其特色大致可分为三类。

其一，以江苏、上海、浙江为一体的苏式风味小吃。这是我国的三大特色小吃之一"苏式小吃"的代表和主流，它从制品的选料、制作到口味、品质等诸多方面都颇具特色，尤其擅长米粉糕团及花色小吃的制作。整个制品工艺精湛，特别注重造型，具有色泽鲜艳、形象逼真、皮薄、馅大、汁多等特点。如栩栩如生、形态各异的太湖船点；松韧糯软、香甜肥润的苏式糕团；皮薄馅多、醇厚鲜美的文楼汤包；小巧玲珑、皮薄馅美的南翔小笼馒头；稠糯滑润、鲜香可口的小绍兴鸡粥；肥糯不腻、肉嫩鲜香的嘉兴鲜肉粽子；面条柔滑、虾嫩鳝脆的虾爆鳝面；色白光亮、软糯香甜的宁波汤团；外壳金黄、松脆干香的金华干菜酥饼等。

其二，以江西、安徽为一体的江淮风味小吃。其特色是南北风味兼备，用料上乘、面兼而有之，制作精细，火功独到。但口味上受江浙的影响较大，仍能体现"苏式小吃"的特色风味，具有味厚而醇、略带甜味的基本特点；但受地理、物产、风俗的影响，赣南地区的口味却以咸中带辣为主，具有浓郁的乡土气息。如酥松香甜、层次分明的寿县名点"大救驾"；色泽金黄、口感酥香的芜湖名点耿福兴酥烧饼；色彩艳丽、柔韧爽滑的徽州蝴蝶面；皮薄透亮、味美适口的合肥三河米饺；面条爽滑、鲜香可口的江西大余伊府面；柔软润滑、香辣味鲜的信丰萝卜饺等。

其三，以福建为主体的闽式风味小吃。其工艺特色也十分突出，以用料考究，制作精细而闻名遐迩。受地理、特产等因素的影响，闽式小吃带有明显的"广式小吃"的风格。用料上多选用稻米及海产品，调味上善用调味品，多以清淡鲜爽为主；如色泽金黄、酥香鲜美的肉蛎饼；配料多样、色白柔嫩的福州锅边；糯柔细嫩、甜润可口的海澄双糕嫩；香甜酸辣、清凉爽口的漳州手抓面等。

一、蟹黄汤包

蟹黄汤包是安徽芜湖的地方特色风味面点。此面点选用螃蟹的蟹肉、蟹黄油，与猪夹心肉、皮冻等原料，经加工制成包子的馅心而成名。芜湖滨临长江，水产资源丰富，螃蟹是该地区有名的土特产，其肉质肥壮、饱满、细腻、鲜嫩，再配以皮冻制作而成的馅心，别具风味。吃时先咬一小口慢慢吮吸汤汁，细细体味汤之肥厚、鲜美，然后再食皮馅，品尝其松软、细嫩。如食用时配以米醋、嫩姜丝等佐料

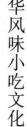

风味更美。

美食原料

精白面粉 850 克，面肥 150 克，食碱 4 克，猪夹心肉末 1 250 克，猪皮冻 500 克，蟹肉 200 克，蟹黄油 100 克，精盐 25 克，酱油 100 克，白糖 50 克，味精 5 克，绍酒 15 克，葱末、姜末各 25 克。

制作方法

1. 猪夹心肉末放入盆内，加入精盐、酱油搅匀，然后加入清水（500 克左右）搅打上劲，再加入白糖、绍酒、味精、葱末、姜末等调拌匀，最后加入绞碎的肉皮冻、蟹肉、蟹黄油一同拌匀后冷藏。

2. 将面肥放入盆内用清水（150 克左右）抓成糊状，再加入面粉（300 克）和面，并揉匀揉透至光滑的面团；将余下的面粉加入热水（300 克左右）拌和均匀，并揉匀至光滑的面团。最后将上述两种面团揉和在一起，饧面待面团稍发起后加入碱水调匀，至面团酸碱平衡。

3. 将调制好的面团搓条后揪成 100 个剂子（每个重 18 克），擀、按成直径 6 厘米左右中间稍厚、四周稍薄的圆皮。一手手指略凹托皮，另一手上馅（25 克），提捏成 20 个以上的皱褶，并收拢封口即成生坯。

4. 将生坯放于小笼内（每笼放 10 只），稍饧后用旺火蒸约 7 分钟即成。

技术诀窍

1. 此面点的面团应选用嫩酵面为好，不宜发得太老，面团调制时应控制酵面与热水面团之间的比例。酵面中掺入热水面团的目的，主要是为了增加成品皮子的软糯程度。如酵面过多，则会因皮子膨松程度过大，导致汤汁渗透，出现穿底现象；如热水面团过多，则会因皮坯发硬、发死而影响皮子松软的口感特点。

2. 要选用肥壮的活蟹。取蟹肉及蟹黄时应把握蟹的熟制程度（一般断生即好），要细心慢取，并将蟹黄用猪油、酒、生姜、盐等炒制。

3. 蒸制时要求火大汽足。

品质标准

皮薄馅多，汤汁浓醇，蟹味鲜美，软糯适口。

二、虾爆鳝面

虾爆鳝面是浙江杭州著名的地方传统风味面点，是杭州百年老店"奎元馆"的特色招牌面。此面点以面条为主料，配以爆鳝片、氽虾仁等配料而成名。虾爆鳝面是在宁波风味爆鳝面的基础上改进、演变而来的，该面条选料严格，制作讲究，采用"素油爆、荤油炒、麻油浇"的独特工艺，乌亮香脆的鳝片配上玉白鲜嫩的虾仁，原汁原味，形成了特别的风味。

美食原料

（以10碗计量）精白面条1 650克，浆虾仁300克，去骨鳝片1000克，熟菜籽油1500克（约耗150克），熟猪油500克，酱油250克，绍酒10克，白糖100克，味精25克，葱花10克，姜末5克，芝麻油50克，肉清汤2500克。

制作方法

1. 将面条投入沸水锅中，旺火烧至面条漂起水面即捞出，在凉水中漂净凉透，捞起做成10个面结。

2. 将浆虾仁放入沸水锅中，余约10秒钟，用漏勺捞起，分成10份。

3. 将鳝片切成约8厘米长的段，洗净，沥干。在炒锅内放入菜籽油烧至240℃时，将鳝片下锅炸约3分钟，见鳝片表皮起小泡、耳闻"沙沙"声时捞起，也分成10份。

4. 炒锅内放入猪油（5克），将葱（1克）、姜（0.5克）下锅略煸后，即将爆过的鳝片（1份）下锅同煸，并加入酱油（10克）、绍酒（1克）、糖（10克）、肉汤（50克），烧1分钟左右，至汤汁一半时，加入味精（1克），盛入碗中。

5. 炒锅中放入肉汤（200克），酱油（15克），爆鳝片原汁，待汤沸后，放入面结（1个）、猪油（10克），煮制汤浓时放入味精（1.5克），淋上猪油（10克），将面条盛装于碗内，再将鳝片盖在面上，放上虾仁，最后淋上芝麻油即成。

技术诀窍

1. 面条质量要好。配料中应添加一定量的鸡蛋，并要控制轧面次数。

2. 面条出水需用旺火，时间要恰到好处，断生即好，不可太长，否则面条发糊。

3. 鳝片一定要炸至酥脆，加入调味料后要烧至汤汁浓稠。

4. 面条烧煮时要用肉汤、炒鳝片的原汤一同加热，使面中有味。

品质标准

面条柔滑，虾仁洁白、鲜嫩，鳝片香脆味美。

三、双冬肉包

双冬肉包是安徽屯溪地方特色风味面点。此面点因其馅心中配有冬菇、冬笋而

得名。屯溪市地处皖南，是香菇、冬笋的主要产区。相传在二三百年前，当地就有专门制作这种面点的小店，一直到了19世纪中期，当地的一家最为有名的餐馆——紫云楼，改进了双冬肉包的制作工艺，同时在馅心的配料上增加了别的原料，使之风味更加鲜明，并流传至今。

美食原料

精白面粉900克，面肥250克，食碱8克，猪夹心肉末500克，净冬笋250克，水发冬菇100克，虾米25克，精盐15克，酱油30克，白糖10克，味精5克，绍酒10克，葱末、姜末各25克，芝麻油50克。

制作方法

1. 先将虾米用温水浸泡，捞出后和冬笋、冬菇一起切成末；再将猪夹心肉末放入盆内，加入精盐、酱油搅匀，然后加入清水（150克左右）搅打上劲，最后加入切好的冬笋、冬菇、虾米、白糖、绍酒、味精、葱末、姜末、芝麻油等拌匀。

2. 将面肥放入盆内用清水（450克左右）抓成糊状，再加入面粉和面，并揉匀揉透至光滑的面团，饧面，待面团发酵成熟后加入碱水调匀，至面团酸碱平衡。

3. 将调制好的面团搓条后揪成50个剂子（剂重35克），按压成直径8厘米左右中间稍厚、四周稍薄的圆皮。一手手指略凹托皮，另一手上馅（25克），提捏成25个以上的皱褶，并收拢封口即成生坯。

4. 先在笼内填上干净的马尾松松针，再将生坯放于笼屉内，稍饧后用旺火蒸约10分钟即成。

技术诀窍

1. 掌握面肥的量与水温的高低。天冷面肥量稍多，天热则稍少；天冷水温稍高，天热则稍低，确保面团的发酵程度老嫩恰当。

2. 应根据面团的发酵程度正确控制面团中的加碱量，并控制加碱时调面的程度。

3. 调馅时一定要先将肉末打上劲后才可与"双冬"拌和。

4. 蒸时要求火大汽足。

品质标准

皮子洁白，膨松柔软，馅心鲜香，细嫩爽口。

四、千层油糕

千层油糕是江苏扬州的传统地方风味面点，至今已有百余年历史。此面点用酵面、白糖、猪板油等原料，经擀叠形成较多的层而得名。

美食原料

精白面粉 750 克，面肥 500 克，食碱 10 克，糖渍猪板油丁 300 克，白糖 400 克，熟猪油 100 克，红瓜丝 10 克。

制作方法

1. 将面肥放入盆内用清水（350 克左右）抓成糊状，再加入面粉和面，并揉匀揉透至光滑的面团，饧面，待面团发酵成熟后加入碱水调匀，至面团酸碱平衡。

2. 将调制好的面团分成二块，分别擀成长 120 厘米、宽 35 厘米、厚 0.3 厘米的长方形面皮，然后在面皮上均匀地抹上熟猪油，撒上白糖，再铺上糖板油丁，并将面坯从右向左卷叠成 16 层的长方形面坯。最后用擀面杖轻轻将面坯向四周擀开，擀成厚 4 厘米左右正方形的生坯。

3. 将生坯放于笼屉内，再将红瓜丝撒在面坯上，稍饧后用旺火蒸约 35 分钟即成。

4. 将糕坯出笼后晾凉，修去四边，切成菱形状各 25 块。

技术诀窍

1. 掌握面肥量与水温的高低。天冷面肥量稍多，天热则稍少；天冷水温稍高，天热则稍低，确保面团的发酵程度老嫩恰当。

2. 每次擀叠应整齐一致，保证面坯表面的完整。

3. 蒸制时要防止上笼的糖溶化后滴在下笼的面坯上，从而破坏糕面的平整。一般在"翻笼"时，用干净湿布轻轻揩去。

4. 油糕熟制后应冷透再切，否则会层次不清。

品质标准

色泽美观，层次清晰，松软肥甜，爽口不腻。

五、狮子头

狮子头是安徽巢湖的传统地方面点小吃。因其制品色泽金黄，花纹重叠，形如狮头而成名。在巢湖地区，每逢新春佳节，当地人喜扎彩球、耍狮子，以示庆贺。于是，人们常制作外形像狮子头的点心以酬谢耍狮人，便出现了"狮子头"这种面点，并一直流传至今。

美食原料

精白面粉 500 克，面肥 200 克，食碱 4 克，姜末 25 克，精盐 15 克，熟菜油

1500 克（约耗 200 克）。

制作方法

1. 将面肥放入盆内用清水（250 克左右）抓成糊状，再加入面粉和面，并揉匀揉透成光滑的面团，饧面（约 30 分钟），待面团发酵成熟后加入碱水调匀，至面团酸碱平衡。

2. 将调制好的面团擀成 0.4 厘米厚的长方形面皮，然后在面皮上均匀地撒上姜末、精盐，淋上菜籽油，卷成筒形后切成每个重约 35 克的面剂 30 个。取面剂一个，刀口一面朝前，左右手的大拇指、食指、中指分别捏住剂子两头，将剂子向左右两边拉长约 15 厘米时，折叠起来。再拉一次，两手大拇指向里一按即成狮子头生坯。

3. 将生坯放于笼屉内，稍饧后用旺火蒸约 12 分钟即可出笼。另起锅，放入菜籽油烧至 160℃时，逐个下入已蒸熟的制品，用中小火余炸 3~5 分钟，待制品表面呈金黄色出锅即成。

技术诀窍

1. 掌握面肥的量与水温的高低。天冷面肥量稍多，天热则稍少；天冷水温稍高，天热则稍低，面团要发匀发透。

2. 应根据面团的发酵程度正确控制面团中的加碱量。

3. 擀制面皮时，面皮应厚薄适宜、均匀一致。切剂时不宜过宽，否则不利成形。

4. 炸制时应控制火候及油温，要在温油中炸熟炸透。

品质标准

形如狮头，色泽金黄，质地酥松，香咸可口。

六、三丁包子

三丁包子是江苏扬州的传统地方风味名点，在 20 世纪 30 年代初，由扬州百年老店"富春茶社"的面点师殷长山所创。三丁包子以馅心选料讲究，制作精细而成名。其采用隔年肥母鸡肉、无皮无骨肥瘦适中的猪五花肋条肉和时鲜笋，分别加工成丁状后，用虾子、鸡汤等调味料炒制而成馅，再配以传统酵面作皮，深受人们的喜爱。若在馅料中加入虾仁、海参则可制成"五丁包子"。

美食原料

精白面粉 450 克，面肥 100 克，食碱 5 克，猪肋条肉 450 克，熟鸡肉、熟冬笋肉各 150 克，虾子 5 克，原汁鸡汤 200 克，酱油 100 克，白糖 60 克，味精、绍酒各 5 克，水淀粉 20 克，葱、姜各 3 克。

制作方法

1. 将猪肋条肉洗净、焯水，再放入鸡汤中煮到七成熟捞出晾凉，切成 0.4 厘米见方的小丁；熟鸡肉和熟笋肉也分别切成 0.5 厘米和 0.3 厘米见方的小丁。

2. 炒锅内加入鸡汤、虾子、酱油、白糖、绍酒、味精、葱、姜等调匀煮沸，捞出葱、姜后放入切好的三丁稍煮，最后加入水淀粉勾芡拌匀起锅晾凉。

3. 将面肥放入盆内用清水（200 克左右）抓成糊状，再加入面粉和面，并揉匀揉透成光滑的面团，饧面待面团发酵成熟后加入碱水调匀，至面团酸碱平衡。

4. 将调制好的面团搓条后揪成 10 个剂子（剂重 75 克），按拍成直径 10 厘米左右中间稍厚、四周稍薄的圆皮，一手手指略凹托皮，另一手上馅（70 克），提捏成 30 个以上的皱褶，并收口成"鲫鱼嘴"形即成生坯。

5. 将生坯放入笼屉中，稍饧后，用旺火沸水蒸约 10 分钟即成。

技术诀窍

1. 注意面肥的量与水温的高低。天冷面肥量稍多，天热则稍少；天冷水温稍高，天热则稍低，确保面团的发酵程度老嫩恰当。

2. 应根据面团的发酵程度控制加碱量，并控制加碱时调面的程度。

3. 正确掌握猪肉、鸡肉、笋肉的比例与大小。三者用量比例为 2：1：1，同时考虑到不同质地的原料在熟制时收缩程度的不同，应注意鸡丁大于肉丁，肉丁大于笋丁。

品质标准

包大馅多，皮白松软，褶纹清晰，馅鲜肥嫩，咸中带甜，油而不腻。

七、生煎鸡肉馒头

生煎鸡肉馒头是上海著名的地方风味面点，在 20 世纪 30 年代已盛行于上海，当时经营者有数百家，其中以"罗春阁"最为著名。此面点以烫酵面为皮，猪肉、鸡肉、皮冻等调制为馅，包馅成形后，生坯采用"水油煎"而成。讲究煎底不煎面，并撒上芝麻或葱末同煎，是一款深受大众喜爱的特色点心。

美食原料

精白面粉 500 克，面肥 150 克，食碱 6 克，猪夹心肉末 500 克，熟鸡肉 150 克，肉皮冻 125 克，鸡汤 100 克，精盐 10 克，酱油 40 克，白糖 25 克，味精 5 克，绍酒

10 克，葱末 50 克，姜末 10 克，白芝麻 50 克，花生油 100 克。

制作方法

1. 猪夹心肉末中加入精盐、酱油、白糖、鸡汤等调拌上劲，再加入绍酒、味精，葱末、姜末等调匀；将熟鸡肉切成 0.5 厘米见方的小丁，并将肉皮冻剁碎后放入调好的馅中一同拌匀。

2. 将面粉放入盆内加入热水（250 克左右），先调拌成雪花状的面片，稍冷却后，再加入面粉和面，并揉匀揉透成光滑的面团，饧面待面团发酵成熟后加入碱水调匀，至面团酸碱平衡。

3. 将调制好的面团搓条后揪成 50 个剂子（剂重 18 克），擀、按成直径 5 厘米左右中间稍厚、四周稍薄的圆皮。一手手指略凹托皮，另一手上馅（15 克），提捏成 15 个以上的皱褶，收拢封口。在一半包子顶部沾上少许芝麻，另一半包子顶部沾上少许葱末即成生坯。

4. 将平底锅烧热后，倒入少许花生油，将生坯稍饧后整齐地排列于平底锅内，用中火稍煎后，随即加入清水并加盖，加热至水分蒸发干、底部焦香发黄成熟即可。

技术诀窍

1. 控制调面所用的水温。天冷用 80℃ 左右的热水，天热用 50℃ 左右的温水。水温过高，破坏面筋的生成，影响面团的起发度及制品的成形；水温过低，面团筋性过强，吃口就不松软。

2. 掌握面团的发酵程度。面团饧发时间不宜太长，以面团刚发起为好。正确控制面团的加碱量。

3. 调馅时，应最后将皮冻拌入肉馅中，并适当冷藏。

4. 煎制时，平锅要先预热，以防粘锅，并控制火的大小及水、油的用量，同时要注意定时转动锅子，确保制品成熟一致。

品质标准

包子上部松软、洁白，底部金黄、焦脆，馅重汁多，鲜香可口。

八、素菜包

素菜包是上海著名的风味面点，是上海城隍庙素菜面馆"春风松月楼"的特色小吃点心。"春风松月楼"是一家百年老店，该店制作的素菜面食十分有名。此点以精选各种净素原料作馅而得名，其面皮洁白松软，馅心青翠油润，入口清香爽

口，深受人们（特别是老年人）的喜爱。

美食原料

精白面粉 2500 克，面肥 500 克，食碱 20 克，泡打粉 50 克，青菜 7500 克，油面筋 250 克，水发冬菇 125 克，熟冬笋肉 500 克，五香豆腐干 10 块，白糖 500 克，味精 60 克，精盐 250 克，芝麻油、花生油各 250 克。

制作方法

1. 青菜除去老叶，洗净后在沸水锅中焯水，捞出后用冷水冲凉，挤干后切碎，再挤去水分；将冬菇、冬笋、油面筋、五香豆腐干切成小丁。将上述加工后的全部原料放入盆内，加入白糖、精盐、味精、芝麻油、花生油拌和均匀。

2. 将面肥放入盆内用清水（1250 克左右）抓成糊状，再加入面粉，揉匀揉透成光滑的面团，饧面待面团发酵成熟后加入碱水、泡打粉调匀，至面团酸碱平衡。

3. 将调制好的面团搓条后揪成 100 个剂子（剂重 35 克），按拍成直径 7 厘米左右中间稍厚、四周稍薄的圆皮。一手手指略凹托皮，另一手上馅（30 克），提捏成 20 个以上的皱褶，并收拢封口即成生坯。

4. 将生坯放入笼屉中，稍饧后，用旺火沸水蒸约 10 分钟即成。

技术诀窍

1. 掌握面肥的量与水温的高低。天冷面肥量稍多，天热则稍少；天冷水温稍高，天热则稍低，确保面团的发酵程度老嫩恰当。

2. 应根据面团的发酵程度控制加碱量，并控制加碱时调面的程度。控制泡打粉的使用量，用量过多会造成制品的色泽较差，且不光滑。

3. 青菜除去水分时要恰到好处，挤水时不宜太干，否则影响馅心的口感。

4. 控制熟制时间，一般要求断生即可，不宜过长，否则馅心发黄，影响口感与色泽。

品质标准

皮色洁白，松软饱满，褶纹清晰，馅心翠绿，香鲜爽口。

九、喉口馒首

喉口馒首是浙江绍兴的地方风味面点，距今已有一百多年的历史。因其制作精巧细，小巧玲珑，味道好，出货快，携带方便，一口一个而得名。其既可即时现吃，又可作礼品馈送亲朋好友。食用时如配上米醋一小碟、猪油葱花蛋皮汤一小碗，则风味更佳。

美食原料

精白面粉 750 克，面肥 200 克，食碱 6 克，猪夹心肉 750 克，精盐 5 克，酱油 120 克，白糖 15 克，味精、绍酒各 10 克，葱末 150 克。

制作方法

1. 猪夹心肉切成 0.3 厘米大小的粒状，放入盆内，加入精盐、酱油、白糖、绍酒、味精、葱末等调拌上劲。

2. 将面肥放入盆内用清水（350 克左右）抓成糊状，再加入面粉，揉匀揉透成光滑的面团，饧面待面团稍发酵后加入碱水调匀，至面团酸碱平衡。

3. 将调制好的面团搓条后揪成 100 个剂子（剂重 10 克），擀、按成直径 5 厘米左右中间稍厚、四周稍薄的圆皮。一手手指略凹托皮，另一手上馅（10 克），提捏成 15 个以上的皱褶，并收口成鲫鱼嘴形（略露肉馅）即成生坯。

4. 将生坯放于直径 24 厘米的小笼内（每笼放 10 只），稍饧后用旺火蒸约 6 分钟即成。

技术诀窍

1. 面团应选用嫩酵面为好，不宜发得太老，应掌握面肥的量与水温的高低。天冷面肥量稍多，天热则稍少；天冷水温稍高，天热则稍低。

2. 面团应充分揉透、揉紧，具有良好的韧性。应根据面团的发酵程度控制加碱量。

3. 调馅时应控制加水量，不宜太稀，并要搅拌上劲。

品质标准

皮薄馅多，香鲜味浓，滑韧爽口，食用方便。

十、开洋葱油拌面

开洋葱油拌面是上海的传统风味面点，由上海城隍庙一家面店所创。此面点是以面条煮熟后，拌以葱油、开洋（大海米）等而得名。主要体现在：其一，讲究葱油的熬制，采用苏北地区民间微火熬制葱油的方法制成；其二，开洋烹制也十分讲究，先将开洋加绍兴酒煸香，然后再加调味料用小火收汁至回软；其三，面条选用讲究，采用宽 0.03 厘米，厚 0.015 厘米的小阔叶面条煮制而成。

美食原料

（以 10 碗计量）精白面条 1 250 克，白梗香葱 250 克，葱头 50 克，大开洋（大海米）75 克，红酱油 8 克，白酱油 30 克，绍酒、味精各 10 克，白糖 15 克，花生

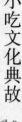

油 250 克。

制作方法

1. 将香葱去根、葱头去皮，洗净后切成细粒状。锅中加油（200 克）烧热，舀出一半后将葱粒、葱头投入油锅中，用微火熬煮 30 分钟，边煮边加入先舀出的热油，待香葱发黄后加入红酱油使之上色，此后再熬制 30 分钟即可。

2. 锅中加入油（50 克），烧至约 170℃时，将洗净的开洋倒入，放入绍酒煸炒出香味，再加入白糖、清水（100 克），用小火烧制水分收干后起锅。

3. 取碗 10 个，分别加入白酱油（3 克）、味精（1 克），将面条放入沸水锅中，煮制面条浮起时加入少许冷水，待水再沸时及时捞出面条分装于每个碗中，在每碗面条中加入葱油 20 克，开洋 12.5 克即成。

技术诀窍

1. 熬制葱油时一定要用小火，以熬至葱中水分基本去掉为宜。

2. 煮面条时应大火沸水，并且水量要宽，使面条快速成熟，否则面条糊而不爽。

品质标准

面条爽滑，开洋鲜美，葱香扑鼻。

十一、猫耳朵

猫耳朵是浙江杭州的传统风味面点，是杭州著名老店"知味馆"的特色小吃，已有上百年的历史。此面点主要是由于作为主料的面片呈瓣形、如猫耳而得此名，用料讲究，配料多样，制作精细。

美食原料

（以 10 碗计量）精白面粉 500 克，浆虾仁 100 克，熟鸡胸肉、熟瘦火腿各 125 克，熟干贝、冬笋丁、绿色蔬菜各 50 克，水发香菇 150 克，鸡清汤 1 500 克，味精 25 克，精盐 10 克，熟鸡油 100 克，葱段 10 支，姜片 10 片。

制作方法

1. 将浆虾仁用猪油滑熟，与鸡胸肉、火腿、香菇等切成指甲片；干贝洗净后放入小碗，加入清水、绍酒、葱段、姜片，入笼蒸熟，取出后撕成丝，并将各原料分成 10 份。

2. 面粉加水，和面后揉匀揉透，搓成 0.8 厘米粗的长条，切成 0.7 厘米长的丁，放入干粉中略拌，然后按段直立，用大拇指向前推捻成猫耳朵形状，放入沸水锅中氽约 10 分钟捞出，并用凉水冲凉，也分 10 份。

3. 炒锅内按份放入鸡汤，待汤沸，放入虾仁、干贝、鸡胸肉、香菇、笋丁，汤再沸时撇去浮沫，放入猫耳朵坯料，待上浮后成熟后，加入盐、味精、绿色蔬菜，出锅盛入碗中，最后淋上鸡油即可。

技术诀窍

1. 面团软硬合适，并反复揉透，一般稍硬些为好，推捻面片前，面团应稍饧。

2. 成形时须将剂子剂口直立，再用大拇指尖外侧用力向外方向推捻，使剂子两边卷拢成厚薄均匀的耳朵状。

3. 煮面片时必须用鸡汁清汤。

品质标准

面片形如猫耳，色泽洁白，配料五彩缤纷，汤鲜味美。

十二、王兴记馄饨

王兴记馄饨是江苏省无锡市王兴记馄饨店经营的一类馄饨的总称，其中以"无锡鲜肉馄饨"最为有名，是无锡著名的风味面点，所以王兴记馄饨也就成了无锡鲜肉馄饨的代用名。该店开业于 1913 年，当时开设在城中崇安寺旁，仅有一间门面三张桌子，因其注重质量，精工细作，皮、馅、汤均具特色，故生意兴隆。经多次迁址，逐渐发展成为无锡市内最大的馄饨店，其花色品种也日益增多并各具特色，形成了一定规模的系列品种，如手推皮子馄饨、菜肉馄饨、三鲜馄饨、红油拌馄饨、拌辣馄饨、麻油拌馄饨等。

美食原料

精白面粉 500 克，食碱 3 克，干淀粉 50 克，净猪腿肉 450 克，香干丝 25 克，蛋皮丝 20 克，四川榨菜 30 克，青菜叶 100 克，精盐 10 克，味精 15 克，绍酒 6 克，白糖 30 克，青蒜末 20 克，熟猪油 30 克，肉骨头汤 2000 克。

制作方法

1. 将猪腿肉洗净，绞成肉末，放入盆内，加入精盐、绍酒、清水（分次加入 100 克）搅拌上劲；再将青菜洗净，焯水后挤干水分，和榨菜一起剁切成末，放入味精、白糖和肉馅拌匀。

2. 面粉放入盆内，倒入碱水（食碱和沸水 50 克化开），再加入清水（150 克左右）拌成雪花面，用压面机压至面皮光滑后，再压成厚约 0.1 厘米的薄皮。用擀面杖将面皮卷起后，叠层切成上宽 6.6 厘米、下宽 9.9 厘米的梯形坯皮。

3. 一手托皮，另一手用馅挑上馅于面皮上方，顺势卷向下边，抽出馅挑，将面皮两端对折合拢粘牢即成生坯，如此逐个成形。

4. 取碗 10 个，分别放入味精、熟猪油、青蒜末、肉汤（200 克）。锅内加入清水烧沸后，下入馄饨生坯煮制上浮后，点水后稍煮即可捞出分装于碗中，最后撒上蛋皮丝、香干丝即成。

技术诀窍

1. 馅心应搅打上劲，有较好的黏性。

2. 面团要反复调匀，软硬合适（一般稍硬些为好）；切面皮时，应撒上适量的干淀粉以防止互相粘连。

3. 煮馄饨时，需旺火沸水（但水面要平静）煮至断生即好，不宜多煮，否则口感发糊不爽。

4. 骨头汤要烫，否则影响成品风味。

品质标准

皮薄韧爽，汤汁浓醇，肉馅鲜美

十三、江毛水饺

江毛水饺是安徽安庆著名的风味面点。因该面点是由一江姓的父子所创，又因为店主脖子上有一撮痣毛，故人们便叫其小名为"江毛"，其制作的水饺也随之被称为"江毛水饺"，江毛水饺实为馄饨，当地习惯称之为水饺。它创制于清光绪年间，迄今已有百余年的历史。

美食原料

精白面粉 1250 克，食碱 25 克，干淀粉 250 克，净猪腿肉 1 300 克，虾籽酱油 500 克，精盐 45 克，味精 15 克，绍酒 10 克，胡椒粉 30 克，葱末 250 克，熟猪油 250 克，肉骨头汤 7500 克。

制作方法

（以 30 碗计量）1. 将猪腿肉洗净，绞成肉末，放入盆内，加入精盐、绍酒、清水（550 克左右）搅拌上劲，再放入味精拌匀。

2. 面粉放入盆内，倒入碱水（食碱和沸水 50 克化开），再加入清水（分次加入 500 克左右）拌成雪花面，然后用压面机压至面皮光滑后，再压成较薄的面皮。用擀面棍将面皮卷起后，叠层（扑上干淀粉）切成长 9 厘米、宽 7 厘米的长方形坯皮。

3. 一手托皮，另一手用馅挑上馅于面皮一边，顺势卷向另一边，抽出馅挑，将面皮折拢粘牢即成生坯，如此逐个成形。

4. 取碗50个，分别放入味精、熟猪油、葱末、酱油及开沸的肉汤（250克）。

5. 锅内加入清水烧沸后，下入馄饨生坯煮至上浮后，点水后稍煮即可捞出分装于碗中，最后撒上胡椒粉即成。

技术诀窍

1. 馅心应搅打上劲，有较好的黏性。

2. 面团要反复调匀，软硬合适（一般稍硬些为好），每次擀压面皮时，应撒上适量的干淀粉，以防止互相粘连。

3. 煮馄饨时，需旺火沸水（但水面应沸而不腾），一次投量不宜太多，制品断生即好，不宜多煮，否则口感发糊不爽。

4. 骨头汤要烫，否则影响成品风味。

品质标准

皮薄滑爽，馅大汤鲜

十四、南翔小笼馒头

南翔小笼馒头是上海市嘉定县南翔镇的传统风味面点，迄今已有百余年历史了，因其始创于南翔镇而得名。据说，当时镇上有位吴姓的人，在上海城隍庙开设了一家牌名为"长安楼"的点心店（后改名为"南翔小笼馒头店"），专门供应"翔式"馒头，深得人们好评，被推举为上海面点中的佼佼者。

美食原料

精白面粉2500克，净猪前腿肉2500克，猪皮冻750克，精盐60克，白酱油、白糖、精制油各75克，味精40克，绍酒、香麻油、葱姜末各25克。

制作方法

1. 将猪腿肉洗净，绞成肉末，放入盆内，加入精盐、白酱油、绍酒、清水（分次加入600克左右）搅拌上劲，再放入白糖、味精、肉皮冻、香麻油拌匀，并放入冰箱冷藏。

2. 面粉放入盆内，加入清水（1150克左右）拌成雪花面和成面团，然后将其反复揉匀揉透至面团光滑。

3. 案台上扫油，将面团置于上面搓成长条，揪成的小剂（重约9克），然后用手或擀面杖制成中间稍厚的圆形坯皮。

4. 一手托皮，另一手用馅挑上馅（10 克），提捏成 20 个以上的皱褶，并收中成鲫鱼嘴即成生坯。

5. 取直径为 23 厘米的小笼，涮油后每笼装生坯 16 只，放于旺火沸水锅上蒸 10 分钟左右即成。

技术诀窍

1. 馅心的加水量和加水方法应掌握好，水应分次加入，每次搅打要上劲，有较好的黏性。

2. 皮冻加入后只要拌匀即可，不可多搅。

3. 面团要反复调匀，软硬合适。并注意水温的变化（冬稍热，夏稍冷）。

4. 蒸制时要求火大汽足，一气呵成。

品质标准

皮薄滑爽，呈玉色半透明，馅重汁多味浓。

十五、翡翠烧卖

翡翠烧卖是江苏扬州著名的传统风味面点，迄今已有近百年的历史，以扬州富春茶社制作的最为有名。因其熟制后色泽翠绿，宛如翡翠宝玉一般，故而得名。

美食原料

精白面粉 500 克，青菜叶 1250 克，熟火腿蓉 100 克，精盐、味精各 10 克，白糖 350 克，熟猪油 200 克。

制作方法

1. 青菜叶去除黄叶，洗净后放入沸水锅中烫一下，立即捞出用凉水冲凉，沥干水分，用刀斩切成细末，挤干后加入精盐、味精、白糖、熟猪油拌匀。

翡翠烧卖

2. 将面粉放在案板上，中间挖一凹形，加入温热水（150～200 克）调和拌匀，揉成面团。

3. 将静置片刻的面团搓成长条形，揪下剂子（每只重约 12.5 克），随即搓圆揿扁。案台上堆放少量干面粉，将剂子放入，用橄榄形擀面杖沿着圆坯的边沿边擀边用手使皮转动，把边沿擀成荷叶形。

4. 一手托皮，另一手用竹刮板挑上馅心（35 克左右），然后将皮子慢慢收口，并在齐腰处捏拢变细，边捏时边用竹刮板将挤出的馅心再撳进去。最后在开口外将馅心摊平，并撒上少量火腿蓉，即成生坯。

5. 取直径为 23 厘米的小笼，涮油后每笼装入生坯 10 只，放于旺火沸水锅上蒸 10 分钟左右即成。

技术诀窍

1. 青菜焯水时间不宜过长，以三分熟为好。馅心拌好后，应放入冰箱冻一下，使馅心发硬，以利成形。

2. 调制面团时的水温要恰到好处，其软糯程度应介于冷水面团与热水面团之间，应和馅心的软硬保持一致，使其能不倒不塌。

3. 坯皮要擀得圆整且厚薄均匀，不能擀破，防止漏馅。

4. 蒸制时要求火大汽足，一气呵成，但不可蒸制过头。

品质标准

皮薄透明，馅心碧绿，色如翡翠，糖油盈口，清香甜润。

十六、银芽肉丝吞卷

银芽肉丝春卷是上海的节令小吃中的一种，每逢春节期间，是小吃店、大排档的主要供应品种。春卷，也称"春蛋"、"卷煎饼"，因为是春节前后的应节食品而得名。春卷的外形扁圆，色泽金黄，象征"金条"，祝福一年之计在于春，讨个"吉利"。其花色品种繁多，有甜有咸，有素有荤，银芽肉丝春卷是较有特色的一种。

美食原料

精白面粉 500 克，猪肉丝 250 克，绿豆芽 1200 克，精盐、白糖、味精、绍酒各 10 克，肉骨汤 400 克，水淀粉 150 克，熟猪油 400 克，熟菜籽油 1 000 克（耗约 150 克）。

制作方法

1. 将绿豆芽掐去两头，洗净后放入沸水锅中烫一下即捞出甩干水。猪肉丝加水淀粉（40 克）拌匀上浆，炒锅置火上，加入猪油烧至 120℃时，投入猪肉丝划散成熟后捞出。另锅内留油（50 克），下入肉骨汤、精盐（7 克）、绍酒、白糖、味精烧沸后，用水淀粉勾芡后再将熟肉丝倒入拌匀，取出倒入盆中。最后倒入银芽拌匀成馅。

2. 将面粉放在盆内，分次加入清水（275克）、盐（3克）拌和均匀，反复调制，甩拍至面团具有很大的韧性。然后摊平面浆，徐徐倒入清水淹没浆团（制皮时再将水倒去），不使其风干结皮，静置约1小时。

3. 取平锅在小火上烘热，用油纸擦光滑并烧热，一手捞起一小块静置后的面浆不停地甩动，不使浆团下落，然后把浆团下垂至锅中间，自里向外顺时针方向转一圈，摊成15厘米直径圆形薄皮（纸样薄），随即将浆团向上一提，浆团应时缩回手中，待薄皮变色边缘微翘起后立即揭起翻身略烘，取出叠在一起以防干裂，依次逐一摊完（可得60张左右）。

4. 取一张坯皮（光面朝上）放在面板上，另取馅心（约15克）放在皮子的一边，包卷成长7厘米、宽3厘米圆中带扁形的长卷，并用少量面浆水封口，即成生坯。

5. 锅内放入熟菜籽油，旺火烧至180℃左右时，将春卷生坯逐个投入，边炸边翻动至淡黄色时捞出，待油温再次升高后复炸至金黄色捞出即成。

技术诀窍

1. 炒制馅心时，肉丝的熟制要快，且银芽应在肉丝调味成熟后拌入，确保其脆嫩程度；同时，馅心的汤汁要多，勾芡要浓，使制品具有卤多味浓的特点。

2. 在调制面团时，应反复摔打，使其具有较好的韧性；调好的面浆应用冷水封面，一方面能避免面浆结皮，另一方面能使粉粒充分吸水，面浆更加细腻有劲。

3. 摊皮时，动作应熟练而快捷。要控制火候及平锅内的油量，火要小，且锅内油量宜少（以不粘面浆即可），多了面浆不易粘在锅上，少了则面浆粘得太紧不宜揭下；拿面浆的手应不停地上下抖动，手感发热时应另换冷面浆。

4. 坯皮包馅时，应包住馅心，不得露馅；控制油炸的油温。

品质标准

色泽金黄，外皮松脆，馅心鲜嫩多卤，形似金条。

十七、文楼汤包

文楼汤包是江苏淮安的传统风味名点，在清道光年间（1821～1851年）就很出名。当时，淮安为府治，常设文武考场，钦差大臣常来，富商大贾云集，市肆繁荣，饮食业发达，点心小吃品种丰富。此面点为河下镇文楼面馆的师傅在加汤肉包的基础上，改用螃蟹、母鸡、猪肉等原料制成汤馅，用水调面团包制而得此名。自每年的中秋节肥蟹上市时开始供应，至农历十一月即止，季节性很强，食用时可先用一吸管吸取包内的汤汁，再品尝其皮馅。

美食原料

精白面粉 2500 克，母鸡 2 只（5000 克），净猪五花肉、螃蟹、鲜猪肉皮、猪骨头各 1500 克，精盐 20 克，白酱油 100 克，白糖 15 克，味精 60 克，绍酒 100 克，白胡椒 1.5 克，葱末 5 克，姜末 15 克，熟猪油 200 克，香醋、香菜末各 10 克。

制作方法

1. 将螃蟹刷洗干净，蒸熟后剥壳取肉。锅烧热，放入猪油、葱末、姜末、绍酒（25 克）、精盐（15 克）、白胡椒粉，再放入螃蟹肉炒匀，待用。

2. 将猪肉洗净切成片，鸡宰杀干净，猪骨洗净，一同在沸水锅中焯水，捞出后换成清水再放入烧煮。待猪肉、鸡肉八成熟时，取出切成 0.3 厘米见方的小丁；肉皮酥烂时捞出绞成蓉状；骨头捞出，肉汤待用。

3. 原汤过滤后放入锅中，加入肉皮蓉烧沸后再过滤，煮至汤浓稠时，放入鸡丁、肉丁同煮，撇去浮沫后加入葱姜末（各 10 克）、精盐（60 克）、白酱油、绍酒（75 克）、白糖、味精和炒好的蟹粉，烧沸后装盆，并不停地搅拌，至冷却后放入冰箱冷藏，待凝固后用手将馅捏碎。

4. 面粉（2250 克）放入盆内，加入清水、少许盐拌成雪花面，和成面团，然后将其反复揉匀揉透，边揉边加入少许水，揉至面团光滑。

5. 将面团置于案台上搓成长条，稍饧后揪成（重约 20 克）的剂子，然后用擀面杖制成直径约 16 厘米的圆形坯皮。一手托皮，另一手包入馅心（100 克），提捏成圆腰形的包子生坯。

6. 将生坯放入专用的汤包笼内（每笼装入生坯 1 只），放于旺火沸水锅上蒸 7 分钟左右即成，食用时佐以姜末、香醋、香菜末。

技术诀窍

1. 猪皮冻烧煮后的汤汁要浓稠，无颗粒。

2. 馅心在冷却过程中，要不停搅拌，使馅料不沉淀。

3. 调制面团时，要边加水边揉制，使面团由硬变软，光滑有劲。

4. 成形时，两手要协调配合，一手夹住坯皮，另一手前推捏褶收口。

品质标准

皮薄包大，馅重汤多，肥厚鲜美，浓而不腻。

十八、鸡蛋锅贴

鸡蛋锅贴是安徽合肥著名的传统风味面点。此面点是在一般锅贴的基础上，在成熟时再加入鸡蛋液煎制而得此名。此面点与一般锅贴不同之处在于：其一，采用"熟煎"的方法，即先蒸后煎；其二，煎制时加入鸡蛋液，使其色泽金黄，鲜艳美观。

美食原料

（以 40 个成品计量）精白面粉 500 克，猪五花肉 250 克，白菜 500 克，鸡蛋 5个，精盐、酱油各 10 克，葱末 20 克，味精 5 克，熟菜籽油 125 克，麻油 75 克。

制作方法

1，先将猪肉洗净绞成肉末，放入盆内加入精盐、酱油、葱末、姜末、味精搅打上劲，再逐次加入清水（150 克）搅打上劲；白菜洗净，焯水后剁成细末，挤干部分水分，拌入肉馅中即成馅料。

2. 将面粉放入盆内，中间挖一凹形，加入沸水（300 克）调和拌匀，揉成光滑的面团。

3. 将面团搓成长条形，揪下剂子（每只重约 10 克），逐个擀成直径为 6 厘米的圆皮。一手托皮，另一手用竹刮板挑上馅心（15 克左右），然后将皮子对边折捏成长条月牙饺形生坯。

4. 将饺子生坯放入笼内，放于旺火沸水锅上蒸制 5 分钟左右取出，晾凉。

5. 将平锅放在火上烧热，下入菜籽油滑锅，再将饺子在锅中排放成葵花状。煎至饺子底部发硬时，再加入少量油于锅中，并不停地转动，使饺子离锅滑动，滗去余油，将打散的鸡蛋液从平锅的四周淋入锅内（每 8 个饺子用鸡蛋 1 个）。待鸡蛋液凝固时再次晃动锅子，蛋饺全部离锅。最后将整片饺子翻身，稍煎后即可装盘，并淋上麻油即成。

技术诀窍

1. 选用的猪肉应瘦肥得当，不宜太瘦。

2. 调制面团时的水温要恰到好处，用沸水和面后，应再加入少量的冷水成团，这样可使成品面皮软糯而不粘牙。

3. 蒸制时要求火大汽足，断生即可，不可蒸制过头。

4. 煎制时火不宜过大，油量适宜，也不可过多，淋入鸡蛋液后稍煎即可。

品质标准

色泽金黄，面皮柔中有劲，糯中带脆，馅心鲜嫩可口。

十九、六凤居葱油饼

六凤居葱油饼是江苏南京著名的风味面点，以坐落于南京夫子庙贡院围墙外的"六凤居小吃馆"做的最为有名，因凤凰是传说中的珍禽，因而取其名。在南京，逛夫子庙的游人无不被香味扑鼻、松酥油润的葱油饼所吸引，尤其是再配上一碗洁白如玉的豆腐脑同食，其风味更佳。六凤居葱油饼被老南京人形容为"食时用手接着吃，掉在地上捡不起"。

美食原料

精白面粉 2000 克，精盐 100 克，葱末 650 克，花生油 2000 克（约耗 800 克）。

制作方法

1. 将面粉放入盆内，中间挖一凹形，加入花生油（400 克）、温水（800 克）调和拌匀，揉成光滑的水油面团，饧放 15 分钟待用。

2. 将面团分成 5 份，取一份的 2/3 放在已抹过油的案板上，揉圆按扁后，用擀面杖擀成直径约 40 厘米的圆面皮，均匀地撒上葱花末（125 克）、精盐（25 克），横卷成长条形，再直卷成团形。另将 1/3 的面团搓圆按扁，擀成直径为 20 厘米的圆面皮。将卷成的面团放入上面包起成馒头形，按扁后再擀成直径为 40 厘米的油饼生坯。其他 4 份面依以此操作。

3. 将平锅放在火上烧热，下入花生油（1 000 克）烧至 150℃，将生坯平放在油锅中，在中间戳一小洞，边炸边用 2 根长竹片按着饼坯转动，并将饼坯子翻身再炸，炸至两面均呈金黄色，中间起层，捞出沥油，最后改刀装盘即可。

技术诀窍

1. 调制面团时的水温要恰到好处，应根据季节的变化而灵活掌握，冬天用热水，春秋用温水。

2. 生坯擀制成形时应采用油案面板。

3. 炸制时火不宜过大，油量适宜，饼坯在锅中应勤转动，确保饼面色泽一致。

品质标准

色泽金黄，入口酥化，油而不腻，葱香扑鼻。

二十、湖州大馄饨

湖州大馄饨是浙江湖州著名的传统风味面点。因该面点始创于湖州地区，且馅心的投料量大于一般的馄饨而得此名。相传湖州大馄饨的创始人为周济相，当初为了使自己经营的馄饨能打响牌子，吸引顾客，借鉴了当地千张包子的馅料配方，采用了相当于普通小馄饨馅心5倍的投料，突出了皮薄馅多、外形饱满、鲜香爽嫩的特色，一举成名。从此，周济相以"周生记馄饨店"挂牌经营，声誉大振，很快就成为当地的名小吃，因此，"湖州大馄饨"也称"周生记馄饨"。此馄饨的吃法有两种：一是煮，二是炒。炒馄饨需先煮，但要煮得稍生一些，捞起后摊凉，使表皮水分晾干，然后肚朝上每10只排入盛器内。炒时先放素油，再下馄饨，将两面煎炒黄，滗去余油，洒上酱油，呈金黄色时即可出锅，撒上葱末，食用时蘸以米醋、酱油、辣酱等调料，其味更佳。

美食原料

（以10碗计量）精白面粉500克，食碱3克，干淀粉50克，净猪腿肉500克，笋衣15克，蛋皮丝25克，酱油、熟猪油各100克，精盐25克，味精8克，白糖、绍酒、芝麻各5克，葱末50克，芝麻油250克，肉骨头汤2000克。

制作方法

1. 将猪腿肉洗净，绞成肉末放入盆内，加入精盐、绍酒、清水（分次加入100克）搅拌上劲；再将笋衣切碎和味精、白糖、芝麻油与肉馅一起拌匀。

2. 面粉放入盆内，倒入碱水（食碱和沸水50克化开），再加入清水（150克左右）拌成雪花面，然后用压面机压至面皮光滑后，再压成厚约0.1厘米的薄皮。用擀面棍将面皮卷起后，叠层切成上宽6厘米、下宽9厘米的梯形坯皮（每张重约7克）。

3. 一手托皮，另一手用馅挑上馅于面皮上方，从窄边开始卷包至宽边后，然后将两角叠捏在一起，成为突肚翻角略呈纺锤形的生坯，如此逐个成形。

4. 取碗10个，分别放入酱油、熟猪油、肉汤（200克）。

5. 锅内加入清水烧沸后，下入馄饨生坯煮至上浮后，点水后稍煮（约8分钟）即可捞出分装于碗中，最后撒上蛋皮丝、葱末即成。

技术诀窍

1. 面团要反复调匀，软硬合适（一般稍硬些为好），切面皮时，应撒上适量的干淀粉以防止互相粘连，并确保皮子厚薄、大小一致。

2. 包馅时搭头须蘸少许水后捏紧，防止散开。

3. 煮馄饨时，需旺火沸水（水量要多且水面要平静），制品断生即可，不宜多煮，否则口感发糊不爽。

4. 骨头汤要烫，否则影响成品风味。

品质标准

皮薄馅多，外形饱满，汤鲜味美。

二十一、凤尾烧卖

凤尾烧卖是上海的特色风味面点。因其成形后在开口处点缀上火腿末、青菜末、鸡蛋末、青虾仁4种装饰馅料，具有馅心饱满、色泽鲜艳，四周皱褶清晰美观，形如凤尾的特色，故而得名。上海的烧卖品种众多，而以城隍庙绿波廊餐厅制作的凤尾烧卖最具特色，是深受群众喜爱的风味食品。

美食原料

精白面粉500克，猪夹心肉600克，河虾仁40只，青菜200克，熟火腿50克，鸡蛋1个，精盐20克，白糖、味精、生姜各10克，花生油100克。

制作方法

1. 鸡蛋磕入碗中打散，倒入热锅中，边加热边转锅，摊成蛋皮后切成末。

2. 青菜洗净后放入沸水锅中略烫一下，捞出用凉水冲凉，用刀切成细末后挤干水分；火腿切成末；虾仁洗净、沥干，加味精（2克）拌匀。

3. 猪肉洗净，绞成蓉状，放入盆中加入精盐、白糖、味精（8克）、姜汁水搅打上劲，然后再分次加入清水（200克），继续搅打至黏稠即成。

4. 将面粉（350克）放在案板上，中间挖一凹形，加入热水（175克）调和拌匀，揉成光滑的面团。

5. 将静置片刻的面团搓成长条形，揪下剂子（每只重约12.5克），随即搓圆撤扁。案台上堆放少量干面粉，放入剂子，用橄榄形擀面杖擀成直径为7厘米的中间稍厚、边沿呈荷叶状的圆形面皮。一手托皮，另一手用竹刮板挑上馅心（15克左右），然后将皮子慢慢收拢，并在面皮2/3高度捏紧，使齐腰处收拢变细呈青菜形（边捏边用竹刮板将挤出的馅心再撤进去）。最后在开口处分别放上青菜末、火腿末、蛋末及1个虾仁即成生坯。

6. 取笼屉刷油后装入生坯，放于旺火沸水锅上蒸制5分钟左右，揭笼盖喷洒少许清水后加盖再蒸制两三分钟即成。

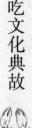

技术诀窍

1. 摊制蛋皮时，炒锅烧得不宜太热，油量不宜太多。

2. 调制面团时，水温要恰到好处，冬天偏高，夏天偏低；且面团以稍硬为好，使其成形后能不倒不塌。

5. 擀皮时应将剂子埋入干粉中，坯皮要擀得圆整且厚薄均匀，不能擀破，防止漏馅。

4. 蒸制时，喷水应均匀，以防干面粉发白。

品质标准

色彩鲜艳，形似白菜，口味鲜美。

二十二、韭菜盒

韭菜盒是福建的地方风味面点。此点是以油酥面作皮、韭黄肉馅为心制成盒子形状，故而得名。韭菜盒是一款既可用于休闲，又可用于筵宴的美味食品。

美食原料

（30 个成品的用料量）精白面粉 500 克，熟猪油 2500 克（耗约 500 克），净猪瘦肉 500 克，韭黄 250 克，酱油 40 克，精盐 5 克，味精 10 克。

制作方法

1. 将猪肉洗净切成小粒，倒入滑过油的炒锅中炒制，加入酱油后炒熟取出。

2. 韭黄洗净，切成末状，与熟肉粒、味精一起拌匀即成馅。

3. 取面粉（200 克）放在案板上，中间挖一凹形，加入熟猪油（100 克）调和拌匀，搓擦成光洁的干油酥面团。

4. 取面粉（300 克）放在案板上，中间挖一凹形，加入熟猪油（60 克）、清水（120 克）调和拌匀，搓揉成光滑、柔软的水油酥面团。

5. 将水油酥面团和干油酥面团各分成小面剂 10 个，取水油酥面剂包住干油酥面剂，按扁后擀开成薄片状，然后从一头卷起成筒形，最后横放后每筒切成三等份。

6. 将面坯切口朝上放于案板上，用擀面杖自中心向四周方向轻轻擀开，成为直径为 8 厘米左右的圆坯皮；取面皮一张，包入馅心后，先将坯皮两边对折成半圆形，然后将半圆的两角折叠在一起稍捏，最后捏上花边即成生坯。其余面剂按相同方法制完。

7. 将油炸锅放于中小火上，倒入熟猪油烧至约 120℃时，下入生坯，用小火余炸至呈微黄色、出现层次、体积膨大时捞起，将油沥尽即成。

技术诀窍

1. 应保持水油酥面团与干油酥面团软硬的一致。

2. 掌握水油酥面团与干油酥面团的包酥比例，应该在6:4。

3. 起层时，所擀面皮要厚薄适宜，并且卷坯时要卷紧、整齐。

4. 切剂时，刀刃应锋利，并用锯切的方法完成，保证横截面的平整；擀皮时应从坯皮的中间向四周擀开，这样可确保坯皮酥层的完整和均匀。

5. 生坯成形时，应注意包捏手法，不要碰损酥层，封口要紧且花边要清晰。

6. 炸制时应掌握好油温，不应过高或过低，以防并酥或散裂。

品质标准

色泽淡黄，酥层分明，体积膨大，香酥鲜美。

二十三、蟹壳黄

蟹壳黄是上海著名的风味小吃。因其颜色、形状酷似煮熟的蟹壳，故而得名。早在 20 世纪 20 年代初，蟹壳黄就已盛行于上海，馅心的品种有葱油、鲜肉、虾仁、蟹粉、白糖、玫瑰、豆沙、枣泥等。由于其皮薄酥松，口味又有甜、咸之分，甜点甜而不腻，咸点鲜香可口，因此颇受广大食客的喜爱。有人曾写诗赞赏此饼："未见饼家先闻香，入口酥皮纷纷下。"

美食原料

精白面粉 900 克，面肥 350 克，食碱 10 克，净猪板油 250 克，绵白糖 750 克，饴糖 10 克，白芝麻仁 500 克（约耗 150 克），熟猪油 400 克，花生油 10 克。

制作方法

1. 将猪板油去膜，切成 0.3 厘米见方的小丁，放入盆内加入绵白糖拌匀，压实后腌渍 3 天即成糖油馅。

2. 取面粉（400 克）放在案板上，中间挖一凹形，加入熟猪油（400 克）调和拌匀，搓擦成光洁的干油酥面团。

3. 取面粉（500 克）放在案板上，中间挖一凹形，加入沸水（175 克）烫成雪花状成团，然后加入面粉、清水（175 克）调和拌匀，搓揉成光滑的发酵面团，并饧发 1 小时。

4. 将发酵好的面团摊开，加入碱水后揉匀透，再饧发 30 分钟。然后，将发酵面团放于案板上（案板与手上都需抹上少许花生油），擀成厚约 1 厘米的长方形面

片，将干油酥面团均匀地铺在面片上，卷成筒状；再擀成长方形面片，叠成三层；再擀成面片，卷成筒状，最后揪下剂子（每个剂重约17克）100个。

5. 将剂子横放后压成中间稍厚的圆形坯皮，包入糖油馅（重约10克），捏拢收口，用手按扁后在光面处用软刷刷上饴糖水，再沾满芝麻即成生坯。

6. 将烘炉加热，使之发烫。然后将酥饼生坯无芝麻的一面蘸上一层冷水，随即贴于炉壁上，烘烤4～5分钟，待饼面呈金黄色、饼身胀发时用长铁钳钳出即成。

技术诀窍

1. 发酵面团调制时的水温要恰到好处，一半用沸水，一半用冷水，其中沸水可破坏面粉中面筋组织的生成，提高酥饼皮坯的酥松程度；面团以稍软为好，便于包酥成形。

2. 发酵面团应比干油面团稍多为好，其比例一般为4：3 包馅后收口必须捏紧。

3. 掌握好烘烤时的炉温与时间。温度过高易产生焦煳现象；而温度过低则制品质地发硬。另外，生坯进炉、成品出炉要动作敏捷。

品质标准

色泽金黄，外酥内软，香甜酥脆。

二十四、吴山酥油饼

吴山酥油饼是浙江杭州著名的传统风味面点。此面点最早在杭州吴山一带较为盛行，故而得名，有"吴山第一点"的美称。相传此点源于宋代初年问世的名点"大救驾"，后因宋迁都临安（今杭州），此饼也由御厨传至民间，久而久之，成为杭州地区经久不衰的地方小吃。

美食原料

精白面粉1250克，绵白糖600克，蜜饯青梅125克，糖桂花100克，玫瑰花干5朵，熟花生油6000克（耗约1 000克），

制作方法

1. 取面粉（550克）放在案板上，中间挖一凹形，加入熟花生油（225克）调和拌匀，搓擦成光洁的干油酥面团。

2. 取面粉（700克）放在案板上，中间挖一凹形，加入熟花生油（125克）、温水（275克）调和拌匀，搓揉成光滑、柔软的水油酥面团。

3. 将水油酥面团和干油酥面团各下剂25个。取水油酥剂子1个（重约40

克），按扁后包入干油酥剂子1个（重约30克）。擀开成片条状，从一头卷起成筒形，再擀开成片条状（3.5厘米宽、0.3厘米厚）后，从一头卷起成筒形，最后横放后从中间切成两圆饼形坯子。将面坯有切口的一面朝上，用擀面杖自中心向四周方向轻轻擀开，成为直径为8.5厘米、厚1厘米的圆饼。并用手指的弯节部位轻轻推挤无切口的一面，使有切口的一面慢慢隆起，最后成半球形生坯。其余面剂按相同方法制完。

4. 将油炸锅放于中小火上，倒入花生油烧到约120℃时，下入生坯（切口的一面朝下），余炸6～7分钟，待制品呈微黄色时，稍升温后将制品捞起，将油沥尽。制品冷却后，每2只上撒上白糖（25克）、青梅末（5克），糖桂花（2.5克）和玫瑰花少许即成。

技术诀窍

1. 调制水油酥面团时，应先将水和油稍调拌后再一起和面粉混合，这样可使面团更加细腻柔顺。

2. 把握面团的软硬程度，一般稍软些为好，这样更便于面坯的擀制；应保持水油酥面团与干油酥面团的软硬一致。

3. 掌握水油酥面团与干油酥面团的包酥比例，一般控制为5∶5。

4. 起层时，所擀面皮要厚薄适宜，卷坯时要卷紧、整齐。

5. 切剂时，刀刃应锋利，并用锯切的方法完成，保证横截面的平整；擀皮时应将坯皮切口面朝上，从坯皮的中间向四周擀开，这样可确保坯皮酥层的完整的均匀。

6. 炸制时应掌握好油温，不应过高或过低，以防并酥或散裂。

品质标准

饼色淡黄，酥层清晰，香酥松甜，油而不腻。

二十五、三丝眉毛酥

三丝眉毛酥是上海著名的花色酥点小吃。因其用3种原料切丝制成馅心，且成形后的形态如同眉毛而得此名。三丝眉毛酥的工艺制作十分讲究，无论是在馅心的制作上，还是在面团的调制、坯皮的起层以及制品的熟制上，要求都非常严格，是油酥类制品的代表品种。

美食原料

精白面粉500克，净猪瘦肉250克，香菇25克，冬笋肉50克，精盐15克，绍

酒 10 克，味精 3 克，淀粉 25 克，鲜汤 50 克，熟猪油 2500 克（耗油约 350 克），

制作方法

1. 将猪肉洗净切成丝，加入精盐（5 克）、湿淀粉调拌上浆；冬笋肉焯水后用冷水冲凉后切成丝；香菇用温水泡软后去蒂也切成丝。

2. 将炒锅放于火上烧热，滑锅后加入熟猪油（1 000 克），油热后下入肉丝滑熟后捞出；锅中留油（50 克），烧热后放入冬笋丝、香菇丝略炒，再放入绍酒、精盐、鲜汤、味精烧至入味后，用湿淀粉勾芡，最后倒入肉丝拌匀即成三丝馅。

3. 取面粉（250 克）放在案板上，中间挖一凹形，加入熟猪油（125 克）调和拌匀，搓擦成光洁的干油酥面团。

4. 取面粉（250 克）放在案板上，中间挖一凹形，加入熟猪油（50 克）、清水（100 克）调和拌匀，搓揉成光滑、柔软的水油酥面团。

5. 将水油酥面团包住干油酥面团，按扁后擀开成大片状，叠成三层后再擀开成大片状（0.3 厘米厚），然后从一头卷起成筒形（直径为 3.5 厘米），最后横放后逐一切成圆饼形坯子（40 个）。将面坯切口朝上放于案板上，用擀面杖自中心向四周方向轻轻擀开，成为直径为 5 厘米、厚 0.5 厘米的圆坯皮，擀面朝外，包入三丝馅（15 克），先将坯皮对折，将其中一角向皮内叠进一段，再将边缘捏拢后叠捏成麻花形花边即成生坯。其余面剂按相同方法制完。

6. 将油炸锅放于中小火上，倒入熟猪油烧到约 100℃ 时，下入生坯，用小火余炸 6~7 分钟，待制品呈微黄色、出现层次时，稍升温后将制品捞起，将油沥尽即成。

技术诀窍

1. 调制水油酥面团时，应先将水和油稍调拌后再一起和面粉混合，这样可使面团更加细腻柔顺；同时应保持水油酥面团与干油酥面团的软硬一致。

2. 掌握水油酥面团与干油酥面团的包酥比例，一般控制为 5∶5 或 6∶4。

3. 起层时，所擀面皮要厚薄适宜，卷坯时要卷紧、整齐。

4. 切剂时，刀刃应锋利，并用锯切的方法完成，保证横截面的平整；擀皮时，应从坯皮的中间向四周擀开，这样可确保坯皮酥层的完整和均匀。

5. 生坯成形时，应注意包捏手法，不要碰损酥层，封口要紧且花边要清晰。

6. 炸制时，应掌握好油温，不应过高或过低，以防并酥或散裂，一定要待生坯的层次显露出来、生坯色泽变白后再逐步提高油温。

品质标准

形如秀眉，色泽淡黄，酥层清晰，质地酥松，口味鲜美。

二十六、金华干菜酥饼

金华干菜酥饼是浙江金华著名的传统风味面点。此饼因始创于金华地区，且馅心原料选用当地的名特产"梅干菜"而得名。传说，隋代时程咬金曾避难婺州（今金华），以开饼食店度日，他根据民间食俗口味创制了干菜猪肉酥饼，深受当地人的喜爱（至今金华酥饼业仍奉程咬金为祖师爷）。金华干菜酥饼是以酥香取胜的点心小吃，历来是金华人走亲访友的乡土礼品。由于饼中水分少，利于储存和携带，常作旅游食品，受潮后经烘烤，酥香如故。

美食原料

精白面粉 2500 克，面肥 250 克，饴糖 65 克，净猪肥膘肉 1 000 克，食碱 30 克，雪里蕻干菜 125 克，芝麻仁 65 克，精盐 30 克，菜籽油 250 克。

制作方法

1. 将猪肥膘肉切成 1 厘米见方、0.3 厘米厚的指甲片，雪里蕻干菜切成米粒大小，一起加盐拌匀（腌渍 12 小时）成干菜馅。将芝麻放入面盆，用开水稍泡片刻后沥去水，使芝麻粒粒涨大。

2. 取面粉（2000 克）放在案板上，中间挖一凹形，加入热水（冬季为 90℃，夏季为 70℃）1 000 克左右调和拌匀，摊凉后加入面粉揉匀揉透，盖上湿布饧面 1 小时。待面团发起后，将碱水和入酵面，继续揉制至匀透成发酵面团。

3. 将酵面放于案板上，用擀面棒擀成长 1 米、宽 60 厘米、厚 0.5 厘米的大面皮，掸上一层菜籽油，撒上面粉（100 克）用手抹匀。将皮子自外向里卷拢，并搓成直径为 5 厘米的圆柱形长条，揪成 100 个剂子（每个重约 35 克）。

4. 将剂子横放后用手掌按压成直径 3.5 厘米、中间稍厚的圆形坯皮，包入干菜肉馅（重约 12 克），捏拢收口，将收口朝下，用擀面杖擀成直径为 9 厘米的圆饼形，放在案板上排齐，用软刷刷上饴糖水，再撒上芝麻，每两只对合后即成生坯。

5. 在烘饼炉内放入木炭加热，使炉壁升温至 80℃左右时，然后将生坯无芝麻的一面蘸上一层冷水，逐一贴于炉壁上，烘烤 12～15 分钟，然后关住炉门，并用瓦片将炭火四周包围，炉口盖上铁皮，焖半小时。待炉火全部退净后，再烘烤 5 小时，用长铁钳钳出即成。

技术诀窍

1. 调制发酵面团时的水温要恰到好处，一般用热水，这样可破坏面粉中面筋组织的生成，提高酥饼皮坯的酥松程度；烫面后要摊凉至 40℃左右，再加入面粉发面，否则影响面团发酵及制品的口感。

2. 肥膘肉与干菜拌匀后，需腌渍半天以上使用。

3. 包馅后收口必须捏紧；烘烤时要注意炉温，严格按"明火烘烤、暗火焖烘、余热焖烘"的要求进行。

品质标准

色泽金黄，松脆可口，干香耐储。

二十七、定胜糕

定胜糕是江苏苏州著名的传统特色面点。因其形状如定榫，故定名为"定榫糕"，由于"定榫"与"定胜"在方言中谐音，后来便逐渐称它为"定胜糕"了。"定胜糕"寓意吉祥，含有安居乐业、欢天喜地的意思，所以当地民间每逢祝寿、建屋和乔迁等喜事，一般都要备用此糕，这个习俗流传至今。

美食原料

糯米 2000 克，粳米 3000 克，绵白糖 2200 克，干豆沙馅 2000 克，咸桂花 40 克，红曲米粉 25 克。

制作方法

1. 将糯米与粳米混匀，用清水淘洗干净，静置 2～3 小时，至米粒发酥（手指能搓碎），干磨成镶粉，然后用 12 眼粗的筛子将粉筛松。

2. 取镶粉（500 克）放在案板上，中间挖一坑形，加入绵白糖（120 克）和红曲米粉，边拌边洒清水（约 50 克），拌匀后再用粗筛筛松，即成粉红色糕粉。将剩余的镶粉放在案板上，中间挖一坑形，放入剩余的绵白糖和咸桂花，边拌边洒清水（约 500 克），拌和搓匀后静置 1～2 小时，使糖分渗透到粉粒内部，再用粗筛筛松，即成白色糕粉。

3. 取特制糕模数只，在每只糕模底部垫上一块有透气的铁片，先在下面放入白色糕粉（约 2/5 高），在中间放入豆沙馅心，再在上面放入白色糕粉（留有约 1/6 高的空余），最后放入红糕粉，与糕模刮平。

4. 将蒸桶放于锅上加水烧沸，把装好糕粉的模子放入桶中，蒸制约 30 分钟，待桶内热气透足、糕坯成熟时，取出糕模将糕坯倒出，在红糕粉面上盖上红印即成。

技术诀窍

1. 米粉一般以粗米粉为好，如米粉太细会影响制品的松软程度。

2. 拌粉后静置的时间要恰到好处，糕粉一定要筛均匀。

3. 糕粉入模时不能按压，如糕粉太实会造成蒸制不透，出现夹生现象。

4. 掌握好蒸制时间，断生即好，不可蒸制过长，否则制品会出现发硬不松的现象。

品质标准

糕身洁白，糕面胭红，形态美观，松软甜润。

二十八、双林子孙糕

双林子孙糕是浙江湖州的传统风味面点，迄今已有近百年的历史。相传，当年一大户人家订亲时，请糕团师傅做糕，当取糕时，见是一块方糕，而不是年糕，十分生气，但品尝之后，顿觉味美可口，便转怒为喜。问起糕名，糕团师傅随口答曰"子孙糕"，意喻子孙步步高（糕）升，此糕自此而得名。如今，双林子孙糕已成为双林一带订亲、婚嫁、寿庆、端午、建房等喜庆场合的必用糕点。

美食原料

糯米粉1 000克，粳米粉200克，绵白糖450克，猪板油200克，核桃仁50克，青梅、芝麻各25克，糖桂花5克，金橘饼、玫瑰酱各40克，糖佛手80克。

方法

1. 将猪板油去膜，切成2厘米见方的片（共48片），用白糖（40克）腌渍一周成糖板油；将核桃仁、金橘饼、青梅均切成小丁，拌匀后成果料馅，分成16份。

2. 取混合干燥米粉（150克），加入白糖（350克）、玫瑰酱、糖佛手（切末）、糖桂花、芝麻与水（50克）一起擦拌均匀成芝麻玫瑰糖馅，也分成16份。

3. 将糯米粉与粳米粉混匀，取混合粉（1 000克）加入白糖（50克）、水（400克）拌匀，稍静置后搓散并筛细。

4. 取长与宽均为30厘米、高4厘米的方糕架一个，将筛过的粉料倒入后铺平，用刀匀称地挖出16个小粉坑，每个粉坑内放入果料馅1份、芝麻玫瑰糖馅1份、糖板油3片，然后将留下的混合粉（50克）在馅面上薄薄地筛上一层，盖住馅心，再用一张纸盖上，用手轻轻抹平，揭去纸，用刀均匀切成16块。

5. 将成形后的整块糕坯连同架一起放于笼屉中，用旺火沸水蒸制约20分钟取出即成。

技术诀窍

1. 糖板油须腌渍一星期才能使用，如采用新鲜板油会使糕面表皮胀裂。

2. 糕粉面团在拌和时用水量要恰到好处，拌匀后应静置一段时间，再过筛使用。

3. 糕粉入模时不能按压，如糕粉太实会造成蒸制不透，出现夹生现象。

4. 掌握好蒸制时间，断生即好，不可蒸制过长，否则制品会出现发硬不松的现象。

品质标准

皮薄馅多，松软洁白，甜润细腻，滑韧爽口。

二十九、白糖猪油松糕

白糖猪油松糕，又名"矮人松糕"，是浙江温州的传统风味面点。相传，在抗战后期，温州人谷进芳在五马街设摊制作此糕，因谷进芳个子矮小，故人们称之为"矮人松糕"。由于其用料讲究，制作精细，形似梅花，注重质量，在当地有一定名气。

美食原料

糯米1750克，粳米750克，猪肥膘肉350克，精盐250克（约耗25克），白糖850克，桂花10克。

制作方法

1. 将猪肥膘油切成长方条，用精盐拌匀，放入盆中压实后腌渍3天；用时将咸肥膘肉洗净，沥干水，切成0.6厘米见方的小丁，与桂花一起拌匀。

2. 将糯米、粳米掺匀淘洗干净，浸泡5分钟后沥干水，放入木桶中按实，静放3小时，然后磨成粉，用五十眼筛子过筛；另将白糖加清水（500克）溶化后，放入米粉中搅拌均匀，再静放1小时，最后用十二眼筛子过筛。

3. 将过筛的米粉与切好的肥膘丁一起拌匀，用碗盛入木制的梅花形蒸糕箱内，装满后用竹尺刮平。

4. 将米粉连同模具一起置于沸水锅上蒸制，待冒出热气时（约3分钟），加盖（留一小角出汽），再蒸约2分钟即成。

技术诀窍

1. 米粉不宜磨得太细，粗细适宜即可。

2. 肥膘肉须用盐腌渍3天左右，才能更好地体现风味。

3. 米粉过筛后在拌入肥膘肉丁时，动作要轻，拌匀即可。

4. 蒸制时要用旺火沸水，但注意气压不宜太高，否则破坏松糕的形状。

品质标准

形似梅花，软糯细腻，甜中带咸，清香可口。

三十、鸽蛋圆子

鸽蛋圆子是上海著名的传统风味面点，由新中国成立前上海城隍庙九曲桥旁、湖心亭得意楼茶馆的点心师王师傅创作，是一道夏令应时供应的特色冷点。因其小巧玲珑，色白似鸽蛋，形似鸽蛋，馅心似鸽蛋黄而得名。其制品糯软滑润，冷而不硬，糯而不黏，入口一包糖水，香甜清凉，深受人们的喜爱。

美食原料

上白糯米 2500 克，熟白芝麻粉 250 克，绵白糖 1 000 克，糖桂花 25 克，薄荷香精 5 克，竹箬壳 50 张。

制作方法

1. 将白糖（1 000 克）加水（500 克）放入锅内，用小火熬煮成糖浆，当糖浆起小泡呈小珠状时，用竹筷蘸糖浆拉丝，如糖丝能拉 3 ~ 4 厘米时立即将锅端离火口，加入糖桂花、薄荷香精一起搅拌，并倒入长方盘中用刮板来回翻拌至糖浆凝结，再用手揉捏，然后搓成条，切成糖粒（重约 3 克）；将熟白芝麻碾成碎末。

鸽蛋圆子

2. 将糯米淘洗干净，用清水浸泡至米粒松脆，用水磨法磨制成米浆，然后装于布袋中压干水分成干粉浆。

3. 取水磨干粉浆（500 克），加温水（150 克）揉匀至光滑不粘手，再用手分成数份并做成饼形，投入沸水锅中煮至成熟（称为打熟芡），捞出后浸入冷水中凉透，并晾干。将其余的水磨干粉浆搓散，与熟米粉饼混合，揉和擦匀至软滑光亮即成。

4. 将调制好的粉团搓成长圆条，揪成小剂（重约 12. 5 克），先搓圆后捏成内凹形坯皮，包入糖馅 1 粒，搓捏成似鸽蛋的圆子。

5. 锅水烧沸，投入圆子生坯，用勺在锅边轻轻推动，不使相互黏结和粘底，待煮至圆子表皮呈玉白色透明状，即可捞出，再投入冷开水里浸凉，捞出沥干水，逐一蘸上芝麻粉（圆子底部），整齐地排放于竹箬壳上（每张竹箬壳上放 8 只）即成。

技术诀窍

1. 米粒一定要浸泡松脆后才能磨制，否则会影响成品的口感。

2. 熬制糖浆时必须按照要求进行，熬至糖浆起单丝即可离火，待糖浆冷却至 40℃左右时即可搅拌，直至搅白为止。

3. 掌握打熟芡的用粉数量。熟芡过多，使制品太糯成形不佳；熟芡过少，使制品硬而不糯。

4. 成形时，一定要将馅心居中，坯皮四周厚薄均匀，不破不裂。

5. 掌握熟制时间，确保成熟但不能过火；必须用冷开水冷却，这样才能使圆子光滑发亮。

品质标准

色泽洁白，形似鸽蛋，滑润软糯，凉而不硬，糯而不黏，香甜清凉。

三十一、宁波猪油汤团

宁波猪油汤团是浙江宁波著名的传统风味面点。汤团又名汤圆、元宵，暗含吉祥、团圆之意。宁波猪油汤团因其以猪板油、白糖、黑芝麻制成的猪油馅做馅心而得名。在浙江宁波流传着这样一首民谣："三更四更半夜头，要吃汤团缸鸭狗。一碗落肚勿肯走，两碗三碗发瘾头。一摸口袋钱不够，脱落布衫当押头。"诗中提到的"缸鸭狗"实为一家汤团店的店名，其创始人江定发，小名江阿狗，抗战初期在开明街租了一店面，他别出心裁地在招牌上画了一只缸、一只鸭、一只狗做店名。在宁波方言中，"江阿狗"与"缸鸭狗"谐音，奇特的招牌，饶有风趣，吸引了大量顾客，一时名声大振，蜚声海内外。

美食原料

糯米 1000 克，绵白糖 900 克，猪板油 250 克，糖桂花 25 克，黑芝麻 600 克。

制作方法

1. 将黑芝麻淘洗干净、沥干，倒入锅中，先用旺火炒干，然后用小火缓炒至熟，冷却后碾成粉末，过筛；将猪板油去膜，用绞肉机绞成泥，加入绵白糖（450克）、熟芝麻粉一起擦拌均匀成猪油芝麻馅。

2. 将糯米淘洗干净，用清水浸泡 12 小时（夏季 8 小时）至米粒松脆时，用水磨法磨制成米浆，然后装于布袋中压干水分成汤团粉。取水磨汤团粉加入清水

（100 克）擦揉匀透成汤团面坯。

3. 将调制好的粉团下成小剂 100 个，先搓圆后捏成内凹形坯皮，包入馅心 1 个，搓捏成光滑的小圆球即成生坯。

4. 锅水烧沸，投入圆子生坯，用勺在锅边轻轻推动，不使相互黏结和粘底，待煮至汤团浮起，加入少量凉水点水，煮约 8 分钟，待圆子表皮呈玉白色透明状，即可捞出装碗，每碗 10 只，加入白糖（50 克），撒上糖桂花即成。

技术诀窍

1. 米粒浸泡一定要浸透，待松脆后才能磨制，否则会影响成品的口感。

2. 馅心一定要擦透、擦匀，切不可渗水。

3. 成形时，一定要将馅心居中，坯皮四周厚薄均匀，不破不裂。

4. 掌握煮制的火候，切勿大火猛煮，应保持锅中的水"沸而不腾"，以防止汤团爆裂。

品质标准

色白光亮，皮薄馅多，软糯香甜，油而不腻。

三十二、擂沙圆

擂沙圆又名雷沙圆，是上海市著名的传统风味面点。传说，此面点是在清代末年由上海三牌楼经营汤团的雷氏老太太所创制，是将汤圆滚上特制的赤豆粉制作而成的，故而得名。由于擂沙圆既具有汤团的美味，又具有赤豆粉特有的芳香，而且还便于携带和存放，故而深受人们的喜爱。

美食原料

赤豆 1 000 克，已成形的各式汤团 100 只。

制作方法

1. 将赤豆淘洗干净，倒入锅中加水煮至酥烂，磨成细粉，压干水分，平铺于烤盘入烤箱烘烤（150℃以下），至豆沙水分完全蒸发，成为干燥的粉末。

2. 取干豆沙放于炒锅中，用小火炒制约 30 分钟，当豆沙成为细粒状、棕黄色有香味后倒出，最后再碾细、过筛即成擂沙粉。

3. 锅水烧沸，将各式成形后的汤团投入，待煮至汤团浮起，表皮呈玉白色透明状成熟后捞出。

4. 将汤团沥干水分，倒入装有豆沙粉的盘中，滚动汤团使之沾满豆沙粉即成。

技术诀窍

1. 制赤豆沙时，必须在大火烧开后用小火焖煮酥烂。

2. 赤豆沙在干制时，须用低温焙烘至干燥，这样便于保藏。

3. 擂沙粉需现用现炒，否则香味不浓。

4. 煮制汤团时，应控制成熟时间，不应煮得太烂，且必须沥干水分后再拌上擂沙粉。

品质标准

色泽棕黄，汤团软糯，沙粉清香。

三十三、三河米饺

三河米饺是安徽合肥的传统风味面点。因其始创于肥西三河镇而得名。相传，三河镇是当年太平军与清军激战的地方，在英王陈玉成指挥下，太平天国将士英勇抗击，大败清军，取得了"三河之战"的胜利，受到了当地人民的欢迎，百姓纷纷制作点心慰劳太平军，其中"米饺"深受将士们的喜爱。从此，"三河米饺"名气大增，并流传至今，成为人们钟爱的大众化食品。

美食原料

籼米粉 2500 克，猪五花肉 1 500 克，豆腐干 1 000 克，葱末 100 克，姜末 15 克，酱油 150 克，精盐 25 克，味精 5 克，干淀粉 100 克，熟猪油 50 克，菜籽油 2500 克（约耗 00 克）。

制作方法

1. 将猪五花肉、豆腐干切成黄豆粒大小的小丁。炒锅置火上，加入猪油（100 克）烧热，先将肉丁炒熟，再加入豆腐干丁、葱末、姜末、精盐（10 克）、酱油、味精烧至入味后用水淀粉勾芡，拌匀后起锅成馅。

2. 将锅置于火上，放入籼米粉与精盐（15 克）炒拌，用小火炒至米粉温度约 60℃时，加入清水（4000 克）继续炒拌，待水分被米粉完全吸干、搅拌均匀后倒于案板上，稍冷却后擦揉匀透成米饺面坯。

3. 将调制好的粉团搓成长条后，切成小剂 100 个（剂重约 65 克），先在案板上抹点菜籽油，把剂子放上后，用刀面压拍成直径为 9 厘米的圆形坯皮。一手托皮，一手包入馅心（馅重约 35 克），然后捏成饺子形状即成生坯。

4. 将菜籽油放于锅中烧至 200℃时，逐一投入饺子生坯，用中火炸至呈金黄色泽时捞出，即成。

技术诀窍

1. 炒制米粉时，宜采用小火；米粉要炒熟。

2. 调制面团时要趁热揉搓（以不烫手为标准），如粉团凉透则不易调匀；调制时可在案板上擦些油，以防粘连。

3. 油炸时应控制油温及火的大小，制品上色后应用中小火余炸。

品质标准

色泽金黄，外脆内软，鲜成爽口。

三十四、示灯粑粑

示灯粑粑是安徽地方的风味面点，是农历正月、二月间应时的传统食品。据传，在唐代时期，安徽肥东一带的人民常以舞龙灯来纪念泾河老龙的生日，把每年的农历正月十三至二月初二定为龙灯节，在此期间人们喜食一种以糯米粉作为坯皮，以腊肉、豆腐干等为馅料制作而成的圆米饼，故称"示灯粑粑"。由于其风味独特而流传至今。

美食原料

糯米粉 1250 克，猪瘦腊肉、虾仁各 250 克，荠菜、酱油豆腐干各 500 克，香菜 250 克，葱末、青蒜末各 5 克，熟猪油 100 克，香油 25 克，菜籽油 250 克。

制作方法

1. 将猪瘦腊肉切成 0.5 厘米见方的小丁；酱油豆腐干切成 0.3 厘米的小方丁；荠菜、香菜择洗干净，用开水略烫，切成小粒。

2. 将锅置于火上，放入糯米粉用小火炒至淡黄色时加入沸水（850 克），边煮边搅拌均匀，最后倒在案板上揉匀。

3. 将调匀的粉团搓条后下剂 25 个（剂重约 80 克），并捏成内凹形的坯皮，包入馅心（60 克），按成扁圆形饼状即成生坯。

4. 平锅置于中火上，加入菜籽油，加热至 160℃左右时，下入生坯煎制。当煎至制品表面微黄起硬壳时，出锅即成。

技术诀窍

1. 调制馅心时，要注意肉丁稍大于豆腐干丁；烫菜的动作要快，确保色艳质脆。

2. 为防止在粉团调制、搓条下剂、捏皮成形等过程中的粘手，可在案板及手上蘸些香油。

3. 掌握油煎的温度。应采用中小火，并不断翻动和转动制品，确保制品受热

均匀。

品质标准

色泽淡黄，外壳脆香，内馅咸鲜，气味芳香。

三十五、小绍兴鸡粥

小绍兴鸡粥是上海著名的风味面点，上海的小绍兴鸡粥店迄今已有五十余年的历史了。因其创办人及店中主要的厨师均为绍兴人，人称"小绍兴"，故而得名。小绍兴鸡粥采用原汁鸡汤烧煮而成。精选了上海郊县南汇、奉贤两地以粮为主饲料喂养的草鸡，人称浦东"三黄鸡"，从选料、宰杀、烧煮都由师傅一手把关，每关都有严格的要求，并配用上白粳米。以独到的火候制成鸡粥。此粥风味别致，营养丰富，深受广大顾客的喜欢。

美食原料

上白粳米5000克，活鸡5000克（两只），白糖15克，精盐150克，味精60克，酱油11 50克，葱末250克，鸡油200克，香油10克。

制作方法

1. 将活鸡宰杀、浸烫、去毛、开膛、去内脏后洗净，置于冷水中浸泡1~2小时，浸出血水。

2. 锅中放入清水（45000克）、葱、姜等，用旺火烧沸后将整鸡浸入沸水中浸烫片刻捞起，待水再沸时再下入沸水中浸烫一下，如此反复浸烫4~6次，使鸡身内外同时受热均匀；最后加入少许冷水，改用小火，保持锅水沸而不腾，把鸡放入，盖上锅盖焖煮25分钟左右，待鸡浮出水面、鸡肉刚断生时捞出。将刚出锅的鸡用冷开水冲透冷却，捞出挂在钩上沥干水分，在外皮上抹上一层香油，使鸡皮不吹干变色。

3. 将鸡汤（40000克）用滤布滤去葱、姜等杂物回锅烧沸，将粳米洗净，倒入锅中。先用大火烧开，再用小火焖煮约1小时，至粥黏稠时盛碗。

4. 取酱油（250克）、精盐（100克）、味精（50克）一同煮沸即成鸡粥的调味料；食用时，加入此调味料及鸡油、葱末、姜末即可。

5. 将酱油（150克）、白糖（15克）、味精（10克）、清水（75克）、姜末（5克）等一起煮沸即成鸡肉调味料。将鸡在脊背处下刀顺长剖开成两片，分部位按需要量斩成长条块，整齐装盘，上桌时浇上鸡肉调味料即可。

技术诀窍

1. 煮粥时应掌握好火候，大火烧开后应改用小火焖煮，使粥能汁浓黏稠。

2. 煮鸡时应反复将鸡浸烫，使其表皮收紧，并用小火焖煮；鸡煮熟后应及时用凉水浸漂晾透，沥干水分后立即抹油，确保皮脆肉嫩、油润鲜醇。

品质标准

粥品稠糯香绵，鲜美适口；鸡肉油润光亮，皮脆肉嫩，鲜香爽口。

三十六、藕粉圆子

藕粉圆子是江苏盐城地区的传统风味面点，迄今已有二百多年的历史。此面点是以纯藕粉作皮，以白糖、猪板油、芝麻及各种果仁蜜饯作馅，经特殊方法制成丸子状，故而得名。著名社会学家费孝通教授称之为珍品，曾这样描述"藕粉圆子，形如弹丸，娇嫩肥泽，色似一颗颗没有去壳的鲜荔枝"，"入口着舌，甜而不腻，厚而不实，不脆不酥，非浆非果，嚼及其核，桂香满口"。江苏盐城地区盛产莲藕，故藕粉的加工制品花色繁多，所产的藕粉圆子独具匠心，很受消费者的欢迎。

美食原料

藕粉250克，猪板油、绵白糖各100克，芝麻、蜂蜜各50克，糖桂花5克，金橘饼香油各25克。

制作方法

1. 将芝麻淘洗干净，沥干水，放入锅中用小火炒熟（至芝麻爆花），倒在案板上，晾凉后擀压成末；另将金橘饼、猪板油切成柱状，放入盆内，加入白糖、桂花及芝麻粉一起搅拌均匀成馅；最后用手搓成直径为0.5厘米左右的小球。

2. 将藕粉碾细，过细筛后放于簸箕中，把馅球放入藕粉中来回滚动（晃动簸箕，像摇元宵一般），当馅心滚沾上一层藕粉后，即投入沸水锅中煮一下，并迅速捞出放入藕粉中滚动，使其再滚沾上一层藕粉；如此五六次，至圆子呈鸽蛋大小时，投入沸水锅中煮熟，捞出后放入凉开水中漂清。

3. 锅中水烧开，将圆子放入后用小火煮至透明状，盛入小碗中，淋上蜂蜜、香油即成。

品质标准

1. 调制馅心时，应搅拌均匀，使其充分结合，并搓成小球状。

2. 藕粉在滚沾前，应将其碾成细粉，否则影响其滚沾效果。

3. 生坯在第一、第二次滚沾成形时，放入沸水锅中煮制的动作要轻而快，防止馅心溶化变形而脱壳。

4. 煮制时火不宜过大。

品质标准

色泽透明，富有弹性，清香甜润，质嫩爽口。

三十七、桂花鲜栗羹

桂花鲜栗羹是浙江杭州著名的风味面点。此面点是以秋季生产的西湖藕粉为主料，配以会秋的桂花和鲜栗制成的一种甜羹，故而得名，为杭州金秋时节的特色小吃。

美食原料

西湖藕粉、鲜栗子各 250 克，糖桂花 10 克，玫瑰花瓣 20 片，白糖 500 克。

制作方法

1. 将鲜栗子去壳、去衣，洗净后逐一切成指甲片；玫瑰花瓣捏成碎片。

2. 将藕粉分成 10 份，分别放入 10 只小碗内，每碗先用凉开水（25 克）将藕粉化开；锅中加入清水（250 克），烧沸后投入栗片和白糖，待再次开沸时撇去浮沫，当栗片刚成熟时即将沸水冲入碗中，边冲边搅，搅至藕粉呈透明状并且没有粉粒时为止，最后将糖桂花、玫瑰花瓣均匀地撒在上面即可。

技术诀窍

1. 藕粉要先用凉开水化开成水淀粉状，否则开水冲入后会结块。

2. 栗片在锅中不宜多煮，断生即可，否则质地发韧不爽脆。

3. 冲入沸水时要边冲边搅，防止形成粉粒。

品质标准

鲜栗脆嫩，桂花芳香，藕羹浓稠，晶莹透明，香甜可口。

三十八、荸荠饼

荸荠饼是江苏常熟的特色风味面点。此面点是以荸荠肉与糯米粉作坯料，以糖板油丁、白糖、蜜枣、糖桂花为馅料，经成形后煎制而成的一款应时甜点。

美食原料

新鲜荸荠 500 克，糯米粉 150 克，白糖、糖板油各 125 克，蜜枣 100 克，糖桂花 5 克，玫瑰酱 25 克，湿淀粉 5 克，熟猪油 100 克。

制作方法

　　1. 将蜜枣洗净、去核，放入碗中，加入清水（刚好浸没蜜枣）置于笼屉中，在蒸锅上蒸至酥烂，取出后捣成枣泥；将糖板油切成细粒状，与枣泥一同放入碗中，再加入白糖（75 克）、糖桂花一起搅拌均匀即成馅。

　　2. 将荸荠洗净、去皮，切成细米粒状，放入盆中，再加入糯米粉搅拌均匀即成面坯。

　　3. 将荸荠面团搓成长条，下小剂 20 个（剂重约 25 克），按扁后包入馅心（重约 15 克），捏成圆饼形即成生坯。

　　4. 将平锅置于中火上烧热，放入猪油滑锅后，离火，逐一将生坯放入，两面稍煎后即加入猪油煎炸至两面呈淡黄色即可出锅装盘。

　　5. 将炒锅置火上，加入清水（50 克）、白糖（50 克）、玫瑰酱一同烧沸，待糖溶化后用湿淀粉勾芡成糖汁，起锅淋浇在饼上即成。

　　技术诀窍

　　1. 荸荠应选用个大、干净、新鲜、皮薄、肉细、味甜、多汁、脆嫩、无渣的为好。

　　2. 荸荠切粒应大小均匀，成形的粒不宜过大。

　　3. 掌握煎制的火候，一般用中火半煎半炸。

　　4. 糖汁应稀稠合适。

　　品质标准

　　皮色淡黄，形如荸荠，松嫩爽口味甜香浓。

三十九、芋包

　　芋包是福建厦门著名的特色风味面点。此面点以槟榔芋头为主坯料，经熟制调成芋蓉作为坯皮，包入虾仁、猪肉等原料调成的馅心蒸制而成，故而得名。其制作工艺精细、程序复杂、调味多样、口味独特，是深受人们喜爱的夏秋季节应时面点之佳品。

　　美食原料

　　槟榔芋头 1 000 克，猪五花肉 600 克，鲜虾 250 克，冬笋 750 克，去皮荸荠、水发香菇、豆腐干各 100 克，鳊鱼干 25 克，葱白 100 克，干淀粉 250 克，湿淀粉 25 克，熟猪油 200 克，精盐 10 克，白糖 15 克，酱油 25 克，味精 5 克，胡椒粉 3 克，卤汤 1 000 克。

　　制作方法

1. 将猪五花肉洗净后放入卤水锅中卤制成熟，冷却后切成长3.3厘米、宽1.3厘米的薄片；香菇用温水泡软、去蒂，加水、盐煮熟；鳊鱼干入油锅中炸酥，取出碾成碎末。

2. 将鲜虾洗净、沥干水分，剥去外壳，取肉；锅中加水（500克），煮沸后下入虾肉煮熟捞出，再下入虾头尾、壳煮沸，过滤，留取虾汤；干葱头去根、去表皮，切成指甲片；炒锅中放入猪油（150克），烧至120℃时下入葱片，炸至葱片呈金黄色后，捞去葱片，留取葱油。

3. 将冬笋肉、豆腐干切成0.4厘米见方的小丁；荸荠肉用刀拍成碎粒；炒锅置火上，加入猪油（50克）烧热，投入冬笋、豆腐干、荸荠炒制，再放入虾汤、白糖、酱油、味精煮制入味，最后用湿淀粉勾芡，起锅后放入盆内，撒上胡椒扮、鳊鱼末拌匀，分成20份。

4. 将槟榔芋头去皮、洗净，擦成细丝，加入干淀粉、精盐拌和均匀，即成芋蓉。

5. 取直径约8.5厘米的小碗20只，每只碗内先用芋蓉沿碗壁铺上一层，再分别放入卤肉片（20克）、虾肉（5克）、香菇（2片），然后再放入一份炒好的馅心，最后用芋蓉盖住馅料，按实抹平即可。

6. 将洁净湿布垫在笼屉中，用手蘸水将芋包生坯从碗中取出，放在笼布上用旺火沸水蒸制15分钟取出，分别装入小碟，用小汤匙舀一匙葱油灌进芋包内即成，上桌时配上适量的芥末酱、辣椒酱、蒜蓉等佐料。

技术诀窍

1. 要选用正宗的槟榔芋头。

2. 制葱油时，葱片不宜炸得过焦。

3. 小碗在铺入芋蓉前，应先用水湿润一下（但不能积水），这样便于芋包从碗中取出。

4. 蒸制时，一定要火大汽足。

品质标准

色泽灰白，皮松软嫩滑，馅香醇鲜美。

四十、西米嫩糕

西米嫩糕是上海的特色风味面点。此面点是以小西米、镶粉、猪油、白糖等原料制作而成的一种软糕，是一款深受人们喜欢的夏季时令甜品。

美食原料

小西米1 000克，镶粉（细糯米粉与细粳米粉各半混合）500克，熟猪油325克，白糖750克，鸡蛋300克，核桃仁125克，柠檬香精2滴。

制作方法

1. 将小西米放入盆中，先用沸水浸泡3～4分钟，冲漂干净后，再放入温水中涨发至透明；将核桃仁用刀切成薄片。

2. 将镶粉放入盆中，加清水（3000克）调制成稀粉浆；将鸡蛋去壳放入碗中搅打均匀。

3. 先将猪油和白糖投入炒锅中，置于火上炒至糖熔化，然后下入发好的西米同炒，待炒匀后再下入调好的粉浆搅拌均匀，最后加入蛋液、香精炒匀即成坯。将炒好的浆糊装于已溧过油的糕盘（30厘米见方）中，用竹将其刮平，上笼后用旺火蒸约25分钟，在糕坯上撒上核桃仁片后再蒸4～5分钟即成。

4. 待制品完全冷却后改刀切成10条，每条再切成5小块，装盘即可。

技术诀窍

1. 西米涨发时应注意保温，并掌握涨发的时间，以西米涨发至透明为好。

2. 炒制粉浆时应炒拌均匀。

3. 糕坯冷却时可放入冰箱中冷冻，改刀所用刀具要锋利。

品质标准

色泽淡黄，软嫩滑爽，口味香甜。

四十一、八公山豆腐脑

八公山豆腐脑是安徽淮南的特色风味面点。用黄豆和八公山泉水一起磨制豆浆后做成豆腐脑，再配以粉丝、熟牛肉、精盐、酱油等调辅料，故而得名。作为大众化早点，因其用料讲究、制作精细，既营养丰富，又方便实惠，深受广大顾客的喜欢。

美食原料

黄豆、粉丝各2500克，熟牛肉1 500克，精盐50克，酱油300克，姜末50克，葱末250克，辣椒酱250克，味精10克，素油脚50克，熟石膏100克，牛肉汤1 0000克，芝麻油150克。

制作方法

1. 将锅置于火上，放入牛肉汤、葱末、姜末、粉丝（泡发切成小段）和味精，烧开后改用微火保温，上面撒上牛肉（切成小片）；将芝麻油、辣椒酱、酱油分别放于小钵内备用。

2. 将黄豆择洗干净，放在缸内，加入清水（1 2500 克），浸泡（夏季 4 小时左右，春秋季 8 小时左右，冬季 12 小时左右），待豆瓣涨润时，用清水冲洗干净；将浸涨的黄豆放入磨浆机中磨制，边磨边加进八公山泉水（26500 克），磨成豆糊；将豆糊放入缸内，把素油脚用热水化开，倒入豆糊中搅拌，除去泡沫后装入细滤布袋中，滤下豆浆。

3. 将大铁锅置于火上，倒入豆浆烧煮（边烧边搅拌），烧开后舀到缸内；将熟石膏粉放在盆中，加水（250 克）调和均匀，随同豆浆冲入缸内，稍搅后盖上缸盖，静置约 20 分钟后，揭去盖，即成豆腐脑。

4. 食用时，用扁圆勺将豆腐脑舀入碗中（成大片状），再舀入粉丝牛肉汤，加入酱油、辣椒酱、芝麻油即成。

技术诀窍

1. 磨豆浆时要掌握好加水量，使豆浆的浓度符合标准，在豆浆温度达 20℃时，其浓度为 6 度。

2. 豆浆在滤浆前，必须加入素油脚搅匀，否则豆腐浮面全是泡沫。

3. 在加入熟石膏冲浆时，豆浆一定要煮沸，搅拌次数不宜过多。

品质标准

雪白细嫩，柔软不散，爽口醇香，鲜美可口。

四十二、温州鱼丸

温州鱼丸又名鱼珊瑚，是浙江温州著名的传统风味小吃，迄今已有一百多年的历史。此小吃是以鱼肉为主料，配以生粉、精盐、食醋等调辅料制作而成。起初鱼丸形似汤圆，后逐渐变成现在长条形的不规则状。温州鱼丸作为温州的特色品种，深受人们的喜爱。几年前，由温州人在北京开设"阿信鱼丸店"，所制作的温州鱼丸曾一度风靡京城，声名鹊起。

美食原料

去骨净草鱼肉（或黄鱼肉）300 克，生粉 100 克，葱末、姜末绍酒、味精、食醋各 5 克，精盐 6 克，胡椒粉 3 克。

制作方法

1. 将鱼肉切成细丝，放入大碗内，加入清水（20 克）、精盐（2 克），用手反复抓捏上劲发黏，再加入葱末、姜末、绍酒、生粉，继续揉搓，直至揉成泥团状。

2. 锅中加入清水（1000克），烧沸后改用小火加热；一手拿碗，另一手用大拇指沿着碗的边沿，将鱼泥团掐成粗条状下入锅中煮制，待鱼丸（条）浮出水面时即捞起装入碗中。

3. 在原汤中加入精盐（4克）、味精、胡椒粉、食醋，烧开后撇去浮沫，将汤汁浇入装有鱼丸的碗中即成。

技术诀窍

1. 揉制鱼泥时，一定要用手反复揉捏，使其上劲，否则吃口松散、无咬劲。

2. 掌握鱼泥团的加水量，不宜太多。

3. 鱼丸入锅时，一定要用大拇指抵住碗的边沿掐下剂子；并控制火候，保证锅中的水"沸而不腾"

4. 汆煮鱼丸时，断生即好，切勿煮制过头；并利用原汤，保持本味。

品质标准

味清鲜香，质地柔软，略带酸辣，鱼香突出。

四十三、一闻香包子

一闻香包子是安徽淮北阜阳一带的名优风味小吃，因包子蒸熟时散发出一股扑鼻的麻油、羊肉香味而得名。

美食原料

精面粉1 800克，酵面120克，净羊肉800克，精盐20克，酱油80克，姜末25克，葱末50克，五香粉7.5克，食碱5克，芝麻油275克。

制作方法

1. 将羊肉洗净绞成蓉，放入盆内，加入姜末、五香粉、精盐、酱油和清水400克拌匀，再加入芝麻油拌成馅料。

2. 将面粉放在案板上，中间扒窝，放入酵面和清水900克和匀。面发后，加食碱揉透，搓成条，摘成每个重30克的面剂。

3. 取面剂一个，按成扁圆形，包入馅料一份，收口处捏成24道花纹，包顶留指头大的口，即成包子生坯。全部做好后，入笼用旺火蒸10分钟左右即成。

技术诀窍

1. 羊肉蓉加水时不能一次加足，要分数次加入，要朝一个方向搅打起筋，中途不宜改变方向。

2. 面粉加酵面后要揉匀饬透，加食碱后要揉至表面光滑、不粘手为宜。

3. 包捏时花纹要均匀；

4. 入笼蒸制时要用旺火沸水速蒸，蒸至表面用手按压有弹性为佳。

品质标准

馅嫩带汤，味美醇，无膻气。

四十四、五芳斋鲜肉粽子

五芳斋粽子是浙江嘉兴著名的传统风味面点，由嘉兴市区五芳斋粽子店独家经营。该店始创于 1921 年，由兰溪人张锦泉首创，由于是 5 个人起家的，故取名为"五芳斋"。五芳斋粽子享有"东方快餐"的美称，深受广大消费者的青睐，其中尤以鲜肉粽子风味独特，备受人们欢迎。

美食原料

（以 100 个成品计量）糯米 1 0000 克，去骨猪腿肉 6000 克，精盐 250 克，红酱油 500 克，白糖 275 克，白酒 50 克，味精 10 克，粽叶 1 000 克，水草 100 根。

制作方法

1. 将猪腿肉去皮，按横丝分别切成肥、瘦长方小块（每小块长为 7 厘米，宽为 2．5 厘米，厚为 1．5 厘米，净重约 17．5 克），放入盆中，加入糖（75 克）、盐（100 克）、味精、白酒，反复搓擦肉块，直至调味料渗入肉内为止。

2. 将糯米放在淘箩内，先在清水中淘洗 5 分钟，接着连箩静置 15 分钟，然后沥干水分将米倒入木盆中，依次加入白糖（200 克）、盐（150 克）、红酱油等拌匀。

3. 选择 8 ~ 10 厘米宽的伏天粽叶，先在开水锅内煮 3 ~ 5 分钟，捞起后再用清水洗净，最后将粽叶理直沥干；另准备好 160 厘米长的水草 100 根。

4. 左手拿粽叶 2 张，毛面均朝下，宽度交叉 1/5 相叠，右手拿另一张粽叶，光面朝上，交叉 1/3 叠接在左手粽叶尾部（将粽叶接长），然后用右手在粽叶总长的 2/5 处折转，两边相平叠上近 3．5 厘米，成漏斗状，并用左手捏住；右手放主米（40 克，推开）和 3 小块肉（二瘦一肥，按瘦、肥、瘦次序横放在米上），再盖上米（60 克），将肉块盖没，最后将长出部分的粽叶向上折转盖住米，包出四角成矮状长方形；将水草头向下，尾向上，在成形的粽子上绕 6 圈，再将水草头尾拿在一起转三转塞入草圈内。

5. 先将锅内水烧沸，然后将粽子下锅（粽子要浸没在水中，并用竹架和石块压住），开始用旺火煮 2 小时，后用小火煮 1 小时即可。

技术诀窍

1. 淘米的速度要快，使米的吸水率为 20% 左右；加入调味料拌制后应静置一般时间，使之更入味。

2. 肉块加入调味料后应反复擦拌，使之入味。

3. 包扎时应四面平衡，两端大小一致，扎绳松紧适宜，不能扎死、打结。

4. 煮制时，粽子应始终浸没在水中（可分次加足水量），旺火烧煮后一定要小火焖煮，使米粒充分糊化涨润，增加成品的黏糯性。

品质标准

丰满结实，鲜美喷香，软糯适口，油而不腻。

四十五、幸福双

幸福双是浙江杭州的风味面食小吃，为杭州著名老店"知味观"的传统点心。幸福双的得名相传起源于梁祝的故事，这一对相爱的男女最后化作了蝴蝶。面点师们怀着对天下有情人终成眷属的良好祝愿，创制了这一点心，并配对供应；同时又采用豆沙馅和百果馅，象征着"甜甜蜜蜜，百年好合"之意，深得年轻情侣的钟爱。

美食原料

（以 50 个成品计量）精白面粉 2000 克，面肥 400 克，食碱 20 克，红小豆 500克，熟猪油 100 克，蜜枣 175 克，青梅、金橘脯、蜜饯红瓜、熟松仁各 125 克，葡萄干 150 克，熟核桃肉、猪板油各桂花酱 25 克，白糖 1 300 克。

制作方法

1. 将猪板油去膜，切成 0. 3 厘米的小丁，加白糖（100 克）拌匀。

2. 将蜜枣去核，同蜜饯红瓜、金橘脯、青梅、熟核桃仁一同切成约 0. 3 厘米见方的小丁，再与熟松仁、葡萄干、桂花酱、白糖（300 克）拌匀成百果馅。

3. 将红小豆择选后经煮制、洗沙、挤干等工序后，放入锅中，再加白糖（900克）、猪油等炒制成豆沙馅。

4. 将面肥放入盆内用清水（1 000 克左右）抓成糊状，再加入面粉和面，揉匀揉透成光滑的面团，饧面待面团发酵成熟后加入碱水调匀，至面团酸碱平衡。

5. 将调制好的面团搓条后揪成 50 个剂子（剂重 60 克），按拍成直径 8 厘米左右中间稍厚、四周稍薄的圆皮。

6. 一手手指略凹托皮，另一手分别上馅（先放入豆沙馅 35 克、糖板油 5 克，再在其上放入百果馅 40 克）后封口，然后封口向上放入长 8 厘米、宽 6 厘米、深 4 厘米的木模中，压平整后扣出即成生坯。

7. 将生坯放入笼屉中（封口朝下），稍饧后，用旺火沸水蒸约 8 分钟即成。

技术诀窍

1. 掌握面肥的量与水温的高低。天冷面肥量稍多，天热则稍少；天冷水温稍高，天热则稍低，确保面团的发酵程度老嫩恰当。

2. 应根据面团的发酵程度控制加碱量，并掌握加碱时调面的程度。

3. 糖板油应腌渍 72 小时以上再使用；炒制豆沙馅时应保持中小火，应提前炒制，且控制馅心的软硬程度；百果馅应注意原料颗粒大小的适中，不能太碎。

4. 制皮及成形时，应保持坯皮中间部位有一定程度的厚度，如太薄则熟制后表面发僵不松，影响美观。

品质标准

皮色洁白，松软饱满，油润丰满，果味浓郁，香甜可口。

四十六、黄桥烧饼

黄桥烧饼是江苏泰兴著名的传统风味面点，因其首创于泰兴县黄桥镇而得名。1940 年新四军东进开辟抗日根据地时，在黄桥战役中，黄桥人民夜以继日，用自己做的芝麻烧饼来慰劳人民子弟兵，极大地鼓舞了士气，为黄桥大捷做出了不朽的功勋。当地流传着这样一支歌谣："黄桥烧饼黄又黄，黄黄烧饼慰问忙。烧饼要用热火烤，军队要靠百姓帮。同志们呀吃个饱，多打胜仗多缴枪……"从此，黄桥烧饼也就名扬天下。如今，黄桥烧饼在原料、工艺等方面作了改进，成为人们喜爱的美味食品。

美食原料

精白面粉 500 克，面肥 80 克，食碱 7 克，净猪板油 150 克，熟猪油 130 克，香葱末 65 克，精盐 10 克，饴糖 10 克，白芝麻仁 70 克。

制作方法

1. 将猪板油撕去膜，切成 0.6 厘米见方的小丁，放入盆内加精盐拌匀；最后在包馅前放入葱末拌匀，并分成 10 份。

2. 将饴糖和食碱分别用清水 15 克调成饴糖水和碱水备用。

3. 取面粉（225 克）放在案板上，中间挖一凹形，加入熟猪油调和拌匀，搓擦成光洁的干油酥面团。

4. 将剩余的面粉（225 克）放在案板上，中间挖一凹形，加入温水（120 克）和面肥调和拌匀，搓揉成光滑的发酵面团，并静置 1 小时。

5. 将发酵好的面团摊开，加入碱水后揉匀揉透，再饧发 30 分钟。然后，搓条后揿成 10 个剂子（每个剂重约 45 克），用手按扁，包入干油酥面团 1 份（重约 35克），捏拢收口。用手按扁后用擀面杖擀成椭圆形，并自左向右卷拢，再按扁擀成长条，并自上向下卷拢，最后按扁擀开。每只包入葱油馅一份，捏拢收口后再擀成椭圆形。

6. 将饼坯封口朝下放在面板上，用软刷在饼上刷上饴糖水，再将饼覆于白芝麻中轻轻拍一下，沾满芝麻后即成生坯。

7. 将烘炉加热，使之发烫。然后将酥饼生坯翻一个身，在无芝麻的一面刷上一层冷水，随刷随贴于炉壁上，烘烤 4～5 分钟，待饼面呈金黄色、饼身胀发时，用长铁钳钳出即成。

技术诀窍

1. 调制发酵面团时的水温要恰到好处，冬天可用温水；面团以稍软为好，便于包酥成形。

2. 在擀酥皮时应用力均匀、平稳，卷时要卷紧；包馅后收口必须捏紧。

3. 掌握好烘烤时的炉温与时间。温度过高易产生焦煳现象；而温度过低则制品质地发硬。另外，生坯进炉、成品出炉要动作敏捷。

品质标准

饼色金黄，酥层分明，一触即落，入口酥松不腻。

四十七、猪油细沙八宝饭

猪油细沙八宝饭是浙江杭州的传统风味面点。此面点是以糯米为主料，白糖、熟猪油、豆沙馅为辅料，并配以猪板油、莲子、桂圆、葡萄干、蜜枣、熟松仁、青梅、佛手萝卜、蜜饯红瓜等"八宝料"制作而成，故而得名。猪油细沙八宝饭是传统婚宴上必备的一道甜点，它既可当菜品调节口味，又能作面食充饥，也是对新人恩爱甜蜜的一种祝福。

美食原料

（以 10 碗成品计量）糯米 900 克，白糖 750 克，熟猪油 250 克，豆沙馅 300 克，糖猪板油 50 克，莲子 100 克，青梅、佛手萝卜、桂圆肉各 50 克，葡萄干、熟松仁、

蜜饯红瓜各 25 克，蜜枣 75 克，糖桂花少量。

制作方法

1. 将糖猪板油切成小丁；莲子浸涨、去衣、去心、掰成两瓣；蜜枣去核，与青梅、佛手萝卜等切成片。

2. 将糯米用清水中淘洗后浸涨（2~4 小时），上笼用旺火蒸制约 1 小时（中途在米饭上洒 2~3 次水），待熟制后倒入盆内，即加入白糖、熟猪油（150 克）拌匀。

3. 取碗 10 只，在每只碗壁涂上猪油（10 克），将糖板油丁分成 10 份，分放于碗中间，蜜枣、青梅、桂圆、葡萄干、佛手、红瓜、松仁、莲子也分成 10 份，从内向外，依次排列围边；然后铺上一层调好味的糯米饭（65 克），夹入一层豆沙馅（30 克），再盖上一层糯米饭（65 克），最后用手按实。

4. 将糯米饭连碗一起上笼蒸 1 小时，取出扣在盆内，撒上少许糖桂花即成。

技术诀窍

1. 糯米淘洗后须浸透，使米的吸水率为 30% 左右；采用旺火蒸制，中途须在米饭上洒上少许水，使米粒吸水涨润。

2. 必须趁热在米饭中拌入白糖、熟猪油，使糖、油、米饭三者混合均匀。

3. "八宝"辅料在碗底排放要整齐，色泽搭配要协调、美观。

4. 糯米饭等装碗后须复蒸至透、糯为止，使米饭与白糖、熟猪油充分融合。

品质标准

色彩鲜艳，绵糯油润，香甜多味。

四十八、绿豆煎饼

绿豆煎饼是安徽皖北地区的特色风味食品。此面点是以绿豆磨糊烙制成薄饼，再在饼上抹上蒜泥、辣椒酱、香油、精盐等馅料制作而成的。

美食原料

（以 40 克成品计量）绿豆 2000 克，蒜瓣 250 克，精盐、辣椒酱、香油、豆油各 50 克，味精 5 克。

制作方法

1. 将蒜瓣捣成泥状，放入碗内，加入精盐、辣椒酱、味精、香油调拌均匀。

2. 将绿豆择洗干净、晾干，磨成粗粒，放入盆中加清水浸泡 4 小时，捞起后搓掉豆皮，并用清水漂去，另加清水（2000 克）一起磨成豆糊。

3. 将铁鏊子放在小火上烧热，刷上一层豆油后，舀上豆糊（100 克），倒于鏊子中间，然后用竹刮子将豆糊在鏊子上旋刮成圆饼形，待饼坯凝固时，用平铲翻过来烙制，见饼坯两面呈浅黄色时即可。

4. 将烙好的饼摊平，抹上适量调味料后卷成筒状即成。

技术诀窍

1. 绿豆糊的加水量要适宜，不宜过多，否则饼坯柔韧性差、易破。

2. 烙制饼坯时，应控制火力，不宜过大；另外要控制加油量。

3. 竹刮子刮豆糊前应先蘸水，可防止刮子粘上豆糊；刮时用力要均衡，确保饼坯平整、厚薄一致。

品质标准

色泽淡黄，皮薄有劲，咸香辛辣，味美可口。

四十九、闽南肉粽子

厦门、泉州的烧肉粽、碱粽皆驰名海内外。烧肉粽精工巧作，糯米必选上乘，猪肉择三层块头，先卤得又香又烂，再加上香菇、虾米、莲子及卤肉汤、白糖等，吃时蘸调蒜泥、芥辣酱、红辣酱等多样佐料，香甜嫩滑，油润不腻。闽南话"热"与"烧"同含义，所谓"烧肉粽"，就是要趁热而食的粽子，热食则更有风味。

美食原料

晚糯米 1 500 克，带皮猪腿肉 1 500 克，鲜栗子 450 克，水发香菇 75 克，虾仁干 90 克，炸酥扁鱼 60 克，鸭肉 600 克，红糖 75 克，熟猪油 150 克，酱油香料卤汁 750 克，味精 5 克，竹棕叶 80 片，咸草若干条。

制作方法

1. 晚糯米洗净用清水浸泡 2 小时，捞出沥干水分。鲜栗子放入木炭炉内烘裂壳，去壳取肉。水发香菇去蒂切片，虾仁干用温水泡软，竹棕叶洗净用沸水泡软。

2. 锅内加酱油香料卤汁、猪肉、鸭肉煮至卤熟，取出切成 30 等块。炒锅置火上，加熟猪油烧至五成热，放入泡好沥干的糯米翻炒，加入卤汁、红糖、味精、熟猪油拌匀，待糯米呈赤黄色、至五成熟时，盛出晾凉。

3. 取棕叶二三片并列互叠，折成尖底三角形漏斗状，先倒入糯米约 25 克，再放入栗子、香菇、虾仁各粘在三角形叶沿，中间放入卤猪肉、鸭肉、扁鱼碎粒，最上边盖上糯米约 25 克，收拢棕叶两端，包成有 4 个角的立体形状，用咸草捆扎四角及中腰，每 15 个扎成一串。

4. 锅内放入肉粽、水，用中火煮约 3 小时，捞出保温即可。食时解开咸草，以芥辣酱、辣椒酱佐食。

技术诀窍

1. 炒制糯米时要边炒边翻动边加卤汁。

2. 掌握包粽的方法，煮粽时要用中小火煮制。

品质标准

成品状如三角或四角，剥开粽叶粽肉白里透浅黄，有一股淡淡的粽叶香，口感滑润鲜爽，馅心浓香扑鼻。

五十、福州太极芋泥

据传，林则徐受命为钦差大臣，1839 年赴广州禁烟。美、英、俄等国的领事为了奚落中国官员，特备冰淇淋作冷餐宴请林则徐，企图让他出丑。在宴席上，初见冰淇淋的林公见其丝丝冒着白气，以为是一道热菜，放在嘴边吹了又吹才送入口中——谁知那冰淇淋却是冰冷的。在座的外国领事们哈哈大笑。

不久，林则徐备宴回请。席末，林公上了福州名菜"太极芋泥"。这是一道用槟榔芋蒸熟后除去皮和筋，压成细泥状，拌上花生、芝麻条等果料再蒸透取出，加白糖、猪油等拌匀成芋泥，然后再用瓜子仁、樱桃在芋泥上面装饰成太极图案的小吃。才出锅的热芋泥滚烫之至却并不冒热气。外国领事们一见这道菜颜色暗红发亮，油润光滑，犹如双鱼卧伏盘中，色香俱全，却不识其名，便问翻译。来自北方的翻译也不识这道福州街头巷尾的小吃，灵机一动说，这是林公招待大家的"福州冰淇淋"。领事们迫不及待地想先尝为快，结果可想而知。这则小故事传到民间，更增添人们对这道美味"福州冰淇淋"的喜爱。细观其状，两者外观还真有几分相似。

美食原料

槟榔芋头 250 克，花生 50 克，熟芝麻 5 克，牛奶 30 克，白糖 100 克，熟猪油 75 克。

制作方法

1. 把芋头洗净，入蒸笼蒸熟，剥去皮，捣成泥蓉。

2. 花生炒熟碾成末。

3. 炒锅烧热，加入猪油，油温烧至六成热时，到入芋泥炒至散，加入白糖、花生米、芝麻、牛奶搅炒，视芋泥有些发沙，油糖全吃进芋沙中，起锅装盘即成。

技术诀窍

1. 芋头一定要蒸透，使之柔软，容易碾成泥状。

2. 炒制的火候不宜太大，以防焦煳。

3. 糖油分次加入，且要不停地搅动，直至融为一体。

品质标准

色如咖啡，质地绵泥细腻，口感松软香甜。

五十一、福州光饼

福州光饼又称"征东饼"。明嘉靖四十一年（1562）农历九月二十七，抗倭英雄戚继光率部追歼倭寇至福清牛田（今龙田）。为减少炊时，戚继光布置各营以炭火烤炙用面粉做成的两种圆饼。一种小而干燥；一种大而松软，略带甜味。两者中间均打一小孔，用绳串起背于身上，便于士兵携带作为临时干粮。由于它随处可充饥，增强了队伍的机动性，为歼灭倭寇立下大功。此后，为纪念戚公，福清及福州、闽清等地人民仿制这两种圆饼，前者叫"光饼"，后者称"征东饼"。后有人在光饼上添上芝麻，成了"芝麻光饼"，又叫"福清饼"。福清一带每遇清明，用它作祭品。立夏时，孩童们将模仿各种飞禽走兽形象制成的光饼挂在脖子上，追逐嬉戏，增添节日气氛。将光饼掰开，夹入韭菜、鲜蛏、嫩笋、紫菜等即成"咸烧饼"；如加糖则为"甜烧饼"。老辈福州人倘忆起旧时"提（苔）菜饼，辣菜饼，猪油渣夹我福清饼"的叫卖声，倍感亲切。旧时这些叫卖人头顶"小店"，小巧别致，左右分书"闻香一尝三打掌，知味十步九回头"小联，里面摆放着甜酱、辣酱等。外地客经过福清，旅外侨胞返乡省亲，也都要买一串尝尝。

美食原料

面粉350克，酵面50克、小苏打5克、精盐1克。

制作方法

1. 将面粉同酵面、小苏打、盐一起和匀成团。

2. 面团静置发酵约半小时。

3. 面团制成16个剂子，每个剂子揉圆按扁，成饼生坯，中间挖一孔，入炉烘烤至熟即成。

技术诀窍

1. 酵面一定要发酵到位，体现饼的风味。

2. 掌握发酵的适宜条件和程度。

3. 成品造型一致，表面可扫清水撒少许的芝麻。

4. 把握烘烤的温度和时间。

品质标准

饼色金黄、外酥香、内松软。

五十二、锅边糊

锅边糊又称鼎边糊，是福建小吃，用米浆烙煮而成，色白质嫩味鲜。配蛎饼、韭菜酥同食，味道别致，是福州地区佳点之一。相传明嘉靖四十二年（1563）冬，戚继光闻知倭寇在福州郊区高盖山一带集结，便下令将士屯兵于雁山商议对策。这一带的居民浸米磨浆，准备精制米齐米果送往军营，慰劳抗倭将士。忽然一匹快马急驰而来，飞报倭寇正在策划偷袭戚家军营，戚继光决定三更出发，攻其不备，天亮前攻打高盖山。可是磨好的水浆尚未压干，做不了米齐米果。这时，有位老伯提议把做馅的佐料放入铁锅内，加上调料作成汤，等汤沸后，再将米浆倒入搅拌，让将士吃碗米糊暖身子。一会儿，戚家军来了，将士接过百姓手中的米糊，喝得津津有味。戚继光喝完后大加赞赏，问："老人家，这叫什么呀？"老伯急中生智说："将军，这……这叫锅边糊。"从此锅边糊流传至今。锅边糊软嫩味美、经济实惠，是福州居民日常早点。

美食原料

大米500克，虾仁50克，木薯粉750克，韭菜100克，骨头汤3000克、鱼露、花生油、酱油各50克、香菇30克、味精10克、胡椒粉、炸蒜丁各少许。

制作方法

1. 大米洗净，用清水浸2小时捞出沥干，加适量的清水磨成细米浆，加入木薯粉和水搅拌均匀，分成3份。

2. 香菇、虾仁用清水浸透切成片，韭菜洗净切成寸段，分成3份辅料。

3. 将大锅放在旺火上，下骨头汤1000克，烧至七成热时，锅边抹匀花生油，用碗舀米浆，绕锅边一圈浇匀，盖上锅盖，约煮3分钟后，见锅边米浆起卷，用锅铲将米浆铲下锅底，放入一份辅料，加入酱油、鱼露烧到沸后，放蒜丁和味精，出锅装在盆中。

4. 食时可撒上胡椒粉或自己喜好的配料，若配上油条、卤大肠、卤肉等则更有风味。

技术诀窍

1. 绕米浆薄厚要均匀，以使磨制的口感更细腻。

2. 熬汤的骨头可以用猪骨、鸡骨，二者混合熬制味道更佳。

3. 各种配料要新鲜，可依据不同口味调制。

品质标准

锅边色白卷起，质地软嫩，口感浓稠，味道鲜美适口，营养丰富。

五十三、漳州打卤面

漳州打卤面传说已经有一千三百多年的历史了。据考证，闽南的面食是一千三百多年前，由移居来漳州的大批北方汉民带过来的。后来，这些北方人入乡随俗，面食也渐渐成了节日、婚嫁和搬家之类喜庆时刻的特殊食品了。如今，在漳州，满街的大排档都可以吃到漳州打卤面。

美食原料

生细面400克，猪瘦肉、鲜虾仁各100克，水发香菇10克，鸡蛋1个，水发黄花菜20克，熟猪油30克，精盐5克，湿淀粉20克，肉清汤800克，味精6克，葱末、姜末、蒜末各3克，香油、油葱、胡椒粉各适量。

制作方法

1. 将猪瘦肉切成丝，香菇切成丝，鸡蛋磕入碗中打散。

2. 炒锅放旺火上，舀入熟猪油烧热，下葱姜蒜末煸香，并下肉丝、虾仁、香菇丝、黄花菜略炒，放入肉清汤烧沸。下味精、精盐，用湿淀粉调成卤汁后加入蛋液即可。

3. 炒锅置旺火上，加水烧沸，放入熟面条氽熟捞起，装入汤碗中，淋上调好的卤汁，撒上香油、油葱、胡椒粉即可。

技术诀窍

1. 煮面条时须用旺火沸水，断生即可，不宜多煮，否则易烟。

2. 卤汁不宜调得过稀，注意加淀粉的量。

品质标准

色泽鲜艳，质嫩爽滑，滋润香醇，甘美可口。

五十四、肉蛎饼

肉蛎饼是福州传统风味小吃。圆形，色呈金黄，壳酥香，馅鲜美，可单独食用。福州人大多把肉蛎饼做早点下粥小菜，特别是以肉蛎饼配吃鼎边糊，一干一稀，风味佳美。传说清初有一位年轻人继承父业，在闹市设摊卖早点，他虽然勤劳，但生意惨淡，仅能糊口。他朝思暮想如何才能生意兴隆，财源茂盛，成家立业。一天晚上，他梦见一位白发老人对他说："你的后运好！"他急问："好运向何处求？"老人不答不理，飘然而去，他追赶不上，这时只见天上月白云清，星星闪烁，他看得出神。接着月亮下沉，金黄色的太阳从东边升起，霞光万道。醒来却知是一场梦。后来，他从梦中悟出了奥妙，就用米豆为原料磨成浆，制成似明月般的肉蛎饼放在油中炸。饼在油中翻滚，似在彩云之间，熊熊火焰犹似霞光万丈；肉蛎饼熟时呈金黄，好比金黄色太阳，这就是由月亮到太阳的肉蛎饼制作来历。开市后，顾客品尝之后，拍手叫好。从此他的生意日益兴隆，并因此成为地方一大富户。后人争相仿效，流传至今。

美食原料

大米1750克，猪瘦肉、海蛎子肉各500克，黄豆750克，葱白250克，精盐、酱油各75克，花生油7500克（约耗650克）。

制作方法

1. 将大米、黄豆分别用清水浸泡2小时，洗净，沥干水分，加少量水磨成浓浆，盛入盆内，加精盐用木棍搅拌。猪瘦肉洗净切块，用绞肉机绞碎，放入葱粒、酱油拌成馅料，分成100份。拣去海蛎子肉中的碎壳，洗净，沥干水分，均放在每份的馅料上。

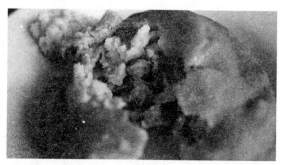

肉蛎饼

2. 大锅内加花生油，放入2把长柄铁勺，烧至六成热时，取出1把，勺内舀入一汤匙米浆，放上一份馅料，再舀上一汤匙米浆，放入油锅；取出另一把铁勺，与第一把同样的操作，两把铁勺轮换将浆用完。

3. 炸至饼坯两面呈金黄色时，逐块捞在大漏勺内，沥净油即成。

技术诀窍

1. 油炸时要勤翻动，不要炸至焦煳。

2. 掌握好米浆的浓度。

3. 控制米浆中黄豆粉的比例，冬天多夏天少。

品质标准

色泽金黄，皮酥香，馅鲜润，口味鲜美，突出蚝肉的独特风味，馅料中若加入鸡肉，口感更佳鲜香。

五十五、包心鱼丸

包心鱼丸是用鳗鱼、鲨鱼或淡水鱼剁蓉，加甘薯粉（淀粉）搅拌均匀，再包以猪瘦肉或虾等馅制成的丸状食品，是富有福州地方特色的风味小吃之一。鱼丸的来历据说与秦始皇有关。这位性情急躁的"千古一帝"喜食鱼但又十分讨厌鱼刺，有好几个厨师为之丧命。有一次，轮到一位名厨为秦始皇做菜，他洗好鱼后，想到自己吉凶未卜，身家性命全系在这条鱼上，不由得怒火中烧，顺手用刀背狠狠地向鱼砸去，鱼砸烂了鱼刺也露了出来。这时，太监来传膳，他急中生智，顺手拣出鱼刺，将砸得稀烂如泥的鱼肉在汤里汆成了丸子。秦始皇食用之后，十分高兴，便给它取了个特别的名称："皇统无疆凤珠汆"。以后，鱼丸又从宫廷传到了民间。福州鱼丸是以鱼肉做外皮的带馅丸子，选料精细，制作考究，皮薄均匀，色泽洁白晶亮，食之滑润清脆，汤汁荤香不腻。"没有鱼丸不成席"，从这句俗语中便可知福州人对鱼丸的偏爱了，尤其是那些久别故里回乡探亲的侨胞，都以能品尝家乡的鱼丸而感到欣慰。

美食原料

净海鳗鱼肉 600 克，五花猪肉 100 克，鲜虾米 30 克，鳊鱼干末 15 克，精盐 20 克，味精 5 克，胡椒粉 2 克，干淀粉 120 克，高汤 800 克，香油 10 克，芹菜球 5 克。

制作方法

1. 用小尖刀刮海鳗鱼肉，成鱼蓉，剔净鱼骨，盛于盆中。清水 500 克加盐 30 克，味精若干，分 5 次添入鱼蓉中，每加一次，往同一个方向搅动，使鱼肉逐步起黏上劲。加入淀粉搅匀，待鱼蓉起糊时取若干捏成小丸投入清水中，见能浮于水上即可。

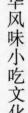

2. 把虾米洗净后切成细末，放在纱布上沥干水分；猪肉剁成蓉，同放一碗中，加精盐2克、味精1.5克搅和，分捏成直径为1厘米的馅丸。

3. 锅放中火上，舀入清水，用左手抓起鱼蓉糊摊在掌心，右手挑入一个馅心，随后用左手的拇指和食指捏压，用鱼蓉糊包囊馅心，从指缝中压出包心鱼丸。改用微火，把盆中的鱼丸倾入锅中，并不断拨动至鱼丸余熟，捞起，盛于汤碗中。

4. 另行起锅，放旺火上，倒入高汤，加入味精、精盐烧沸，舀于汤碗鱼丸中，撒芹菜球、胡椒粉、香油即成。

技术诀窍

1. 剁鱼肉时，木案板要铺一层鲜肉皮，以防杂质进入肉蓉内。

2. 制作鱼蓉时应注意鱼、粉、精盐的比例，搅浆时应顺一个方向，不能左右开弓。

3. 包制肉馅时要放在手掌心正中。

4. 煮鱼丸时水不能烧沸，要用微火慢慢烧透烧熟。

5. 选用的干淀粉为纯白甘薯粉。

品质标准

成品成薄均匀，色泽洁白晶亮，口感滑润鲜脆，馅香浓郁，汤汁荤香不腻。

五十六、葛粉包

葛粉包是福建特色风味面点，因以葛粉调制的面团为坯皮，包入甜馅制作而得名。葛粉是豆科类植物葛的块根经粉碎、漂洗、沉淀后分离出来的淀粉制品，其质地细腻、洁白，味甘，性大寒，有生津止渴、清热除燥之功能。这是一款甜润可口、清凉解暑的营养保健食品。

美食原料

葛粉400克，去皮熟花生、杏仁霜各25克，熟猪肥膘肉40克，鲜牛奶、白糖各75克、淀粉15克。

制作方法

1. 熟猪肥膘肉斩细，熟花生米碾成末，与白糖一起拌匀，搓成黄豆大小的圆粒，边搓边放入内有葛粉的筐中，然后将筐转动，让圆柱沾上一层葛粉，取出放入漏勺中。

2. 炒锅上火，放清水烧沸，将直有圆柱的漏勺放入沸水中略烫，取出倒入葛

粉筐中，迅速转动，使圆粒再沾上一层葛粉，按上法再烫一下，再滚上一层葛粉，放入沸水锅中，烧沸后移至小火上。

3. 另取锅上火，放清水，加白糖烧沸。将牛奶、杏仁霜和水淀粉一起调和均匀，徐徐倒入糖水锅中，沸时撇去浮沫，将糖乳汁倒入汤碗中，再用漏勺将葛粉包捞出，轻轻倒入汤碗中即成。

技术诀窍

1. 葛粉面团的加水量应根据粉质不同灵活掌握。调制时必须用沸水，并迅速搅动，否则面团松散不宜成形。

2. 蒸制时以中火为好，且时间不宜过长。

品质标准

葛粉包滑润香糯，咬开甜肥，牛奶、杏仁香味浓郁，尤宜老年人食用。

五十七、开元寿面

生日吃寿面的习俗源于西汉年间。有一日，汉武帝与众大臣聊天，说到人的寿命时，汉武帝说："《相传》上讲，人的人中长，寿命就长，若人中一寸长，就可以活到100岁。"坐在汉武帝身边的东方朔听后笑了起来，众大臣莫名其妙，都怪他对皇帝无礼，东方朔忙解释说："我不是笑陛下，而是笑彭祖。人活100岁，人中一寸长，彭祖活了800岁，他的人中就长8寸，那他的脸有多长啊。"众大臣恍然大悟。要想长寿，靠脸长长点是不可能的。但可以借喻，把脸称作面，讨个吉利。脸即面，那么"脸长即面长"，于是人们就把借用长长的面条来祝福长寿。渐渐地，这种做法又演化为生日吃面条的习惯，称之为吃"长寿面"。这一习俗沿袭至今。

美食原料

上等白面条500克，豆芽250克，水发香菇30克，黄花菜15克，嫩姜3克，芹菜60克，菜油65克，酱油15克，味精2克。

制作方法

1. 将香菇、嫩姜切丝；芹菜放沸水锅中焯一下，切碎；豆芽洗净，去根；黄花菜切寸段。

2. 将面条放在沸水锅中浸透，捞起沥干水分，然后摊开，淋上熟菜油（15克），拌匀抖松。

3. 将炒锅放在中火上，倒入菜油（50克）烧至油冒烟，取出一半待用。然后将姜丝放入稍煸，加香菇、黄花菜，翻炒，加酱油、味精，加水250克煮沸后，即将面条、豆茅倒入锅中翻拌，加盖稍焖至熟透，拌入留下的熟油。装盘时，在面条上铺芹菜即可。

技术诀窍

1. 面条下沸水锅中煮制时间不能太长，否则吃口不爽滑。

2. 面条上的面臊配料可因人而异，也要随季节而灵活变化。

品质标准

健脾益气，补虚益精，对脾虚气弱的肿瘤、冠心病、高血压等病患者有益。

五十八、弋阳米果

米果是江西弋阳著名的风味小吃，又叫弋阳团子，俗称"大禾米果"，始制于明代，至今已有五百多年的历史。其选用江西四大名米之一的弋阳特产大禾米为原料，采用"三蒸两百锤"的独特工艺精制而成。具有"洁白如霜、秀明似玉、柔软爽滑、韧性可口"的特点，其中以冬至后制作的为最佳，历代被御选为皇宫贡品。米果切成片状，咸、甜均可，蒸、沙、煮、烘皆宜，各具特色，为弋阳传统珍品。

美食原料

弋阳本地大禾米5000克，青红丝100克。

制作方法

1. 将大禾米洗净，浸泡7～10天，滤干水分蒸至半熟，放入石臼中捣烂，然后再蒸熟再捣烂，反复3次；

2. 取捣好的原料制成圆饼或长条形印上图案，加上少许青红丝。食用时将制好的米果或炒或煮或蒸各有风味。

技术诀窍

1. 大禾米泡软，在泡至过程中要经常换水，以保持大米无异味，泡制水清澈。

2. 在制作过程中，要多锤以充分捣烂大米。

品质标准

洁白如霜，透明如玉，油光如镜，韧性如皮。

五十九、伊府面

伊府面为江西饮食行业传统经营品种，是江西花样面食之一。可加不同配料，炒制成不同风味的伊府面，如三鲜伊府面、鸡丝伊府面、虾仁伊府面、什锦伊府面等。

美食原料

面粉1 000克，鸡蛋500克，食用植物油2500克，肉松250克，猪油150克，虾米、葱丝、姜丝、精盐、味精、淀粉、香油各适量。

制作方法

1. 将猪油150克放入锅内，用葱、姜丝炝锅，随即放入切碎的虾米等炒一下，冷却后等分成10份，与肉松混合均匀装入塑料小袋，每袋25克，加热封口。

2. 先烧开水再下生面条，煮到七成熟时捞出，沥去水分，100克一团分成10份，稍冷却后，逐个下油锅炸成金黄色，捞出滤去余油，冷却后装入塑料袋内，同时放进佐料袋。

3. 食用时，拆开大塑料袋，将伊府面置于碗中，佐料放在面条上，用开水冲泡即成。

技术诀窍

1. 不可将面条切得太粗。

2. 不能将面条煮得太烂或炸枯。

品质标准

外焦里嫩，香而不腻。

六十、信丰萝卜饺

信丰萝卜饺因信丰萝卜而得名，是当地有名的独特风味小吃。因气候、土质等因素，信丰一直盛产萝卜，其个大，皮薄、甘甜、汁多，长期以来，当地人不断研究萝卜的吃法。信丰萝卜饺的具体诞生年月已无从考究。一种说法是，20世纪初，该县嘉定镇水东村一吴姓村民凭多年的经验，摸索出了一套萝卜饺的制作工艺，其做出来的饺子风味迥然不同于当地以往的饺子，令人品尝之后难以忘记，一时名声大噪。解放后，该县国营餐饮龙头企业——水东饭店特聘吴姓家人专做萝卜饺并进行技艺传授，由此，信丰萝卜饺得以长足发展，成为当地餐饮业的一大品牌。

美食原料

白萝卜500克、薯粉300克，猪肉，鲜鱼80克、菜籽油各100克，盐10克，酱油15克、辣椒粉、葱花各5克、味精2克。

方法

1. 将白萝卜切成块状，煮至八成熟，捞起沥干剁成泥状，配以油、盐、酱油、辣椒粉、味精、葱花等佐料，入锅快速翻炒，待出味时，用淀粉勾芡，成半糊状时出锅。

2. 将猪肉、鱼肉切成指甲大小的薄片，拌上酱油、味精。

3. 将薯粉倒入加热的锅中，加适量冷水，待水沸后用锅铲快速拌匀，起锅时，将薯粉倒在案板上，反复搓匀，最后搓成长圆条，掐成小脐，然后用擀面杖擀成圆皮。

4. 一手托皮，一手执莲花刀把将萝卜馅下剂中间，放鱼片、肉片各一片，然后包成月牙形的饺子，入笼用旺火蒸15分钟即成。

5. 用调好的麻油、酱油、辣椒蘸食。

技术诀窍

1. 制萝卜馅时萝卜炒至八成熟即可。

2. 薯粉与水之间要掌握好比例，水不能太多，蒸制时旺火一次蒸熟。

品质标准

饺皮透明滑润，馅肉香辣味鲜。

第四节　华中地区风味小吃

我国华中地区包括河南、湖北和湖南三省。该区域位于我国中部，地形复杂，平原、丘陵、山地与密布的河湖交错。大部处于亚热带，小部处于暖温带，除少数地区为半湿润气候外，绝大部分为温暖湿润气候。湖北、湖南的大部分地区以稻米为主粮，河南以麦类为主粮，其他粮食有红薯、玉米、豆类、荞麦、谷子等。猪、牛、鸡、鸭、水产品和蔬菜水果等食物原料较丰富。

河南省地处黄河中下游，饮食文化自古发达。夏、商、汉、晋时期曾建都河南，促进了包括小吃和面点在内的饮食文化的发展。特别是北宋都城汴梁（今开封），小吃品种数以百计，风味多样，为一时之冠。经历代发展，河南小吃形成了独特风格，以擅制面粉制品闻名，制作方法上以烙、蒸、炸、煎、煮等见长。锅盔、烧饼、馒头、油条、面条、饺子等类制品突出了面点小吃占主体的地方特色。较出名的小吃面点有枣锅盔、博望锅盔、双麻火烧、什锦元宵、黏面墩、重阳糕、勺子馍、老蔡记蒸饺、团馓、羊肉烩面、八宝馒头、荆芥面托、鸡蛋布袋、白糖焦饼、小焦杠油条等。

湖北省位于长江中游，市肆饮食起源较早，早在战国时就有饹饹、蜜饵、馂馀等品种。魏晋南北朝时，又出现春饼、粽子、汤饼等。到清代，名品更多，东坡饼、云梦鱼面、绿豆糍粑、锅盔、豆丝、汤圆、年糕、藕圆等均有较大影响。湖北以米、豆、肉类等制品见长，面食小吃中米糊面团和米豆混合磨浆烫皮的制品甚多，质感糍糯、柔滑。注重麦、薯、蔬、果、鱼、肉、蛋、奶兼用，滋味以咸、甜为主。工艺上广泛采用擀、叠、搓、捏、包、嵌、削等成形技巧，以及煎、炸、烙、蒸、煮、炕、烤等熟制方法。较有名的小吃有热干面、黄州烧梅、谈炎记鲜肉水饺、东坡饼、荠菜春卷、四季美汤包、麻将馒头、油条、蟹黄螃蟹酥、蛋黄菊花酥、三鲜豆皮、面窝、秭归粽子、牛肉抠饺子、欢喜坨、枯炒牛肉豆丝、糊汤米酒、什锦豆腐脑、云梦炒鱼面、藕粉圆、桂花红薯饼等。

湖南省位于长江中游南岸。先秦时期是楚国的属地之一，很早就出现丰富的饮食种类。长沙马王堆出土的西汉古墓中有馆、稻蜜糖、麦糖、黄粢食、白粢食、麦食、稻食等系列粮食制品。经历代发展，至清代时已形成众多品种，仅清《湖南商事习惯报告书》介绍的面点就有数十种之多。以长沙为代表的湘中丘陵地区的面点用料广泛，做工精细，花样繁多，制法上以蒸、炸、煮等法见长。洞庭湖区以米类、水产类制品为多，食法上喜干稀搭配，成品以软、嫩、鲜著称。湘西、湘南擅长制作面粉、豆、薯类为主料的各种糕饼小吃，多用烤、煎、烘、炸等制法，成品以深黄色和红色为主，制作方便，讲求实惠。较有名的面食小吃有珍珠烧麦、鸳鸯酥、姊妹团子、灌肠粑、侗果、椒盐馓子、杨裕兴面条、德园包子、和记米粉、常宁凉粉、社饭、土家族糯糍等。

一、武汉热干面

热干面是湖北武汉的传统小吃之一。20 世纪 30 年代初期，汉口长堤街有个名叫李包的食贩，在关帝庙一带靠卖凉粉和汤面为生。有一天，天气异常炎热，不少剩面未卖完，他怕面条发馊变质，便将剩面煮熟沥干，晾在案板上。一不小心，碰倒案上的油壶，麻油泼在面条上。李包见状，无可奈何，只好将面条用油拌匀，重新晾放。第二天早上，李包将拌油的熟面条放在沸水里稍烫，捞起沥干入碗，然后加上卖凉粉用的调料，弄得热气腾腾，香气四溢。人们争相购买，吃得津津有味。有人问他卖的是什么面，他脱口而出，说是"热干面"。从此，他就专卖这种面，不仅销售火爆，还有不少人向他拜师学艺。

过了几年，有位姓蔡的先生在中山大道满春路口开设了一家热干面馆，取财源茂盛之意，叫做"蔡林记"，成为武汉市经营热干面的名店。后迁至汉口水塔对面的中山大道上，改名"武汉热干面馆"。

武汉热干面

美食原料

上白面粉 2500 克，叉烧肉 60 克，虾米 55 克，大头菜 100 克，芝麻酱 250 克，香油 150 克，小磨香油 100 克，味精 15 克，酱油 750 克，白醋 100 克，辣椒粉 25 克，纯碱 20 克，葱花 100 克。

制作方法

1. 将芝麻酱放于钵内，下小磨香油 50 克调匀；辣椒粉入钵，淋入烧沸的香油拌匀成辣椒油；将大头菜、叉烧肉、虾米切成小米粒丁，分别盛入小钵内；味精另盛一小杯内。

2. 在面粉内加入纯碱水揉匀上劲，直至面粉拌和成蝴蝶翼形小薄片。

3. 将和好的面入轧面机，先轧成 0.4 厘米厚的薄面片，再轧出直径为 0.33 厘米粗的圆面条。

4. 大锅置旺火上，下清水烧沸，将面条抖散下锅煮，随即用竹筷拨散，煮约 3 分钟，至八成熟时捞出沥水，置案板上，用电扇吹凉。再刷上香油，抖开拌匀，凉至根根散条。

5. 将煮好的面条（重 205 克），放入竹捞箕中，投旺火沸水锅里，上下抖动着烫至滚热。捞起，沥干水，倒入碗内，撒上虾米丁、叉烧肉丁、大头菜丁，浇上芝麻酱，加入小磨香油、白醋、辣椒油、味精，撒上葱花，拌匀即成。

技术诀窍

1. 面团应用冷水调制，用力揉搓上劲。

2. 煮面的要求是火旺、水多、水沸，不宜一次下锅太多，煮至八成熟即可。

3. 煮过的面应迅速用电扇吹凉，拌油要均匀，并要抖散。

品质标准

面条根根筋实，色黄而油润，滋味鲜美。

二、黄州烧梅

黄州烧梅是古城黄州的传统风味小吃，相传在北宋初年就已问世。该小吃选用上等白面粉做包皮，明代以前用肥肉、桂花、橘饼、核桃仁、瓜子仁、蔗糖等做馅料，清代以后又加配葡萄干、红绿丝、冰糖等作馅。制作成形后，用芝麻油炸熟或上笼蒸熟。

黄州烧梅的外形在历史上也曾发生多次变化。原为质朴普通的烧梅形状。传说到了明代，每逢会考，各县生员云集黄州，店家将烧梅制成石榴状，上端涂点珠红之色，象征吉利的"红顶子"，有祝福秀才们"中举"之意。许多秀才为了讨一个好"彩头"，纷纷购买这种烧梅食用。清代以后，烧梅形状变作长秤砣形，下部仍似石榴，上部收口处状如梅花，暗含"榴结百子，梅呈五福"的吉祥之意。

如今，黄州烧梅的花样不断翻新。中外游客游览黄州东坡赤壁时，往往慕名购买黄州烧梅一尝为快，或作为礼品馈赠亲友。

美食原料

上白面粉 250 克，白面馒头 450 克，猪肥肉 750 克，冰糖、蜜橘饼各 100 克，蜜桂花、葡萄干、核桃仁各 50 克，淀粉 150 克，白糖 750 克，红绿丝 15 克，精盐 5 克。

制作方法

1. 将猪肥肉切成大块后放沸水锅中煮 5 分钟捞出，去皮晾凉切成豌豆粒大小的丁；馒头切成小方丁金橘饼、红绿丝分别切末：冰糖碾成碎屑。

2. 将猪肥肉丁、核桃仁、橘饼末、馒头丁、红绿丝末、冰糖屑、葡萄干、白糖一起拌匀成馅备用。

3. 将面粉与清水、精盐拌和搓揉均匀，盖上净布饧 5 分钟后搓条揪剂 80 个。将面剂擀成直径 10 厘米的荷叶状圆皮，挑入糖馅，包成 6 厘米高、底部直径为 3. 3 厘米、上小下大的秤砣状。

4. 将烧梅坯置于垫有松毛的笼屉中，用旺火沸水蒸约 3 分钟，揭盖在烧梅上均匀洒上冷水，盖好盖续蒸5分钟即成。

技术诀窍

1. 面团要揉搓均匀上劲。饧面可提高制品的弹性和光滑度，使之更滋润爽口。饧面时必须加盖湿布。

2. 水烧沸后才能上笼蒸制，蒸时要求火旺汽足，不宜蒸得过久。

品质标准

工艺精细，玲珑剔透，色白形美，皮薄馅满，油润香甜。

三、谈炎记鲜肉水饺

谈炎记鲜肉水饺是湖北武汉名点，为谈氏所创制。谈炎记鲜肉水饺之所以有名，主要在于选料严格，做工精细，其成品汤鲜馅嫩，鲜美可口。

美食原料

高精面粉500克，鲜猪腿肉250克，牛肉、猪排骨、猪油各100克，猪蹄200克，虾米25克，猪筒骨200克，原汁汤2500克，五香菜50克，酱油75克，精盐55克，淀粉70克，葱花、纯碱、胡椒粉、味精各10克。

制作方法

1. 将猪腿肉、牛肉去皮、去筋，剁成肉蓉，下精盐、凉水搅拌成馅；猪蹄、排骨、筒骨放沙锅内，加入清水置中火上煨熬成原汁浓汤。

2. 面粉下清水250克和纯碱，揉匀、揉光滑，用干淀粉作沾粉压擀3次，折叠后，切成6.6厘米见方的面皮，逐张包入肉馅，制成水饺。

3. 取碗10个，分别放入猪油、味精、虾米、胡椒粉、五香菜、酱油、精盐，舀入原汁沸汤。

4. 锅置旺火上，加清水烧沸，下水饺入锅煮2分钟，待水饺浮出水面，点入凉水续煮0.5分钟，捞出。每碗盛入20个，撒上葱花即成。

技术诀窍

1. 肉馅必须用力顺一手方向搅拌上劲，这样才能使成品口感嫩爽，水饺皮要擀薄。

2. 此点的汤十分讲究，需用中火长时间熬制，以奶白色的浓汤为佳。

3. 煮水饺必须水宽、火旺、水沸，煮制时间不宜过长。

品质标准

皮薄馅大，汤鲜味美，汤奶白，水饺滑嫩。

四、西山东坡饼

湖北省鄂州市在三国时期名叫武昌，东吴孙权取"以武而昌"之意在这里建都。鄂州西山风景幽雅，景色宜人，孙权曾在此建避暑宫。晋陶侃，唐元结、李阳冰，宋苏轼、黄庭坚等都到过这里。相传苏轼谪居黄州时，常泛舟南渡，游览西山。山上灵泉寺的僧人以灵泉水烹茶，以麻油煎麦面饼拌糖款待，东坡品茶食饼，颇感惬意，每次访游西山必食此饼。

清同治三年（1864），湖广总督官文游西山时，寺僧仍以此饼待之，官文食后十分高兴，问饼何名，僧宏儒答曰"东坡饼"，此饼名声更著。如今，灵泉寺仍做东坡饼供应游客。

美食原料

上白面粉1 000克，白糖450克，鸡蛋清2只，精盐7．5克，苏打粉2．5克，芝麻油2500克（约耗800克）。

制作方法

1．在盆内放入精盐、苏打扮、鸡蛋清，加清水500克搅匀后，下面粉反复揉匀。将面团放案板上稍揉搓条，揪成重150克的面剂10只，逐只搓成圆坨，摆在瓷盘中（内盏芝麻油100克），饧10分钟（冬天需1小时）。

2．案板上抹匀芝麻油，取出面坨按成长方形薄片，从面皮两边向中间卷成双筒状，约1米长，再从两端向中间卷成一大一小的两个圆饼。将大圆饼放在底层，小圆饼叠在上面，再放在盛芝麻油的盘中饧5分钟。

3．小锅置中火上，下芝麻油烧至210℃时，将饼平放锅中，边炸边拨动，待其泡起，翻面再炸，边炸边用竹筷不断地点动饼心。至饼呈金黄色时捞出沥油装盘，每只撒白糖45克。

技术诀窍

1．面团要反复揉搓，直揉到面团不粘手时再从盆中取出。

2．炸饼的油温要适中，注意掌握好火候。炸时要不停拨动。炸第一面时，一手拿铁丝笊篱，一手拿筷子边炸边拨饼，用竹筷一夹一松地使饼松脆。翻面后，边炸边用筷不断地点动饼心，使饼炸得松泡不散。

品质标准

色泽金黄，饼似花朵，酥脆香甜，入口即化。

五、老蔡记蒸饺

老蔡记蒸饺是河南郑州著名的传统风味点心，迄今已有近百年历史。此蒸饺是以烫面作皮，用鲜肉制蓉后以水打馅的形式制成馅心，再经成形后蒸制而成的。相传，老蔡记蒸饺创制人蔡世俊在清末宣统年间曾是皇宫御厨，学得一手制作蒸饺、馄饨的好手艺。民国建立后，他走出皇宫在北京前门外开设了"蔡记馄饨馆"，以经营蒸饺、馄饨谋生。1919年又回到老家河南，在郑州西二街一间门面房内开办馄饨馆，取名"京都蔡记馄饨馆"。1942年，其子蔡永祥继承父业，与妻薛二妞开办夫妻店。1944年又搬到繁华闹区德化街，生意更加兴隆，产品供不应求。几十年来，蔡永祥师傅悉心教徒，使老蔡记蒸饺的制作工艺得以保留并不断发展。

美食原料

低精面粉1 000克，猪后腿肉1200克，酱油200克，香油100克，绍酒50克，精盐20克，味精10克，姜50克。

制作方法

1. 将猪后腿肉剔净筋膜，姜去皮，一起绞成蓉，加酱油、绍酒、精盐、味精、清水和上劲，加香油搅匀成馅料。

2. 将面粉用滚开水烫成烫面后放凉，揪成每个约15克的剂子并擀薄片包入馅料，捏成月牙形饺子。

3. 将包好的饺子放入笼屉内，用旺火蒸10分钟即熟。

技术诀窍

1. 猪肉馅心一定要用力顺一个方向搅拌上劲。吃水要适中，冬天约用温水1500克，夏天约用凉水1300克，分2～3次加水，每加一次水都由慢到快搅上劲。

2. 和面团时注意动作要迅速，边浇水边搅和，水浇完，面和起。冬季更要敏捷，才能使面均匀烫熟。和好的面团要注意散热，以使成品光滑不开裂，爽口不粘牙。面团揉匀即可，不可揉得太多，防止增劲。

3. 水浇沸后再将饺子上笼，掌握好蒸制的时间。

品质标准

皮薄筋软，馅嫩鲜香，灌汤流油，食之利口。

六、椒盐馓子

椒盐馓子是湖南名点。馓子的历史悠久，《楚辞·招魂》就有"粔汝蜜饵，有饧锽些"的记载；《通雅·饮食》曰："饧锽、环饼……皆寒具，栅子也。"《齐民要术》中说："细环饼，一名寒具，脆美。"现在的馓子形如栅状，细如面条。

美食原料

高精面粉 1 000 克，精盐 20 克，白胡椒粉 5 克，植物油 1 500 克（500 克泡条用，1 000 克作炸馓子用，约耗 300 克）。

制作方法

1. 在面粉中加入胡椒粉、精盐、冷水（475 克）和匀揉透成面团，盖上净湿布静置 30 分钟。

2. 将揉好静置过的面团搓成圆冬，然后压扁擀成厚约 3 厘米的长方形块，用刀按 3 厘米距离相对切成不断的条，再搓成小指头粗细的条，盘放在油盆里，泡约 1 小时。

3. 锅中油烧至约 200℃，将在油盆里的小条拈起，右手拿起条拉成筷子头粗细，朝左手 4 个指头上依次连绕 10 圈，然后揪断条，将断条纳进条内。两手指头伸进圈，上下来回扯伸，竹筷伸进圈内，绷伸拉至 17 厘米长时，插入油内，双手拿着筷子灵活摆动，使其炸透，然后再用筷子挑扭定型，炸成两面金黄即成。

技术诀窍

1. 搓条时双手用力应均匀，条的粗细应一致。

2. 炸制时控制好温度，温度不能过高，防止焦糊。

品质标准

丝条粗细均匀，质地焦脆酥化。

七、四季美汤包

"四季美"是坐落在汉口中山大道江汉路口附近的一家小吃店的店名，意为一年四季都有美食供应，如春炸春卷、夏卖冷食、秋炒毛蟹、冬打酥饼等。该店于1927 年开业，生意兴隆；后有特级厨师钟生楚等在该店制作江苏风味武汉化的小笼汤包应市，受到顾客的好评，被誉为"汤包大王"，使该店变为主要供应小笼汤包的汤包馆。四季美汤包制馅讲究，选料严格，先将鲜猪腿肉剁成肉泥，然后拌上肉冻和其他佐料，包在薄薄的面皮里，上笼蒸熟，肉冻成汤，肉泥鲜嫩，7 个一笼，佐以姜丝酱醋，异常鲜美。为了满足不同顾客的需要，除鲜肉汤包外，该小吃店还应时制作蟹黄汤包、虾仁汤包、香菇汤包、鸡蓉汤包和什锦汤包等。

美食原料

高精面粉 900 克，酵面 70 克，鲜猪腿肉 1200 克，猪肉皮 400 克，味精、精盐各 10 克，白糖、香油各 20 克，酱油 40 克，胡椒扮 2 克，生姜 50 克。

制作方法

1. 猪腿肉剁蓉；生姜一半去皮后洗净切姜末，其余切姜丝；猪肉皮刮洗干净后放沸水锅中煮至皮软后捞出绞碎，将搅碎的猪皮加入清水 300 克复煮至烂倒出，放凉，切成颗粒成猪皮冻备用。

2. 猪肉蓉中加入姜末、精盐和 300 克清水搅匀上劲，加入猪皮冻、白糖、酱油、味精、胡椒粉、香油等调料，拌匀成胶状肉馅。

3. 面粉中加入清水 430 克，拌匀后再加入酵面，反复搓揉，使之上劲成面团。将面团搓长条，揪成 15 克左右的面剂，逐个擀成边薄中厚、直径 5 厘米的圆皮。挑入肉馅置皮中心按紧，旋捏成 18～20 片细花纹（不封口），包成鲫鱼嘴形的小包。

4. 将小包边做边放入垫有松针的小笼屉内，置旺火沸水锅上蒸熟。连笼上席，带姜丝、醋供蘸食。

技术诀窍

1. 调制面团时，酵面的使用量应根据气候、季节加以调整，冬加夏减。

2. 做包子时不封口，让肉馅缀露。

3. 蒸制时要用旺火足汽。做得好的汤包，吹口气，包子馅能在包中转动。

品质标准

汤包色白、皮薄、馅嫩、汤鲜、花匀，无油腻感

八、八宝馒头

八宝馒头是河南开封名点，相传是由于北宋汴梁的太学馒头演变改制而成的。八宝馒头用发酵面团作皮，用核桃仁、葡萄干、糖青梅、冬瓜脯、橘饼、红枣、糖马蹄及白糖、熟面等为原料配制成八宝甜馅，包馅成形后，上笼蒸熟即可食用。

美食原料

面粉 400 克，面肥、白糖各 150 克，碱 5 克，葡萄干、糖青梅、冬瓜条、橘饼各 25 克，核桃仁、糖马蹄各 50 克，熟面 100 克，果味香精 3 滴。

制作方法

1. 用温水将核桃仁稍泡，去皮，剁成碎米粒大小；将糖青梅、红枣涨发洗净，切成细丝；糖马蹄切成小丁；冬瓜条、橘饼剁成米粒状；葡萄干用温水稍泡，等松软后一破为二；将以上原料放在一起，加白糖、熟面、果味香精拌匀成八宝馅。

2. 将面粉加入清水揉匀和成面团，稍饧。当面团发酵好后兑入适量的碱，揉匀，搓成长条，揪成 20 个面剂，按成中间厚、边缘薄的圆皮，包入八宝馅，将口捏紧，将剂口朝下入笼。

3. 锅内加水，上旺火烧沸，将馒头入锅中蒸熟。下笼屉后，在馒头顶端印一个红色的八角形花纹即成。

技术诀窍

1. 控制好面团发酵的时间和用碱量。碱量多了，制品色泽发黄、黑，味道涩苦；碱量少了，酸味重、发硬、不爽口。

2. 面皮包入八宝馅后要将口捏紧，以免漏馅。

3. 蒸制时应用旺火足汽，一气呵成。笼盖必须盖紧，中途不能开盖。制品成熟后要及时下屉。

品质标准

馒头色白，质松软，味甜香。

九、枣锅盔

枣锅盔是河南名点，以面粉、红枣等为原料烙制而成。锅盔又称锅魁、锅馈，开封的锅盔品种甚多，有咸锅盔、甜锅盔、二道块、核桃纹等，各具特色。在甜锅盔中，枣锅盔较有代表性。

美食原料

面粉 2000 克，红枣 1 700 克，玫瑰、芝麻、糖稀各 50 克，碱面适量，酵面、白糖各 150 克，糖稀 50 克，青红丝 25 克。

制作方法

1. 将酵面用温水澥开，加入面粉和成面团后加入适量碱水揉匀成团备用。

2. 红枣洗净煮熟，捞出晾凉。将面团分成 3 份，取一份擀成圆片，将枣立着均匀地排在上面。另一份擀成圆片，切成长条，每排一圈枣，用长面条紧贴一圈，固定枣的位置，并和下圈枣隔开，同时撒入玫瑰。枣排完后，将剩下的一份面包也擀成圆片，并稍大于底面皮片，盖在枣的上面，将周围包住，制成枣锅盔。

3. 将枣锅盔放入平底鏊里，用小文火烙制片刻，即在面上洒少许水，沾上芝麻，翻身烙另一面，待花纹起匀时，再翻个身，并垫上垫圈，继续烙 30 分钟左右，待呈柿黄色、锅盔熟时，将鏊端离火口，刷上糖稀，撒上白糖和青红丝即成。食时切成长方块。

技术诀窍

1. 面团要揉匀饧透，揉至光滑为宜。

2. 锅烧热后才能下生坯，如凉锅下生坯，就会粘底。必须用微火烙制，适时翻面，使之受热均匀。注意烙制时火不宜太旺，以免焦煳。

品质标准

锅盔外酥香，内软甜，呈橘黄色

十、蛋黄菊花酥

蛋黄菊花酥是湖北名点。它是用油酥面皮包入熟鸡蛋黄，制成蛋黄菊花酥生坯，经炸制而成。因花形似黄菊，故而得名。

美食原料

上白面粉 500 克，熟鸡蛋黄 10 只，猪油 1 000 克（约耗 300 克）白糖 200 克。

制作方法

1. 将面粉 250 克加入猪油 175 克拌匀，揉成干油酥面；另取 250 克面粉，加入猪油 25 克和适量清水揉匀成水油酥面。

2. 将水油酥面拍成圆皮，包入干油酥面（收口朝下），用手轻轻按扁，擀成薄皮，叠上两层再擀一次，由外向里卷成圆筒，切成 10 个面剂。

3. 取一个面剂按扁，放入一只熟蛋黄，包成蛋的形状。再在蛋形面饼中间，用小刀剞成鱼牙齿花刀，顺刀纹一掰两块，制成蛋黄菊花酥生坯，依此制成 20 个。

4. 锅置中火上，下猪油烧至 120℃时，将酥坯一一下锅炸至层次分明、花瓣散开时，捞出装盘，撒上白糖即成。

技术诀窍

1．水油酥与干油酥的比例必须适当，软硬度必须一致。

2．将干油酥包入水油酥时，应注意使水油酥皮子四周厚薄均匀，防止按坯擀皮后两种油酥颁布不均匀。

3．炸制时油温不宜太高。

品质标准

色淡黄，形似黄菊，外酥、内软、味甜，有浓郁的蛋香。

十一、鸳鸯酥

鸳鸯酥是湖南名点。它用两张油酥面皮分别包入糖馅和肉馅，互相抱合形成太极图案，油炸而成。因有甜咸双味，故名鸳鸯酥。

美食原料

猪肉（肥三瘦七）300 克，姜末、酱油各 25 克，白胡椒粉、味精、精盐各 0. 5 克，葱花 50 克，香油 15 克，饼干 20 克，绵白糖 125 克，冰糖 30 克，糖桂花 10 克，橘饼 15 克，面粉 650 克，熟猪油 150 克，菜籽油 2500 克。

制作方法

1．将猪肉剁蓉。炒锅置中火上，下肉蓉、姜末煸香，加盐、酱油、味精、胡椒、葱花炒匀，淋上香油即成肉馅。

2．饼干、绵白糖用走槌碾成粉末，冰糖碾成米粒状，糖桂花、橘饼切碎，将这些原料一起拌匀，即成糖馅。

3．将面粉 150 克蒸熟过筛，加猪油 100 克揉成干油酥。面粉 500 克加猪油 50 克，用开水 200 克拌和，晾凉后再淋冷开水 100 克，揉匀揉透，搓成圆条并揪成 40 个剂子。

4．将面剂逐个压扁，按成圆皮，包入干油酥 6 克，捏拢收口，使封口朝下，用擀面杖擀成长条，自外向内卷成筒形，再擀成长条，依前法再卷成筒，竖起，轻轻用手按一下，逐个擀成直径 6. 6 厘米的面皮。取面皮一张，中间放糖馅 10 克，对折成半圆形，捏紧边缘；另取面皮一张，放入肉馅 12. 5 克，也折成半圆形，捏紧边缘，然后将两个合在一起，右手先将接口处两端拉拢捏紧，使其不分开，再将整个面皮的边缘朝上捏成绳状花边。

5．锅置中火上，下菜籽油烧至 120℃时，放入生坯炸至两面金黄即成。

技术诀窍

1. 干油酥与水油酥的软硬要一致。

2. 油酥面皮应擀得厚薄均匀，花纹要捏得美观一致。

3. 炸制时火不宜对旺，油温不宜过高。

品质标准

酥层清晰美观，糖馅滑润甜香，肉馅细嫩味鲜。

十二、双麻火烧

双麻火烧是河南名小吃，又称双麻饼，是由北宋时胡饼店中的"新样满麻"演变而来的。它将面粉用油炒匀，加调料搓成油酥面，包入用水、油、面粉和成的皮面里，制成圆饼，先烙后烤而制成。

美食原料

面粉 1 000 克，大料粉少许，植物油 400 克，芝麻 200 克，盐 20 克。

制作方法

1. 锅里下植物油 250 克，烧至约 120℃时起锅，下入面粉 600 克，炒匀，摊在案板上晾，加盐、大料粉搓揉均匀，和成酥面。

2. 将 400 克面粉放案板上，加 120 克植物油、清水 200 克，和成皮面。

3. 用皮面包住酥面，擀成约 1 厘米厚的大片，卷成卷，分成 20 个面剂逐一按成片，然后用一面球蘸一点，包在中间，擀成直径约 6.6 厘米、中间薄、边缘厚的圆饼。两面都用水刷湿，沾上芝麻（正面芝麻要沾满沾匀，背面的芝麻可稍微稀些），逐个做完。

4. 鏊子擦净，将饼放上烙制（背面着鏊），底发黄时，鏊子刷上油，将饼翻转，并在上面左右拉 2～3 遍，烙成黄色时，将饼入炉内，背面向火，烧至柿红色即成。

技术诀窍

1. 注意和制皮面时加水要适中。

2. 饼要擀得中间薄、边缘厚。

3. 控制好烙、烤烧饼的火候。

品质标准

饼呈柿红色，吃口焦酥，芝麻与大料香味浓郁。

十三、三鲜豆皮

三鲜豆皮是湖北名点，又称豆皮、老通城豆皮，以武汉市老通城酒楼制作的最为著名。三鲜豆皮是用绿豆、大米混匀浸泡磨浆，摊成薄皮，一面刷蛋液，内包熟糯米和混合馅料，用油煎制而成的。

美食原料

猪肉（肥三瘦七）350克，鲜虾仁200克，叉烧肉75克，净猪心、净猪肚、净猪口条（舌）各100克，糯米700克，大米200克，绿豆100克，水发香菇25克，水发玉兰片100克，熟猪油175克，绍酒10克，鸡蛋4只，精盐35克，味精5克，酱油50克。

制作方法

1. 将绿豆磨碎置清水中浸泡4小时，去壳洗净；大米淘净，入清水浸泡6小时，与绿豆一起磨成细浆。

2. 将猪肚、猪心、猪口条入锅加清水煮1小时，加改成条的去皮猪肉、酱油、绍酒、味精、精盐（25克）焖煮至熟透入味。捞出晾凉，与叉烧肉一起，分别切成豌豆大的丁；香菇、玉兰片切成小丁，入沸水煮10分钟捞出；鲜虾仁洗净。

3. 炒锅置旺火上，下猪油25克烧热. 依次下玉兰片丁、香菇丁、虾仁、口条丁、猪心丁、肚丁、叉烧肉丁，合烧10分钟，制成混合肉馅。

4. 将糯米浸泡8小时后用旺火蒸熟。取出稍晾，加猪油50克、盐5克、温水250克炒散。

5. 将直径为1米的大锅置于炉火上，下烧木柴或木屑，用少许油和水刷锅。待锅烧热，倒入绿豆米浆，迅速用蚌壳把锅心浆向四周抹匀呈圆形；磕入鸡蛋4只，在豆皮上抹匀。盖上锅盖，减低炉火，烙约1分钟皮即成熟。

6. 用小铲将豆皮铲松，双手托起翻面，再均匀撒上精盐5克，将熟糯米在皮上铺匀，再撒上炒好的肉馅和葱花，把豆皮周围边角折叠整齐，将米及肉馅包拢，沿豆皮边淋入熟猪油，把木柴推入炉中，边煎边将大块豆皮切成20个小块，迅速翻面。再淋上熟猪油，两小块一盘盛起，共计10盘。

技术诀窍

1. 绿豆与大米的比例以1：2为宜，掺水量以100克粮食磨碎成浆290克为宜。

2. 糯米一定要用旺火一气蒸熟，切不可夹生不熟。猪肉、猪肚等需煮至熟烂。

3. 锅一定要滑好，烧红再下绿豆米浆，防止粘锅。

4. 根据情况变化，灵活调整火候。

品质标准

色泽金黄油亮，皮薄酥脆，馅心柔糯鲜醇，软润爽口，兼有肉香、虾香、菇香、葱香和糯香。

十四、姊妹团子

姊妹团子是湖南长沙火宫殿名点。它是用糯米、大米粉制成的粉团分别包入肉馅和糖馅，蒸制而成的。20 世纪 20 年代初，长沙火宫殿的圩场里摆着几十个饮食摊担，其中最引人注目的是经营团子的姜氏姊妹。姊妹俩年轻貌美，心灵手巧，做起团子来宛如杂耍，看得人们垂涎欲滴，纷纷购买品尝，姊妹团子由此得名。

美食原料

糯米 600 克，大米 400 克，去皮五花肉 350 克，北流糖 100 克，熟猪油 30 克，桂花糖 10 克，红枣 150 克，水发香菇 15 克，酱油 20 克、精盐 5 克，味精 3 克。

制作方法

1. 将糯米、大米一起淘洗干净，泡透，捞出用清水冲洗干净，沥干，加冷水 1250 克磨成

姊妹团子

浆。将米浆装入布袋内，加压榨干水分，即成米粉，倒入盆内。取米粉 750 克搓成几个圆饼，入笼蒸约 30 分钟至熟，取出与其他未蒸的米粉掺和揉匀、揉光。

2. 红枣去核剁成泥，盛入盆内，用旺火蒸约 1 小时取出。炒锅置小火上烧热，下猪油，先倒入北流糖（一种土蔗糖，原产广西北流县）炒化，再倒入枣泥和桂花糖，拌炒均匀成糖馅。

3. 猪五花肉剁成蓉。香菇去蒂去剁碎，与味精、精盐、酱油一起加入肉蓉中拌匀，将 200 克冷水分次加入，搅拌上劲成肉馅。

4. 将和好的粉团搓成条，揪成 80 个剂子（每个重 15 克），然后逐个搓圆，用手指在中间按一个窝，放入糖馅或肉馅，将口子收拢，糖的捏成圆形，肉的捏成尖

顶形。将糖、肉团子成对摆在蒸笼里，用旺火蒸 10 分钟即成。

技术诀窍

1. 糯米、大米浸泡的时间应根据季节不同而调整，冬天需 7 小时、夏天 4 小时即可。

2. 肉馅应逐次加水，并顺一个方向用力搅打上劲。

3. 蒸制时应用旺火足汽，一气呵成。

品质标准

团子色白、晶莹，小巧玲珑，质地柔糯滑润，糖馅香甜，肉馅鲜嫩。

十五、什锦豆腐脑

什锦豆腐脑是湖北武汉名点。它是将碗内放入酥松的细馓子、熟糯米饭，舀入大米糊、豆腐脑，加酱油、味精、榨菜末、叉烧肉末、五香菜末、酱瓜末、虾米、葱花、胡椒、淋入香油而制成的，一碗多味，颇有地方特色。

美食原料

黄豆、糯米各 1 250 克，馓子 20 把，大米浆 1 000 克，虾米、叉烧肉、榨菜、酱瓜、五香菜各 100 克，芝麻 125 克，香油、葱花各 250 克，味精 2.5 克，酱油 500 克，胡椒粉 5 克，石膏 50 克。

制作方法

1. 将黄豆拣净，用清水浸泡数小时，洗净后带水磨成豆浆倒入净布过滤去渣，即得浆液。

2. 将石膏捣碎放在碗内，用清水溶化，滤去膏渣，成石膏浆汁。

3. 糯米洗净，用清水泡 4 小时，沥干，上笼蒸熟；榨菜、酱瓜、五香菜、虾米和叉烧肉均切细末；锅置旺火上，将大米浆徐徐入锅，搅成浓糊，盛盆保温。

4. 大锅置中火上，倒入豆浆烧煮成熟，将 3/4 的石膏汁倒入木桶内，用竹刷不断搅打至膏汁起泡沫溅满木桶时，迅速将锅内熟浆舀出，冲入桶内石膏浆中，再用竹刷蘸上剩余石膏浆，均匀洒在豆浆上盖上桶盖，静置 20 分钟，即凝结成洁白的豆腐脑。

5. 取碗 50 只，每碗放入掰碎的馓子、糯米饭（25 克），舀入半勺大米糊、豆腐脑 3~4 瓢，加酱油、味精、榨菜末、叉烧肉末、五香菜末、酱瓜、虾米、葱花、胡椒粉等调料，淋入香油即成。

技术诀窍

1. 黄豆浸泡的时间需灵活掌握，一般春秋季泡 6 小时，冬季泡 10 小时，夏季泡 2 小时。豆浆中的黄豆不要磨得太细。

2. 煮豆浆的火不宜太旺，并要留一点生浆，待豆浆沸腾将漫出时浇入。

3. 石膏的使用量要掌握好，并要捣碎溶化后使用。

品质标准

豆腐脑色白质嫩，糯米糍，徽子酥味，咸鲜微辣。

十六、灌肠粑

灌肠粑是湖南湘西一带苗族风味名食。因其酥香黏糯，营养丰富，既能作菜下饭，又可当饭下肚，冷却后储存，可携带远行，其味久置不变，所以成为苗族人民喜食的特色食品。

美食原料

糯米 1200 克，猪血 800 克，猪肠、辣椒末、大蒜丝、生姜丝、酱油、精盐各适量。

制作方法

1. 将糯米泡软洗净，倒入猪血盆内，加适量清水和盐，用手将凝结的猪血抓匀抓烂，拌匀米血。取洗净晾干的猪肠子一段，扎紧一头，将米血灌入肠内，扎紧另一头肠口。

2. 将灌好的米血肠平放于蒸锅箅子上，盖严锅盖，用旺火足汽蒸至七八成熟时，用竹签在各段膨涨部位刺通，再盖好盖蒸约 7 分钟即成。食用时，可横切成小圆片，再用油煎成两面金黄，佐以调味料，如辣椒末、大蒜段、生姜丝、酱油等。

技术诀窍

1. 往肠中灌米血时，尽量排尽肠内空气，灌满之后由下而上捏将肠体，使米血布匀。

2. 蒸至七八成熟后，应用竹签刺通肠内膨涨部位，使肠衣内的多余水分流出或蒸发掉，以免肠皮胀破。

品质标准

蒸好的灌肠粑呈圆筒形，米血相间，暗黄油亮，煎制后色黄味香，酥香黏糯，佐酒下饭、直接食用均宜。

十七、怀化侗果

侗果是湖南怀化侗族人民喜食的一种点心：它是用香糯米制成的糍粑，切成条后炸黄，蘸上红糖汁，滚上芝麻制作而成。此点冷热食用均宜，是侗族款客待友的佳品。

美食原料

香糯米 2000 克，红糖 600 克，芝麻 150 克，黄豆浆、甜藤水各少许，植物油 2000 克（约耗 400 克）。

制作方法

1. 将香糯米洗净、蒸熟，入石碓中加黄豆浆、甜藤水（一种含糖量很高的藤本植物的汁液），一起舂烂成稠米糊，取出压成一块块的粑粑，再用刀切成拇指大小的四方块或拇指大小的长方条。

2. 将糍粑入锅炒软，待膨胀起后，入热油锅中温火炸，待方块形的粑胀成核桃大小的圆形果，长条形的胀成鸡蛋大小的椭圆形金黄果时，捞出放入红糖汁中拌匀，再滚上芝麻即成。

技术诀窍

1. 糯米要蒸熟，舂烂。

2. 炸制时油温不宜过高。熬糖应采用中小火。

品质标准

外香酥、内软糯，滋味甘甜，入口即化。

十八、黏面墩

黏面墩是河南开封名点。它是先将黍米面做成小窝头蒸熟，再加上清水捏成皮，包上枣泥馅，做成扁圆形墩状，放入平底鏊中煎制而成的。成品又黏又甜，风味独特。

美食原料

黍米面、红枣各 2500 克，白糖、植物油各 500 克，玫瑰糖 50 克。

制作方法

1. 将黍米面用清水和成面团，做成窝窝头上笼蒸熟，晾凉后蘸清水捏碎，和成软硬适度的面团。

2. 将红枣洗净煮熟，捞出去皮、核，加白糖调搅成枣泥。

3. 将黍面团放在案板上，揪成 50 克一个的面剂，按成圆皮，放入枣泥馅，捏成包子，制成扁圆形面墩。

4. 平底鏊置小火上烧热，抹上油，将包好的面墩摆入，煎至底面呈柿黄色即成。食时撒上玫瑰糖。

技术诀窍

1. 面团的软硬度要适中。

2. 煎黏面墩需用小火，面墩下锅前应将锅烧热、滑好，防止粘锅。

品质标准

面墩底柿黄、面微黄，底酥上面黏、味甜。

十九、虾宰酥

虾宰酥是湖北武汉的特色风味小吃，因其外形如宰田（湖北方言，即犁田）农具而得名。此点是以油酥面团作皮，以熟制的虾仁为馅料炸制而成的一道咸点。虾宰酥是在千层酥的基础上演变而来的。它采用小包酥的开酥方法制作酥皮，使制品的层次细腻、清晰。它打破了有馅制品的操作惯例，采用皮、馅分制的方法，先将酥皮成形后熟制，然后再将炒好的馅料填于定型的坯皮中，制法十分独特。虾宰酥造型美观、色泽微黄、质地松酥、馅心鲜嫩、鲜香可口，是深受人们喜爱的筵席美点。

美食原料

面粉 500 克，鲜虾仁 250 克，鸡蛋清 20 克，味精 1 克，精盐 5 克，猪油 2000 克（约耗 200 克）。

制作方法

1. 将虾仁洗净，切成细粒，加鸡蛋清、精盐、味精拌匀后用猪油将虾仁滑油，略炒勾芡备用。

2. 面粉 200 克、猪油 100 克拌匀，擦搓成均匀的干油酥面团；取面粉 300 克，加清水 150 克、猪油 25 克拌匀，搓揉成光滑柔软的水油酥面团。

3. 将干油酥、水油酥各分成 10 个面剂。先将水油酥按扁后包入干油酥，再按扁后擀成长 16 厘米、宽 8 厘米的面片，然后卷成 8 厘米的长圆条状，再擀成长 16

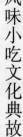

厘米、宽6厘米的长条形面片，用刀片顺着长边的中间划开即可。

4. 将长条形坯皮的一端贴在左手二指上（中指、食指），右手将坯皮缠绕在左手指上，然后从手上取下，将有层次的一边朝外，另一边用双手由下向上翻转，形成一个直径约6厘米的圆形生坯。将生坯置于案板上，用圆筒将生坯中间部分去掉，使之呈铜钱状，再将铜钱状面皮周围均匀地剪成风扇形。

5. 锅烧热放猪油烧至140℃左右时放入生坯，炸至色泽微黄、体积涨大捞出，然后将虾仁馅填入酥皮中间的空洞中即成。

技术诀窍

1. 成形时，切口向外，翻转过程中不要碰伤切口，以免影响起酥的层次感。

2. 炸制时火不宜大，以小火温油余炸为宜。

品质标准

造型逼真，色泽浅黄，面皮香酥，虾仁咸鲜嫩爽。

二十、欢喜坨

欢喜坨又称欢喜团、麻汤圆、麻鸡蛋，为湖北荆州江陵等地的传统风味小吃。据传，清末荆州城内有一陶姓人家，在战乱中走散，历尽苦难，终于又合家团聚了。陶姓老人庆幸一家人没有丧于战乱，找出所存的糯米，经淘洗、磨浆、沥干后，掺入适量面粉和红糖，搓为小团，再沾满芝麻，炸制成熟。没想到，成品十分甜美，一家人吃得十分开心。为了纪念团圆，就此称之为"欢喜团"。陶家也以善制"欢喜团"而出了名，现在常作为早点在武汉等地出售。

美食原料

糯米2000克，面粉200克，芝麻20克，红糖800克，植物油2000克（约耗500克）。

制作方法

1. 将糯米放入清水盆中浸泡一天至泡透，磨成米浆，装入布袋内压干水分，抖放在案板上，搓揉成粉粒状，加入红糖、面粉拌匀，揉匀成团至光滑。

2. 双手抹上油，揪一坨糯米浆稍揉，搓条，揪成75克的剂子，逐个搓圆，均沾满芝麻成麻团。

3. 锅中加植物油烧至180℃时，将芝麻团投入锅中炸，用锅铲缓缓推动，待芝麻团至浮起时，用漏勺沿锅边轻轻按压，待炸至欢喜坨起泡、呈金黄色时捞出沥油即可。

技术诀窍

1. 糯米粉加入红糖、面粉后要用力反复揣揉，使红糖充分渗入米浆内。

2. 欢喜坨经炸浮起后，须用漏勺轻轻按压，可使其更加泡松。

品质标准

色泽金黄，布满芝麻，外酥内软，甜香可口。

二十一、炸面窝

炸面窝是湖北武汉市民最喜爱的早点之一，已有一百多年的历史。所谓"面窝"，其实是添加配料的圆形米豆浆饼。因为米豆浆液与面浆相似，成品又很像圆形的面饼，所以武汉人习惯以此称呼。

相传清朝光绪年间，汉口汉正街的集家嘴附近有一摊贩，名叫昌智仁。他靠打烧饼谋生，生意清淡，度日艰难。他便琢磨着变个花样，萌生了用碎米制成咸味米制食品的想法。他找铁匠打了个窝形铁勺，又经反复试验，终于用米豆浆制成了面窝。集家嘴为商品集散之地，车贩走卒，每日水流云涌，而面窝价廉味美，于是迅速普及开来。时至今日，此食仍然广为流行。

美食原料

大米2300克，黄豆200克，精盐、姜末各50克，芝麻25克，葱花250克，芝麻油3000克（约耗350克）。

制作方法

1. 将大米、黄豆洗净并泡透，磨成细浆。

2. 临炸前，大米浆加精盐、葱花、姜末、豆浆搅匀。

3. 锅置旺火上，下芝麻油烧至240℃时，左手执铁制圆形窝勺，先将芝麻撒入窝底，然后舀一勺米浆（约重80克）放入窝内，用勺边顺着划一道勺印，使之呈空心窝状，再放入油锅中炸，至一面呈金黄色时，翻出铁勺中的米窝，用铁火钳夹着翻面续炸，至两面金黄色时用铁火钳夹出沥油即可。

技术诀窍

1. 大米、黄豆浸泡时间根据气温而定，泡涨至软即可。夏季一般为3小时，冬季为6小时，春秋季为4小时。

2. 炸面窝时油温不宜太高或太低，应适中，防止颜色过深。

品质标准

色泽金黄，呈圆窝状，中酥边柔软。

二十二、麻将馒头

麻将馒头是湖北武汉十分流行的一道小吃。馒头古称"曼首"或"蛮首"，俗称馍馍。馒头的制作历史久远。据《事物记源》记载：诸葛亮南征渡泸水时，当地习俗用人头作祭品。诸葛亮则令部下用牛羊猪肉为馅，外包以面，做成人头形以代之。馒首（头）之名自此产生，此后既为祭祀品又为食品。不过，现在一般将有馅心的称作包子，无馅心的称作馒头。

以前制作的馒头通常较大，武汉一些厨师为适应人们对饮食追求精美的需要，将馒头做得如麻将一般大小，食用时一口一个，显得吃相更为雅致。加之麻将是市民休闲娱乐的一种工具，人们颇为熟悉并有亲切感，于是麻将馒头很快在武汉风靡开来。

美食原料

面粉 900 克，猪油 6 克，酵面 140 克，纯碱 10 克，白糖 140 克。

制作方法

1. 将酵面加入清水调稀，再加入面粉、猪油、白糖拌和后揉匀成面团发酵。

2. 将发酵好的面团下纯碱中和，揉匀、揉滑，饧发 5 分钟。

3. 将饧好的面团稍揉，擀成圆长条，切成直径为 3 厘米的小段，饧发成形似麻将的面团馒头，上笼置旺火蒸 6 分钟出笼。

技术诀窍

1. 发酵时间要根据季节、环境温度进行调整，一般夏季为 2 小时，春秋为 4 小时，冬季为 7 小时。

2. 揉面团时要保证面团表面光滑，搓成的条要粗细均匀。

3. 蒸制时要旺火足汽，一气呵成。

品质标准

色泽晶莹，形如麻将，小巧玲珑，质地松泡有韧性，味道香甜。

二十三、三角绿豆饼

绿豆又名青小豆，因其颜色青绿而得名，在我国已有两千余年的栽培史。由于营养丰富，用途较多，李时珍称其为"菜中佳品"。"绿豆，甘寒，无毒。入心、胃经。主丹毒烦热，风疹，热气奔豚，生研绞汁服，亦煮食，消肿下气，压热解毒"，所以人们经常用绿豆做各种食品。

美食原料

绿豆 1500 克，糯米 3000 克，精面粉 500 克，精盐 15 克，白胡椒粉 5 克，菜籽油 2500 克（约耗 750 克）。

制作方法

1. 将绿豆淘洗干净，与糯米分别用冷水浸泡 4 小时（冬季泡 12 小时）。糯米捞出后淘洗干净，入甑蒸熟成饭，取出趁热用木槌捣成泥；绿豆捞出后洗净沥去水，入锅煮烂，略冷却去皮，加入精盐、白胡椒粉与糯米泥揉匀。

2. 案板上放一个高 0.1 厘米、边长 100 厘米的方木框，倒入和好的料，抹压平整，冷却后去框，先用刀切成约 13 厘米见方的块，再逐块对角一刀切成三角形（可做 50 块）。另取面粉加冷水 350 克调成糊状。

3. 锅内加菜籽油，置中火上烧至六成热，将饼坯逐个挂匀面浆顺锅边放入锅内，翻炸至饼坯浮起、色泽金黄时捞出，沥去油即成。

技术诀窍

1. 糯米泥要与熟绿豆搓匀揉透。

2. 油炸时要用中小火，不宜用旺火。

品质标准

外层酥脆，里层柔软，微咸稍辣，香甜可口。

二十四、云梦炒鱼面

云梦炒鱼面又称"银丝鱼面"，是以鲜活的优质鱼脯为原料，经过传统的民间工艺，加入上等精制面粉和调味料，经过发酵、制皮、蒸制、刀工、晾晒等工序加工而成的，可煮食、可炸、可炒，下火锅更是一绝。用鱼面制作的各类菜肴，配上动物或植物原料，再经过精细加工，可做各种美味佳肴，独具特色，是当地人招待亲朋好友不可缺少的佳品。

云梦炒鱼面之所以味道特别鲜美，自然离不开云梦所具有的得天独厚的物产资源条件。《墨子·公输篇》曾记载："荆有云梦，犀兕麋鹿麂满之，江汉之鱼鳖鼋鼍为天下富。"由于盛产各种鱼鲜，故以所产鱼面最为出名。云梦民间流传歌谣有："要得鱼面美，桂花潭取水，凤凰台上晒，鱼在白鹤咀。"说的是城郊有一"桂花潭"，清澈见底，潭水甘美；"凤凰台"距桂花潭不远，地势高阔，日照持久。城西府河中"白鹤分流"处，所产鳊、白、鲤、鲫，鱼肥味美，是水产中之上乘。

美食原料

鱼面250克，猪瘦肉150克，鲜红辣椒25克，香菇、蛋皮各30克，白醋15克，生姜丝、香葱段各10克，蒜丝、味精各5克，色拉油250克（实耗25克），鸡蛋1个，香油50克，精盐适量，湿淀粉少许。

制作方法

1. 将鱼面用温开水泡至散开（夏天水温为50～60℃，冬天为70～80℃），稍后将鱼面倒入漏筛滤干水分，再用筷子抖散以免粘连，待用。

2. 将猪瘦肉、红辣淑、蛋皮、香菇分别切成细丝，肉丝腌渍后放入蛋清、湿淀粉上浆抓匀。

3. 炒锅置火上烧热，用油滑锅，再放入色拉油烧至四五成热，先将肉丝滑油，然后依次将香菇、红辣椒过油，一遍捞起；再将炒锅置火上烧热，滑锅，放入香油烧热后，将鱼面边抖入锅边炒，使其均匀受热，将肉丝、香菇、蛋皮、红辣椒丝、调味料依次放入，撒入香葱段，淋入少许香油，速翻起锅，将鱼面装盘，加以点缀即成。

技术诀窍

1. 鱼面浸泡时间不能过长，防止吸水过多。

2. 炒至过程中不能用力翻炒，防止鱼面碎烂不成形。

品质标准

鱼面不碎，肉质细嫩，清香柔口，开胃健脾。

二十五、三鲜春卷

春节时节，基本每一年都会与立春同步。春节吃春卷、吃春饼，自然有它的道理。春节吃春饼的食俗，较吃年糕、年饭早，晋代已有记载。唐代的史料记载了立春日做春饼生菜，称之为"春盘"。"春饼之制，有以粉皮杂生菜者，有薄饼卷菜者，无定制"。现在的春卷，即由春盘、春饼演变而来。春天的感觉是万象更新，新年也是新气象，春卷里面卷的菜吃起来的感觉很鲜、很脆。如今，一年四季都可以吃到美味可口的春卷。

美食原料

面粉250克，鸡丝、冬笋各100克，水发香菇50克，鸡蛋1只，淀粉5克，酱油25克，葱段2克，姜末1克，盐、味精、胡椒粉各少许，芝麻油1250克。

制作方法

1. 面粉放入盆中，加清水160克和匀后反复揉成稀稠面团。

2. 平锅置火上烧热，锅擦油，用手抓稀稠面团不断甩动，速放热锅内烙成直径为14厘米的薄圆饼，边烙边揭出，整齐码放在一起。烙完用湿布盖好润潮，防止皮干燥。

3. 鸡丝放入碗内，磕入鸡蛋，放盐少许和淀粉拌匀上浆。

4. 炒锅置旺火上，下芝麻油250克，下鸡丝划油沥出。原锅置火上，留底油，下葱、姜，再放入香菇，冬笋略炒，加入滑油的鸡丝，放酱油、盐、味精、胡椒粉调味起锅放凉备用。

5. 将摊好的春卷皮包入炒好的馅料，从一端卷起，两端包严，用湿淀粉封口。下入热油锅中炸透，呈金黄色时捞出，沥净油分，装盘即可。

技术诀窍

1. 用手抓稀稠面团烙圆饼时要不断甩动，防止面团下落。

2. 炸制时温度不能太低，防止吸油现象。

品质标准

色金黄，外焦脆，内软嫩，馅鲜香。

二十六、重阳糕

重阳糕是一种节令点心，各地制作方法不尽相同，此处介绍的是河南重阳糕的制法。重阳节又名九月九、重九、菊花节、茱萸节，古代民间有登高、赏菊、食重阳糕的习俗。

美食原料

精粉500克，鸡蛋250克，熟面200克，白糖350克，江米甜酒、青红丝各少许，猪油适量。

制作方法

1. 将精粉放入盆内，用五成热的清水 350～400 克拌和，兑入江米甜酒，拌匀和在一起，使其发酵。

2. 当粉团发至有蜂窝样孔洞时，加白糖 150 克，用筷子打匀，摊在烤盘内（1～1.3 厘米厚），蒸熟后出笼。将鸡蛋、白糖、熟面打成糊，倒在已经蒸熟的暄糕上摊匀（约 1 厘米厚），再上笼蒸熟。取出撒上青红丝，稍凉切成块即可。

技术诀窍

1. 调制粉团时用水要恰当，掌握好水温。

2. 烤盘内先要刷一层猪油。

3. 制糕时不宜用力按压，以防蒸不透。

品质标准

成品暄软、甜香。

二十七、新野板面

河南小吃新野板面，是曾因诸葛亮一把火烧出了名气的三国历史名城新野的一道颇具历史渊源的地方美食小吃。其以爽口、耐嚼、香中泛辣、辣中透香而享誉河南。

新野板面之所以风味独特，一是面好，二是臊子好。新野板面的臊子主要以牛羊肉为原料，配以辣椒、茴香、胡椒、花椒、八角、桂皮等 20 多种作料炒制而成。

美食原料

凉盐水 220 克，面粉 500 克，香油 10 克，羊肉 200 克，羊油 25 克，辣椒、花椒、白醋各 5 克，豆瓣酱 10 克，茴香、食盐各 2 克，丁香 2 粒，肉桂适量，香菜 20 克。

制作方法

1. 凉盐水和面，放盘中稍醒后，揪成一两重的小面剂，揉搓成条，抹上香油。

2. 用手分抓面剂两头，拉开在面案上使劲摔打 3～5 次，拉至丈余，然后下锅煮熟捞出放入碗中。

3. 将鲜羊肉切成小肉丁，用羊油将辣椒炸黄捞出，加入羊肉丁、花椒和醋一起放在锅内煸炒，炒至肉烂油清时，再加入食盐和豆瓣酱，同时放入茴香、丁香、肉桂等调料，在锅内炒干成臊子。

4. 将臊子加入面碗中，撒上适量香菜即可。

技术诀窍

1. 选用高精面粉，将面揉到起劲，面筋强。

2. 羊肉臊子可根据口感调节香辣程度。

品质标准

色泽漂亮，臊子发红，板面精斗，有嚼劲。

二十八、开封灌汤包

灌汤包就是里面有汤的包子，以前是北宋皇家食品。开封灌汤包不仅形状美，其内容精美别致，肉馅与鲜汤同居一室，吃之，便就将北国吃面、吃肉、吃汤三位一体化，具有一种整合的魅力。

美食原料

新鲜猪皮500克，冬瓜600克，鱼糁150克，火腿、黄瓜皮各30克，鸡蛋皮1张，生姜25克，大葱50克，精盐、胡椒粉、料酒、味精、鸡精、干湿淀粉、香油、鲜汤各适量，葱叶、红樱桃各少许。

制作方法

1. 猪皮洗净，放入高压锅中，掺入鲜汤，加入生姜、大葱、精盐、胡椒粉、料酒、鸡精，加盖，上火压至猪皮化成汁后，待冷却开盖，打去料渣，将汤汁倒入方形盘中，晾凉后再入冰箱中冷藏，即成皮冻。然后将其修切成直径为2厘米的圆球，共12个。

2. 冬瓜去皮，切成15厘米见方的大块，再片成大薄片，共12片，放入盐开水中浸泡约10分钟；火腿、黄瓜皮、蛋皮均切细丝；葱叶入沸水锅中焯一下，撕成细丝；红樱桃剁成细末。

3. 将修切成圆球的皮冻先滚上一层干淀粉，再裹上一层鱼糁，然后均匀地沾上火腿丝、黄瓜皮丝、蛋皮丝，将其包入浸泡过的冬瓜片中，再用葱叶丝捆扎成石榴包，并在上面点缀上樱桃末，即成水晶灌汤包生坯。入笼用旺火蒸约5分钟，取出摆入盘中。

4. 净锅上火，加入少许鲜汤烧沸，调入精盐、胡椒粉、味精，用湿淀粉勾薄芡，淋入香油，起锅浇在盘中水晶灌汤包上即成。

技术诀窍

1. 制作皮冻时一定要煮至猪皮软烂，才有利于胶质溶出。

2. 制作肉馅要充分搅打，打至肉馅起胶。蒸制时用大火。

品质标准

皮薄，馅大，肉鲜，味美，鲜香不腻。

二十九、切馅烧卖

切馅烧卖是一道传统风味小吃，间作席上点心食用。1978 年被评为"名产风味小吃"其以清水、蛋清和成死面，并擀出花穗，以手的虎口处捏成牡丹形上笼蒸制而成，馅心多样，荤素皆可。尤以又一新饭店名师高天增制作的切麦最佳，被中国烹饪协会授予首届全国"中华名小吃"称号。

美食原料

熟肉 250 克，瘦猪肉 100 克，精面粉 500 克，笋丁 125 克，大虾 30 克，蛋清 5 个，酱油 50 克，湿淀粉 10 克，芝麻油 100 克，料酒 10 克，味精、精盐各少许，熟猪油 75 克。

制作方法

1. 将熟肉和瘦猪肉均切成 3 毫米见方的丁，把面粉放入盆中，兑入清水、蛋清和成硬面团。

2. 锅内加熟猪油，先把生肉丁炒熟，再放入配料、作料和料酒，最后放入熟肉丁，加适量高汤，待肉吃透作料，汤沸后勾流芡，淋入芝麻油，拌成烧卖馅。

3. 将和好的面团摘成 50 个面剂，擀成圆面皮（擀时要撒粉面），然后搭成 4 打，用擀面杖尖把圆边打成 16 毫米长的穗，再逐层揭开（或用走槌一次擀成带穗的烧卖皮）。

4. 每个面皮内包入适量肉馅，用手收口，捏成牡丹形，入笼蒸约 10 分钟即成（蒸至 8 分钟时，打开笼屉，撒一些用味精、料酒、清水兑成的料汁）。

技术诀窍

1. 面团要揉匀饧透，揉至光滑为宜。

2. 入笼要用沸水旺火速蒸。

品质标准

状如牡丹，鲜美利口。

三十、绿豆糊涂

绿豆糊涂是一种传统风味小吃，被收入《中国烹饪百科全书》。绿豆糊涂用绿豆、小米磨成浆，下入已煮熟的糯米内，边下边搅，放入用菠菜叶挤出的绿汁调成绿色，成稠粥状即成。"糊涂"是粥的又一名称。绿豆糊涂味香浓，是夏季清热去暑的佳品。新中国成立后，以厨师朱讲理制作的最著名。

美食原料

绿豆2500克，糯米（或大米）500克，小米250克，食碱2克，菠菜叶、湿淀粉各适量。

制作方法

1. 将菠菜叶洗净捣烂，挤出绿汁。

2. 绿豆去净杂质，用湿布擦匀晾干，磨成碎粒，除去皮同小米一起用清水浸泡2小时，磨成粉浆，放入用少许刹沫油，刹去浆沫，用箩滤去渣子，沉淀约1小时。

3. 糯米淘净，放入开水锅内煮至开花时，放入湿淀粉勾芡，再加入绿豆小米浆、菠菜汁和少许食碱，呈黄绿色时即可。

技术诀窍

1. 泡绿豆碎粒和小米时，夏季用冷水，冬季用温水。

2. 糯米锅内勾芡时，要边加入边搅拌，浓度以糯米稍浮起为宜。

品质标准

清热去火，甜香利口。

三十一、三鲜豆腐脑

瘦肉、鸡肉和任意一种海鲜搭配在一起都可称为"三鲜"。豆腐脑这一风味小吃，以其经济实惠、方便适口的特点，深受广大群众喜爱，历数百年而不衰。

美食原料

黄豆1500克，净鸡肉、鲜虾仁、水发鱿鱼各250克，熟石膏粉100克，熟猪油500克（约耗75克），味精15克，精盐25克，酱油150克，鸡蛋清4个，湿淀粉500克，面粉25克。

制作方法

1. 将黄豆拣净杂质，淘洗干净，浸泡 4～5 小时后，用水磨磨成稠浆，倒入布兜内（用细箩也可），边过滤边兑入清水（约 1 500 克），将浆汁滤净。熟石膏用温水约 1 000 克化开。浆汁倒入锅内，用旺火烧沸，盛入缸里，趁热把石膏水慢慢倒入缸内，然后将缸口盖严，约 20 分钟即成豆腐脑。

2. 净鸡肉切成虾仁大小的丁，放入用 2 个蛋清、50 克湿淀粉搅成的糊内拌匀，在五六成热的猪油锅内滑开捞出待用。虾仁放入用蛋清 2 个、湿淀粉 50 克、面粉 25 克、精盐少许搅成的糊内，搅上劲后，放入 25 克猪油搅匀，用手甩入八成开的清水锅内，煮透捞出（虾仁互不粘连）。水发鱿鱼切成与虾仁一样大小的丁。锅内添高汤 5000 克，放入精盐、味精、酱油后，再放入鸡丁、虾仁和鱿鱼丁煮沸，勾入流水芡，即成三鲜卤。

3. 食用时，将豆腐脑盛入碗内，浇上三鲜卤，淋入澥开的芝麻酱即成。

技术诀窍

1. 磨豆浆时要边磨边加清水，加水不宜过多，水多浆粗，出豆腐脑少。

2. 石膏水加入浆汁时，要边加入边搅动。

品质标准

色泽明快，卤汁鲜美，豆腐脑软嫩，老幼皆宜。

三十二、四批油条

油条的历史非常悠久，我国古代将油条称作"寒具"。唐朝诗人刘禹锡在一首诗中是这样描写油条的形状和制作过程的："纤手搓来玉数寻，碧油煎出嫩黄深；夜来春睡无轻重，压匾佳人缠臂金。"这首诗把油条描绘得生动形象。

美食原料

面粉 5000 克，精盐 125 克，白矾 60 克，食碱 35 克，植物油 5000 克（约耗 2000 克）。

制作方法

1. 先将精盐、白矾、食碱放入盆内，加少量温水用手搅动，待其溶化后，再兑入温水 2500～3000 克，将面粉全部倒入，抄拌均匀，揉成面团，蘸水轧一遍静饧。案板上抹一层油，放上面团揉匀，即可炸制。

2. 先从面块上切下 1 000～1 500 克，将其徐徐拉长，并用走槌拼成 0. 6～1

厘米宽的小长条，然后两条叠在起（油面对油面），手捏两头同时拿起，拉至 19 ~ 23 厘米长，平放在热油锅内涮动，待着油部分胀起时，掐掉两头捏着的面头，全部放入油锅内，并用特制的长筷子，从中间迅速将其撑成圆形（一边两批），翻一个身，炸成柿黄色即成。

技术诀窍

1. 面团要揉匀饧透，以揉至光滑为宜。

2. 油炸时要勤翻动，以便受热均匀。

品质标准

外形美观，黄焦酥脆，与烧饼配食，是早点佳品。

三十三、红薯饼

红薯味道甜美，富含碳水化合物、膳食纤维、胡萝卜素、维生素以及钾、镁、铜、硒、钙等十余种微量元素，具有很好的营养价值和养生保健作用。

美食原料

面粉 500 克，鲜红薯（去皮）600 克，酵面 40 克，红糖 100 克，白糖、桂花糖、干淀粉各 50 克，食碱 5 克，菜籽油 2500 克（约耗 300 克）。

制作方法

1. 将红薯切成圆块（每个切 3 ~ 4 块），入甑内蒸熟，取出后晾凉，放入盆内，加红糖、桂花糖、干淀粉搓揉成红薯泥。

2. 面粉倒在案板上，中间扒一小窝，倒入清水 300 克拌和，揉匀成水面团。酵面与白糖拌和揉匀。水面团和白糖酵面混合，加入食碱揉匀揉透，用走槌擀成约 3.3 毫米厚、26.5 厘米宽的长方形面皮。红薯泥倒在面皮上，用蘸有菜籽油的菜叶将红薯泥抹匀（靠身边的一侧留 10 厘米宽的面皮不抹薯泥，只刷上凉水），然后由外向内卷成圆筒（直径约 5 厘米），横切成 12 块，平放整齐，再撒上一层薄薄的干面粉，用擀面杖擀成圆饼坯。

3. 锅内加菜籽油，烧至五成热时，将饼坯入锅翻炸 3 分钟，捞出沥去油即成。

技术诀窍

油炸时不宜用旺火，要勤翻动，以免焦煳。

品质标准

色泽金黄，外焦内软，香甜爽滑，是湖南历史悠久的小吃。

三十四、樊城薄刀

樊城薄刀是湖北襄樊的一种特色风味炒面。它用手工擀成的薄薄的面条，煮熟后捞出浸冷水后滤干，然后用芝麻油煎炒至两面均成金黄色时，加入预先烹制的燥子（肉丝，木耳，黄花，玉兰片等），起锅装盘，吃时再配上一小碗汤。樊城薄刀质地酥脆而有韧劲，清淡爽口，饶有风味。

美食原料

精面粉1 000克，鲜猪肉100克，水发木耳、水发黄花菜、水发玉兰片各50克，酱油50克，精盐1.5克，味精1克，胡椒粉0.5克，大葱100克，生姜25克，葱花10克，淀粉25克，芝麻油200克。

制作方法

1. 把面粉置案板上，注入清水350克拌和，反复揉搓后擀成约1.7毫米厚的圆面皮，从中间划开，横着切约5厘米宽的面片，再切成约3毫米宽的面条。

2. 将猪肉洗净，与黄花菜、木耳、玉兰片均切成细丝，大葱切马蹄葱，姜切末。

3. 水烧开后下薄刀面，煮沸后捞入冷水中浸凉，捞出沥水。

4. 炒锅置火上，下芝麻油烧热，将大葱、姜末下锅煸出香味时，放入肉丝、酱油炒至收缩，再加入黄花菜、玉兰片、木耳翻炒几下盛出。

5. 原锅洗净置旺火上，下芝麻油烧热，将面条入锅煎炒至两面呈金黄色时，倒入肉丝等配料翻炒几下，收干水分，起锅分别盛入10个盘中。

6. 原汤在旺火上烧沸，下酱油、盐、味精等，撒上葱花、胡椒粉，盛入小碗内，随炒面一同上桌即成。

技术诀窍

1. 面片厚薄保持均匀。

2. 面条入水煮至刚熟即成，保持柔韧性。

3. 面片煎炒时以上色入味为主，不要加汤汁。

品质标准

颜色金黄，色调素雅，质焦脆有韧性，清淡爽口，味鲜美。

三十五、秭归粽子

粽子是中国传统节日端午节的节令食品。为什么端午节要吃粽子呢？流传最广的说法是为了纪念屈原。南朝人吴均的《齐谐记·五花丝粽》中讲："屈原五月五日投汨罗水，楚人哀之，至此日以竹筒子仁米，投水以祭之。汉建武中长沙区曲忽见一士人，自云三闾大夫，谓曲曰：'闻君当见祭，甚善，常年为蛟龙所窃，今若有惠，当以栋叶塞其上，以彩丝缠之，此二物蛟龙所惮。'曲依其言。今五月五日作粽并带栋叶五花丝遗风也。"但从有关资料分析，端午吃粽为纪念屈原当是一种附会，粽子原只是一种夏令或夏至食品而已。将夏至吃粽改为屈原五月五日投汨罗江的纪念日吃粽后，其俗渐渐深入人心，并流传至今。端午吃粽托纪念屈原之名，实际上起到了补充人体营养、抵御即将到来的酷暑的作用。

湖北秭归是屈原的故乡，每逢端午，都要以划龙舟、吃粽子来纪念屈原。南宋诗人陆游从西蜀返回江东途中，经过秭归，恰逢端午龙舟盛会，即兴赋了一首《归州重五》诗："斗舸红旗满急湍，船窗睡起亦闲看。屈平（屈原）乡国逢重五，不比常年角黍（粽子）盘。"秭归人在制作粽子时，还特意在里面放入一颗红枣，并编唱一首别致的《粽子歌》："有棱在角，有心有肝，一身清白，半世煎熬。"以此来纪念含冤负屈而死的屈原。

美食原料

糯米 2500 克，白糖 500 克，芦苇叶 1500 克，芦草 250 克，红枣 100 个。

制作方法

1. 糯米去杂质，用清水淘洗干净，置箩筐内，再用清水冲洗 3 次。

2. 将芦苇叶剪去根蒂和尖梢，再剪成约 33 厘米长的片，放入旺火沸水锅中煮至呈黄色时捞出，入清水漂净。每 3 张叶片一扎，十字交叉，一层层摆放整齐。芦草剪成长约 170 厘米的条，洗净理齐，挽结晒干，入沸水锅中烫软，悬挂晾干。

3. 取芦苇叶 3 张置左手掌中撑开，下面 2 张叶重叠约宽 9 厘米，上面 1 张叶片在其交缝后压实，左右相折卷作三角圆锥形。每个放入糯米 28 克、红枣 1 个，按压结实，将余叶向上封口，左手虎口夹紧，顺势从右向左，包成四角菱形粽子，用芦草扎紧。依照此法一一包完。

4. 锅置旺火上，加入少量清水，然后将包好的粽子依次码入锅内，再加清水浸没，以木质盖盖上，压上石头块焖煮。约煮 1 小时，再加入清水浸没，续焖煮 1

小时。熟后出锅，先用清水冲凉，再放冷水中浸漂。随食随取，解绳去叶盛盘，撒上白糖即可食用。

技术诀窍

1. 糯米应去净沙、稗。芦苇叶要煮透，煮透后清香味浓。

2. 成形时左手应握紧粽叶斗，右手填料包扎，直至包扎完毕左手才可松劲，否则粽子松散，口感较差。

3. 煮粽子时，水应浸没粽子，不要让粽子露出水面。一气呵成地将粽子煮熟。

品质标准

色泽晶莹洁白，形似菱角，质地柔糯，具有芦苇叶特有的清香，清甜爽口。

三十六、武汉油条

油条又称棒槌油条，原名油炸桧，起源于南宋。据《清稗类钞》载："油炸桧：长可一尺，槌面使薄，以两条绞之为一，如绳，以油炸之。其初则有人形，上二手，下二足，略如×字，盖宋人恶秦桧之误国，故象形以诛之也。"下面所述为武汉油条的制法。

美食原料

（以 20 根成品计量）面粉 1 000 克，精盐、明矾各 20 克，纯碱 12 克，色拉油 4000 克（约耗 300 克）。

制作方法

1. 将明矾、纯碱、精盐入盆，下清水 550 克搅成溶液，倒入面粉拌匀，擦揉 4～5 次，饧放 15 分钟，用手蘸水擦面，擦到面团光亮粘沾手为好。

2. 将面团放案板上，反复揉匀，撒上千面粉，将其收紧呈椭圆形面团，用干净白布包扎紧实，饧放 1 小时。

3. 案板撒上干面粉，将包扎好的窝牵出面头拉成长条，撒上干面粉，轻轻按平，切成 1 厘米宽重 75 克的条。

4. 铁锅置旺火上，下植物油烧至 240℃ 时，将开好的条轻轻搓动，揿成长条，从中折转过来，用竹片按一下，甩扭成两股，双手轻持两端，扯拉到 40 厘米长，摔拨下锅，边炸边用大竹筷拨动，炸至油条呈金黄色起泡时起锅即成。

技术诀窍

1. 掌握好矾、碱、盐的比例，并根据季节变化而调整用量。

2. 面团饧制时应盖上湿布，防止表面结皮和"掉劲"，饧制的时间要随气温变化掌握。

3. 炸油条应采用高油温，炸制时间不能长，油条下锅后须用筷子上挑下一按，不断翻动，使之受热均匀。

品质标准

色泽金黄，外酥内软，泡松膨大。

三十七、荠菜春卷

荠菜春卷是湖北武汉著名的传统风味点心。它是以稀软的冷水面团烙制成皮，以新鲜的荠菜、猪肉调制成馅，经包卷成形后炸制而成的。其制品色泽金黄油亮，质地外焦内软，菜鲜香可口，是深受广大群众喜爱的油炸制品。春卷又称"春蛋"、"卷煎饼"，因是春节前后的应节食品而得名。在我国的许多地区，都有春节前后食用春卷的习俗，多以野生荠菜作馅制作而成。随着社会的进步和人们生活水平的提高，如今春卷的品种及风味也有了很大变化，由过去的单一品种改变为现在的有甜有咸、有荤有素、有生馅有熟馅、荤素搭配等多风味的系列品种，也使春卷这一应节食品成为许多高档筵席中的美味点心。

美食原料

（以50个成品计量）上白面粉、荠菜、猪肉各500克，精盐20克，味精5克，姜末10克，芝麻油1500克，（耗200克）。

制作方法

1. 将猪肉洗净剁成肉蓉；荠菜择洗干净，沥干水后切碎成末。将肉蓉、荠菜末装入调馅盆中，加入姜末、精盐、味精、芝麻油50克搅拌均匀即成馅。

2. 将面粉放入面盆中，加清水350克拌匀后反复摔打上劲，至面团光滑有劲后饧放1时。

3. 将厚铁板（或平锅）置于微火上烧热，用右手抓起面团不断甩动，当面团表面光滑时，顺势在炙热的铁板上烙制成直径约14厘米的圆形薄皮；左手将烙热的皮揭起翻面略取出。依此法烙成薄皮50张。

4. 将烙好的皮每张挑入馅心15克，两端先向中间包折，再卷成6.6厘米长、3厘米宽的扁筒形，用稀面糊封口即成春卷生坯。

5. 将油锅置火上，倒入芝麻油，待油烧至160℃时，将春卷生坯逐个下入锅中，炸至呈金黄色时捞出装盘即成。

技术诀窍

1. 荠菜洗切后，可用少许盐腌渍，挤出部分水分后再与肉馅一同拌制。

2. 面团调制时，可采用先和成较硬面团，然后再逐次加水揉揉成较软的面团。

3. 面团饧放的时间应根据气候的变化而确定。一般冬天应饧 2~3 小时。

4. 制作坯皮时，炉火应小；坯皮成形后，应整齐地堆放在一起，并用干净湿布盖好，防止坯皮干硬。

品质标准

色泽金黄，外脆内软，鲜香爽口。

三十八、珍珠烧麦

烧麦又称烧卖、烧梅、稍麦、稍梅、纱帽、寿迈等。烧麦的外皮，除面皮外，还可以用鸡蛋液烙成；馅心通常为糯米、鱼、虾、肉、蟹或绿叶菜等，有荤有素，口味上有咸有甜。珍珠烧麦是湖南名点，是用薄的水调面皮包入糯米猪肥肉丁，上部拢折收腰成形后蒸制而成的。

美食原料

（以 100 只成品计量）富强粉 1 000 克，糯米 1 900 克，猪肥膘肉 400 克，酱油 300 克，白胡椒粉 15 克。

制作方法

1. 将糯米淘洗干净，泡透捞出沥水。蒸锅中加水烧沸，放上铺有屉布的笼屉，将糯米入笼蒸熟。蒸至约 40 分钟时，揭开笼盖，用刷帚蘸开水朝饭上洒，再蒸 20 分钟。

2. 将猪肥膘肉切成小丁。炒锅置中火上放入肥膘丁炒至七成熟时，出锅盏入盆内。将蒸好的糯米饭倒入，趁热加酱油、白胡椒粉拌匀成糯米肉馅。

3. 将面粉置于案板上，加清水 400 克和匀揉光、搓成长条，揪分成 100 只面剂，撒上干面粉，用橄榄形走锤将面剂擀成直径约 10 厘米、边沿薄而起褶的圆皮，逐只挑入馅心，用右手虎口收拢边口，使烧卖包口处呈圆形张开。

4. 蒸锅加水烧沸，将烧卖生坯摆入铺有屉布的笼屉内，上锅用旺火蒸 15 分钟即成。

技术诀窍

1. 浸泡要适度，既要泡透，也不能泡过。一般夏季浸泡3~4小时，其他季节浸泡7~8小时即可。

2. 烧麦皮要擀薄，包馅时注意造型美观。

3. 水烧沸后上蒸笼蒸制，蒸的时间要掌握好。

品质标准

面皮薄而光亮，白中带黄，馅心软滑滋糯油亮，味咸鲜，具有胡椒香味。

三十九、蟹黄螃蟹酥

蟹黄螃蟹酥是湖北创新酥点，是以油酥面团制作坯皮，以鲜活的河蟹制成蟹黄馅，经包捏成形后炸制而成的。因其形似螃蟹，故而得名。

美食原料

上白面粉500克，冻猪油2000克（约耗250克），鸡蛋1个，发菜1.5克，蟹黄馅300克。

制作方法

1. 面粉过筛后，用300克加冻猪油60克、温水125克一起揉和，反复揉至面团不粘手、润滑有韧性，揉成水油酥。面粉200克上笼蒸熟，过罗筛细，加猪油100克拌和，反复推擦成干油酥。将干油酥与水油酥盖上湿布饧一会。

2. 和好的水油面团揉成圆形，揿扁，包入干油酥收口，再揿扁，擀成0.7厘米厚的长方片，从外向里卷紧成圆柱形长条，切成20段。

3. 取一段割成两半，将割口朝上，擀成7厘米长、5厘米宽的皮子，放入蟹黄馅15克，四周涂上蛋液，将另一半盖上，周围捏紧，两边各剪成5条共10条。将前两条捏成螃蟹的两只大夹，尖头剪成牙齿，后8条捏成螃蟹的8只脚，每只脚捏成3节带尖，两大夹前推捏成眼睛，两后腿中捏成绞丝向下，放在16厘米长、14厘米宽的油纸上成形，用毛笔在全身涂上蛋液，将发菜浸泡后沥干贴在两大夹上。

4. 炒锅置微火上，下猪油烧至150℃时端锅离火，将成形的螃蟹酥坯分批放在漏勺内，再浸入油中，移至中火上炸，待螃蟹酥漂浮油面后，取出翻面，揭下油纸，余炸至螃蟹两面呈金黄色时捞出装盘。

技术诀窍

1. 干油酥皮与水油酥皮的软硬度要一致。

2. 在剪、捏、炸螃蟹酥的过程中要十分小心，防止弄断螃蟹脚、夹。

3．炸制时油温不宜高，火不宜旺。

品质标准

形如螃蟹，色泽黄亮，质地酥松，味道鲜香。

四十、枯炒牛肉豆丝

枯炒牛肉豆丝是湖北武汉知名小吃。武汉老谦记餐馆所经营的牛肉豆丝曾饮誉武汉三镇。此小吃用湿豆丝配以黄牛肉丝、香菇丝、玉兰片丝和牛肉原汤炒制而成。

美食原料

湿豆丝 300 克，牛里脊肉 100 克，水发香菇、玉兰片各 5 克，牛肉原汤 400 克，味精、胡椒粉各 0．5 克，精盐 1 克，酱油 20 克，湿淀粉 25 克，青蒜段 10 克，香油 400 克（约耗 0．5 克）。

制作方法

1．将湿豆丝切成 60 厘米长、0．7 厘米宽的长丝。牛里脊肉去筋膜切丝，用 10 克湿淀粉、盐拌匀上浆。香菇、玉兰片切丝。

2．炒锅置中火上，下香油烧至 240℃，将豆丝抖散入过油炒匀后，轻轻按平，待一面炕至呈谷黄色时，端锅滗油。翻面后，淋入香油续炕，至质枯色黄时，滗去油装盘。

3．炒锅置旺火上，下香油 150 克烧至 150℃时，下牛肉丝过油后捞起。原锅留油 25 克烧热，下蒜段煸香，加入香菇、玉兰片、酱油、牛肉汤烧沸后，加味精、胡椒粉，用湿淀粉勾芡，倒入牛肉丝翻炒几下，淋入香油起锅，浇在豆丝上即成。食时，配一碗牛肉原汤。

技术诀窍

1．牛肉丝上浆时应顺一个方向搅拌上劲；滑油时油温不宜过高，以保持质嫩的特点。

2．炸豆丝时油不宜过多，火不宜过猛，用中火将豆丝炕至色黄、质枯、酥脆为佳。

品质标准

豆丝金黄，质地酥脆，肉丝滑嫩，味道鲜美。

四十一、糊汤米酒

糊汤米酒是湖北孝感名小吃。它是以米酒、糯米米浆、白糖、蜜橘饼、蜜桂花等煮制而成的。成品色白，味甜，质地松软，颇受人们喜爱。

美食原料

糯米 875 克，蜜橘饼 87.5 克，米酒、白糖各 750 克，蜜桂花 50 克，纯碱 10 克。

制作方法

1. 将糯米淘洗干净，用清水泡透，再用清水冲洗，倒入盆内，兑入清水，磨成米浆后盛入布袋内，压干水分，制成米浆（约出浆 2500 克）。

2. 将米浆倒入钵中，下米酒汁少许、纯碱 10 克、清水 250 克一起揉匀，发酵 1～2 小时。

3. 铜锅置于旺火上，翻入清水 2500 克烧沸，将发酵好的米浆置于锅边，用手削成白果仁大的块，入锅内，一边搅一边推动。待成稠糊状时，下米酒、纯碱水搅匀（下碱水时，以呈淡黄色起泡为度，少了不起泡），再加白糖推匀，待米浆成熟，鼓起泡，糊汁稠浓时，下桂花、橘饼一起搅匀，起锅分装在 25 只碗内即成。

技术诀窍

1. 糯米一定要泡透，一般夏季泡 6 小时左右，冬季泡 12 小时左右。米浆磨得越细越好。

2. 米浆发酵时，米酒汁的用量为米浆的 1%；另外，冬季加热水，夏季加凉水调制。

3. 将米浆下锅煮制时，削块的动作要快，以免生熟不一。

品质标准

色呈乳白，软糯滑润，甘甜香醇。

四十二、什锦元宵

什锦元宵是河南名小吃。它是用果脯、核桃仁、蜂蜜、香精、白糖等制成的馅心，蘸水沾上江米面经过煮制而成的。因制法和风味独特，颇受人们喜爱。

美食原料

江米面 1500 克，面粉 115 克，果脯，核桃仁各 100 克，蜂蜜 50 克，香精 7. 5 克，白糖 550 克。

制作方法

1. 白糖加面粉和切碎的核桃仁、果脯以及蜂蜜、香精、清水 65 克反复揉搓成团，用四面平整的特制木框将搓好的馅心装入，捣实、擀平，切成方块，用特制的平整木板反复拍打，直至不断裂、不松散、表面湿润光滑、厚 13～17 毫米时，切成 13～17 毫米见方的丁，放在通风处晾一下使之坚固。

2. 取清水一盆，将元宵馅心放入笊篱，在清水盆中蘸湿，倒入盛有江米面的簸箕内，用力摇动，使每个馅均沾匀一层江米面。稍闷一会儿，再次蘸水沾江米面。如此反复 2～3 次，元宵成形，每个重约 28 克，用水煮熟即成。

什锦元宵

技术诀窍

1. 馅心一定要揉匀，反复拍打结实而不松散。拍打时案上、馅上应撒一些面粉。

2. 注意馅心沾江米面时各环节的时间间隔。元宵成形后应沸水下锅煮。

品质标准

色泽雪白，质地软糯，味道香甜适口。